半導體簡史

超石器時代,從石斧到矽晶片的進化之路

王齊 著

SEMICONDUCTORS

基本粒子 × 奈米時代 × 摩爾定律
神奇的微觀世界,越渺小越偉大的科技
深入半導體背後的科技發展與產業結構,看見人類如何進化自我

目 錄

專家推薦　　　　　　　　　　　　　　　　005

卷首語　　　　　　　　　　　　　　　　　007

致謝　　　　　　　　　　　　　　　　　　011

第 1 章　一切的起源　　　　　　　　　　　013

第 2 章　電晶體降臨　　　　　　　　　　　103

第 3 章　計算的世界　　　　　　　　　　　203

第 4 章　製造之王　　　　　　　　　　　　301

第 5 章　隨光而生　　　　　　　　　　　　417

目錄

專家推薦

1978 年以來，幾代人歷經 40 餘年的努力，在電子製造業中，獲得令世人震驚的成就。作為電子製造業基石的半導體產業，在今天已成為萬眾矚目的存在。

本書以半導體產業發展史為主線，從最為基礎的材料科學開始，並逐步過渡至半導體材料的主要應用與製造業，從多方視角對半導體整體產業鏈進行觀察、分析與思考，生動具體地介紹了半導體產業發展中的重大事件，並從獨特的視角對這些事件進行解讀，是一本半導體產業界與非產業界人士，皆能快速了解半導體全貌的書籍。

—— 陳左寧

這部《半導體簡史》，為我們全面呈現了人類科技史上最為精采絢麗的篇章，將為科技界、產業界，帶來巨大的震撼和深深的思考。正如作者在書中寫到：還原歷史的真實，是人類構築未來的基石。正視先進國家特別是美國對半導體產業的貢獻，恰是擺脫這個產業落後情況的起點。

—— 胡揚忠

如果以電晶體的出現作為半導體產業誕生的象徵，那麼這個產業已經經歷了 70 多年的時間。在這段時間裡，半導體產業從無到有，最終形成龐大的產業鏈。本書相對完整地呈現出這段歷史中重要的人物與里程碑，介紹半導體產業最上游的設備與材料、中游的製造業以及下游的應

專家推薦

用，勾勒出半導體產業全景，並以史鑑今，對半導體產業進行深度的思考，是值得一讀的科普讀物。

—— 馮登國

受到作者信任，有機會先讀到這本書，反覆看了幾遍之後感覺津津有味。

對於半導體產業發展歷程感興趣的讀者，透過閱讀此書可以相對完整地了解半導體產業的整體層面；此外，希望對這一產業進行科學理性分析的專業人士，也能夠從本書中找到不同發展階段的相關細節。本書既可作為工具書日常查閱，亦可作為歷史參考書籍以通讀解惑。

作者具有沉浸在業內 20 餘載的第一手觀察經驗，更從大量史籍和第三方著作當中查證。本書是科學家的精神、工程師的嚴謹務實和歷史學家之徐徐鋪陳的完美融合。我誠心向大家推薦這本作者的傾心之作。

—— 侯明娟

卷首語

在地殼中，含量最多的元素是氧與矽。人類離不開氧也離不開矽。約 330 萬年前，古人使用矽的原始形態石塊製作工具，那段時期被稱為石器時代；大約 6,000 年以前，人類逐漸拋棄了石塊，進入青銅與鐵器時代。

在漸別石器時代長達萬年的時光中，人類與半導體相關的歷史不到兩百年。在第一個百年之中，留下記載的只有幾個不連續的與半導體有少許關聯的事蹟。

19 世紀，人類觀測到半導體的熱敏特性、太陽能光電效應、光電導性與整流這四大特性，但這些發現沒有引發足夠的關注。隨後幾十年，半導體生活在證明與證偽的爭辯之中，許多科學家認為半導體不過是在絕緣體中摻雜一些導體雜質罷了。

20 世紀的前半葉是一個科技爆發的時代，量子力學與相對論在這段時間先後出現，人類加快了向微觀世界及宏觀宇宙的探索步伐。與相對論相比，也許量子力學更為複雜，提出相對論的愛因斯坦，曾經說過他思考量子力學的時間比起相對論多出百倍。

量子力學是微觀世界的通行法則，起源於對黑體輻射現象的解釋，在科學家不斷質疑原子組成結構與電子運行軌跡的過程中達到巔峰。能帶理論在此期間逐步成形，使世界上的物質被劃分為導體、絕緣體與半導體。藉助能帶理論，科學家合理解釋了半導體材料的四大特性，此後不再有人繼續質疑半導體材料的存在。

卷首語

　　半導體是一種介於導體與絕緣體之間的材料，是電子資訊產業的基石。首次應用的半導體材料是無線通訊領域中使用的二極體。在二戰期間，半導體材料的純化工藝日趨成熟。戰後不久，電晶體問世，矽結束了長達萬年的等待，作為半導體材料而不是石塊被人類重新發現。電晶體的問世是人類科技史冊中的重大里程碑，此後半導體材料擁有了更加廣闊的發展空間。潘朵拉的盒子被再次打開，這一次人類收穫了希望。在電晶體誕生後不足百年的時光裡，人類取得的科技成就幾乎超越了之前幾百萬年的總和。

　　半導體的出現使萬物發生鉅變。此後的地球，比過去「小」許多；此後的時間，比過去「快」許多；此後的人類，比過去謙卑許多。

　　半導體產業的理論基石是量子力學。量子力學不僅是一門知識，也是一種哲學思考。對量子力學多一些了解，會多一種看待這個世界的方式。正是因為這個原因，書中將嘗試勾勒出量子力學的輪廓。

　　量子力學之外，半導體還關聯到多門交叉學科，共同組成了複雜的半導體產業鏈。在這個產業鏈中，上游是半導體設備、材料與工具軟體；下游是半導體的應用，包括計算、記憶體、通訊與其他領域；半導體製造則在之間承上啟下。

　　本書在介紹半導體整體產業鏈的過程中逐步展開，由三條主線構成，分別為基礎線、應用線與製造線。

　　基礎線集中出現在第 1 章與第 5 章中，並貫穿全書，涵蓋量子力學、凝態物理與光學的些許常識。這兩章的部分內容，枯燥無味並不易讀，簡短的篇幅也很難完全涵蓋這些內容。筆者書寫這段文字時亦感枯燥無味，也不止一次想刪除這些內容，最終卻仍決定將其完整保留，因為這些枯燥與無味，正是半導體產業的立基之石。

應用線的主體由第 2 章與第 3 章構成。

第 2 章介紹半導體的起源，以及電晶體、積體電路誕生那段波瀾壯闊的歷程。半導體產業從通訊領域開始，並逐步過渡到記憶體領域，最終在計算領域蓬勃興起，在整合記憶體與通訊領域的過程中，建立了電子資訊產業的基石。

第 3 章介紹計算世界。電子資訊時代始於計算，精彩之處亦在於計算。電子資訊產業的三次浪潮，大型主機、PC 與智慧型手機時代與計算領域密切相關。對通訊、記憶體與計算領域的描述組成了本書的應用線。

製造線的部分內容出現在第 2 章與第 5 章，主體集中在第 4 章，以半導體的製造，特別是積體電路的製造為主軸進行描述。半導體產業的上游，即設備與材料在第 2、4 與 5 章均有介紹，是製造線的基礎，也是核心。

本書第 5 章即最後一章介紹「光」。半導體材料與「光」直接相關的產業，包括太陽能光電與顯示領域。半導體製作離不開「光」，曝光機是最重要的半導體設備。

在三條主線中，基礎線相對晦澀，主要為 18～25 歲的年輕人準備，是理解半導體材料科學的關鍵。多數讀者可以略過這些內容，並不會影響閱讀的連貫性。

筆者希望更多的年長世代，願意對這些內容有更多了解。對這個世代的絕大多數人來說，可能很難在基礎科學上做出更大的突破，但是可以為年輕一代提供創新的土壤，與支撐創新必須要有的寬容。

三大主線涉及大量與半導體產業相關的歷史。回顧這段歷史不僅是要了解過去，也是在近距離觀察著今天與未來。一切歷史都是當代史，

卷首語

相同的歷史在不同年代，有著不同的解讀。歷史是一面鏡子，在鏡中我們尋找未來。

對於出生於 19 世紀中葉之前的著名人物，以及絕大多數諾貝爾獎得主，書中採用中文名稱。這裡不僅是為了表示尊敬，更是因為這些人與對這些人的稱呼，在中文世界中已經有著約定俗成的表述。

筆者從幾年之前開始籌備本書，期間寫寫停停。在此期間，重溫了從電磁學開始的許多課程，在告別學生時代幾十年後，對這些課程也有了一些嶄新體會。書籍名稱經過反覆推敲，最後確定為《半導體簡史》。

這本書我們寫了又改，改了又寫，每次修改必能發現新的錯誤，完稿後廣邀好友審閱，心中依然惴惴不安，也盼望更多的讀者能夠糾正本書的錯誤，以惠及來者。

致謝

從第一次完成書稿的主體內容距今，已經過一年左右。在這段時間裡，我們反覆調整書中內容，待到書稿提交，不知不覺中已十版有餘。每次調整總能發現若干瑕疵，因此忐忑不安，不敢以一得自足。最終截稿不是因為窮盡書中紕漏，而是深感力不能及，終止了這段艱難的旅程。

在許多人的幫助下，本書得以完成。在書寫製造線的過程中，與賈敏頻繁研討，並受益匪淺；方剛與何火高指出了書中應用線的若干不足；陳勇輝對微影相關內容提出了許多寶貴意見；本書基礎線的主體內容由胡濱審閱；蔡一茂、曹堪宇、平爾萱、章佩玲與馬宏糾正了書中積體電路製作工藝與半導體記憶體相關內容的許多謬誤。

此外本書在編寫過程中，還得到下列朋友的幫助：

孫承華、單林波、世彤、張彤、李學來、張挺、劉兵、馬少華、黃建國、朱晶、余先育、陳剛、邱韶華、彭海濤、廖勝凱、梁晗、張海納、袁航、左勇、任樂寧、葉松、孫海、畢科。

正是在這些產業界專業人士的大力幫助之下，本書最終得以完稿。

最後需要感謝的是我們的兒子王謙瑜小朋友，他的笑臉能治癒我們每日的疲憊，他的期待是我們堅持的動力，他每天10點按時睡覺的規律作息，使我們能夠充分利用夜間時間進行本書的討論與修改。此外，他還指出了書中的幾處邏輯錯誤。

王齊　范淑琴

011

致謝

第 1 章　一切的起源

　　今天這個幸運的時代由人類數千年的智慧累積而成。在數千年之中，出現過幾位對後世有著重大影響的科學家。起初，牛頓站在了所有人的肩膀上，將幾千年以來人類對大自然的認知融合在一起。隨後，法拉第(Michael Faraday)與馬克士威(James Maxwell)等人閃亮登場，電磁場理論逐步成形。

　　電磁學的出現是人類科技史的一次突變，20 世紀的科技成就建立在這次突變之上。在赫茲(Hertz)實驗證實了電磁波的存在後，無線電產業隨之而來。在無線電的普及與發展過程中，半導體產業的帷幕徐徐展開。

　　20 世紀上半葉，多位科學家，包括普朗克(Max Planck)、愛因斯坦、波耳(Niels Bohr)、海森堡(Werner Heisenberg)、薛丁格等人一同建立了量子力學理論，量子力學是科技史冊的一次質變。在這個基礎之上，人類重新理解了世界，擁有前所未有的發現，半導體產業脫穎而出。

　　在這些發現的背後，矗立著時勢所造就的英雄，他們出現在恰當時機，依靠自身努力，乘風而起，青史留名。許多人也許沒有在史冊上留下顯赫的名字，畢生心血僅化作幾份實驗數據，這些數據卻在未來成為破解某道難題的關鍵。

　　更多的人什麼都沒有留下來，他們到最後也不過是一粒粒塵埃。正是這一粒粒塵埃彙集在一起產生的合力，推動著人類科技緩緩前行，在歷經蒸汽與電氣時代後，半導體產業完整綻放，電子資訊時代蓬勃而來。我們生活在一個前所未有的盛世之中。

　　每當我回味這段歷程時，總會對這段歷史的真實感到恍惚，半導體產業的誕生是一段傳奇，超越人類幾千年累積而後的想像。半導體產業的演進加快了新舊交替的節奏。在這個產業發展的百年中，萬物的產

第 1 章　一切的起源

生、發展與消亡過於匆忙,一個時代尚未結束,另一個時代就在我們還來不及回味之際躍上舞臺。

這是最好的年代,這是最壞的年代;這是智慧的歲月,這是愚鈍的歲月;這是信仰的時刻,這是懷疑的時刻;這是光明的瞬間,這是黑暗的瞬間;這是希望之春,這是失望之冬;我們無所不有,我們一無所有……

愛因斯坦 (1879-1955)	牛頓 (1643-1727)	馬克士威 (1831-1879)	法拉第 (1791-1867)
波耳 (1885-1962)	海森堡 (1901-1976)	薛丁格 (1887-1961)	狄拉克 (1902-1984)
普朗克 (1858-1947)	德布羅意 (1892-1987)	包立 (1900-1958)	玻色 (1894-1974)
維格納 (1902-1995)	費米 (1900-1940)	費曼 (1918-1988)	朗道 (1908-1968)

1.1 電與磁

地球的表面蘊含著大量磁石；摩擦後的琥珀能夠吸引羽毛。這些原始的電與磁現象，也許在文字出現以前，就已被古人所觀測。只是從西元前 4000 年開始的兩河文明，沒有留下電與磁的記載；比兩河文明更早的埃及文明，也沒有留下相關資訊。

中國的《山海經》稱「匠韓之水出焉，而西流注於泑澤，其中多磁石」，這本奇書還收錄了夸父追日、女媧補天、精衛填海等傳說，使書中故事蒙上一層神祕的面紗。先秦時期，《管子》云「上有慈石者下有銅金」；《呂氏春秋》也有「慈石召鐵」的說法。中國的古人常將「磁」稱呼為「慈」，認為慈石是鐵之母。

西元前 600 年左右，古希臘的泰利斯（Thales）發現磁石與琥珀具有吸引力。他相信萬物有靈，認為這種吸引力是因為磁石具有靈魂[1]。在當時，無論是東方還是西方，人類對電與磁的認知，皆沒有脫離上帝或者其他神祇。

西元 1600 年，英國的威廉·吉爾伯特（William Gilbert）出版《論磁

第 1 章　一切的起源

石》(De Magnete)，他整理了過往的電與磁現象，發現磁是少數物體具有的特性，而電是物體相互摩擦後可獲得的普遍性質，從而認為電與磁截然不同。當時大多數科學家認可吉爾伯特的這一說法。

相對於磁，對電的研究更加艱難一點。大自然有許多天然磁石能夠對鐵金屬提供持久的引力，卻沒有天然物品或者人造設備能夠持久提供電力，直到 17 世紀中後期，出現了使用硫黃球製作的摩擦發電機。這種發電機除了表演魔術之外，並無實用價值。但從這時起，許多人開始關注電，包括艾薩克‧牛頓。

17 世紀因為牛頓而有所不同。牛頓對力學、數學、光學、熱學、天文，甚至經濟學，均有開創性貢獻，他站在 16～17 世紀先驅的肩膀上，成為近代科學的奠基人。17 世紀的許多發現至今已成為常識，但每當我們翻閱史冊時，仍然會發現這個世紀取得的成就，足以與 20 世紀日月同輝，在幾百年之後依然歷久彌新。

牛頓曾經設計出一個新型的摩擦發電機模型，卻未能在這個領域更進一步。西元 1705 年，牛頓一位名為 Francis Hauksbee 的助理，對摩擦發電機進行大規模改良，發明了第一部實用的發電機[1]，為推開電學之門立下赫赫戰功。

18 世紀上半葉，歐洲科學家發現電的傳導特性，觀測到電具有同性相斥與異性相吸的性質。18 世紀中葉，荷蘭科學家發明了萊頓瓶，萊頓瓶是一種電容器，可作為小容量蓄電池。隨後不久，富蘭克林 (Benjamin Franklin) 提出正負電的概念與電荷守恆，解釋了萊頓瓶的運作原理。至此，電學研究的兩個儀器，發電機與蓄電池已經就緒，電的奧祕即將被揭曉[2]。

西元 1785 年，庫侖 (Charles Coulomb) 發明了扭秤[3]。扭秤是一種

可以將「極小力」放大到足以觀測程度的裝置，為庫侖奠定必要基礎，使其得以研究靜止的電與磁間的相互作用。透過扭秤實驗，庫侖得出真空中兩個靜止點電荷的作用力，與兩個電荷電量的乘積成正比，與距離的平方成反比，作用力的方向沿著兩個點電荷的連線，同名電荷相斥，異名電荷相吸。庫侖定律與萬有引力定律極為類似，如式 (1-1) 與式 (1-2) 所示。

庫侖定律： $F = k\dfrac{q_1 q_2}{d^2}$ （1-1）

萬有引力定律： $F = G\dfrac{m_1 m_2}{r^2}$ （1-2）

在庫侖定律中，k 為常數，q_1 與 q_2 是兩個點電荷的電量，d 為兩個點電荷的距離，F 為兩個點電荷之間的作用力。在萬有引力定律中，F 為兩個物體間的引力，G 為常數，m_1 和 m_2 是兩個物體的質量，r 為兩個物體之間的距離。

透過對這兩個公式的比較，可以發現庫侖定律與萬有引力定律極為相似，甚至可以說庫侖定律是萬有引力定律的另外一種展現形式。庫侖所處的時代被牛頓籠罩，牛頓認為所有自然力都可以整合在萬有引力公式中，這一理論深植庫侖之心，他沒有透過大量實驗，獲取更多數據驗證這個定律，而是以牛頓的說法為預設。

庫侖定律是電磁學的重大轉捩點，此後人類對電與磁的認知由定性逐步轉入定量，利用可計算的方法而不再是依靠感覺。電磁學迎來了春天，大批科學家沿著前人開闢的道路，將電與磁，將整個世界連繫在一起。

在 18 世紀的最後一年，伏特（Alessandro Volta）發明了被稱為伏打電堆的一種電池。不同於萊頓瓶，這種電池可以提供連續且穩定的電源，

第 1 章　一切的起源

所獲得的電流也提升許多。這個發明為電磁學的突破奠定了基礎，為物理史冊上乏善可陳的 18 世紀畫上句號。

平淡的 18 世紀，出現了摩擦發電機、萊頓瓶與伏打電堆，以及富蘭克林與庫侖在電磁學上的進展。這些進展無論與此前或是此後的成就相比，不過是一些細枝末節的瑣事，卻在無意間埋下了 19 世紀電磁學突破的種子。

從吉爾伯特到庫侖時代，科學家認為電與磁之間不可能轉換，直到發生一個偶然的事件。西元 1820 年 4 月 21 日，丹麥的奧斯特（Hans Christian Ørsted）在一場演講中，將導線放在與磁針平行的位置並接通電源後，發現磁針大幅旋轉並連續振盪，這就是著名的奧斯特實驗（見圖 1-1）。實驗之後，奧斯特的心臟狂跳了三個多月，直到他完全確定運動的電可以產生磁[4]。

圖 1-1　奧斯特實驗

奧斯特能有這一發現，不完全是因為運氣，而是他不相信電與磁之間不存在連繫。奧斯特深受德國古典哲學影響，堅信「自然力統一」。他認為電力與磁力都屬於自然力，這兩種力必然統一。

知性為自然立法，每個人認知的世界是自己能夠感知的世界。信奉德國古典哲學的奧斯特，比其他科學家的感知範圍更加廣闊一點。從這時起，電與磁這兩個貌似並不相關的現象緊密連繫在一起，現代電磁學的歷史正式展開。

必歐 (Jean-Baptiste Biot) 與沙伐 (Félix Savart) 這兩位法國科學家很快就取得突破，他們在拉普拉斯的幫助下，經過大量實驗，提出了必歐－沙伐定律。這個定律對靜止的磁進行定量描述，並提出計算恆定電流所產生磁場的公式。

被奧斯特實驗喚醒的還有安德烈·馬里·安培 (André-Marie Ampère)。奧斯特實驗之後，安培抽出一段時間專門從事與電磁學相關的工作[5]，這段歷程使他青史留名。在西元 1820 年之後的七、八年時間裡，電磁學史冊只屬於安培一人。

安培在一週之內，發現到許多電磁現象，例如「通電的螺線管與磁鐵類似」、「兩個載流平行導線，當電流方向相同時彼此吸引，相反時彼此排斥」，當然還包括著名的右手定則[5]。西元 1823 年，安培以大量實驗為基礎，提出安培定律，也被稱為安培力定律，描述兩條載流導線之間的相互作用力與兩個電流元素的大小、距離之間的關係。

安培假設兩個電流元素相互作用力的方向會沿著它們之間的連線。認為其作用力由運動電荷間存在的磁作用所引發，如圖 1-2 所示。在這個公式中，$I_1 dl_1$ 與 $I_2 dl_2$ 為兩條載流導線的電流元素，分別等於導線上的電流乘以導線長度，dF_{12} 為 $I_1 dl_1$ 與 $I_2 dl_2$ 電流元素之間的力；μ_0 為真空磁導率；r 為兩個電流元素間的距離；$\hat{r}$ 為單位向量。

第 1 章　一切的起源

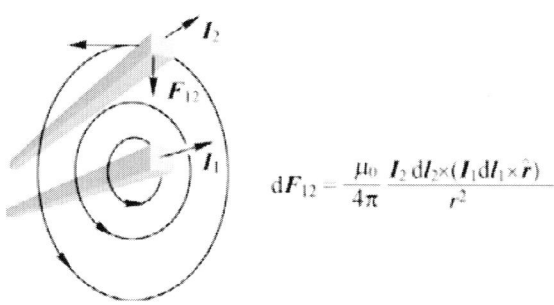

圖 1-2　安培力定律

　　如果把 I_1dl_1 與 I_2dl_2 替換為兩個小球的質量，可以發現安培力定律依然在類比萬有引力定律。這代表著此時的電磁學還未能脫離牛頓力學，成為一門獨立學科。

　　在這些發現的基礎上，安培更進一步，提出一個大師等級的問題，電的流動和天然磁石都能夠產生磁，這兩種磁在本源上是否相同？安培很快得出初步結論，一個物質的磁性來自於「分子電流」[6]。

　　安培認為分子是構成物質的基本單位，在分子周邊存在著運動的環繞電流，從而產生磁場。安培使用分子電流假說整合了電與磁，並解釋天然磁棒與載流螺線管的等效性。安培的分子電流假說，是歷史上第一次試圖將電與磁連繫在一起的方法。

　　奧斯特實驗之後，許多科學家提出了另外一個問題：「電能夠生磁，磁能生電嗎？」安培在內的許多物理學家試圖解決這一問題，卻無功而返，直到麥可・法拉第的出現。西元 1831 年 8 月 29 日，法拉第透過圓環實驗發現電磁感應現象[7]，驗證了變化的磁場可以產生電場，這個實驗是電磁學領域最重大的發現之一（見圖 1-3）。

1.1　電與磁

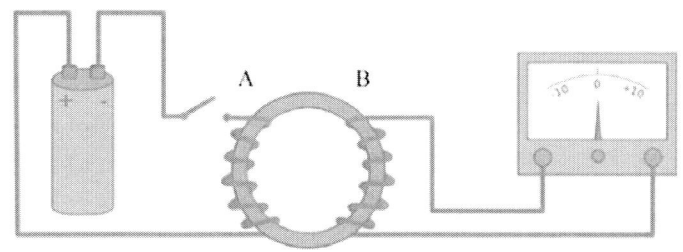

圖 1-3　法拉第圓環實驗

在實驗中，法拉第將鐵環兩邊分別用線圈 A 與 B 纏繞，線圈 A 透過一個開關與電源相連，線圈 B 連接電流表。他發現線圈 A 的電路接通或斷開瞬間，線圈 B 會產生瞬間電流。隨後，法拉第將圓環替換為一個線圈進行實驗，如圖 1-4 所示。

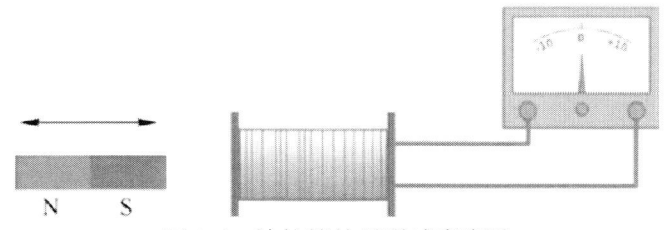

圖 1-4　法拉第的電磁感應實驗

在這次實驗中，法拉第發現當磁鐵快速插入線圈時，電流表的指針快速地正向抖動了一下；當磁鐵被快速拔出後，電流表的指針逆向抖動了一下。

在兩組實驗中，電流表均可檢測到磁作用產生的電流。在圓環實驗中，線圈 A 靜止，透過開關閉合引發變化的磁，可以產生電流；而在另一個實驗中，運動的磁也可以產生電流。至此磁能生電得到完整的驗證[7]。

法拉第後續進行了幾十組電磁感應實驗，歸納出感應電流產生的多種原因，包括變化的電流或者磁；運動的電流或者磁鐵；在磁中運動的

021

第 1 章 一切的起源

導體等。法拉第注意到磁與電流變化得越快,產生的感應電流也越大。

法拉第的實驗結果很快被歸納為數學公式,一種展現形式為 $\varepsilon = -\Delta\Phi_B/\Delta t$,其中 ε 為感應電動勢,Φ_B 為磁通量,即「在閉合迴路中,感應電動勢的大小與穿過這個電路的磁通量變化率成正比」。

西元 1851 年,法拉第透過實驗證明了這個最後以他的名字命名的定律,即法拉第電磁感應定律。這個在常人眼中的巨大成功,卻帶給法拉第極度的痛苦。他進行過的所有實驗與他熟悉的理論,都無法完美解釋電與磁之間的相互作用。

從 49 歲開始,失意與憂鬱伴隨法拉第餘生。當許多人都認為他已江郎才盡時,病榻上的法拉第迎來了職業生涯最後的輝煌。對電磁學本源的探索,使他創造性地提出了「場」。法拉第的這次突破,也許是因為他始終無法理解牛頓的觀點。

牛頓認為力與物質完全不同。力是物質間的作用,是物質運動的原因,物質由微粒和微粒之間的空間組成。法拉第認為物質由力組成,物質的粒子是力的集中,即「力粒子」。他認為力粒子之間沒有空間,物質是連續的[8]。法拉第由此形成這個想法:物質與空間不可分割,空間是物質的延續,物質是空間的展現[9]。

西元 1855 年 2 月,法拉第在〈關於磁哲學的一些觀點〉(On Some Points of Magnetic Philosophy)中提出,物質可以改變力線的分布;力線的存在與物質無關;力線具有傳遞力的能力;力線的傳播需要時間。力線是具有實體性質的存在,具有傳遞力的能力,可以透過真空傳遞而無須藉助於媒介[8]。

西元 1857 年,法拉第發表〈論力的守恆〉(On the Conservation of Force),這是其力線思想完全成熟並逐步過渡到「場」的象徵。也許正是

因為法拉第不懂數學，文章中幾乎沒有任何一個數學公式，以至於許多人認為這是一部電磁學實驗報告合集。

法拉第將磁力線、電力線、重力線、光線和熱力線歸入空間力場，認為電力線和磁力線呈曲線而不是直線；力的傳遞和力線的傳播需要時間；力和場是獨立於物體的另外一種物理形態，物體的運動除了碰撞之外，都是力或者場之間的作用結果[8]。他最後認為「物質與場是物質存在的兩種形式」。

法拉第提出的「場」，撼動了牛頓力學的基礎。他無法提出「場」的數學定義，只能用最純樸的言辭和實驗現象來描述，卻使得他從實驗出發，越過了理論物理與數學兩個層面，直抵哲學高度。「場」的概念，如電場與磁場，至今已成為常識，重構了之前使用牛頓力學描述的電磁學公式，出現在每一本電磁學教科書中。

法拉第的「場」為愛因斯坦提出相對論打造札實的基礎。多年之後，愛因斯坦認為，「場是法拉第最富創造性的思想，是牛頓以來最重要的一次發現」。

法拉第沒有學生，他的直覺與天賦不可繼承。他的「力線與場」的概念在提出之後，引起幾個年輕人的注意，包括威廉·湯姆森（William Thomson）。湯姆森的另外一個名字更加為人所知，即克耳文勳爵（Baron Kelvin），熱力學溫度的單位 K 以他的名字命名。

克耳文勳爵天賦異稟，年少成名，但缺乏耐心。在大學畢業之後，很少有任何一項研究能夠連續占用他幾週時間，他時不時就會研究一段電磁學，隨後從事其他領域。他試圖用數學公式將電與磁統一起來，卻沒有更進一步。

這位勳爵在電磁學領域最重要的貢獻，也許反而是他向另外一位年

第 1 章　一切的起源

輕人介紹了法拉第的《電學實驗研究》(*Experimental Researches in Electricity*)一書。多年之後，法拉第見到這位年輕人，他的名字叫做馬克士威。

西元 1831 年 6 月 13 日，馬克士威生於蘇格蘭愛丁堡。1850 年，馬克士威在愛丁堡大學完成學業後轉入劍橋，並展現出過人的數學天分。西元 1854 年，他開始閱讀法拉第撰寫的《電學實驗研究》，並很快便被書中內容吸引，準備在電磁學領域有所作為。

此時的電磁學理論還在等待著馬克士威統整梳理。在這塊領域中，有一大堆已知的實驗結果，與多如牛毛般不知對錯的數學公式，還有解釋這些實驗結果與公式的不同流派。馬克士威幸運地選擇了從法拉第最精華的「場」入手，系統性地研究電磁學理論，很快便與法拉第提出的「力線與場」產生共鳴，發表了一篇名為〈論法拉第的力線〉(*On Faraday's Lines of Force*)的文章，並引起法拉第的關注。

在當時，法拉第提出的力線與場，不被主流科學界認可，許多人認為他老糊塗了，此時的馬克士威更加默默無名。在當時，他們對「力線與場」所進行的討論，更像是兩個可憐蟲之間的惺惺相惜。

西元 1860 年，在法拉第的邀請下，馬克士威參加了法拉第的一場演講。歷史沒有留下法拉第與馬克士威會面的記載，我們卻必須設想出同樣謙遜、同樣改變了世界的兩個人的見面場景。遲暮的法拉第，是否因為找到了最合適的接班人，而在眼裡藏著淚光？

兩人會面後不久，馬克士威發表了〈論物理力線〉(*On Physical Lines of Force*)，這篇文章分為 4 部分，分別在西元 1861～1862 年間陸續發表[10]。在這篇文章中，馬克士威將法拉第的力線擴展到整個物理學，並提出兩個假設，分別是「變化的磁場產生渦旋電場，變化的電場產生位

移電流」；同時提出兩個推測，一個是電磁波的存在，另一個為光的本質是電磁波。

西元 1864～1865 年，馬克士威發表〈電磁場的動力學理論〉(*A Dynamical Theory of the Electromagnetic Field*) [11]。在這篇文章中，馬克士威跳脫古典力學框架對電磁學的束縛，明確提出了電磁場。馬克士威認為電磁場可以在物體內與真空中存在。在這篇文章中，馬克士威提出一組由 20 個變量和 20 個方程式所組成的方程組，也是馬克士威方程組的最初形態。

西元 1864 年 10 月，馬克士威在皇家科學院介紹他的這些發現時，所有的聽眾都不知所措，因為這個理論建立在所有人無法捕捉的「場」之上。這次演講無論對於馬克士威還是聽眾來說，都是一場災難[11]。

西元 1873 年，馬克士威出版鉅著《電磁學通論》(*A Treatise on Electricity and Magnetism*)，使他的電磁學理論更加完善，基礎更為扎實。此時距離馬克士威發表第一篇電磁學論文，已經過去整整 18 個年頭。西元 1879 年 11 月 5 日，馬克士威帶著遺憾離開人世，他提出的理論和以他名字命名的方程組沒有在他生前得到認可。在他生活的電磁學世界中，馬克士威是一個孤獨的舞者，他的寂寞遠遠超過了法拉第。

我們中的一部分人生活在他們身後的世界。在他死後，他的思想在世間傳播，他的精神在世間成長，他的光芒在很久之後才抵達我們周遭。

馬克士威死後，奧利弗·黑維塞接過他的旗幟。黑維塞是個自學成才的隱士，也是個被遺忘的天才，在閱讀完《電磁學通論》之後，受到馬克士威提出的理論吸引。西元 1882～1892 年，黑維塞開始系統性地整理馬克士威方程組，認為這個方程組沒有得到科學界關注，是因為馬克

第 1 章　一切的起源

士威將其描述得過於複雜。

　　黑維塞堅信自然力的統一，電與磁必然統一，也必然可以用更簡練的方式表達；他堅信大自然的對稱之美，電可以對映為磁，磁一定可以對映為電。依照這兩個原則，黑維塞對馬克士威提出的各種變數與公式進行取捨與合併。在黑維塞所處的時代，微分幾何的進步，促使建立電磁場理論的時機臻於成熟。黑維塞將向量引入微積分，並將其擴展為向量微積分學。他利用向量微積分符號，將馬克士威異常複雜的方程組，化簡為由 4 個微分與積分形式所組成的「馬克士威方程組」。

　　馬克士威方程組在黑維塞的梳理後逐步成形，後人在此基礎上，再次進行一些小的修正，成為今日教科書中的表現形式。馬克士威方程組具有多種等價表述，本書中選取變數較少的方式，見表 1-1。

表 1-1　馬克士威方程組 [12]

序號	名稱	微分形式
I	高斯定律	$\nabla \cdot \boldsymbol{E} = \dfrac{\rho}{\varepsilon_0}$
II	磁場的高斯定律	$\nabla \cdot \boldsymbol{B} = 0$
III	法拉第電磁感應定律	$\nabla \times \boldsymbol{E} = \dfrac{\partial \boldsymbol{B}}{\partial t}$
IV	安培－馬克士威環流定律	$\nabla \times \boldsymbol{B} = \mu_0 \boldsymbol{J} + \mu_0 \varepsilon_0 \dfrac{\partial \boldsymbol{E}}{\partial t}$

　　馬克士威方程組中的 4 個公式分別描述「什麼是靜止的電」、「什麼是靜止的磁」、「變化的磁場產生電場」與「變化的電場產生磁場」。馬克士威方程組揭示出電場與磁場的優美，在現代數學的簡化之下，這種優美得到最充分的表達。

黑維塞化簡後的方程組，與馬克士威提出的原始方程組，在表現方式上已經有非常大的區別。憑藉這個貢獻，這個方程組甚至可以被稱為黑維塞方程組，至少也應該叫做馬克士威－黑維塞方程組。

黑維塞卻認為「除非我們有充足的理由相信，將這個方程組拿給馬克士威看時，他認為有改名的必要，不然這個被修改的方程組還是應該叫做馬克士威方程組」。此時馬克士威早已離世，黑維塞不在乎這個方程組的歸屬，他對他能夠成為馬克士威電磁場理論的布道者已心滿意足。世界因為這些平凡而不凡。

馬克士威因為這個方程組，成為牛頓之後、愛因斯坦之前，最偉大的物理學家。馬克士威還進一步推導彙整出電場與磁場的波動方程式，從理論上證明了電磁波是一種橫波，並推算出電磁波在真空中的傳播速度約為每秒 30 萬公里，這個數值接近光速，他因此推測光是一種電磁波，將電、磁與光整合在一起。

根據馬克士威方程組，在理想的真空環境中，變化的電場產生磁場，變化的磁場產生電場，變化的電場與磁場組成電磁場，電磁場的傳播形成電磁波（見圖 1-5）。電磁波在電磁場中，一正一負，一左一右，相互推輓，相互激勵，光速前行，直到世界盡頭。

西元 1886～1888 年，赫茲開始驗證馬克士威的電磁場理論。西元 1888 年 3 月，赫茲發表〈空氣中的電動波及其反射〉（*On Very Rapid Electric Oscillations*），驗證了電磁波的存在。同年 12 月，赫茲發表〈論電磁輻射〉（*Electric waves*）[13]，在這篇文章的最後，赫茲認為，電磁波具有與光相同的屬性。至此馬克士威的電磁場理論得到全面的驗證。

第 1 章　一切的起源

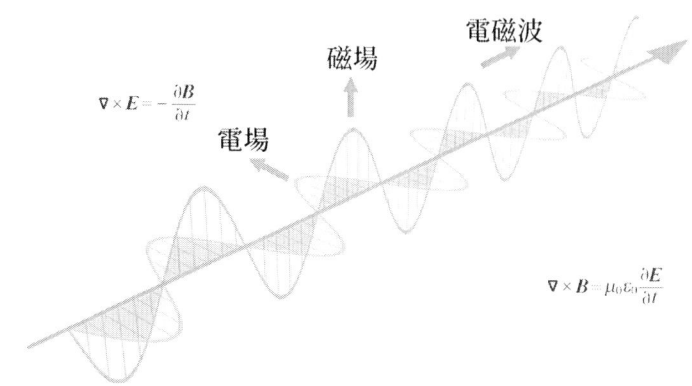

圖 1-5　電磁波的產生示意圖

赫茲的實驗完成之後，只有時間能夠阻擋無線電產業的出現。在科學家、企業家與工程師的合力之下，這個時間被縮短到極限。不同的人懷著不同的目的，駛入這片由法拉第、馬克士威與赫茲等人開闢的藍海。

西元 1895 年，馬可尼（Guglielmo Marconi）將無線電波傳送到公里之外，隨後突破 10 公里、100 公里大關，接下來他將挑戰更遠的距離。

1901 年冬，馬可尼抵達北美，在加拿大東部的聖約翰斯，搭建了無線電的接收裝置；在英國西南部的康瓦爾郡，他的助手搭建了發送裝置，約好在 12 月 12 日中午進行無線電的跨洋傳送。

當天，這個北美最東部的城市聖約翰斯，狂風怒號，用於保持天線垂直的氣球無法正常發揮效果，馬可尼決定用風箏懸掛一根長達 120 公尺的銅線作為接收天線（見圖 1-6）。約定的時間即將到來，在這一天的午後，從康瓦爾郡發出的字母「S」訊號，直上雲霄，經電離層折射，越過三千多公里寬的大西洋，最終到達聖約翰斯，到達了馬可尼身旁。馬可尼這段從西元 1895 年開始、長達 6 年的無線電報實驗歷程，終告成功[14]。

圖 1-6　馬可尼在聖約翰斯搭建無線電接收裝置

不久之後，馬可尼在英國成立了世界上第一家通訊公司，馬可尼無線電報與訊號公司。這個公司成立後的幾十年間，始終在電信業中占據重要位置。在這個公司的大力推廣之下，無線電遍布於世界的每一個角落。

無線電的出現使整個世界翻天覆地，此後陸續出現圍繞著無線電技術的各類應用，如無線電廣播、無線電導航、短波通訊、無線電傳真、電視、微波通訊、雷達、遙控、遙測、衛星通訊，直到今日的智慧型手機。

無線電技術的出現、發展、普及與突破的歷程，經歷過第一次與第二次世界大戰。在那個政治、經濟、軍事與文化強烈碰撞的年代，許多真相被永久封存。

1909 年，馬可尼因在無線電領域的成就，而獲得諾貝爾物理學獎。不過這個獎項沒有消除誰才是真正的「無線電之父」的爭論。俄羅斯人始終認為波波夫（Alexander Popov）是無線電之父。西元 1895 年 5 月 7 日，波波夫在聖彼得堡成功地將內容為「海因里希‧赫茲」的電文，透過無線電傳送了 250 公尺。

第 1 章　一切的起源

　　波波夫之外，特斯拉（Nikola Tesla）也被稱為無線電之父。特斯拉一生涉足眾多領域，留下了一千多項專利，他申請無線電專利的時間最早，卻不被當世承認。1943 年，在特斯拉於窮困潦倒中離世半年後，美國最高法院裁定他為無線電專利的發明人。

　　至今，特斯拉、波波夫與馬可尼已經離我們遠去，想必他們已不在乎誰才是真正的無線電之父。從今天的角度來看，馬可尼創造的價值超過波波夫與特斯拉。他的貢獻不限於無線電，而在於其所建立的企業，能夠促成更多創新，引領著無線電產業的發展方向。伴隨無線電技術的進步，人類展開一輪發現新材料的熱潮，進而誕生了半導體產業。在這個產業推進的過程中，公司的力量逐步壯大，衡量科技進步的標準發生變化，一項科技成果確立的象徵，從實驗室的一次成功，轉變為企業的大規模量產。

　　在企業工作的科學研究人員，逐步接過大學與研究機構手中的科技旗幟。我們迎來了一個應用爆發的時代，也迎來一個沒有「英雄」的時代。

1.2　能檢波的石頭

　　西元 1782 年，伏特發現帶電物體與金屬接觸時會立即放電，與絕緣體接觸時不會放電，與某種材料接觸時則會緩慢放電。他認為這種材料具有半導體特性（Semiconducting Nature）[15]，這是人類歷史上第一次出現半導體這一稱呼。

　　西元 1787 年，現代化學之父拉瓦節（Antoine Lavoisier）推想在石英中含有一種特殊的元素，他將其命名為 Silice[1]。法拉第的老師戴維

(Humphry Davy)，認為這種元素應該是一種金屬，將其改名為具有金屬字尾的稱呼 Silicium。蘇格蘭化學家 Thomas Thomson 不認同戴維的說法，認為這種元素不是金屬，建議使用 Silicon 這個名字[16]，與碳（Carbon）、硼（Boron）等元素同樣以「-on」為字尾。這個稱呼延續到今天，Silicon 的中文就是「矽」。

西元 1810～1830 年，瑞典化學家貝吉里斯（Jöns Jakob Berzelius）分析了多種元素與多達兩千多種化合物的組成，並在一次實驗中意外得到較為純淨的矽[17]。此時矽對人類的意義不及玻璃，沒有任何人知曉「矽」所蘊含的真正能量。

19 世紀，科學家在無意中觀測到一些材料具有熱敏特性、太陽能光電效應、光電導性與整流特性（見表 1-2）。這些觀察沒有引發足夠的關注，在當時沒有理論能夠解釋這些現象，也沒有人將這些特性與「半導體」連繫在一起。

表 1-2　在 19 世紀發現的半導體四大特性

1833 年	熱敏特性	西元 1833 年，法拉第發現硫化銀在溫度升高時電阻降低，與戴維在西元 1821 年發現金屬加熱後電阻升高的現象不同
1839 年	太陽能光電效應	法國的 Edmond Becquerel 發現光照可以使某些材料的兩端產生電位差
1873 年	光電導性	W.R.Smith 發現當光照射在硒材料上時，其電導率提升
1874 年	整流特性	德國的布勞恩（Karl Braun）發現金屬硫化物的整流特性

西元 1874 年，布勞恩發現在金屬硫化物的兩端施加一個正向電壓時，電流可以順利通過，施加反向電壓時電流截止。這種單向導電性可以用於整流[20]。與表 1-2 列出的前三大特性相比，整流特性可以用於接

第 1 章　一切的起源

收無線訊號,更具實用價值,因此這一發現被後人視為現代半導體物理學的開端。

布勞恩能夠觀測到這一現象並非巧合。在高中時代,他便開始研究各種晶體的結構特性,還撰寫了一本關於晶體的書籍。高中畢業後,他陸續測試了許多晶體的導電特性,包括方鉛礦、黃鐵礦、軟錳礦等,發現這些晶體具有導電能力,但是電阻值與歐姆定律推導出的結果並不一致。

因為晶體易碎,測試晶體的導電特性並不容易。布勞恩在測試過程中,使用銀線圓環支撐晶體底部,晶體頂部則被銀絲製成的彈簧壓緊,形成一個點接觸模型[21]。在其後相當長的一段時間裡,這個點接觸模型成為測試晶體導電特性的標準模式。許多年之後,第一個電晶體也利用這種方式實現。

布勞恩陸續發現金屬硫化物、氧化錳等晶體也具有單向導電性。受限於當時的理論水準,布勞恩未能合理解釋晶體具有單向導電性。在當時的製作工藝下,晶體的單向導電性無法穩定存在,這一發現飽受質疑。更為不利的是,布勞恩沒有為金屬硫化物的整流特性找到合適的應用場景。

第一個發現晶體整流特性的布勞恩,沒有重視這些貌似石頭的晶體,將其擱置在一邊,專注於其他領域,並迅速獲得成就。西元 1897 年,他製作出陰極射線管(Cathode-Ray Tube,CRT)。陰極射線管是現代顯示技術的基礎,直到 20 世紀中後期,陰極射線管仍廣泛應用在電視機與電腦等的顯示器領域。

布勞恩在顯示器領域取得突破之時,赫茲的電磁波實驗已經家喻戶曉,無線電產業呼之欲出。布勞恩迅速切換到無線電領域,並取得更大的成就。

當時,無線電的傳輸有兩大難題。其一,無線電波的發射功率不高,電波無法朝著指定的方向發射;其二,無線電波的接收靈敏度很低。

布勞恩使用磁性感應天線,對馬可尼使用的發報機從根本進行改造,

1.2 能檢波的石頭

極大幅增強了發射功率,從而提升無線電的通訊距離。他還發明了可以將無線電波僅沿一個指定方向發射的定向天線技術,該項技術減少了無線電波的無效能量損耗,至今依然在雷達、3G、4G 與 5G 系統中廣泛使用。

布勞恩有效解決了無線電發送系統的一系列問題,為馬可尼最終完成 1901 年跨大西洋的無線電實驗立下汗馬功勞。此後,馬可尼取得商業上的巨大成功,兩個人的共同努力使無線電最終遍布地球的每一處角落。1909 年,布勞恩與馬可尼因為在無線電領域的成就,共享了諾貝爾物理學獎。

布勞恩還嘗試使用各類晶體改良無線電的接收系統,卻沒有成功。他並沒有意識到這些晶體是一種新型的半導體材料。如果他能夠多堅持幾步,他將發現人類歷史上第一個基於半導體晶體的二極體。

晶體二極體是無線檢波器的重要組成裝置,至今依然活躍在電子資訊產業的多個應用領域。無線檢波器的作用是從接收到的訊號中挑選出有效訊號。檢波的第一步為整流,其工作過程如圖 1-7 所示。

無線電接收設備從空中獲得的原始訊號如圖 1-7a 所示;這個訊號經過二極體整流之後,正向部分即上部分訊號可以通過,並得到圖 1-7b 所示的訊號;隨後再經過由電阻與電容組成的濾波器,得到圖 1-7c 中的波形。

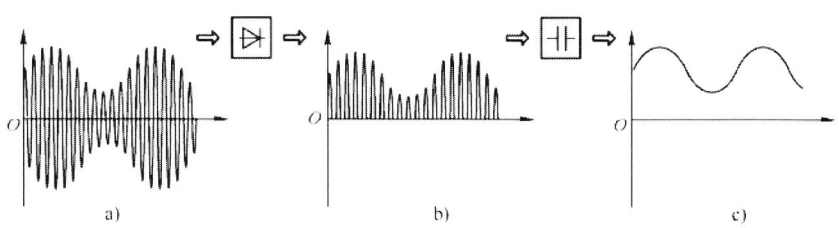

圖 1-7　二極體檢波器運作原理
a) 原始訊號　b) 整流後訊號　c) 濾波完成後信號

第1章　一切的起源

馬可尼進行跨大西洋的無線電實驗時，使用基於「金屬屑」的檢波器，其主體由一個存放金屬屑的真空玻璃管構成。在初始狀態時，金屬屑呈鬆散狀態。無線電波通過時，金屬屑會聚集在一起使電流順利通過；隨後需要用機械裝置晃動擠成一團的金屬屑，使其恢復初始狀態，以便於接收下一個無線電波[22]。

這種工作效率明顯不高、架構原理相當奇葩的檢波器，卻因為穩定性較高，成為當時的主流，直到被更有效率的電解與礦石檢波器取代。

西元 1899 年夏，美國工程師 Greenleaf Pickard 開始了自己的無線電之旅，他很快就意識到金屬屑檢波器的局限性。

一次偶然的機會，Pickard 發現某些礦石具有單向導電性，可以製作檢波器。他嘗試了幾千種礦石，選擇整流效果最好的黃銅礦石晶體（$CuFeS_2$）製作檢波器[23]，用於接收無線電訊號，並在 1906 年獲得這種檢波器的專利[24]。

這就是無線電史冊，也是半導體史冊中赫赫有名的貓鬚檢波器（Cat Whisker Detector）。因為這種檢波器以礦石為主體構成，也被稱為礦石檢波器，其組成結構如圖 1-8 所示。

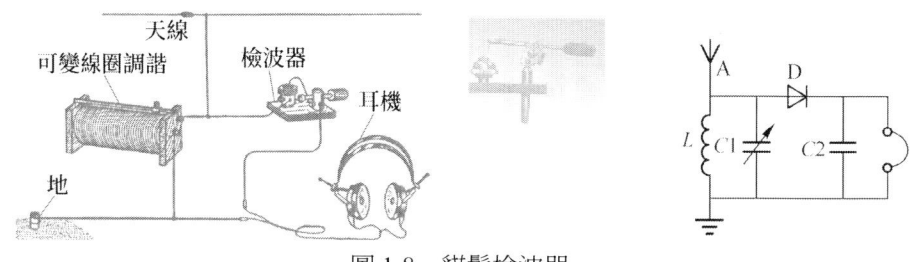

圖 1-8　貓鬚檢波器

在檢波器礦石的上方，有一根金屬探針與外接把手相連，透過這個把手，可以調節探針與礦石表面接觸的壓力與位置，以尋找最佳整流

1.2 能檢波的石頭

點。因為這根金屬探針與貓鬍鬚的外形相似,這種檢波器也被稱為貓鬍鬚檢波器。

Pickard 所處的時代,訊號放大器尚未出現,無線電波通過檢波器後,需要透過耳機收聽。當 Pickard 透過耳機收聽到無線電波時,並不知曉他無意中使用了半導體材料。

Pickard 發明的貓鬍鬚檢波器,最顯著的問題是品質的一致性。這種檢波器的品質與使用的礦石特性有關,但是他並不清楚具體和礦石的哪種特性有關,如何提升這種檢波器的性能更無從談起。至 1920 年,Pickard 測試了大約 31,250 種礦石材料,卻並未發現礦石蘊藏的奧祕[23]。

從今天的認知來看,貓鬍鬚檢波器等效於一個二極體與兩個電容並聯所組成的檢波電路,其構成原理如圖 1-8 右側所示。當交流訊號通過二極體之後,只有上半部分可以通過,之後再藉由電容濾波後完成無線訊號的檢波。

貓鬍鬚檢波器的出現,大幅推進了無線通訊的發展。不久之後,收音機開始進入千家萬戶。無線電製作迅速成為一個普通人就能擁抱的業餘愛好,手工製作一個收音機逐步從夢想變為現實。在那個年代,收音機的地位不亞於今天的智慧型手機。比智慧型手機更加引人注目的是這種收音機可以自己組裝。

這種收音機使用的檢波器,可以由深山老林中貌似普通的石頭製作,當時最厲害的科學家也無法解釋這些石頭能夠檢波的祕密。這種神祕感使得所有人都在想盡一切可能尋找新型材料製作檢波器,隨之迎來人類歷史上一系列重大的材料發現熱潮。

人們使用已經掌握的電、磁、光、熱、真空技術與各種材料進行組合,製作出一系列無線電檢波器,如圖 1-9 所示。

第 1 章　一切的起源

這些材料中包括半導體材料矽與碳化矽。歷經萬年的等待，半導體材料即將以全新的方式呈現在世人面前。恰在此時，電子管技術的出現，使得尚處萌芽階段的半導體材料遭遇到嚴峻的挑戰，延誤了半導體材料前行的步伐，卻也培育著半導體產業橫空出世的土壤。

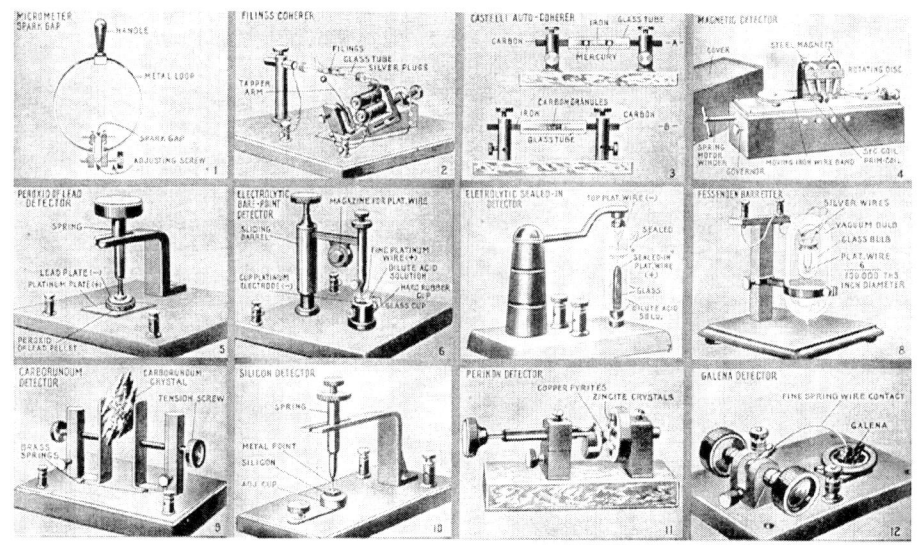

圖 1-9　各式各樣的無線電檢波器[25]

▍1.3　神奇的「電燈」

西元 1876 年，愛迪生（Thomas Alva Edison）在美國紐澤西州的門洛公園建立了一所實驗室。在愛迪生擁有的兩千多項發明中，這個實驗室本身就是最偉大的一項發明。在這裡，愛迪生可以與團隊並肩作戰，集中智慧，批次製造「發明」。

如世人所知，愛迪生的許多發明並非原創，其中包括電燈。在愛迪生之前，至少有 20 餘人發明過形態各異的電燈[26]，而愛迪生作為電燈產

1.3 神奇的「電燈」

業的第一人卻是後世的共識，電燈正是經過愛迪生的改良才得以進入千家萬戶。

愛迪生改良電燈時，發現碳絲不耐高溫、較易蒸發而影響壽命。於是他將一根銅絲封入燈泡，試圖阻止碳絲蒸發。他卻發現當電燈點亮時，銅絲有微弱的電流通過。銅絲懸浮在空中，沒有與通電碳絲接觸。愛迪生無法解釋銅絲從何處獲得電流，僅是為這個發現申請了專利，並將其命名為愛迪生效應[27]，沒有更進一步研究。

機會留給了英國的弗萊明（John Ambrose Fleming）。西元 1882 年，弗萊明成為愛迪生電燈公司的顧問，並在幾年後重現了「愛迪生效應」實驗。這一次，他使用金屬板替換銅絲，依然保持金屬板與燈絲間的絕緣，其實驗原理如圖 1-10 所示。

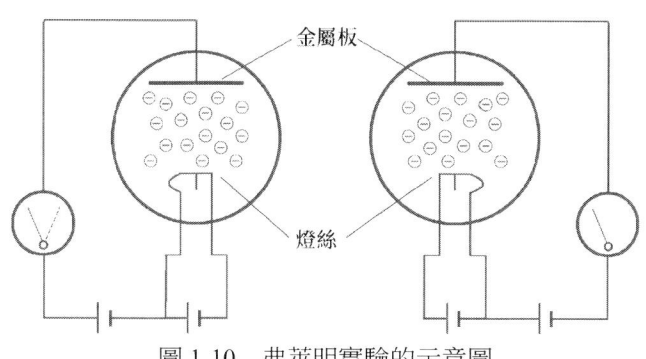

圖 1-10 弗萊明實驗的示意圖

弗萊明將燈光照射在金屬板上之後，使用電流計測量金屬板產生的電流，發現在金屬板上施加正電壓時，有 4～5mA 的電流通過金屬板，施加負電壓時，沒有電流通過[28]。他進一步使用交流電為金屬板供電，發現有連續的直流通過。

這種裝置顯然具有整流特性，卻被弗萊明不經意間忽略。西元 1897 年，湯姆森發現電子，弗萊明借用電子理論解釋了「愛迪生效應」，卻沒

第 1 章 一切的起源

有找到這種裝置的應用情境。此時，弗萊明距離製作出第一個電子二極體，只有一步之遙。

西元 1899 年，弗萊明成為馬可尼公司的科技顧問。馬可尼正在試圖完成無線電波跨越大西洋的壯舉，卻只能將無線電傳送 300 多公里，而東西大西洋的最小間距是 3,000 多公里。布勞恩解決了發送問題，但是如何進一步改良無線電接收依然一籌莫展。

1904 年，弗萊明試圖藉助「愛迪生效應」製作檢波器，實驗裝置與圖 1-11 所示的電燈極其類似。

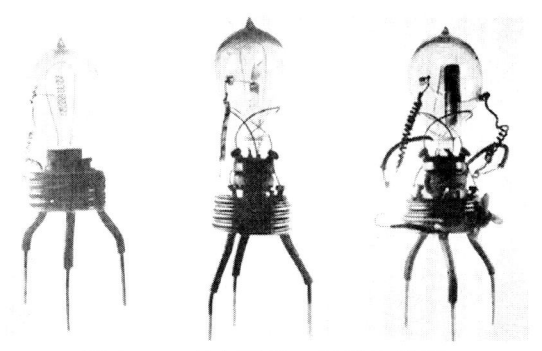

圖 1-11　真空電子二極體的雛形

弗萊明先後嘗試在燈絲中嵌入另一個燈絲，使用燈絲包圍一個金屬圓筒，或使用金屬圓筒包圍燈絲等多種形式進行測試。在一系列實驗之後，弗萊明確定這種裝置可用於無線訊號的檢波。興奮的弗萊明在實驗成功後的第二天，就通知愛迪生電燈公司，按照他的要求製作一批特殊的電燈[29]。

這種電燈由三個接腳組成，其中兩個接腳用於點亮燈絲，被稱為絲極（Filament）；另外一個接腳與環繞燈絲的圓柱形金屬板相連，被稱為屏極（Plate）。弗萊明使用這種裝置進行一系列無線電訊號的接收實驗，如圖 1-12 所示。

1.3 神奇的「電燈」

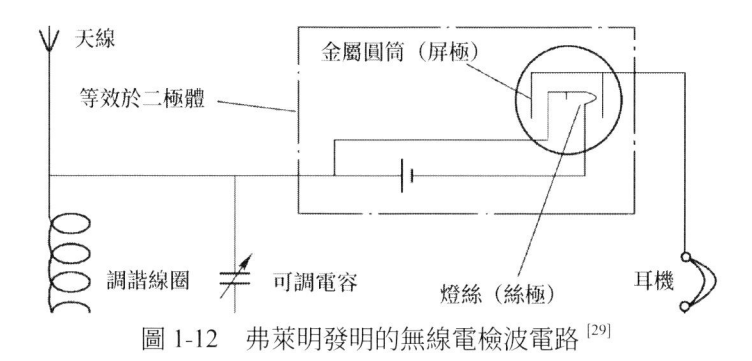

圖 1-12　弗萊明發明的無線電檢波電路[29]

　　一切如弗萊明所料，這個具有單向導電性的電燈，可以作為檢波器接收無線電訊號。他將這個裝置稱為弗萊明閥（Fleming Valve），歷史上第一個真空電子二極體正式誕生。電子二極體的運作原理較為簡單，當電燈點亮後，燈絲將發光發熱，並對外輻射電子。這些電子抵達屏極之後，如果屏極帶正電，將會吸收這些電子，從而在電子管中產生電流；如果屏極帶負電，將排斥這些電子，從而不產生電流。

　　此時，弗萊明沒有完全掌握這種檢波器的運作原理，但還是第一時間寫信給馬可尼。他在信中寫道：「我找到了一種新型的無線電波檢波器，我還沒有和任何人提起過此事，因為這個發現可能會非常重要。」[30]

　　馬可尼高度重視這一成果。但是研究人員發現，使用這種電子管所製作的檢波電路，儘管在實驗室中表現不俗，但是在實際應用情境中效果並不理想，在許多情況下，甚至不如金屬屑檢波器及礦石檢波器穩定可靠。電子二極體並沒有在無線電通訊的發展初期取得太大的成就。

　　與弗萊明同時研究「愛迪生效應」的，還有一個名為福雷斯特（Lee De Forest）的美國人。1905～1906年，福雷斯特使用類似於燈泡的真空管，與已知的電磁學等知識進行各種排列組合，期望有所發現。

　　1906年1月，他提交了一個使用真空管製作振盪裝置的專利[31]。隨

第 1 章　一切的起源

後，他在真空管燈絲兩邊各放置一個金屬片，如圖 1-13 左側所示，並發現這套裝置可以稍微將電流放大[32]。這套裝置從來沒有穩定運作過，但已經不耽誤他在同年 10 月再度申請專利。

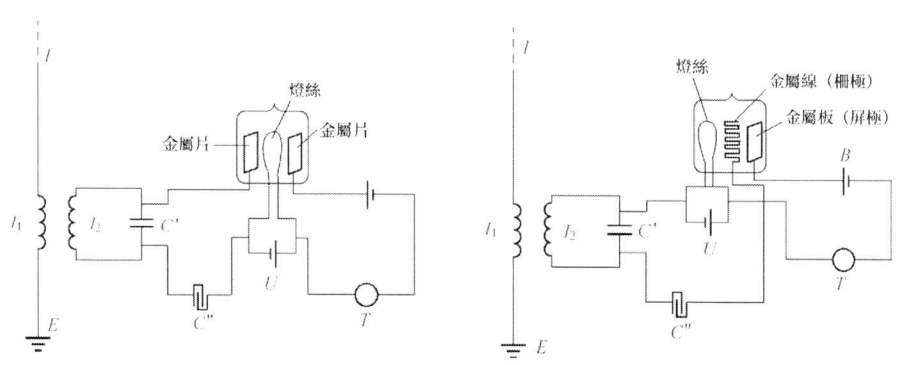

圖 1-13　福雷斯特發明的真空電子三極體[33]

不久之後，福雷斯特在這種真空管的燈絲（絲極）與金屬板（屏極）之間，增加一段「之」字形的金屬線，福雷斯特將其稱為柵極，見圖 1-13 右側。福雷斯特透過實驗，發現這一裝置可以作為檢波器接收無線電波。1907 年 1 月 29 日，福雷斯特為這項發明申請專利[33]，為了與弗萊明閥有所區別，將這種檢波器稱為 Audion，中文名為三極真空管。

福雷斯特發現這種三極真空管不僅可以用於振盪與檢波電路，更為重要的是具有放大電流的功能。他認為其放大功能雖然微乎其微，依然有別於弗萊明的電子二極體[34]。

絕大多數人並不這麼認為，在他們眼中，福雷斯特的三極真空管和電子二極體的區別，只是多了一個柵極，檢波性能並沒有提升。這種裝置的電流放大功效也過於微弱，沒有實際用途。法院很快做出裁定，認為福雷斯特三極真空管的發明，是對弗萊明電子二極體專利的侵權。此時弗萊明的電子二極體專利的所有人是馬可尼，也許是因為被福雷斯特在法庭中熱情澎湃的辯護打動，馬可尼承認弗萊明的這一發明是對電

1.3 神奇的「電燈」

子二極體的有效改良[35]，決定與福雷斯特的這個新發明進行交叉專利授權。

受限於當時的製作工藝，這種三極真空管在發明之後，長達 5 年的時間內，沒有應用於商業領域。在此期間，福雷斯特在商場上屢戰屢敗，窮困潦倒，以致他的一些重要專利，因為沒錢繼續繳費而在歐洲過期。

1910 年，福雷斯特創立的公司再一次破產，一個名為 Fritz Lowenstein 的工程師被迫離職。第二年，Lowenstein 發現在三極真空管的柵極施加反向偏置電壓之後，可以成功地將音訊中的聲音放大。三極真空管至此正式進入「放大」領域。1912 年 4 月 24 日，Lowenstein 為此申請了專利[36]。

幾個月之後，福雷斯特在 Lowenstein 的基礎之上，取得更大的突破，他將兩個檢波器級聯在一起，取得更好的放大效果；隨後他使用三個真空管，製作出三級級聯的放大器，成功地將無線電訊號放大 120 倍。

這個具有放大功能的裝置，繼續使用真空管這個名字顯然已不貼切，更多的人將其稱呼為 Triode，即電子三極體[37]。這種電子三極體，還可以與電阻和電容配合，製作出振盪電路。在無線電發送裝置中所使用的歷史悠久的電弧，終於被這種更加經濟而且穩定的振盪電路所淘汰。

至此，無線電通訊中使用的三個核心電路，即在無線訊號發送時使用的**振盪器**，在無線訊號接收時使用的**檢波器**與**放大器**，全部可以使用電子三極體實現。電子三極體的應用情境一片光明。

電子三極體出現的同時期，英國物理學家理查森 (Owen Willans Richardson) 系統性地研究了加熱所引發的電子流動現象。他發現當溫

第 1 章　一切的起源

度上升到某個閾值後，大量的電子將從金屬中逸出，這種現象也被稱為「熱電子發射」。他精確地推導出熱電子發射的公式，並因此獲得 1928 年的諾貝爾物理學獎。

理論的成形使電子管產業的發展一日千里。不久之後，美國的阿姆斯壯 (Edwin Armstrong) 使用電子管製作出高頻振盪與回饋電路。這種高頻振盪電路在不增加發射功率的前提下，可以使無線訊號傳播得更遠。高頻振盪電路是現代無線電發送設備的基礎；回饋電路可以將無線電訊號輕易地放大幾千倍。

阿姆斯壯在振盪電路和回饋電路方面的開拓性成果，象徵著現代無線電技術的誕生。從法拉第開始，馬克士威、赫茲都有資格作為無線電之父，馬可尼、波波夫與特斯拉都被人稱為無線電之父，弗萊明也自稱是無線電之父。但是現代無線電技術之父，阿姆斯壯當之無愧。

在第一次世界大戰期間，阿姆斯壯發明了「超外差接收機」，這種接收機非常靈敏，可以輕易偵測到百里之外飛機引擎點火系統發出的電磁波。這一發現接近「一戰」結束的時間，未能發揮威力，但是在第二次世界大戰中的雷達領域大放異彩。

阿姆斯壯還有許多專利，包括調頻 (Frequency Modulation，FM) 技術。FM 技術至今還活躍在無線廣播領域。FM 技術的提出，使阿姆斯壯陷入與美國無線電公司 (Radio Corporation of America，RCA) 無盡的專利糾紛中，並因此走向生命盡頭。

此前，RCA 公司在調幅 (Amplitude Modulation，AM) 無線電領域已經投下重本，需要全力阻礙 FM 技術的推廣。商業利益暫時扭曲了技術方向。以個體與公司纏鬥，使阿姆斯壯窮困潦倒，精神上不堪重負。1954 年 2 月，這位幾乎被世人遺忘的發明家，從 13 層的高樓上縱身一

躍，留給後人無盡的遺產與遺憾[38]。

電子管應用在無線電領域的振盪、檢波與回饋放大這三個重要情境之後，迅速開創出一個屬於自己的時代。從 1906 年開始，在其後長達 40 餘年的時間裡，電子管在電子資訊領域始終處於領導地位。電子資訊產業始於電子管，今天各種以「電子」為字首的產業與設備，最早都是從電子管開始的。

使用電子管，還可以建構出數位電路中常用的「反及閘」。反及閘是數位電路的基礎，所有數位電路，無論多麼複雜，都可以僅用反及閘構成。「反及閘」的出現使得電子管的應用情境進入全新的天地。

1945 年，John Mauchly 和 Presper Eckert 借鑑了 ABC（Atanasoff-Berry Computer）計算機的設計理念後更進一步，基於電子管製作出現代意義上的電子計算機 ENIAC（Electronic Numerical Integrator and Computer）[39]。ABC 與 ENIAC 宣告了計算時代的開始，將電子管時代推向巔峰，也是電子管由盛轉衰的起始點。

一種最終改變了人類歷史的科技，伴隨著電子管的發展，奮力向前。這一科技就是 20 世紀最偉大的成就——量子力學。在這個科技的基礎之上，人類發現許多種新型材料，其中的半導體材料改變了電子管的命運，也改變了全人類的命運。

1.4　量子世界

1900 年，普朗克在研究黑體輻射問題時，發現只有假設能量離散分布時，才能推導出與實驗結果相符的黑體輻射公式，這個公式被後人稱為普朗克定律。在這個定律中，普朗克引入了一個輔助變數 h，被後人

第 1 章　一切的起源

稱為普朗克常數。

這個常數使原本被認為連續的自然界，變成一段一段的非連續空間。長久以來，我們所建立的許多古典物理概念在此刻坍塌，原本被認為是無限可分的物質，具有不可分割的最小單位。

量子力學從普朗克常數這個「星星之火」開始，席捲了整個物理世界。當代最傑出的物理學家全部參與了這段歷史。或者說，在20世紀的上半葉，只有參與量子力學相關研究的科學家，才有機會在科技史冊中留下足跡。

普朗克提出的新觀點震驚當世，所有物理學家如夢初醒，在無數次的辯論與質疑聲中，沿著提出問題、分析問題與解決問題的道路，大膽假設，小心驗證，攜手共進，發現了瑰麗壯觀的量子力學殿堂。

在其中，提出問題是最困難也是最為關鍵的一環。愛因斯坦曾經說過：「提出問題通常比解決問題更為重要。解決問題也許僅需要一項數學或者是實驗上的技能，提出新的問題需要創造性的想像力。這個創造性象徵著科學的真正進步。」

量子力學主要用來研究微觀世界的運動規律。微觀世界是一個客觀存在的物質世界，與我們所能直接感知的宏觀世界相比，其運行規律大有區別。

普遍認知中，科學家將大量原子與分子組成的物體稱為宏觀物體，宏觀物體的整體構成了宏觀世界，在宏觀世界所遵循的規律稱為宏觀規律。宏觀世界可以由古典力學、古典電磁學、古典統計力學解釋。

科學家將分子、原子或者更為微觀的粒子，如光子與電子，稱為微觀客體，微觀客體遵循的規律稱為微觀規律，符合微觀規律的客觀物質世界稱為微觀世界。微觀世界中的時間、空間與能量是離散的、跳躍

的，與我們長期以來從宏觀世界獲取的常識大不相同。

源於宏觀世界的古典理論無法解釋微觀世界的運行規律，這個世界是量子力學的主場。無論是金屬、絕緣體還是半導體，其材料特性需要在這個微觀世界中找尋，其奧祕需要由量子力學理論來揭曉。

在量子力學興起之初，不同科學家採取不同的路線進入這個領域，提出了各自需要解決的問題。其中一條路線是光譜分析法。在愛因斯坦提出光量子理論後，光譜分析法這條實驗物理路線始終獨立向前發展，「散布光子，捕獲光子，分析光子」成為探索微觀世界的有效方法之一。另外三條路線分別是「原子結構」、「統計」與「波粒二象性」，如圖 1-14 所示。

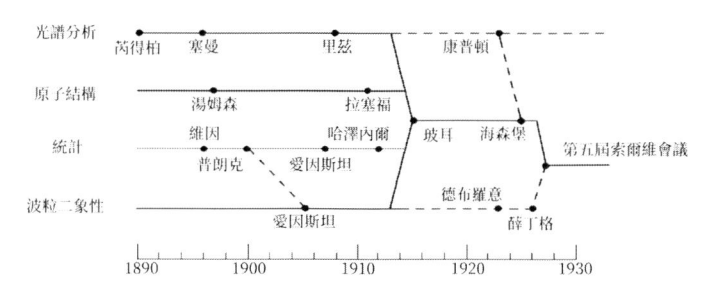

圖 1-14　20 世紀初期量子力學的發展歷程 [40]

原子的概念起源於古希臘，西元前 5 世紀前後，古希臘哲學家德謨克利特等人認為萬物由大量不可分割的微小粒子構成，這種粒子被稱為原子。此時原子的定義還停留在哲學層面，對現代科技並沒有直接貢獻。

19 世紀初，英國科學家道耳吞 (John Dalton) 提出原子實心球模型，他也認為一切物質都是由原子組成，而原子是一個不可分割的實心球。

西元 1897 年，湯姆森發現電子之後，於 1904 年提出葡萄乾蛋糕模

第 1 章 一切的起源

型,他認為電子平均分布在整個原子之上,如同葡萄乾嵌在蛋糕中[41]。這個模型成功解釋了原子的電中性與電子在原子中的分布規律,在一段時間內獲得廣泛的認可。1909～1911 年,湯姆森的學生拉塞福(Ernest Rutherford)在使用 α 粒子撞擊金箔的實驗中,發現原子中心應該具有一個非常小的核,即原子核,原子的正電荷和幾乎所有的質量都集中在原子核中。至此原子被認為由原子核與電子組成,但是對於電子在原子核外的分布方式,在 20 世紀的前半葉引發了強烈爭論。

1911 年,拉塞福不認同他的老師湯姆森建立的葡萄乾蛋糕模型,並提出電子分布的行星模型,認為原子模型類似於太陽系。他將帶正電核的原子核比作太陽,認為帶負電荷的電子如同行星般環繞原子核運動[42]。

電子圍繞原子核旋轉的模型並不完美,在很長一段時間裡,都沒有得到主流科學界的認可。這個模型存在著一個顯而易見的漏洞,當電子繞原子核運動時,依照馬克士威的電磁場理論,將不斷地向外發射電磁波而損耗能量,基於這種模型的原子結構不可能穩定存在。

1913 年,波耳提出原子的能階模型,以解決拉塞福行星原子模型的問題。在波耳發表原子模型後不久,德國物理學家索末菲(Arnold Sommerfeld)將這個模型的圓形軌道推廣為橢圓軌道,並引入相對論理論進行修正。至此,原子模型歷經實心球、葡萄乾蛋糕、行星模型,發展到波耳的能階模型,如圖 1-15 所示。

道耳吞的實心球模型　　湯姆森的葡萄乾蛋糕模型　　拉塞福的行星模型　　波耳的能階模型

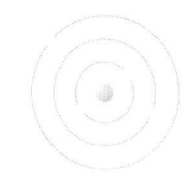

圖 1-15　原子結構模型的變遷

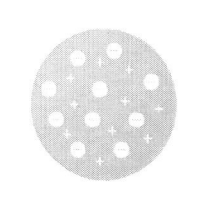

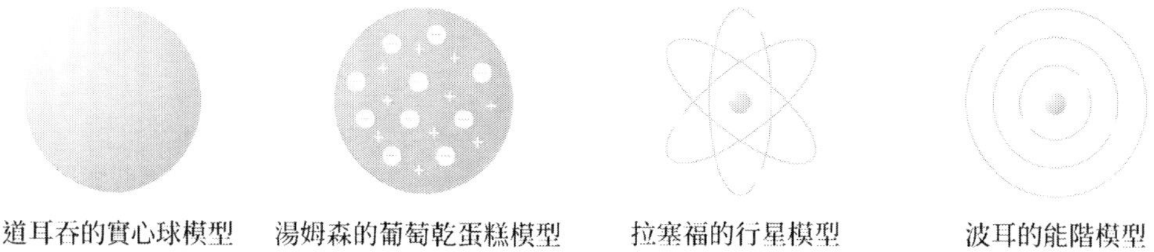

波耳提出的這種能階模型，基於普朗克常數與愛因斯坦提出的光電效應方程式。波耳認為電子圍繞原子核進行運動時，需要遵循兩種法則，一個是定態法則，另一個是頻率法則[43-45]。

定態法則認為，在原子核的周圍有若干個能階不同的軌道，每一個軌道都有一個定態能階 E，當電子在這些軌道中運行時，不會以輻射電磁波的方式消耗能量。當系統處於穩定狀態時，原子所具有的定態能階受一定的限制。

頻率法則基於光電效應方程式，波耳認為電子可以在不同的運行軌道中進行切換，但是在進行切換時，電子需要吸收或者釋放相應能量，保持整體能量守恆。電子從一個定態躍遷到另一個定態時，會吸收或者發射一個頻率為 $v=\Delta E/h$ 的光子，其中 ΔE 為兩個定態之間的能階差。

波耳提出的原子能階模型，必然能夠解釋只有一個電子的氫原子結構，因為在當時，其他科學家已經透過實驗獲得與氫原子相關的實驗數據。波耳提出的這種能階模型，在某種程度上，是根據已知結果湊答案。

在量子力學的發展初期，一邊做實驗，一邊湊答案，一邊坐在家裡推敲理論，是再正常不過的常態。這是科學家在面對量子這個新興事物時，沿著「提出問題」、「分析問題」與「解決問題」前行的必經之路。

波耳使用這種「湊答案」的研究方法，並不違背從牛頓開始的普世科學研究的方法論。此時，科學研究基於因果關係，從觀察特定條件下的實驗現象開始；之後改變條件，並測量可能出現的變化；歸納實驗現象並推演出普遍定律；最後將這個普遍定律拓展到更多領域。

波耳模型很快就遭遇挑戰，後續實驗結果發現，將波耳模型應用到多電子的原子系統，即便只有兩個電子的氦原子，理論計算與實驗結果

第 1 章　一切的起源

也相差甚遠。多數人認為這是因為波耳模型僅考慮到微觀客體的粒子性，沒有考慮到其波動性所致。只有波耳明白，這是因為他的假設還不夠大膽，無法準確地描述什麼是微觀世界。

微觀世界很小，即便在今天，我們也不太了解這個世界，只能透過一些實驗獲得些許現象。在當時，科學家在解釋微觀世界的眾多現象時，發生巨大的爭論。

1918 年，波耳提出對應原理，試圖建立宏觀與微觀世界的連結。1925 年，德國物理學家海森堡引入矩陣力學，從理論的角度來描述量子力學，這也是第一個描述微觀世界的系統性理論。同年，包立（Wolfgang Pauli）提出描述微觀粒子運動的包立不相容原理。

1927 年，尚不滿 26 足歲的海森堡提出「不確定性原理」，他認為一個粒子的位置和動量不可同時確定。這個「不確定性」延伸出許多顛覆性的結論，挑戰著幾個世紀以來科學家用於探索宇宙的普世方法論。

長久以來，科學家始終在與「不確定性」鬥爭，其主要任務就是在貌似撲朔迷離的「不確定性」中抽絲剝繭，尋找「確定性」的答案。

海森堡的「不確定性原理」一經提出，便引發軒然大波。此時，以反應遲鈍、老成穩重著稱的波耳卻擁抱了「不確定性原理」，選擇與海森堡站在一起，並成立哥本哈根學派，面對所有反對者，其中包括愛因斯坦。愛因斯坦在提出光量子與光電效應方程式之後，花費大量的時間研究相對論，沒有專注於微觀世界，也沒有形成解釋微觀世界的系統性理論。在當時，許多科學家在反對海森堡那個前衛的「不確定性原理」時，自發聚集在愛因斯坦周圍，形成了另一種流派，其中堅力量是分別提出物質波公式與薛丁格方程式的德布羅意（Louis de Broglie）與薛丁格。

1923 年，法國物理學家德布羅意在光的波粒二象性的啟發下，提出

了物質波,將光的波粒二象性推演至整個微觀世界。他認為這個世界的所有微觀粒子如電子,也和光一樣具有波動性。他創造出一個非常簡單的公式 $\lambda=h/p$,其中 λ 為微觀粒子的波長,h 為普朗克常數,而 p 為動量。

這個公式左邊的 λ 與波相關,右邊的動量 p 反映粒子特性,將物質的波動性與粒子性緊密地連繫在一起,被稱為物質波公式[46]。不久之後,戴維森(Clinton Davisson)與革末(L. H. Germer)的電子繞射實驗為物質波假說提供了實驗支持[47]。

1926 年,薛丁格提出一套描述微觀世界的理論,波動力學。波函數的出現使得量子力學領域的爭論白熱化,因為哥本哈根學派的玻恩(Max Born),居然把薛丁格的這個波函數的「模平方」翻譯成微觀粒子出現的機率,即「波函數的統計詮釋」。

在這個大背景之下,1927 年 10 月 24 至 29 日,第五屆索爾維會議在比利時的布魯塞爾召開。會議的主題是「電子和光子」,當世最傑出的物理學家幾乎雲集於此。這次會議參與者的合影,被稱為人類有史以來最具智慧的一張照片(見圖 1-16)。

圖 1-16　1927 年第五屆索爾維會議合影

第 1 章　一切的起源

這幅照片裡的 29 人中，有 17 位諾貝爾獎得主，剩下的 12 位也是物理學界中赫赫有名的人物。第一排的 9 人，有 7 位諾貝爾獎得主，分別是朗謬爾（Irving Langmuir）、普朗克、居禮夫人、勞侖茲（Hendrik Lorentz）、愛因斯坦、威爾遜（Charles Wilson）與理查森。他們的表情有些黯淡無光，特別是坐在正中間的愛因斯坦，他剛剛經歷了一場沮喪的失敗。

第二排的 9 人中，有 7 位諾貝爾獎得主，包括德拜（Peter Debye）、布拉格（Lawrence Bragg）、狄拉克（Paul Dirac）、康普頓（Arthur Compton）、德布羅意、玻恩與波耳。第三排的 11 人中，薛丁格、包立與海森堡也曾獲得諾貝爾獎。

會議的主角愛因斯坦坐在最中央。另外一派的主角，在當時只能位於中後排，包括波耳、海森堡、玻恩、狄拉克與包立，他們不僅具有卓越的才華，還有宛如神授的運氣，及時出現在古典物理塌陷重組時的最佳位置上，最後大獲全勝。

這次會議從布拉格介紹與 X 射線相關的報告開始，迅速切換到量子世界，是一部量子力學的濃縮史冊，總結並爭論著 1900～1927 年量子力學的成果。參與這場關於量子大討論的科學家分為三大陣營。

一方是愛因斯坦、薛丁格和德布羅意，他們的目標是打敗波耳和海森堡；一方是波耳、海森堡、玻恩與包立，代表著年輕與叛逆的哥本哈根學派；一方是僅關心實驗結果的布拉格與康普頓。還有許多諾貝爾物理學獎得主在一旁專心地「打混」[46]。

德高望重的勞侖茲擔任這次會議的主席，他的要求很低，只要辯論雙方不在現場打起來就行。論戰異常激烈，正反兩方從辯論電子的波動與粒子性開始，直到量子力學的機率詮釋，甚至還討論上帝是否擲骰子。

爭論雙方都很清楚，宏觀世界的古典理論無法解釋微觀世界的實驗

1.4　量子世界

結果。他們爭論的焦點，不是某項定理、某個推測或是某項實驗結果的對錯，其專注本質是建立量子力學的哲學觀與方法論。這一層面上的矛盾注定不可協調。

量子力學誕生之前，因果論與決定論是科學家恪守的基本信念。萬物演進有其因然後有其果，世界按照因果關係有序發展。科學家的任務是在因果之間，找到客觀世界存在的規律，推測整個世界在未來的演進路徑。

愛因斯坦與波耳們爭執的不是量子力學的對與錯，而是對量子力學的詮釋。愛因斯坦堅守古典物理世界觀，因果論與決定論，他相信「上帝不會擲骰子」，並堅定地認為哥本哈根學派的「不確定性原理」和「波函數的統計詮釋」是離經叛道，毫不動搖地認為量子力學的不確定性只是表面現象，在背後必然有明確的因果關係。在愛因斯坦眼中，哥本哈根學派的做法有如鴕鳥。這些人發現了不知對錯的「不確定性原理」，卻不打算去找「為什麼不確定」的答案，也不打算去找「如何才能確定」的方法，就全盤接受這些事實。先不說哥本哈根學派的量子力學理論具有缺陷與不完備，這種科學態度本身愛因斯坦就無法接受。

愛因斯坦為量子力學的構築立下不朽功勳，他曾提出光量子的概念。但在與哥本哈根學派的辯論中，愛因斯坦只能透過反例來質疑對方，沒有建立一套完整的理論框架。這場發生在第五屆索爾維會議中的辯論，以愛因斯坦的慘敗告終。

1930 年 10 月，在第六屆索爾維會議上，理智的愛因斯坦認可了海森堡的不確定性原理，以及哥本哈根學派所提出理論在邏輯上的自洽。但是他終其一生，都不認為哥本哈根學派是完美的。1935 年，他與波多斯基（Boris Podolsky）和羅森（Nathan Rosen）提出 EPR 悖論，挑戰這個理論的完備性[48]。在這個挑戰過程中，催生了量子糾纏與量子位元這些概念。

第 1 章　一切的起源

在其後很長一段時間,雙方的爭論仍在繼續,直到愛因斯坦與哥本哈根教皇波耳先後離世,這場關於量子的論戰才告一段落。

在這場世紀辯論中,波耳一方大獲全勝。1955 年,海森堡使用哥本哈根詮釋(Copenhagen Interpretation)這個詞彙,統整與歸納了量子力學的主要成果[49]。

詮釋的核心使用薛丁格的波函數描述微觀系統,包含玻恩對波函數的機率詮釋、海森堡的不確定性理論,以及波耳的互補與對應原理[49]。哥本哈根詮釋認為量子系統無法由測量儀器觀察,因為儀器會影響微觀系統,波函數因此將坍塌成為確認值。

哥本哈根詮釋確立的量子力學哲學觀與方法論,相當於數學中的公理。哥本哈根詮釋提出的觀點與宏觀世界的常識並不一致,但是除了實驗結果之外,其對錯不能被挑戰。基於哥本哈根詮釋,誕生出一種全新的原子結構模型,如圖 1-17 所示。

在這種模型下,原子依然由原子核與核外電子組成。電子作為微觀粒子,其運行軌跡沒有固定規律,電子狀態用波函數 ψ 完全描述,按照薛丁格波動方程式瀰漫,並在原子核外形成呈機率分布的電子雲結構。

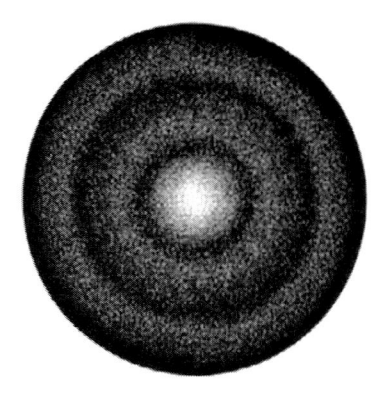

圖 1-17　原子的電子雲模型

至此，原子結構模型在歷經實心球、葡萄乾蛋糕、行星與波爾能階模型後，演化為今天的電子雲模型。在這個模型中，電子可能出現在這個微觀系統的任何位置，但是整體依然會呈現分層，因為在某些位置，電子出現的機率更高一點。

哥本哈根學派在合理詮釋原子組成結構之後，進一步提出了電子雙縫實驗的設想。發明路徑積分的費曼（Richard Feynman）對這個雙縫實驗情有獨鍾，他認為電子雙縫實驗包含著量子力學的唯一奧祕。

其《費曼物理學講義》（*The Feynman Lectures on Physics*）的第三卷以電子雙縫實驗為開頭書寫[50]。這本著作在 1965 年出版，此時單電子雙縫實驗尚未進行，書中的實驗是在費曼腦海裡完成的。費曼認為單個電子即可與自身發生干涉，這種干涉在外界系統觀測時消失。

費曼的電子雙縫實驗著重考慮單個電子間發生的干涉，與宏觀世界中的楊氏雙縫干涉實驗有些區別。在楊氏雙縫干涉實驗中，當一束光通過兩個縫隙之後，會分解成兩個完全相同的光源，之後因為光源之間產生干涉，這兩個光源在波峰波谷疊加，再投影到屏幕上，最後形成一系列明暗交替有如斑馬線的干涉圖案，如圖 1-18 所示。

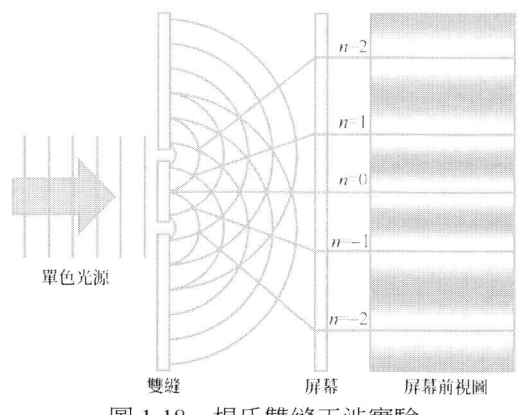

圖 1-18　楊氏雙縫干涉實驗

第 1 章　一切的起源

這個實驗說明光具有波動性，隨後的光電效應實驗驗證了光的粒子性。此後光的波粒二象性已家喻戶曉。但是這個實驗是將光作為整體發射，如果設想將光分解為一個一個的光子，再進行這個實驗，會得出什麼樣的結果？

1909 年，英國人 G.I.Taylor 進行一次獨特的光學雙縫實驗，試圖模擬單個光子通過雙縫的情景。在當時簡陋的實驗條件下，Taylor 使用非常黯淡的光源，通過重重煙燻的玻璃屏幕，並越過雙縫，最後到達感光膠片。

實驗進行得異常艱苦。Taylor 所使用光源的微弱程度，相當於一英里外的一根蠟燭，因為最後到達感光膠片上的光非常少，Taylor 需要將膠片連續曝光 3 個月左右的時間，才能充分顯影，以確認這個微弱光源通過雙縫後的結果[51]。Taylor 發現這個微弱的光源通過雙縫後，在感光膠片上依然留下了干涉圖案。

這個實驗原本並不知名，Taylor 在當時使用的光源也不可能發送出單個光子，Taylor 在文章中甚至沒有提及光量子的概念與愛因斯坦對光電效應的解釋。這篇文章在發表後的很長一段時間內，沒有受到太大的關注。

1930 年，狄拉克的《量子力學原理》(*The Principles of Quantum Mechanics*) 出版。書中，狄拉克斷言「光子僅和自身干涉，干涉不會發生在兩個不同的光子間」[52]。狄拉克甚至懶得過多提及多個光子間如何發生干涉，因為單光子能和自身干涉，已經能夠說明所有問題了。

狄拉克的這本書太過出名，流傳得太過廣泛。他的這條語錄，在當時得到許多人的追捧，也促使 Taylor 的實驗受到重視，因為在狄拉克說這句話之時，只有這個實驗與「光子僅和自身干涉」最有關聯，雖然 Taylor 實驗使用的絕對不是單個光子。

直到 1986 年，使用真正單光子光源進行的雙縫實驗，才由 Grangier、Roger 與 Aspect 完成。Aspect 小組產生單光子的過程比 Taylor 實驗嚴謹好幾倍。這個小組使用單光子進行的雙縫實驗結果與 Taylor 一致，他們發現即便每一次僅發射一個光子，在檢測屏幕上依然出現干涉圖案[53]。

1927 年，在戴維森與革末的電子繞射實驗成功後，科學家立即想到使用單個電子重現雙縫實驗。但是經過了很長一段時間，人類都沒有製作出能夠發射單個電子的設備。電子的波長小於光子，長度是埃米等級，這使得在實驗中使用的狹縫要足夠狹窄。

直到 1961 年，德國物理學家 ClausJönsson 在銅片上加工出一組 300nm 的狹縫，才完成第一個基於電子的雙縫實驗，得到與楊氏雙縫干涉實驗結果一致的干涉圖案，驗證了電子的波動性，但是他在實驗中使用的是電子束而不是單個電子[54]。

1974 年，義大利物理學家 Merli、Missiroli 與 Pozzi 使用電子雙稜鏡模擬雙縫干涉，發現即使每次只發射一個電子，依然可以出現雙縫干涉圖案[55]。在 21 世紀的今天，製造技術的進步使費曼設想的單電子雙縫實驗最終得以實現。2012 年，美國內布拉斯加大學林肯分校的 Bach、Pope、Liou 與 Batelaanc 等人，完成了實際意義上的單電子雙縫實驗[56]。

在這次實驗中，Bach 和同事們使用 62nm 寬的狹縫，兩個狹縫的中心間距為 272nm，用能量僅為 600eV 的電子進行實驗。對於電子而言，600eV 屬於較低的能量，電子的能量越低，波長越大，越有利於實驗進行。

在實驗中，Bach 團隊使用探測器對單個電子進行計數，並降低發射源的強度，使得每秒鐘探測器僅能檢測到一個電子，確保在任何時候發

第 1 章　一切的起源

射源與探測器之間，最多只有一個電子存在。這個「每次發射一個電子」的保證，是由探測器賦予機率意義上的保證。在實驗中，產生「單個電子」的機率很高，約為 99.9999%。

在實驗持續兩個小時之後，隨著檢測到的電子數目越來越多時，Bach 小組在屏幕中發現到干涉圖案。這是人類歷史上第一次嚴格意義的單電子雙縫實驗。

單電子雙縫實驗的結果不符合大多數人的生活常識。假設一大堆粒子逐一通過雙縫，按照常理，單個粒子在通過雙縫時，不管這個粒子是否具有波的特性，只能從上方或者下方縫隙通過，在縫隙右側的觀測屏幕中會留下兩堆粒子，如圖 1-19 左圖所示。

而單光子和單電子雙縫實驗的結果都表明，雖然在實驗中每次只發射一個粒子，但在經過一段時間的累積之後，底片上還是出現多道干涉條紋，見圖 1-19 右圖。另外一個奇妙的現象是，實驗中如果在雙縫後方有觀測行為，則干涉條紋消失，此時的實驗結果與圖 1-19 左圖一致，即觀測能夠改變實驗結果。

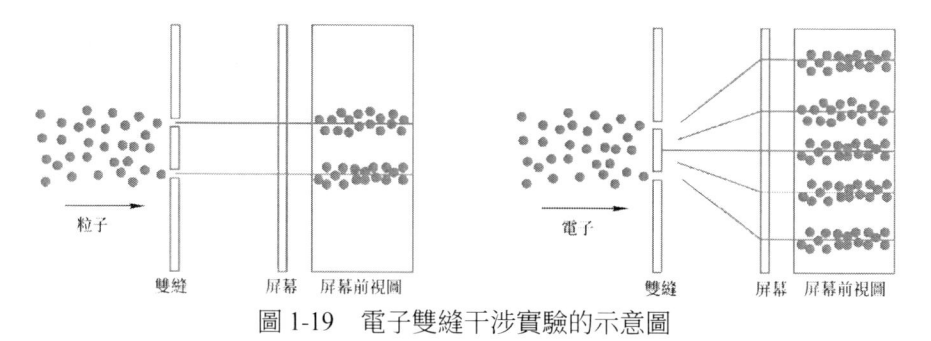

圖 1-19　電子雙縫干涉實驗的示意圖

根據哥本哈根詮釋，在微觀世界觀測行為能夠影響實驗結果是已知結論。現有儀器對於電子的影響很大，即便採用「散布光子，捕獲光子」的方法檢測微觀系統，光子能量對電子的影響也不可忽略。當使用這些

儀器對電子進行觀測時，相當於一頭大象一腳踩在蟻窩上，周遭螞蟻立即成為各式各樣的標本，這些標本被量子力學稱為本徵態，或有限數量具有相同本徵值的本徵態的線性組合。

單個粒子產生干涉似乎非常神奇，但這正是量子力學的精妙之處。這些單粒子似乎在接近縫隙時突然分成兩半，分別從上下兩個縫隙中穿越，其中的一半與自己的另一半發生干涉，並留下代表著發生干涉的斑馬條紋。這個說法超出了普通人的思考範圍，卻能夠解釋電子雙縫實驗的結果，也似乎證實了狄拉克在 1930 年所提出的斷言，「單個粒子與自身發生干涉」。

狄拉克的這種說法並不完全被後繼的科學家所認可。格勞伯（Roy J.Glauber），這位 2005 年的諾貝爾物理學獎得主，特地撰寫了一篇文章[57]糾正這個說法。

格勞伯認為，在微觀世界，發生干涉的是電子或者光子嗎？這些粒子在微觀世界不過都是以機率幅（Probability Amplitude）的方式存在罷了。如果是這樣，我們繼續討論「粒子與自身發生干涉」或者「相互之間發生干涉」這樣的話題是否還有意義[57]？

當然格勞伯對「電子雙縫干涉」的這個說法，依然引發了一些爭議，至今為止也不是所有人都認同這一說法。

在費曼眼中，這個包含量子力學唯一奧祕的電子雙縫干涉實驗，至今尚未有準確的解釋。在微觀世界中，單個電子或許是以疊加態的方式通過縫隙，單個電子不止分成兩半，而是以各種可能的機率通過雙縫。

費曼認為，「電子不單是波，也不單是粒子，不是我們在古典宏觀世界看到的任何東西」。在微觀世界，我們同樣從來沒有真正抓住過一個電子。微觀世界的真正奧祕，也許需要等待更加遙遠的未來揭曉。

第 1 章　一切的起源

1.5　元素的奧祕

西元 1789 年，拉瓦節在歷時四年寫就的《化學概要》(*Traité Élémentaire de Chimie*) 一書中，整理出第一張元素表，歸納了之前出現的各類元素。西元 1869 年，俄羅斯科學家門得列夫 (Dmitri Mendeleev) 將 63 種元素按照相對原子量排列，並將化學性質相同的元素放在同一列，形成元素週期表的雛形[58]。門得列夫還為尚未發現的元素預留位置，此後新元素不斷被發現，這張表在後人的修訂下逐漸完善，成為今天的元素週期表，如圖 1-20 所示[59]。

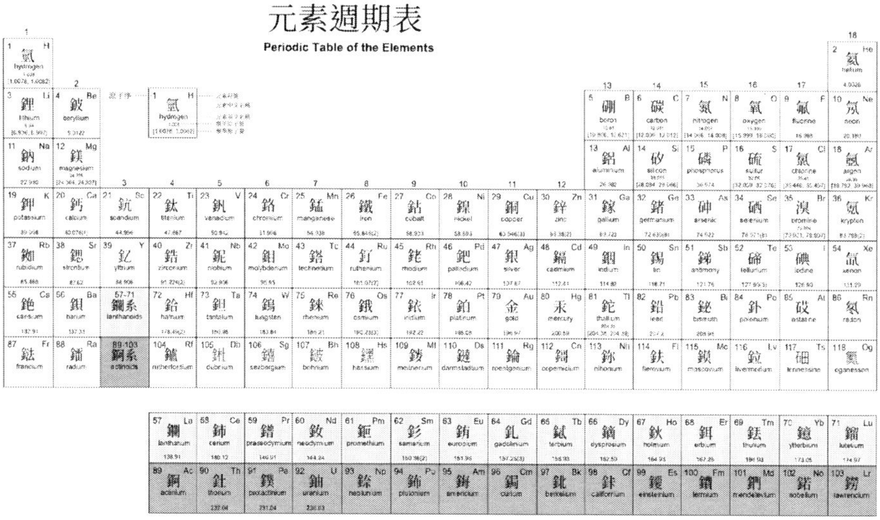

圖 1-20　元素週期表

元素的發現起源於鍊金術。電的出現極大幅提升了純化能力，戴維使用電解法發現了很多金屬元素。19 世紀中葉，本生 (Robert Bunsen) 和克希何夫 (Gustav Kirchhoff) 將金屬或它們的化合物放在火中灼燒，透過稜鏡將灼燒發出的焰光色散成譜線，建立了光譜分析法。藉助這一方法，科學家發現到更多元素。

至今，科學家發現了 94 種天然元素，從第 1 號元素氫到第 94 號元素鈽。20 世紀前葉，在迴旋加速器的幫助下，科學家合成出 24 種人造元素。天然與人造元素合計 118 種，這百餘種元素可以相互結合，組成約三千多萬種物質，構成千姿百態的世界。

今天的元素週期表由 7 行、18 列組成。其中每一行被稱為一個元素週期，每一列稱為一個族。元素週期表將世界上已知的所有元素集合在一起，形成一個完整的體系，蘊含著世間萬物的祕密。

絕大多數讀者在高中時代便已接觸過這張元素週期表，但是高中教科書並未詳細解釋這張元素週期表的由來，只是簡單描述說「在週期表中，元素的原子序等於質子數，等於核電荷數，也等於核外電子數」。輕描淡寫的這一句話，代表著無數科學家幾十年，甚至幾百年的努力。

湯姆森發現電子之後，科學界對元素週期表的解釋逐步進入正軌。隨後他的學生拉塞福發現原子由原子核與核外電子組成，因為原子是電中性的，拉塞福認為原子核具有與電子截然相反的正電荷，即核電荷，其數量與電子中的負電荷數相等。

1913 年，英國的莫斯利（Henry Moseley）使用 X 射線撞擊不同元素時，發現所產生的譜線頻率與該元素在元素週期表中的相對序號平方呈線性關係。這個規律被稱為莫斯利定律，由此初步確立了不同元素在週期表的排列順序[60]。

1920 年，還在攻讀博士學位的查兌克（Sir James Chadwick）透過 α 粒子的散射實驗，測量出許多種元素的核電荷數，確認了週期表中的原子序等於核電荷的數目。查兌克在 1935 年獲得諾貝爾獎，不過不是因為這個實驗，而是因為他在 1932 年發現在原子核中不帶電的中子。在此之前，拉塞福還發現到原子核中的質子。

第 1 章　一切的起源

　　以這些發現為基礎,科學家形成共識,原子由原子核與核外電子組成,原子核由質子與中子組成。其中質子帶正電,中子不帶電,電子帶負電。一個電子所帶電荷為一個單位電荷。原子是電中性的,一個原子的核電荷數是多少它就有多少個電子。

　　科學家在推算出核外電子的數目之後,需要進一步解決的問題,就是這些核外電子的分布形態。量子力學理論認為,核外電子呈電子雲狀,以機率方式分布在原子核周圍,但是整體依然為一個分層結構,如圖 1-17 所示。

　　量子力學對核外電子分布的解釋,涉及建立量子力學理論的一些關鍵假設。這些假設的建立過程與擲骰子有幾分相似。與普通人擲骰子不同,科學家是用訓練有素的手在擲,擲得次數足夠多且足夠專注。其中,薛丁格擲出最重要的一次骰子。

　　薛丁格「擲」的基礎源於宏觀世界的能量守恆。儘管宏觀世界的許多理論不適用於微觀世界,但是能量守恆基本上適用。薛丁格以描述這種能量守恆的哈密頓－雅可比方程式為框架,將德布羅意物質波公式多推導幾步,得到了式 (1-3)。

薛丁格方程式：　　$-\dfrac{\hbar^2}{2m}\dfrac{\partial^2 \Psi(x,t)}{\partial x^2}+U(x,t)\Psi(x,t)=i\hbar\dfrac{\partial \Psi(x,t)}{\partial t}$　　（1-3）

　　這個公式就是大名鼎鼎的薛丁格方程式的特例之一,更為準確地說,是一維含時非相對論的薛丁格方程式,描述的是微觀系統中的能量守恆,即一個系統的動能與勢能之和等於總動能,ψ 是著名的波函數。

　　這個公式遠不及牛頓描述什麼是力的「$F=ma$」精煉,也無法與愛因斯坦的質能方程式「$E=mc^2$」相比。即便我們將其化簡為薛丁格墓碑上的

表示式「$i\hbar\psi=H\psi$」（見圖 1-21）恐怕多數人也無法理解薛丁格方程式的簡約之美。

圖 1-21　薛丁格之墓

薛丁格方程式的建立過程是不能認真推敲的，他所憑藉的基礎，一個來自於古典力學，一個來自於微觀世界，推導過程「連猜帶矇」。問題是這個方程式居然被後世如此擁戴。一定有人會問這種「猜出來」的方程式能否建立一個量子世界？

提這個問題的人，忽略了幾乎所有物理學的基礎定律都是建立在「猜」的基礎之上。牛頓的第二定律，物體加速度的大小與作用力成正比、與質量成反比，即 $F=ma$ 這個著名的公式，不依靠任何邏輯推理，完全是牛頓猜出來的。

既然牛頓在蘋果樹下發呆，猜出來的公式可以被承認，為什麼薛丁格在阿爾卑斯山麓，人約黃昏後妙手偶得的公式就不行？或許依然會有人爭辯，牛頓的 $F=ma$ 是經過各種實踐驗證過的。那麼我可以說牛頓的這條定律在微觀系統就不成立，而薛丁格方程在微觀系統中通過了所有已知實驗的驗證。

第 1 章　一切的起源

在微觀系統中，承認薛丁格方程式的正確性，相當於承認在古典世界中的牛頓三大定律。薛丁格方程式是量子力學的重要基礎假設，只有實驗結果才能夠將其證偽。在微觀系統中，能夠列出薛丁格方程式，求解這個方程式，並得到相應的波函數，是量子力學最根本的工作。

波函數 ψ 包含了微觀系統的一切資訊。一個微觀系統的運行狀態和由這些狀態確立的物理特性，可以使用歸一化的波函數 ψ 完整表示，這是量子力學的**波函數假設**。一個微觀系統的波函數隨時間的演化滿足薛丁格方程式，這是**演化假設**。

波函數可以告訴我們在微觀系統中，粒子喜歡在哪個位置出現，波函數的模平方對應在空間中發現粒子的機率。這就是玻恩對波函數的機率詮釋，也是發明了波函數的薛丁格至死都不承認的詮釋。薛丁格去世前寫了封信給玻恩，明確地告訴玻恩，他非常介意這種基於統計學的模糊詮釋。

在微觀系統中，每一個可觀測的物理量皆可由一個**運算子表示**，這就是運算子假設。運算子可以理解為一臺儀器，使用這臺儀器對微觀系統進行測量時，波函數會坍縮為一個確定值，從而得到一個力學量的測量結果。這個測量過程被具體地描述為運算子作用於波函數。常用運算子包括能量運算子、動量運算子和角動量運算子等。

在量子力學中，波函數假設、演化假設與運算子假設是最重要的三種假設，此外還有一個全同粒子假設。這些假設在量子力學中的意義，相當於牛頓三大定律之於古典宏觀世界。

在這些假設之中，波函數與薛丁格方程式是群星捧出的月亮。波函數具體表示式可以透過求解薛丁格方程式獲得。如式 (1-3) 所示的薛丁格方程式是一個偏微分方程式，可以使用分離變數法 (Separation of Variables）求解這類方程式,並獲得波函數,透過波函數可以獲得微觀系統的狀態資訊。

基於量子力學的這些基本假設,可以計算得出在一個微觀系統中,能量是非連續變化的,不能是任意值,而必須是某些離散的值。基於這些基本假設,可以解釋在微觀系統中目前出現的所有實驗結果。

將量子力學的假設應用於氫原子結構時,可以計算出氫原子的許多資訊。氫原子只有一個電子和一個質子,是一個雙粒子結構,其薛丁格方程式並不難列出,使用分離變量法可以求出其波函數 ψ。透過波函數 ψ,可獲得這個微觀系統的完整資訊。

科學家在求解描述原子微觀系統的薛丁格方程式的過程中,發現了與原子軌域密切相關的三個參數,分別為主量子數 n、角量子數 l 和磁量子數 m。只有當這三個參數為某些特殊的值時,所求解出的波函數 ψ 才有物理意義。

主量子數 n 用來描述原子軌域的殼層,是決定電子能量高低的主要因素,也是波耳的原子結構模型中引入的唯一量子數,n 的取值只能是正整數。對於只有一個電子的氫原子,原子軌域能階 E_n 只與 n 相關,其結果如式（1-4）所示。

氫原子軌域能階 E_n 的計算: $$E_n = -\frac{\mu e^4}{8\varepsilon_0^2 h^2}\frac{1}{n^2} = -13.595\frac{1}{n^2} \qquad (1\text{-}4)$$

對多電子原子,原子軌域能階不僅與主量子數 n 有關,還與角量子數 l 相關。角量子數決定原子軌域的角動量大小,用於描述在同一殼層中的多個電子副殼層,其取值與主量子數 n 有關,在 0～n-1 之間,分別用 s、p、d、f 等表示。n 相同時,l 越大能量越多。舉例說明,當主量子數 n 等於 3 時,l 將在 0～2 之間,可以對應三個電子副殼層,分別是

3s、3p 與 3d。

磁量子數 m 描述原子軌域在空間中的延伸方向，取值與角量子數 l 有關，其值為 0、±1、±2、……、±l，其中每一個值代表一種延伸方向。延伸方向不會決定原子軌域的能量等級，能階僅與主量子數和角量子數有關。主量子數和角量子數相同而延伸方向不同的原子軌域被稱為簡併軌域。

除了主量子數 n、角量子數 l 和磁量子數 m 之外，在原子軌域中，還有一個自旋磁量子數 m_s，這個參數不是根據理論，而是根據實驗結果新增的。

西元 1896 年，塞曼發現原子光譜在外加強磁場的作用下將發生分裂，這種現象被稱為塞曼效應。勞侖茲認為產生這一現象是因為電子存在軌域磁矩，且磁矩方向的空間取向是量子化的。1902 年，塞曼和勞侖茲因為這一發現共同獲得了諾貝爾物理學獎。

1921～1922 年，斯特恩（Otto Stern）與蓋拉赫（Walther Gerlach）二人合作完成了一次實驗，證實角動量是量子化的，更為關鍵的是「自旋」也是量子化的，於是產生了第 4 個量子數，即自旋磁量子數 m_s。斯特恩因此獲得了 1943 年諾貝爾物理學獎。

自旋磁量子數 m_s 可以理解為描述電子自旋的量子數。對於電子，其取值只能為 1/2 與 -1/2，一個表示正方向旋轉，另一個表示反方向旋轉。這種自旋是一種量子效應，與宏觀概念的旋轉，如地球自轉沒有任何關聯。

以這些實驗為基礎，科學家逐步確立了描述核外電子狀態的 4 個量子數，分別是主量子數 n、角量子數 l、磁量子數 m 與自旋磁量子數 m_s，之後可以使用這 4 個量子數解釋原子軌域與元素的奧祕。

1.5 元素的奧祕

原子的核外電子分布需要遵循三大定則。首先是**包立不相容原理**，即在一個原子中，沒有兩個電子具有完全相同的 4 個量子數，因此在原子的每一個簡併軌域中，最多排放兩個電子，這兩個電子的自旋磁量子數一個為 1/2，另一個為 -1/2。

其次是**能量最低原理**，即電子將優先占據能量較低的原子軌域，使整個原子系統能量最低，此時的狀態被稱為原子的基態，電子可能躍遷到高能階進入激發態，也可能遠離原子核，進入電離態。

最後是**洪德定則**，即在能階相等的簡併軌域中，電子將盡可能分占不同的軌域，且自旋方向相同。

以矽為例，在元素週期表中，矽的原子序為 14，核外電子數目為 14，矽的核外電子的能階排列為 1s、2s、2p、3s 與 3p，按照能量最低原理依次排列時，使用這 5 個能階即可完全容納矽的 14 個電子，分布方式為 $1s^2 2s^2 2px^2 py^2 pz^2 3s^2 3px^1 3py^1$。

主量子數 n 為 1 時，只有一個電子副殼層 s，能階為 1s，延伸方向只有 0，這個能階只能存放 2 個電子。

主量子數 n 為 2 時，有兩個電子副殼層 2s 和 2p。2s 能階的延伸方向只有 0，可以存放 2 個電子；2p 能階的延伸方向有 0、-1 與 1 三種，此處用 x、y 與 z 替換，能階為 2px、2py 與 2pz，可以存放 6 個電子。因此 2s 和 2p 兩個能階可以存放 8 個電子。

主量子數 n 為 3 時，電子副殼層包括 3s、3p 和 3d，但矽只有 14 個電子，僅剩下 4 個電子需要排列，使用 3s 和 3p 即可，不需要能階更高的電子副殼層 3d。其中 3s 存放 2 個電子，3p 有 3px、3py 和 3pz 三種延伸方向，根據洪德定則，可選用 3px 和 3py 各自存放一個電子。

矽原子的電子排列方式，就是按照這種方法得出。矽、碳、鍺等元

第 1 章　一切的起源

素的最外層有 4 個電子，在元素週期表中排在第 14 列，屬於第 14 族。在元素週期表中，與半導體相關的元素主要介於第 12～16 族，如圖 1-22 所示。

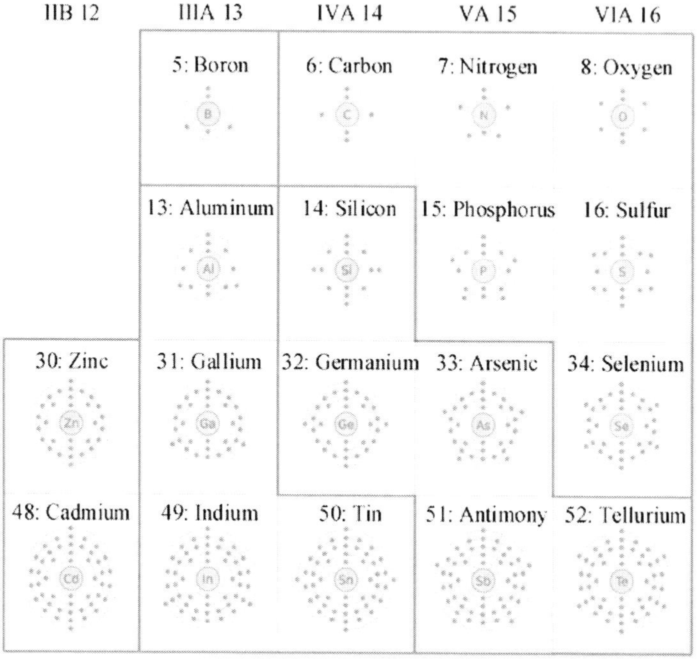

圖 1-22　與半導體材料相關的主要元素

第 14 族的矽與鍺是重要的半導體材料。單獨使用矽與鍺元素即可組成半導體材料，這類材料被稱為元素半導體。半導體材料並不限於矽與鍺，不同元素的組合也可以形成不同種類的半導體材料，這些半導體被稱為化合物半導體。

在 1980 年代，國際純化學暨應用化學聯合會（International Union of Pure and Applied Chemistry，IUPAC）建議元素週期表中的族，直接用阿拉伯數字 1～18 表示，而不再使用主族與副族表示。但在半導體產業界，現在依然大量使用主族與副族這種羅馬數字的表示方法，因此圖

1-22 將兩種寫法都列了出來。

　　由兩種元素組成的半導體材料，如 GaN、SiC、ZnO 與 CdS，被稱為二元半導體材料；由三種元素組成的半導體材料被稱為三元半導體材料。化合物半導體還包括四元與多元。

　　在化合物半導體中，還有一類較為特殊的半導體材料，即有機半導體材料，這類材料由碳、氫、氧等元素組成。有機半導體材料的分子結構多樣易變，可以符合柔性裝置的需求，工藝方面採用蒸鍍甚至印刷即可。在手機顯示領域大放異彩的有機發光二極體（Organic Light-Emitting Diode，OLED），使用的就是有機半導體材料。

　　這些元素與元素的組合，提升了半導體材料理論研究與實驗驗證的難度。此外，在半導體的製作過程中，不僅使用半導體元素，還使用到金屬元素與絕緣體材料，以及元素週期表中幾乎所有元素之間的各種組合。

　　目前能夠有效利用的半導體材料多為固體，固體由大量原子組成。原子在化學反應中不可再分，在物理狀態下可以分解為原子核與繞核運動的電子。電子可以分為**核心電子**（Core Electron）與**價電子**（Valence Electron）。

　　核心電子不可離核自由移動，與原子核一起被統稱為原子實；而價電子可以有條件地在整個固體內運動，能夠和其他原子相互作用形成化學鍵。

　　半導體材料著重關注**價電子**的行為。在元素週期表中，第 1～2 與第 13～18 族元素的最外層電子就是價電子，如矽元素的 4 個最外層電子均為價電子；對於過渡元素如鋼元素，除了其最外層和次外層的電子之外，倒數第三層的電子也是價電子；對於其他元素，最外層與次外層

第 1 章　一切的起源

的電子為價電子，如鋅的 3d^{10}4s^2 均為價電子。

分析一個固體的屬性，可以視為求解「多價電子與多原子實」的多體問題，根據量子力學的基本原理，如果能夠列出這個多體問題的薛丁格方程式並求解獲得波函數，即可了解這個固體的許多特性。

不過即便只是列出這個薛丁格方程式都異常艱難，更不用說求解。在一個體積並不大的固體中，所含原子數量實在過於龐大，例如矽在絕對溫度為 300K 時，晶格常數為 5.43 埃米，此時每立方公分所含有的原子數目約為 5×10^{22} 個。

單純從量子力學的波函數假設出發並求解薛丁格方程式，將不可避免地出現「維度災難」。維度災難指隨著維度增加，計算量呈指數成長，從而在有效的時間內無法獲得計算結果的現象。即便在計算能力獲得極大提升的今天，求解多體薛丁格方程式時，依然會發現現有計算能力與所需計算能力之間的巨大差異。我們或許可以透過各種簡化與取捨勉強獲得一個結果，但會發現計算結果與實驗數據之間不可避免地存在差異。

半導體領域的大部分內容屬於工程。僅在半導體產業鏈的最上游材料與設備中的最精華處，才會出現大量的理論推導，連在這個最精華處，依然是實驗重於理論。

畢業後進入職場的學生也很快就會發現，他們在大學期間歷經千辛萬苦所習得的基礎知識，與即將從事的具體工作具有很大的差異。教科書上「萬能」的薛丁格方程式，在解決實際問題時幾乎是「萬萬不能」的。這些基礎理論到底有什麼用途？這個問題不僅使普通人感到困惑，也困擾著世界上頂尖的科學家。

為此，海森堡與愛因斯坦曾經有一段發人深省的對話。海森堡在苦

於無法解釋一些實驗現象的時候，曾向愛因斯坦請教，他認為「一個完善的理論必須以可觀察量作為根據」。愛因斯坦的答覆是「在原則上，試圖單靠可觀察量去建立理論，是完全錯誤的；事實上正好相反，是理論決定我們能夠觀察到什麼東西」。

愛因斯坦認為沒有理論的引導，實驗結果將因為我們的無知而被輕易拋棄。在量子力學的發展初期，許多理論都是沒有辦法直接驗證的。科學家們只能跳過很多環節，搭建若干個空中樓閣，然後等待其後的實驗驗證。這些實驗無論是證明還是證偽，都是在為這些樓閣添磚加瓦。

一項新事物興起初期，總是在理論與實踐的多次反覆中迂迴前進。至今量子力學的發展已過百年，基本理論已經逐步成形。年少時的大學生涯，正是學習這些基礎理論的最佳時機。

這些學生在工作一段時間後，也許終會領悟：「在大學校園裡所進行的基礎理論學習以及相關的做題訓練與考試，影響了自己一生。」

這些在大學時代進行的基礎理論學習，本來就不完全是為了讓學生掌握某一專項技能，而是學會系統性的科學思考方法與看待這個世界的方式。

1.6　晶體的結構

物體有三種基本形態，氣態、液態和固態。呈液態與固態的物質，其密度比氣態高很多，液固兩態也是凝態物體最基本的表現形式。呈凝態的物體可以組成各類晶體，包括金屬晶體與半導體晶體。

晶體不是指能夠閃閃發光的物體，而是指微觀結構按一定規律週期性排列的物質。自然界富含各類天然晶體，包括金剛石、沙粒、食鹽、

明礬、糖、金屬等固體，氣體、液體與非晶體也可以轉換為晶體。同一種半導體元素，其晶體的價值大於非晶體，同樣是碳原子，無規則排列得到的是鉛筆芯，有規則排列可以獲得鑽石。

晶體具有一個基本結構單元，被稱為基元（Basis）。基元由一個原子、多個原子或者分子組成，反映晶體的基本形狀。如圖 1-23 左側所示，呈平面的晶體結構（Crystal Structure）由黑灰兩種粒子以週期性排列組成，基元至少需要包含一個灰色顆粒與黑色顆粒，才能形成這種晶體的基本形狀。

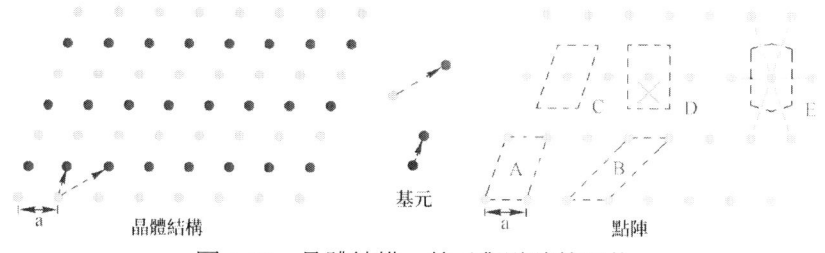

圖 1-23　晶體結構、基元與點陣的關係

基元的選擇並不是唯一的。在上圖的平面晶體中，可以使用兩種圖案作為基元，如圖 1-23 中間所示。為了將晶體結構抽象化，通常用一個格點代表基元的位置。如果我們選擇基元的灰點作為格點，將整個基元凝縮在格點並用灰點表示時，圖 1-23 左側的晶體結構將轉換為右側的點陣（Lattice），這個點陣也被稱為格子或者晶格。不同物體的晶體結構各異，但經過抽象化後得到的點陣類型卻是有限的。點陣與晶體結構不同，只有幾何意義沒有物理意義，點陣與基元組合在一起才具有物理意義。點陣相當於樹坑，基元相當於樹苗。以圖 1-23 為例，將基元這些樹苗都種到坑裡，便可還原其左側的晶體結構。

使用平行四邊形可以找到反映晶體週期性與對稱性的最小單位，這個最小單位被稱為基胞。圖 1-23 中的 A、B、C 與 E 是適合的基胞。通

常選擇 A 作為基胞，在基胞 A 中只有頂點處的一個格點屬於自己，其他格點屬於相鄰基胞。

在圖 1-23 中，D 不是正確的基胞，因為該形狀沒有正確反映這個晶體的幾何特性。還有一種較為特殊的基胞，是以某個格點為中心，向周圍的格點做中垂線所圍成的最小圖形，就是圖中的六邊形結構 E。

晶體的實際結構為三維，其基胞的組成比起二維空間更加複雜，但獲取方法類似。在二維平面結構上，再增加一個座標系即可將其轉變成三維，基元、點陣與基胞的生成方法與二維結構類似。在選擇基胞時，將平行四邊形轉換為平行六面體即可。

西元 1849 年，Auguste Bravais 按照晶體的週期性與對稱性，將點陣劃分為三斜、單斜、斜方、四方、三方、六方與等軸七大晶系，與原始、底心、體心與面心 4 種類型，他還證明由七大晶系與 4 種類型只能組合成為 14 種結構，任何點陣都歸屬於其中一種。後人為了紀念 Bravais，將這些結構稱為 Bravais 點陣。

在這 14 種點陣中，矽晶體的點陣為立方晶系、面心類型，即面心立方晶格（Face-Centered Cubic，FCC），FCC 晶格由一個立方體組成，其 8 個頂點與 6 個面的中心各有一個格點，因此在立方體中共有 14 個格點。其結構如圖 1-24 左側所示。

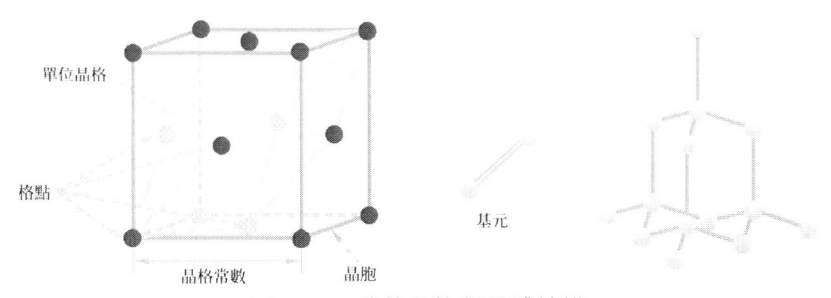

圖 1-24 矽的晶格與晶體結構

第 1 章　一切的起源

　　矽原子有 4 個價電子，需要以共價鍵方式與周邊原子組合成矽晶體，需要兩個矽原子作為基元，才能反映這種結構。其中一個原子在格點，另外一個在格點沿對角線方向的右上方，將這一基元放入點陣，可得到金剛石狀的晶體結構，如圖 1-24 右側所示。

　　在 FCC 晶格中，含有一個晶胞（Unit Cell）。在晶體結構中，晶胞是考慮對稱性後的最小重複單位。Bravais 劃分的 14 種點陣也是考慮對稱性後的最小重複單位。兩者的區別在於 Bravais 點陣是幾何概念，而晶胞是晶體結構的單位，是物理概念。以矽晶體為例，其晶胞相當於用 FCC 晶格切割晶體所得到的實物。

　　在 FCC 晶格中，有一個基胞。基胞與晶胞的區別在於不考慮對稱性，在多數情況下體積小於晶胞，這個基胞由任一個格點與三個面心的格點構成的平行六面體組成。基胞中僅有一個格點屬於自己，其他格點與其他基胞複用。

　　在半導體物理學中，最受關注的基胞是圖 1-23 中的六邊形結構 E。在考慮三維空間時，我們將其定義擴展為以某個格點為中心，向周圍的格點做中垂面所圍成的最小區域。這個最小區域就是維格納－塞茲晶胞（Wigner-Seitz Cell），簡稱為 W-S 晶胞。

　　在晶體中除了基元、點陣、晶體結構、基胞與晶胞外，還有晶向與晶面指數這些概念。這些概念對於地質勘探或提煉單晶的廠商來說，比較具有重要意義。由密集的原子週期排列而成的晶體，原子間的距離僅有幾埃米。在 Bravais 身處的時代，沒有工具可以透視矽晶體確認其組成。這種微觀結構，在 Bravais 晶格理論出現很久之後，隨著光譜分析學進一步深入，科學家才得以了解與掌握。

　　德國科學家 Plücker 和 Hittorf 進行光譜分析時發現，在玻璃管中灌

入不同種類的氣體,並在其兩端施加強電場後,會發出不同顏色的光。這種放電管成為當時分析氣體元素的主要工具。不久之後,英國化學家 Crookes 基於這一原理製作出陰極射線管。

陰極射線管有兩個電極,分別為陰極與陽極,管內被抽成真空,在陰極射線管的兩個電極間施加高電壓後,兩極間會形成強大的電場,此時陰極會向陽極發射帶電粒子,這些粒子使塗在管壁上的螢光物質發出輝光。這就是陰極射線管發光的原理。

科學家發現陰極射線由帶負電的粒子組成。這些粒子的組成結構引發了湯姆森的思考,他發現電場或者磁場都能使這個粒子偏轉,於是對這個粒子同時施加一個電場和一個磁場,並調整到電場與磁場對這個粒子的作用相互抵消,使粒子保持最初的運動形態。

西元 1897 年,湯姆森透過這個方法精確測試出這個帶電粒子的速度,之後推算出這個粒子的電荷與質量的比值,即荷質比。最後湯姆森透過計算得出這個粒子的質量是氫原子的二千分之一,這個帶負電荷的粒子就是「電子」。

發現電子是科技史冊上的一個里程碑。科學家發現,正是元素中的電子決定金屬、絕緣體與半導體的區別,並開創了原子物理學、材料科學等一系列全新的領域。湯姆森也因為發現電子而獲得 1906 年的諾貝爾物理學獎。

與陰極射線管相關的另外一個里程碑是倫琴(Wilhelm Conrad Röntgen)發現 X 射線。西元 1895 年 11 月 8 日,倫琴在進行陰極射線管氣體放電實驗時,為了避免周邊光源的影響,用黑紙將陰極射線管包了起來。在實驗過程中,他發現在陰極射線管外的螢幕依然發出螢光。倫琴意識到這可能是一種新型的射線導致。

第 1 章　一切的起源

西元 1895 年 12 月 28 日，倫琴發表了〈一種新的射線〉(*Über eine neue Art von Strahlen*) 這篇震驚後世的文章[65]。在這篇文章中，倫琴將這種射線稱為 X 射線。倫琴因為這個成就，獲得了 1901 年的諾貝爾物理學獎，也是第一個獲得此獎項的科學家。

X 射線誕生之後，許多科學家認為這是一種粒子。如果 X 射線是一種波，那麼應該可以使用光柵繞射實驗來驗證。但是 X 射線的波長太短了，以當時的技術條件很難製作出間距如此小的光柵。

1912 年，普朗克的一名學生勞厄 (Max von Laue) 提出使用晶體中整齊排列的原子作為光柵，進行 X 射線的繞射實驗。隨後勞厄和幾個年輕人使用硫酸銅晶體，成功完成這次繞射實驗，證明了 X 射線具有波的性質，同時也開創出利用 X 射線照射晶體來研究其原子結構的方法，首次揭示晶體中原子按空間點陣結構規則排列的圖景。

這個實驗被愛因斯坦稱為「物理學最美的實驗」，勞厄也因此獲得 1914 年度的諾貝爾物理學獎。

此後，勞厄開創出基於 X 射線干涉的幾何理論，藉助數學工具分析了更為複雜的晶體結構，進而揭開原子理論的新紀元。至此 Bravais 提出的晶體結構假說，終於獲得實驗證實，所有的人都承認晶體是原子按照一定的規則排列而得。晶體的原子結構從之前僅可從實驗間接發現，正式進入到可以直接觀察的時代。

勞厄實驗之後的一年，布拉格父子使用 X 射線分析了氯化鈉 (NaCl)、氯化鉀 (KCl) 1 等晶體的組成結構，詮釋了勞厄實驗的原理，並提出引發晶體 X 射線繞射的條件公式，即 $2d\sin\theta=n\lambda$，這個公式被稱為布拉格方程式。其中 d 為晶面間距，θ 為入射 X 射線與晶面的夾角，λ 為 X 射線的波長，n 為繞射級數，參數意義如圖 1-25 所示。

圖 1-25　布拉格繞射原理

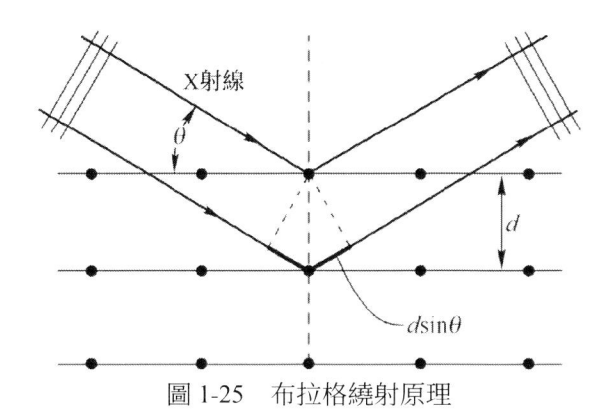

　　布拉格方程式是 X 射線在晶體產生繞射的必要條件。當 X 射線進入晶體中，會與晶體的原子核與電子相互作用，滿足布拉格方程式的射線，有一定的機率會被反射出去。晶體中的原子排列呈週期性，反射出去的射線具有完全一致的波形，從而產生繞射。

　　布拉格父子因為這個發現，共同獲得了 1915 年的諾貝爾物理學獎。勞倫斯・布拉格還創下諾貝爾科技獎項最年輕得主的紀錄，當時他只有 25 歲。這個紀錄前無古人，恐怕在將來也不會再有來者了。

　　布拉格方程式是 X 射線光譜學和晶體繞射理論的重要基礎。一個未知波長的射線，在通過已知結構晶體的某區域之後，可以透過測量繞射角求出這個射線的波長和強度；另一方面，使用已知波長的 X 射線去照射未知結構的晶體，透過測量繞射角可以求得晶面間距 d，進而確定晶體結構，X 射線繞射儀（X-Ray Diffraction，XRD）即採用這一原理實現。

　　除 X 射線繞射儀之外，電子顯微鏡也是測量晶體結構的常用儀器。電子顯微鏡的原理比起 X 射線繞射儀更複雜一點。1931 年，盧斯卡（Ernst Ruska）製作出第一臺穿透式電子顯微鏡（Transmission Electron Microscope，TEM）。這種顯微鏡使用波長遠低於可見光的電子，檢測晶體樣品的結構，以獲得遠高於光學顯微鏡的解析度。

第 1 章　一切的起源

　　與可見光通過透鏡類似，高速運動的電子在電場或者磁場的作用下會折射並聚焦。穿透式電子顯微鏡的光學系統基於這一原理構成，其成像過程如圖 1-26 所示。

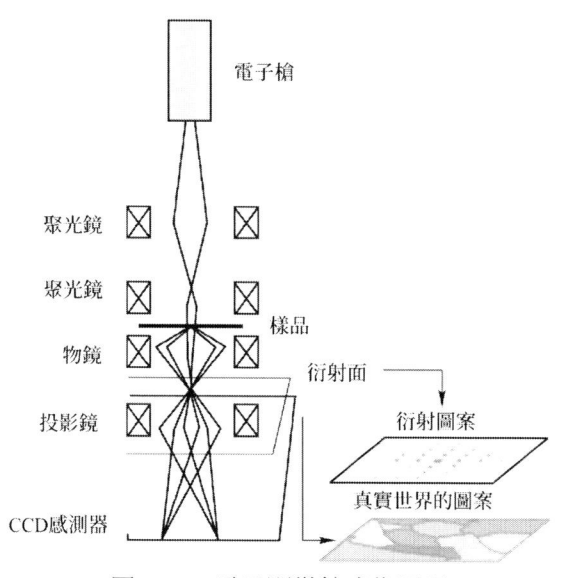

圖 1-26　電子顯微鏡成像原理

　　穿透式電子顯微鏡首先使用電子槍加速並發射電子，並經過由電磁場構成的聚光鏡抵達晶體樣品的表面，之後通過物鏡產生繞射圖案。繞射圖案通過投影鏡之後，將還原為真實世界的圖案，並在 CCD 感測器上顯示晶體樣品的組成結構。

　　其中，產生繞射圖案的過程，相當於進行一次傅立葉轉換；將繞射圖案還原為真實世界圖案的過程，相當於進行一次傅立葉逆轉換。

　　傅立葉轉換是處理數據的常用方法。熟悉通訊原理的讀者，一定很熟悉傅立葉轉換可以將複雜的時域訊號，轉換為便於分析處理的頻域訊號。傅立葉轉換的本質是空間變換，可以將其擴展為不局限於時域與頻域間的變換，進而提升到時空變換。從更高的層次，可以將時域訊號理

解為對事物的直觀觀察，頻域訊號是以其為基礎的抽象化總結。

　　如果讀者之前沒有接受過這方面的數學訓練，可以用類比法描述這種時空變換是什麼。例如，孩子們經常練習演奏鋼琴，鋼琴發出的音樂可以理解為「直接聽到」的訊號；孩子練習鋼琴使用的五線譜，可以理解為「抽象化總結」之後的內容。

　　五線譜靜止不動便於演奏；鋼琴聲優美連續便於欣賞。樂譜與音樂互為一種時空變換。一個經過音樂訓練的專業人士，可以將音樂還原為樂譜，相當於進行一次類傅立葉逆轉換；也可以透過樂譜演奏成音樂，相當於類傅立葉轉換。

　　除了通訊領域，傅立葉轉換還廣泛應用於其他領域。在電子顯微鏡中，經過傅立葉轉換獲得的繞射圖案，組成一個奇妙的空間，這個空間即研究半導體材料常用的倒晶格空間，也被稱為倒易空間。這種空間於 1921 年由德國科學家 Ewald 在處理晶體 X 射線繞射時引入。

　　1981 年，電子顯微鏡領域迎來一次重大突破。IBM 的羅雷爾（Heinrich Rohrer）和賓寧（Gerd Binnig）利用量子力學的穿隧效應，發明了掃描穿隧顯微鏡（Scanning Tunneling Microscope，STM）。STM 的原理是將待測樣品作為一個電極，並使用原子尺寸的探針作為另一極，之後在兩極之間施加電場。因為電子呈雲狀機率分布，當探針與樣品足夠靠近時，兩者的電子雲將略有重疊，從而產生穿隧電流穿越電極間的勢壘。

　　探針沿待測金屬表面移動時，如果樣品表面平整，穿隧電流保持不變，若表面即便只有一個原子大小的起伏，也會使穿隧電流產生極大的變化。這種顯微鏡的橫向解析度可達 0.1nm，深度解析度可達 0.01nm，足以分辨出單個原子[66]。

　　在 STM 顯微鏡出現之後，電子顯微鏡領域迎來爆發期，先後出現了

第 1 章　一切的起源

原子力顯微鏡、雷射力顯微鏡、靜電力顯微鏡、彈道電子發射顯微鏡、掃描穿隧電位儀、掃描離子電導顯微鏡、掃描近場光學顯微鏡和光子掃描穿隧顯微鏡等，將電子顯微鏡解析度推至埃米等級，半導體材料的晶體結構顯現於天下。

使用空間點陣結構可以清楚地描述晶體中的原子排列規則，但是這些在真實世界三維座標系下的組成結構，無法解釋金屬與半導體為何同為晶體卻存在巨大差異。為了研究半導體材料的本質，科學家們必須另闢蹊徑。

1.7　自由的電子

歐姆定律自西元 1826 年誕生以來，科學家經常使用電阻率評估材料的導電特性。不同材料的電阻率大有差異，通常粗略將半導體材料定義為電阻率介於 $10^{-2} \sim 10^{9}$ 的物質，電阻率小於 10^{-2} 時為導體，大於 10^{9} 時為絕緣體。

湯姆森發現電子之後，科學家們意識到物質的導電特性與電子有關，先後出現一系列基於原子結構與電子的模型，用於解釋包括金屬電阻率等一系列特性。此時，半導體相關的概念並未成形，科學家們所建構的模型著重於關注與金屬相關的特性。

這些模型在科學家們對原子結構的質疑中，不斷改良，成長茁壯。在量子力學逐步成形之後，**能帶理論**破繭而出，成為研究微觀物質特性的重要基石。藉助這一理論，人類最終合理地解釋了物質的導電、導熱等特性。

其中，最先出現的是 Drude 於 1900 年提出的自由電子氣模型，也被稱為 **Drude 模型**。此時量子力學正處於萌芽期，原子結構理論尚未成

形。Drude 模型基於古典理論，研究由大量原子組成的金屬晶體的導電與導熱特性。這個模型第一次從微觀角度解釋固體的宏觀性質，具有開拓性意義。

Drude 模型首先忽略了原子中電子與電子間的相互作用，並認為金屬晶體的價電子，即外層電子，容易脫離原子核的束縛而成為**自由電子**，而失去外層電子的原子會變成金屬陽離子，對於由大量原子組成的金屬晶體，其金屬陽離子將「浸泡」在大量自由電子組成的海洋中。

這個模型也因此被稱為「自由電子氣模型」。其中，這些自由電子可以被視為帶電小球，其運動遵循牛頓第二定律，其碰撞遵循**帕松過程**。在忽略電子與電子，電子與離子之間的相互作用時，這些自由電子的運動**相互獨立**。

Drude 模型將金屬晶體中的自由電子類比為氣體，並基於這個大膽而精煉的假設，得出相應的動力學方程式，相對合理地解釋了金屬中的直流和交流電阻率、磁電阻效應與霍爾效應係數等特性。

這個模型在發展過程中，借鑑了湯姆森提出的葡萄乾蛋糕原子結構模型，並在 1905 年勞侖茲引入馬克士威－玻茲曼分布之後，演進為可以定量分析金屬導電與導熱特性的重要模型，也稱為 **Drude-Lorentz 模型**。

Drude-Lorentz 模型假設電子在相互碰撞的過程中，最後將處於熱平衡狀態，其能量遵循馬克士威－玻茲曼分布。熱平衡狀態指與外界接觸的物體，內部溫度均勻且與外界溫度相同，物體與外界不存在熱量交換的狀態。

馬克士威－玻茲曼分布源於氣體分子熱運動的研究。由大量理想氣體分子組成的系統處於熱平衡狀態時，不同的分子將分布於由低到高的能階中，馬克士威－玻茲曼分布用於描述這些粒子能量的分布機率。

第 1 章　一切的起源

　　Drude-Lorentz 模型不僅合理解釋金屬的導電與導熱特性，而且可以定量計算金屬的電導率與熱導率，在當時獲得巨大成功。

　　但在計算金屬晶體的比熱容時，Drude-Lorentz 模型遭遇到嚴峻挑戰。比熱容是個相對簡單的概念，指物體的溫度升高時，吸收的熱量與其質量和升高溫度的乘積之比。使用這個模型計算得出的金屬比熱容遠遠大於實際測量值，此現象在西方科學界引發了一定程度的關注，但直到量子力學建立之後，這個問題才得以解決。

　　1927 年，德國科學家索末菲使用了量子力學中的費米－狄拉克統計分布，替換了 Drude-Lorentz 模型中古典的馬克士威－玻茲曼分布，將其發展成為 Drude-Sommerfeld 模型，也被稱為索末菲模型，解決了原模型在解釋比熱容時的問題[67]。

　　索末菲就是引入原子軌域的角量子數與磁量子數，並將波耳能階模型從圓形擴展為橢圓軌道的那位科學家。索末菲在量子力學領域具有非常顯著的貢獻。1917～1951 年，他前後獲得 84 次諾貝爾獎提名。他有 7 個獲得諾貝爾獎的學生，包括前文提及的海森堡、包立與勞厄等人，但是他本人沒有獲得過諾貝爾獎。

　　與 Drude-Lorentz 模型相比，索末菲模型最本質的變化是引入量子力學理論。此時用於描述單原子微觀系統的 4 個量子數逐漸浮出水面，但是使用這 4 個量子數描述由大量原子組成的微觀系統，將因為維度災難而無法計算。

　　索末菲模型繼承了 Drude-Lorentz 模型的自由電子等關鍵假設。在這種極簡假設下，索末菲使用在微觀世界裡無所不能的薛丁格方程式，並透過求解波函數，獲取由大量原子組成的金屬晶體的微觀系統全貌。

　　自由電子假設條件下的薛丁格方程式較容易列出，之後使用分離變

數法求解這個方程式，可以獲得描述自由電子狀態的波函數 ψ。在求解這個方程式的過程中，可獲得用於描述金屬晶體的微觀系統的三個量子數，分別為 n_1、n_2 與 n_3。

索末菲認為電子為自旋數為 1/2 的費米（Fermi）子，遵循包立不相容原理。在索末菲描述金屬晶體的自由電子模型中，$\{n_1,n_2,n_3\}$ 這三個量子數確立了其量子態，在這個量子態中只能存放一個電子。

索末菲做出最關鍵的假設是金屬晶體中的自由電子遵循費米－狄拉克分布。費米－狄拉克分布是量子力學的兩大分布之一，描述費米子所遵循的統計規律。量子力學的另一個分布是玻色－愛因斯坦分布，描述玻色子所遵循的統計規律。

玻色子與費米子均為微觀粒子，其區別為自旋磁量子數不同，前者為整數，後者為 ±1/2。典型的玻色子包括光子、聲子等，而典型的費米子包括電子、中子與質子等。整體而言，物質的結構由費米子組成，物質間的相互作用由玻色子傳遞。

費米－狄拉克、玻色－愛因斯坦分布與古典世界的馬克士威－玻茲曼分布一同構成統計力學中的三大分布定律，均與溫度和粒子能量有關。溫度與能量也許相對容易理解，但在受到物理學家抽象化之後，這些概念與日常生活並無直接連繫。

在物理學家眼中，溫度是狀態的函數，反映系統中粒子無規律運動的激烈程度，並使用絕對溫度來描述，其單位為 K，用來紀念克耳文勳爵。其中絕對溫度 0K 為 -273.15°C。在 Drude-Lorentz 模型中，當金屬晶體所處溫度為 0K 時，所有粒子的動能都為零，所有粒子將擠在最低能階。

但是在索末菲模型中，粒子能量的分布並非如此。透過大量計算，科學家基於索末菲模型，得出電子能階 $E_{n_1,n_2,n_3}=(n_1^2+n_2^2+n_3^2)E_0$，其中 E_0

為與材料相關的常量，因此 $E_{n1,n2,n3}$ 僅與 n_1、n_2 與 n_3 這三個量子數相關。

在索末菲模型中，電子的能階只能為 $3E_0(n_1=n_2=n_3=1)$、$6E_0(n_1=2,n_2=n_3=1)$、$9E_0(n_1=2,n_2=2,n_3=1)$、$11E_0$ 等，這些能階的能量是量子化且離散的。每個電子能階對應的量子態是有限的，因此每個能階所能夠容納的電子也有限。由此可見，即便在金屬晶體所處溫度為 0K 時，粒子也不會全部處於最低能階。

與原子軌域中電子的排列規則一致，金屬晶體中的自由電子在排列時，除了遵循包立不相容原理之外，還需要遵循能量最低原理，電子從最低的能階開始排列，依序向上，並占滿每一個低能階。在一個金屬晶體中含有大量的電子，但終歸是有限的，在絕對溫度為 0K 時，最後一個電子所在的能階被稱為費米能階。

索末菲模型認為金屬中的自由電子遵循費米－狄拉克分布，如圖 1-27 所示。在圖中，k_B 為波耳茲曼常數，T 為絕對溫度，E_F 為費米能階，$F(E)$ 為絕對溫度為 T 時，電子在能階 E 出現的機率。這個公式的推導過程需要凝態物理和統計力學的許多基礎知識，書中僅介紹與其相關的主要結論。

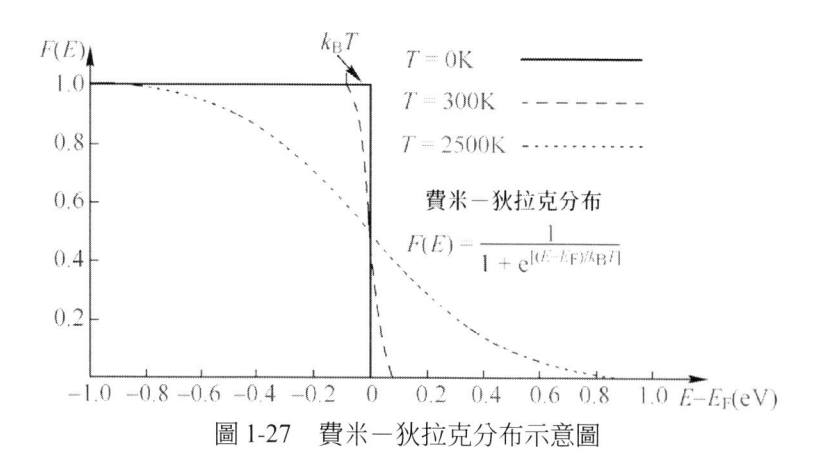

圖 1-27　費米－狄拉克分布示意圖

當絕對溫度為 0K，而且自由電子能階小於費米能階 E_F 時，電子出現的機率為 1，當超過費米能階時，電子出現的機率為 0；絕對溫度為 300K 的常溫時，費米能階 E_F 遠遠大於 $k_B T$，此時只有少數價電子能夠藉助熱能，超過費米能階；處於絕對溫度 2,500K 的高溫時，費米－狄拉克分布才會等效於古典的馬克士威－玻茲曼分布。

索末菲模型合理解釋了 Drude-Lorentz 模型中的「比熱容問題」。在這種模型中，不是所有電子在溫度升高後都會發生能階躍遷，只有靠近費米能階的高層電子才會產生這種躍遷，而底層的電子不會發生變化。因此使用索末菲模型計算出的比熱容比 Drude-Lorentz 模型要低，與實驗值更為吻合。

與費米－狄拉克分布相關的重要概念之一是量子態密度（Density of States）。從能階 $E_{n1n2n3}=(n1^2+n2^2+n3^2)E_0$ 這個公式中可以發現，能階越高時，對應的量子態越多，例如 $3E_0$ 能階只能對應一個量子態 {1,1,1}，而 $14E_0$ 能階可以對應 {3,2,1}、{2,3,1}、{2,1,3}、{1,3,2}、{3,1,2} 與 {1,2,3} 這 6 個量子態。

量子態密度 $g(E)$ 的定義為能量在 $E \sim E+\Delta E$ 之間的量子態數與能量差 ΔE 之比。在費米－狄拉克分布與量子態密度的基礎上，可以得出電子的能量分布 $N(E)$ 等於 $g(E)$ 與 $F(E)$ 的乘積。以上就是索末菲模型的主要內容。

索末菲模型引入量子力學原理，合理解釋了金屬晶體的「比熱容問題」，但是依然不夠準確。索末菲模型建立在自由電子氣的基礎之上，並假設電子與電子之間、電子與原子實彼此之間沒有任何作用力。在微觀世界中，電子在晶體中的運動，會受到原子實的週期作用力，而且周邊電子對其也有作用力。在這種情況下，或許還可以利用「無所不能」的薛

第1章　一切的起源

丁格方程式，試圖求解得出波函數 ψ。

但是在一個體積並不大的固體中，所含原子數量過於龐大，列出這個薛丁格方程式都異常艱難，更不用說去求解，繼續採用這種方法僅能定性地分析一些概念，而無助於解決任何實際問題。

1927 年，在索末菲提出基於量子力學自由電子氣理論的同年，布洛赫（Felix Bloch）同樣藉助量子力學原理分析晶體中外層電子的運動，並描述了週期場中運動的電子所具備的基本特徵，為固體能帶理論的出現奠定了基礎，大幅促進了半導體科學的發展。

在這一年，22 歲的布洛赫成為海森堡的開山弟子，當時海森堡年紀也不大，只有 26 歲。在海森堡的指導下，布洛赫在隔年取得博士學位，他的論文研究的是電子如何在晶體中運動。

晶體不同於其他非晶體材料，具有完美的週期對稱性，可以採用許多方法簡化計算，例如不用考慮在晶體中的所有原子，也不用考慮一個原子中的所有電子，僅專注於價電子即可，因為理論與大量實驗結果都證明核心電子不會離開原子核自由移動，只有外層的價電子可以進行有條件的運動。

布洛赫在博士論文中使用了三大近似方法，分別是絕熱近似、單電子近似與週期性勢場近似，簡化晶體中電子的運動。絕熱近似劃分原子實與價電子的運動，將多體問題簡化為多電子問題；單電子近似假設將多電子問題簡化為單電子問題；週期性勢場近似認為電子在晶體中的狀態，具有平移對稱性[68]。

布洛赫進行這些化繁為簡的操作後，得出晶體中電子的波函數必須為 $\psi(r)=e^{ik\cdot r}u(r)$ 這種形式，而且 $u(r)=u(r+d)$，d 為原子與原子的間距，因此這個函數是一個週期函數，反映出晶體週期的對稱性；波向量 k 是個

重要的參數，後文將對此進行詳細介紹。

　　這個公式被稱為布洛赫定理，滿足這個定理的電子也被稱為布洛赫電子，在這種情況下，電子的出現機率將具有週期性。這個定理奠定了能帶理論的基礎。後來，布洛赫獲得諾貝爾物理學獎，但他大概沒有預料到，獲得這個獎項是因為他在核磁共振上的成就，而不是因為開創了「能帶理論」的這條定律。在絕對溫度為零時的熱平衡狀態中，假設一個碳晶體有 N 個原子，因為碳原子有 6 個電子，因此在這個微觀系統中共有 $6N$ 個電子，並排列組合成若干條能帶。

　　這些能帶由碳原子的 1s、2s、2p 能階分裂而成。電子在能帶中的排列依然遵循能量最低原理，此時由 1s 能階對應的**允帶**將完全充滿電子，而被稱為**滿帶**。在凝態物理中，將有能階存在的區域稱為允帶，否則稱之為**禁帶**。

　　2s 與 2p 是碳原子的價電子，這兩個能階形成的能帶是先重疊，之後分成上下兩個能帶。這兩個能帶由處於 2s 和 2p 能階的電子混合形成，如圖 1-28 所示。

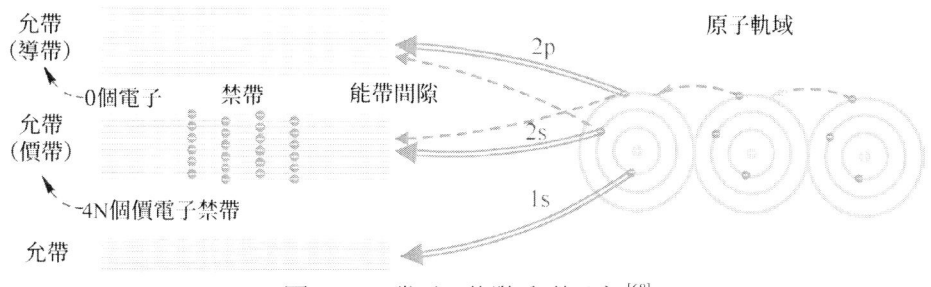

圖 1-28　碳原子能階分裂示意 [68]

　　在這兩個能帶中，處於下方的能帶被稱為價帶，上方為導帶。價帶與導帶之間的距離被稱為能帶間隙（Band Gap）。在碳晶體中，$4N$ 個價電子以共價鍵的形式分布在價帶中。此時導帶上沒有電子，而價帶完全充

滿電子。這種結構不適合電子流動，碳晶體表現為絕緣體的特性，而非導體。

依據能帶理論，絕緣體、導體與半導體的區別展現在能帶結構中，這三種元素的能帶示意如圖 1-29 所示。從能帶結構圖來看，絕緣體的能帶結構與半導體晶體類似，只是價帶與導帶之間的間隙更大一些。

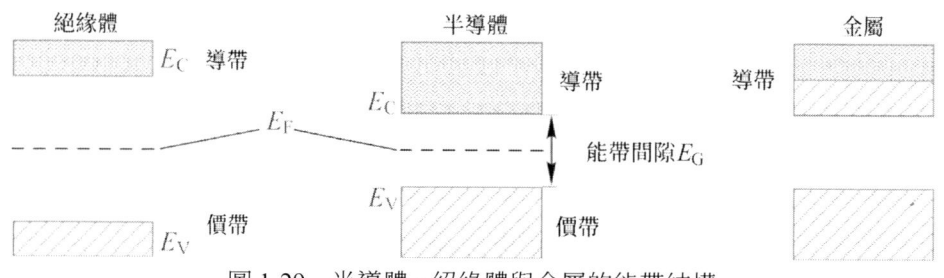

圖 1-29 半導體、絕緣體與金屬的能帶結構

金屬的能帶結構與絕緣體和半導體晶體的差異較大，後兩者的導帶上沒有自由電子；而金屬晶體最上方的導帶一部分由電子填滿，同時具有許多沒有電子占據的量子態，在外電場的作用下，導帶中的電子可以輕易做出定向運動而形成電流，因此金屬是良好的導體。

金屬晶體的主要特性由費米面附近的電子決定。而半導體和絕緣體的費米能階，處於價帶頂 E_V 與導帶底 E_C 之間這段區間。這段區間為禁帶，不存在電子，費米能階的意義不大。半導體晶體關注的重點不是費米能階，而是價帶頂與導帶底。

從圖 1-29 可以發現，半導體的能帶間隙小於絕緣體，這也是區分半導體與絕緣體的重要指標，在多數情況下，半導體材料的能帶間隙在 0～3eV 之間；能帶間隙大於 3eV 的多數物質為絕緣體。金屬的能帶間隙為零。eV（Electron Volt）指電子伏特，1eV 指電子經過 1V 電位差時獲得或者失去的能量，約為 1.6×10^{-19}J。

常見的半導體材料，如矽元素的能帶間隙約為 1.12eV，鍺元素的能帶間隙約為 0.66eV，均在 0～3eV 之間；也有少許例外，如金剛石半導體的能帶間隙約為 6eV，而 GaN 的能帶間隙為 3.5eV。

當外電場作用、溫度升高或者受到光照時，絕緣體和半導體在價帶中的電子可以躍遷到導帶，使導帶部分被電子占滿，因此可以導電。絕緣體的能帶間隙大於半導體，在一般情況下，價帶上的電子並不容易躍遷到導帶，因此並不容易導電。半導體晶體的導電原理如圖 1-30 所示。

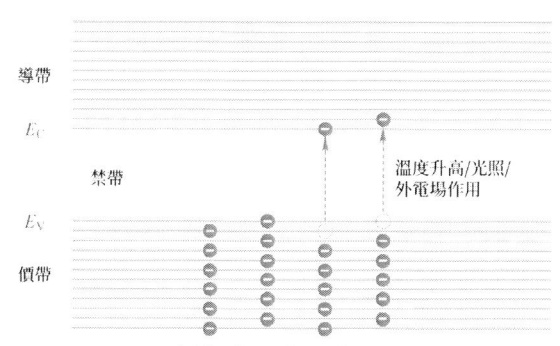

圖 1-30　半導體晶體的導電原理示意圖

在半導體晶體中，不僅導帶中電子的移動可以形成導電狀態，也因為價帶缺少了一些電子，其他電子為了填充這個空位而產生移動，此移動過程也可以形成導電狀態。這個因為缺少電子而引發的移動，被稱為電洞移動。但是在真實世界中，哪有什麼電洞，都是電子。所謂電洞移動的本質是「多個電子以接力的方式填充缺失的電子，並呈現為正電荷的移動方式」，當然使用這句話，遠不如使用「電洞移動」明瞭。

為方便起見，科學家將電洞等效視為一種微觀粒子，並將形成導電狀態的電子與電洞統稱為載流子。在半導體中，電子與電洞可以作為載流子形成導電狀態；而金屬只有一種載流子。這也是半導體與金屬的重要差異。不過需要特別提醒，不是所有金屬的載流子都是電子，Be、

Zn、Cd 這三種金屬，因為導帶被電子填充得過滿，載流子為電洞。

金屬、半導體與絕緣體的差異並不絕對，在不同條件下可以相互轉換。半導體和絕緣體可以轉換為導體；金屬在合適的條件下，也可以轉換為半導體和絕緣體。這些轉換關係也可以使用能帶理論來解釋。

基於能帶理論，可以合理解釋金屬、半導體與絕緣體的許多特性。例如，使用能帶間隙可以區分三者的導電特性，絕緣體的能帶間隙最大，導電特性也最差；金屬的能帶間隙為 0，導電特性最好。因為溫度的上升有利於價電子躍遷到導帶，所以半導體的導電特性隨著溫度上升而提升，而金屬恰好相反。

能帶理論認為，正是不同材料在能帶結構上的差異，導致不同的特性。圖 1-29 只是定性描述半導體、金屬以及絕緣體的能帶結構，在實際使用具體材料時，需要定量計算材料能帶結構的具體參數，例如能帶寬度與間隙等。

在實際的半導體晶體中，原子結構不同、點陣結構不同、晶格常數不同，因此其能帶結構迥異。為了計算不同晶體的能帶結構，需要建構更為合理的模型。

1931 年，Ralph Kronig 與 William Penney 提出一種解釋晶體中電子運動的模型，即 Kronig-Penny 模型，這個模型以布洛赫定理為基礎。不同於索末菲模型，Kronig-Penny 模型認為在晶體中的電子並不自由，而是受到晶體原子週期勢場的作用。

Kronig 與 Penney 依然從萬能的薛丁格方程式入手，並基於布洛赫的三大假設進行簡化，試圖求解這個方程式並獲得有意義的波函數。上文曾簡要描述，在原子軌域的計算中求解薛丁格方程式得出主量子數、角量子數與磁量子數；在索末菲模型中，求解薛丁格方程式得出 n_1、n_2 與

1.7　自由的電子

n₃ 三個量子數。

　　而 Kronig 與 Penney 透過大量計算發現，在晶體中能夠獲得有意義波函數 ψ 的前提下，不是幾個量子數在合適的取值範圍之內，而是必須使一個公式成立，這個公式可以簡寫為 $E=f(k)$，其中 E 為電子的能量；k 等於 $2\pi/\lambda$，根據德布羅意物質波假設，微觀粒子的動量 $p=h/\lambda=kh/(2\pi)=\hbar k$，其中 $\hbar$ 為約化普朗克常數，其值等於 $h/(2\pi)$。

　　這個公式將晶體中的電子能量與動量連繫在一起，$f(k)$ 函數也是半導體材料科學中重要的**能帶色散關係函數**（Dispersion Relation）。這個能帶色散關係包含了微觀粒子的基本特性，包括能量、動量等，搭建起晶體之宏觀特性與微觀世界的橋梁。

　　在能帶色散關係函數中，透過 $f(k)$ 函數可以找出對應的波函數 ψk，因為這個原因，參數 k 被稱為波向量。找到波函數 ψk 之後，可以發現其對應微觀系統的所有資訊，包括位置、速度與等效質量等。

　　Kronig 與 Penney 在分析 $E=f(k)$ 函數時發現，當 k 等於某些特殊的值如 $n\pi/d$ 時，E 沒有合理值，這就代表著此處的能階不存在，也代表著此處不存在電子，因此為禁帶。使用 Kronig-Penny 模型可以精確計算得出禁帶與允帶的寬度。在一個晶體中，能帶色散關係的示意如圖 1-31 所示。

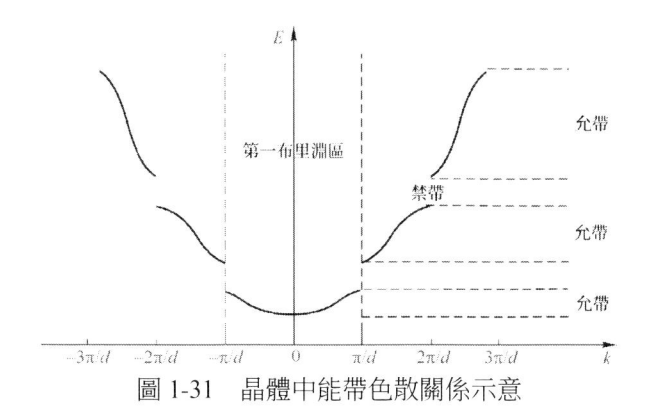

圖 1-31　晶體中能帶色散關係示意

第 1 章　一切的起源

由 Kronig-Penny 模型得出的這個色散關係，需要一些數學與凝態物理的基礎知識，其推導過程並不算太過複雜。但是，根據這個模型獲得的能帶色散關係，與晶體材料的實際能帶結構依然有明顯差異。這個模型的基底布洛赫假設，也與實際結果有不小差距。

Kronig-Penny 模型儘管有值得推敲之處，但還是將電子的動量與能量緊密地連繫在一起，並將動量用波向量 k 精簡地表示。

波向量 k 代表著波函數，依據量子力學的基本假設，波函數蘊含著這個材料在微觀世界中的一切資訊，也因為這個原因，在這個色散關係圖中，包含材料在微觀世界中的所有資訊。從這個角度來看，Kronig-Penny 模型堪稱神奇。

這個神奇模型建立在已知實驗的基礎之上。在 Kronig-Penny 模型提出之前，科學家在進行晶體的布拉格反射實驗時，發現在特別區域的連接處，會發生布拉格反射。這一反射使得能量在連接處產生不連續的變化。這個特別的區域就是 Léon Brillouin 在 1930 年提出的布里淵區。

布里淵區由倒易空間內的 W-S 基胞邊界構成，透過布里淵區可以將倒易空間劃分為一個個對稱空間，其中距離原點最近的 W-S 基胞被稱為第一布里淵區。

找出布里淵區的方法較為簡單。以圖 1-32 在倒易空間中的平面結構為例，在該平面結構取任一個格點作為中心 Γ，之後分別向相鄰的格點 a1～a4、b1～b4 和 c1～c4 畫出垂直平分線。這些平分線將相交並組成不同的圖案。其中第一布里淵區是中心 Γ 向 a1～a4 所畫出的垂直平分線所圍成的圖案。

1.7　自由的電子

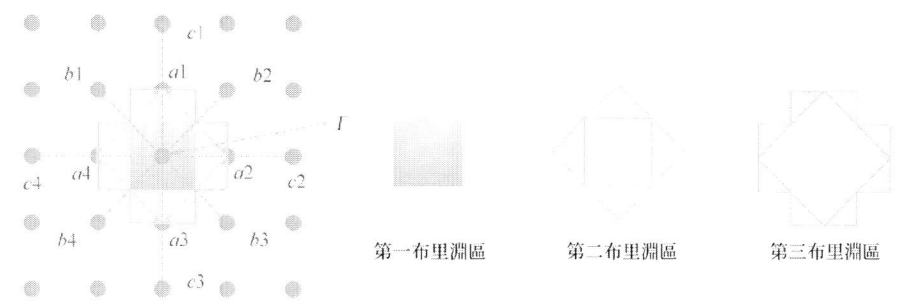

圖 1-32　布里淵區的生成方法

第二布里淵區是中心 Γ 向 b1～b4 畫出的垂直平分線，與中心 Γ 向 a1～a4 所畫出的垂直平分線相交所圍成的圖案；第三布里淵區是中心 Γ 向 c1～c4 畫出的垂直平分線，與中心 Γ 向 a1～a4、b1～b4 所畫出的垂直平分線相交所圍成的圖案。並以此類推，得出第四和第五布里淵區。在實際呈三維空間結構的晶體倒易空間中，獲得布里淵區的方法與此類似。因為晶體的週期對稱，僅研究第一布里淵區能帶色散關係即可。

前文曾經提及，倒易空間相當於實空間進行一次傅立葉轉換所得到的空間。在經過這次變換後，倒易空間的量綱也會出現變化。在這個空間中的每一個點，對應實空間點陣中的一組平面，方向對應於這個平面的法線，大小由實空間晶面間距長度 l 的倒數得出，其中長度的倒數與波向量 k 的量綱一致。

至此，由 Kronig 與 Penny 提出的理論，與實踐得到一致的結果。理論與實踐一致，使其成為進行材料研究的立錐之地。

在材料科學中，描述波向量 k 與能量之間關係的能帶色散關係處於核心地位。隨後科學家基於 Kronig-Penny 模型與布里淵區，發現了一系列材料的能帶色散關係。在半導體產業中，最重要的半導體元素矽的能帶色散關係如圖 1-33 所示。

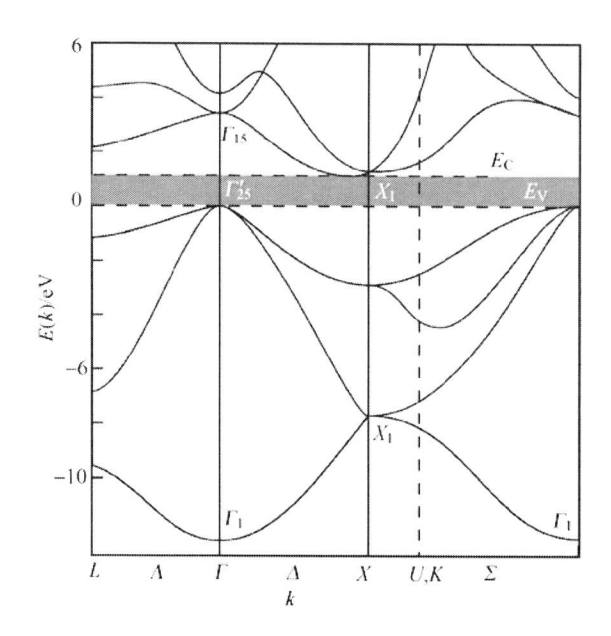

圖 1-33　矽晶體的能帶色散關係

這張圖看起來天馬行空，比 Kronig-Penny 模型使用的圖 1-31 復雜許多，令許多半導體領域的從業者依然感到困惑，卻是研究半導體材料科學的核心之處，包含著一種半導體材料的所有屬性。半導體能帶理論的主要內容就是在倒易空間中，發現 k 與 $E(k)$ 之間的關係，進而揭示半導體材料的所有祕密。

圖 1-33 雖然以平面的方式展現，實際上是一個三維立體圖。也因此在這張圖中的波向量 k 座標上，出現一系列奇特的符號。在這些符號中，Γ 為中心，其他座標圍繞著 Γ 呈現。

絕大多數材料的能帶關係圖並不是各向同性，而是各向異性，即沿著不同方向的波向量 k，$E(k)$ 函數並不相同，因此尋找正確的 $E(k)$ 函數需要使用三維空間，這也提升了能帶色散關係的計算與實驗難度。

1.7 自由的電子

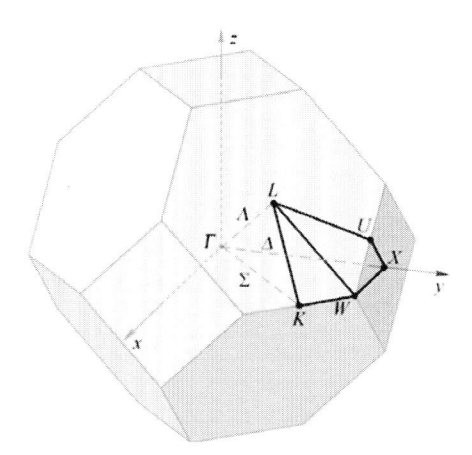

圖 1-34 體心立方結構的第一布里淵區

矽晶體的點陣類型為面心立方，這種點陣結構經過傅立葉轉換為倒易空間之後，平移對稱性依舊存在，只是晶體結構轉換為體心立方結構。將平面擴展到三維空間後，布里淵區的畫法依然相似，只需要增加一個座標，將平面結構中的垂直平分線改為垂直平分面即可。體心立方點陣結構的 W-S 基胞，即布里淵區如圖 1-34 所示。

圖 1-34 包含圖 1-33 矽的能帶色散關係圖中橫座標 k 使用的所有數值，包括 Γ、Δ、Λ、U、K 等高對稱點的位置資訊。之後透過計算與實驗確定圖中的各點能量，相關的計算非常複雜，實驗數據也並不易獲得。

對於實際的微觀系統，基於 Kronig-Penny 模型可以列出薛丁格方程式，但由此得到的能帶色散關係與實際結果仍有明顯差異。

此後，人們提出許多計算能帶色散關係的方法，如基於分子軌域理論的 HFR（Hartree-Fock-Roothaan）方法。HFR 方法對於分子體系非常成功，長期以來都是量子力學領域主要的計算方法。但是 HFR 方法對於固體能帶性質的詮釋依然有許多不足，對於半導體晶體材料，使用 HFR 方

第 1 章　一切的起源

法獲得的理論值也遠大於實際的測量值。

HFR 方法在物理上的主要失敗，源於忽略了電子關聯效應，僅適用於相對簡單的系統。這使得 DFT（Density Functional Theory）必然應運而生。DFT 理論以基於均勻電子氣假設的 Thomas-Fermi 模型為基礎，該理論根據電子的量子態密度而不是波函數，其核心是將多電子相互作用架構對映為具有相同電子態密度的非相互作用架構，將複雜的多體問題化簡為單體問題。

在 1960 年代，DFT 之父科恩（Thomas Kuhn）與 Hohenberg 在這些理論的基礎之上，提出第一性與第二性定理，此後經過沈呂九、帕爾等人二十餘年的努力，DFT 成為與分子軌域理論並列的量子理論構架[70]。

對於很多材料，DFT 演算法可以得出相對完美的能帶結構，但是對於一些簡單的材料如 Si 和 GaAs，DFT 卻得出一個偏小的能帶間隙，對於能帶間隙較小的材料，如 Ge 和 InN，DFT 演算法得出的結果也具有一些問題[71]。科學家們始終在尋找能夠精確計算半導體材料能帶結構的通用方法，卻都無功而返。實際測量結果與理論值經常出現偏差。而實驗結果也未必完全可信，我們數不清歷史上有多少從實踐中得出的真知被後人顛覆。

有時，理論與實踐是很難結合的。提出理論的人有可能沒有實現什麼，做成某件事情的人可能推導不出合適的理論，在半導體的許多應用領域更是如此。半導體學科也正是在這種理論與實踐的反覆質疑中緩慢前行。

能帶理論並不完美，因為計算能力，也因為無知，我們將許多模糊地帶進行簡化處理，以便於計算求解。但是我們依然需要藉此來研究新的材料。若沒有這項理論，人們更加一無所有。

近年來，積體電路的飛速發展使人類的計算能力得到極大提升，各類基於人工智慧（AI）的演算法也在不斷成形。海內外均有許多科學家試圖將 AI 演算法引入材料領域，也許在不久的將來，這個領域會迎來突破。

即便使用 AI 技術，在計算能帶時，依然會遇到費曼提出的維度災難問題。在一個實際的微觀系統中，每增加一個粒子，計算複雜度就會呈指數上升，基於傳統方式達成的 CPU 與 GPU 現行計算能力，即使再提升幾千萬倍，也只是杯水車薪。

幾十年前，費曼提出只有「量子運算」才能解決量子力學領域的計算問題，或許我們需要量子運算最終成立，或許需要更加漫長的等待。

參考文獻

[1] FOWLER M. Historical beginnings of theories of electricity and magnetism [EB/OL].http://galileoandeinstein.physics.virginia.edu/more_stuff/E&M_Hist.html.

[2] COHEN I B. Benjamin Franklin's experiments: a new edition of Franklin's experiments and observations on electricity[J].Chinese Journal of Applied Physiology, 1941, 30(2):156-158.

[3] WOLF A, WILLIAMSON C. A history of science, technology, and philosophy in the 18th century[J].American Journal of Physics, 1939, 29(11):536-537.

[4] JELVED K, JACKSON A D, et al.Selected scientific works of Hans Christian Ørsted[J].Isis, 1999.

第 1 章 一切的起源

[5] JAMES R.Hofmann. André-Marie Ampère: enlightenment and electrodynamics [J].The American Historical Review, 1998.

[6] MAUSKOPF, SEYMOUR H. The atomic structural theories of ampère and gaudin: molecular speculation and avogadro's hypothesis[J].Isis, 1969, 60(1):61-74.

[7] MARTIN T. Faraday's diary[J].Nature, 1930(3186):812-814.

[8] 王洛印、胡化凱、孫洪慶。法拉第力線思想的形成過程 [J]。自然科學史研究，2009，28(2):16。

[9] 宋德生。試論法拉第場論：紀念法拉第誕辰 200 週年 [J]。物理，1991，20(10):5。

[10] MAXWELL J C. On physical lines of force, part II:the theory of molecular vortices applied to electric currents[J]. Philosophical Magazine, 2010, 90(1):11-23.

[11] MAXWELL J C, NIVEN W D. The scientific papers of james clerk maxwell: on faraday's lines of force[J]. 2011(8):155-229.

[12] GRIFFITHS D J. Introduction to electrodynamics[J]. American Journal of Physics, 2005, 73(6):574.

[13] HERTZ H. Electric waves: being researches on the propagation of electric action with finite velocity through space [M]. New York: Macmillan, 1893.

[14] CORAZZA G C. Marconi's history [radiocommunication][J]. Proceedings of the IEEE, 2002, 86(7):1307-1311.

[15] BUSCH G. Early history of the physics and chemistry of semicon-

ductors-from doubts to fact in a hundred years[J]. European Journal of Physics, 1989, 10(4):254-264.

[16] THOMSON T. A System of Chemistry in Four Volumes [M].

[17] WISNIAK J, BERZELIUS J J. A guide to the perplexed chemist [J]. Chemical Educator, 2000, 5(6):343-350.

[18] FARADAY M. Experimental researches in electricity[M]. Oxford: Cambridge University Press, 2012.

[19] KHAN A I. Pre-1900 Semiconductor Research and Semiconductor Device Applications [C]//IEEE Conference on the History of Electronics.2004.

[20] BRAUN K F. On the current conduction in metal sulphides[J]. Ann. Phys. Chem, 1874.

[21] ATHERTON W A. Pioneers: Karl Ferdinand Braun (1850-1918): inventor of the oscilloscope [J]. Electronics World & Wireless World, 1990.

[22] KRYZHANOVSKI N L. A history of the invention of and research on the coherer[J]. Soviet Physics Uspekhi, 1992, 35(4):334-338.

[23] ALAN D. Communications: the crystal detector: by 1920, G. W. Pickard had tested 31250 possible combinations of materials in search of a practical detector[J]. IEEE Spectrum, 2012, 18(4):64-69.

[24] WHITTIER P G. Means for receiving intelligence communicated by electric waves: US Patent US1906332697A[P].

[25] SECOR H W. Radio Detector development[J]. The Electrical Experimenter, 1917(1):652-653, 680, 689-690.

[26] SMITH N. The whole story of light bulbs[J]. Engineering & Technology, 2018, 13(9):54-59.

[27] EDISON T A. Electrical indicator: US 307031 [P]. 1884.

[28] FLEMING J A. On electric discharge between electrodes at different temperatures in air and in high vacua[J]. Proceedings of the Royal Society of London, 1889, 47(286-291):118-126.

[29] DYLLA F, CORNELIUSSEN S. John ambrose fleming and the beginning of electronics[J]. Journal of Vacuum Science & Technology A Vacuum Surfaces and Films, 2005, 23(4): 1244-1251.

[30] BRITTAIN J E, JOHN A. Fleming[J]. Proceedings of the IEEE, 2007, 95:313-315.

[31] FOREST L D. Oscillation-responsive device: US patent 836,070A[P]. 1906.

[32] FOREST L D. Device for amplifying feeble electrical currents: US patent 841, 387A[P]. 1906.

[33] FOREST L D. Space telegraphy: US patent 879,532[P]. 1907.

[34] FOREST L D. System for amplifying feeble electric currents: US patent 995, 126A[P]. 1907.

[35] ADAMS M. Lee de Forest[M].Berlin: Springer, 2012.

[36] LOWENSTEIN F. Telephone-relay: US pateng 1,231,764A[P]. 1917.

[37] VICTOR M. The invention of a tube audio amplifier [C]//ITM Web of Conferences.2019.

[38] COULSON T. Man of high fidelity: edwin howard armstrong: by lawrence lessing[J]. Journal of the Franklin Institute, 1957, 263(2):173-174.

[39] BOYANOV K L. John Vincent Atanasoff: the inventor of the first electronic digital computing[C] //International Conference on Computer Systems and Technologies - CompSysTech. 2003.

[40] HUND F，朱亞宗。量子論發展道路的歷史回顧 [J]。物理，1984。

[41] MEHRA J, RECHENBERG H. The historical development of quantum theory [M]. Springer, 1982.

[42] RUTHERFORD E. 4 – The scattering of α and β particles by matter and the structure of the atom [M]// The Old Quantum Theory. 2008:273-282.

[43] PHIL N B. On the constitution of atoms and molecules PartI.[J]. Philosophical Magazine, 1913, 26 (151): 1–24.

[44] PHIL N B. On the constitution of atoms and molecules PartII systems containing only a single nucleus[J]. Philosophical Magazine,1913, 26 (153): 476-502.

[45] PHIL N B. On the constitution of atoms and molecules Part III system containing several nuclei [J]. Philosophical Magazine, 1913, 26(151):1-25.

[46] BACCIAGALUPPI G, VALENTINI A.Quantum theory at the crossroads: reconsidering the 1927 solvay conference[M]. Cambridge University Press.

[47] DAVISSON C J, GERMER L H. Reflection and refraction of electrons by a crystal of nickel [J]. Proceedings of the National Academy of Sciences, 1928, 14(8):619-627.

[48] EINSTEIN A, PODOLSKY B, ROSEN N. Can quantum-mechanical description of physical reality be considered complete? [J]. Phys Rev, 1935, 47(10):696-702.

[49] HEISENBERG W. Physics and Philosophy[M]. Harper, 1958.

[50] The Feynman lectures on physics, Vol. III [EB/OL]. https://www.feynmanlectures.caltech.edu/III_toc.html.

[51] TAYLOR G I. Interference fringes with feeble light[J]. Concepts of Quantum Optics, 1983:91-92.

[52] DIRAC P A M, POLKINGHORNE J C. The principles of quantum mechanics [M]. Oxford University Press, 1958.

[53] GRANGIER P, ROGER G, ASPECT A. Experimental evidence for a photon anticorrelation effect on a beam splitter: a new light on single-photon interferences[J]. Europhysics Letters, 2007, 1(4):173.

[54] JÖNSSON C. Elektroneninterferenzen an mehreren künstlich hergestellten Feinspalten[J]. Zeitschrift Für Physik, 1961, 161(4):454-474.

[55] MERLI P G, MISSIROLI G F, POZZI G. On the statistical aspect of electron interference phenomena[J]. American Journal of Physics, 1976, 44(3):306-307.

[56] BACH R, POPE D, LIOU S H, et al. Controlled double-slit electron diffraction[J]. New Journal of Physics, 2012, 15(3):33018-33024.

[57] GLAUBER R J. Dirac's famous dictum on interference: one photon or two? [J]. American Journal of Physics, 1995, 63(1):12.

[58] MENDELEYEV D I, JENSEN W B. Mendeleev on the periodic law[J]. 2005.

[59] SEABORG G T.Modern alchemy: selected papers of Glenn T.Seaborg[M]. World Scientific, 1994.

[60] MOSELEY H G J. The high-frequency spectra of the elements[J]. Philosophical Magazine, 1913, 26(156):1024-1034.

[61] 周公度、段連運。結構化學基礎 [M]，5 版。北京：北京大學出版社，2017。

[62] SHANKAR R. Principles of quantum mechanics [M]. 2ndedition. The Clarendon Press, 1958.

[63] GRIFFITHS D J. Introduction to quantum mechanics[J]. American Journal of Physics, 2005.

[64] SAKURAI J J, NAPOLITANO J J. Modern quantum mechanics[M]. Benjamin/ Cummings, 2006.

[65] RROENTGEN W C. On a new kind of rays[J]. Resonance, 1896, 3(59):227-231.

[66] BAI C. Scanning tunneling microscopy and its application[M]. Shanghai:Scientific & Technical Publishers, 2000.

[67] SOMMERFELD A. Zur elektronentheorie der metalle auf grund der fermischen statistik[J]. Zeitschrift für Physik, 1928, 47(1-2):43-60.

[68] 劉恩科、朱秉升、羅晉生。半導體物理學 [M]，7 版。北京：電子工業出版社，2011。

[69] CALAIS J L. Density‐functional theory of atoms and molecules[J]. International Journal of Quantum Chemistry, 1993, 47(1):431-9.

[70] KOHN W, SHAM L J. Self-consistent equations including exchange and correlation effects [J]. Physics Repors, 1965, 140(4A): A1133-A1138.

[71] 蔣鴻。固體絕對能帶位置的第一性原理計算：現狀與挑戰 [C]//中國化學會學術年會第 13 分會場，2012。

第 2 章 電晶體降臨

在距今天 70 年左右的時間裡，出現數個對半導體領域產生重大影響的公司與個人。在公司方面，貝爾實驗室、IBM 與 Intel 在推進半導體產業一路前行的過程中，功績赫赫。也有人說應該是快捷半導體（又稱仙童半導體），這間公司的成就在於其自身與衍生出來的公司，奠定了整個矽谷與現代半導體產業的基礎。

最有影響力的人選有諸多爭議，有人說是 Intel 的諾伊斯（Robert Noyce），也有人說是德州儀器的基爾比（Jack Kilby），我認為非威廉・布拉德福德・蕭克利（William Bradford Shockley）莫屬。每每閱讀與蕭克利有關的文獻與史料，總是有種莫名的酸楚。他是矽谷的締造者，也是矽谷的第一棄徒。整個矽谷，整個科技史冊，再無一人如蕭克利般譽滿天下，謗滿天下。

他的前半生幸運而輝煌；他的後半生在一意孤行的執著中慢慢凋零。

圖 2-1 從左至右，依序為約翰・巴丁（John Bardeen）、蕭克利與華特・布拉頓（Walter Brattain）。三人因為對半導體的研究和發現電晶體效應，獲得 1956 年的諾貝爾物理學獎。

圖 2-1　威廉・布拉德福德・蕭克利（1910–1989）

第 2 章 電晶體降臨

2.1 接觸的奧祕

20 世紀上半葉是個科技爆發的時代，也是一個大戰爭時代。二戰之前，量子力學的出現使人類具備研究與分析微觀世界的能力。伴隨這一能力的提升，人類迎來一次重大的材料進步，戰爭則進一步加快了這一程序。

在人類歷史上，重大的科技進步與戰爭密切相關。青銅與鐵器始於刀劍；戰艦是蒸汽機的巔峰之作；諾貝爾發明的炸藥用於槍炮；在二戰期間，相對論與量子力學促進中子物理學的發展，原子彈的出現震驚了整個世界。

二戰之前，德國宣稱製作出一種「死光」，揚言這種武器可以借用電磁波摧毀整個城市。1935 年 1 月，這個謠言引起英國軍方的注意。英國科學家 Watson-Watt 在研究「死光」的過程中，發現使用電磁波可以定位飛行器。1935 年 2 月，他向英國軍方展示這一成果[1]，雷達從這一刻起正式誕生，並受到了極大的關注。

在第二次世界大戰中，決定一場戰役勝敗的不再是坦克，而是飛機。空戰的關鍵在於誰能率先發現對方。空戰從飛行員的較量，演變為電子設備的對抗；從雷達技術與無線通訊的監聽破譯開始，發展為全方位的資訊戰。

在這場戰爭中，兩大技術取得突破，一個是基於電子管的電腦技術，計算能力決定了破譯速度；另一個則是雷達技術。從戰爭陰影中誕生的雷達，在戰爭過程中迅速發展，成為具有重大軍事用途的國之重器。伴隨二戰白熱化，所有飛機與艦船都安裝了雷達系統。決定這場戰爭勝負的天平，逐漸向掌握更加先進雷達技術的一方傾斜。需求是發現

之母,在戰爭這種極端環境中,雷達技術的進展一日千里。

雷達的運作過程是發射電磁波並在空中傳播,這些電磁波遇到目標,如飛機或者艦船之後,將重新輻射到多個方向,其中的一部分回波被雷達接收裝置捕捉,之後經過一系列複雜的訊號處理,獲得目標的距離、方位、速度等參數。雷達的性能與一系列參數有關,二戰期間,探測距離與接收機靈敏度最受重視。

雷達的最大探測距離受諸多因素限制,其中電磁波的發射功率則與其直接相關。在二戰期間,各國科學家將電子管演進到行波管、磁控管與調速管,大幅增強了電磁波發射功率,使雷達的偵測範圍從幾十英里延伸到幾百英里。

電磁波的發射功率與波長相關。一般情況下,波長較長的電磁波更加容易獲得較高的發射功率,同時所需要的天線尺寸也較大。

雷達也需要使用較短的電磁波,以便能夠被更小的目標反射,從而獲得更高的接收機靈敏度。在科學家的努力之下,電磁波的波長從公尺波、分米波、一直發展到公分波。1939年底,英國便具備發射10cm波長電磁波的能力[2]。

電磁波的波長越短,發射功率越難提升,回波訊號也越弱,波長較短的公分波,很難被基於電子管的接收機校準,此外,電子管的訊噪比差,無法長時間穩定運作。這些缺點在追求極致的戰爭情況下中被充分放大,使用礦石檢波器取代電子管的呼聲漸高。

科學研究人員很快就發現,礦石檢波器自從1907年商用化以來,在30年左右的時間裡,依然沒有有效解決一致性差這個致命弱點。此時,量子力學理論已經深入人心,但是科學家對礦石檢波器的運作原理依然感到疑惑。

第 2 章　電晶體降臨

一些科學家認為礦石檢波器使用的這種晶體，是一種介於導體與絕緣體之間的材料，即半導體材料，可是依然有更多科學家，包括發現「不相容原理」的物理學家包立，堅持認為「人們不應該研究半導體，那是一個骯髒的爛攤子，有誰知道是否有半導體的存在」[3]。

19 世紀末至 20 世紀初，因為半導體材料的純化工藝並未發展成熟，也因為缺少必要的理論基礎，大多數科學家認為所謂的半導體材料，只是其中存在一些導體雜質罷了，化學意義上的半導體材料並不存在。

1931 年，Alan Wilson 使用量子力學原理，解釋了半導體材料的諸多特性，並出版名為《半導體電子理論》(*The theory of electronic semi-conductors*) 的著作，使用能帶理論區分半導體、導體與絕緣體，並討論到金屬與半導體接觸時產生的整流特性。這位對半導體理論理解得如此透澈的 Wilson，也懷疑半導體特性或許就是因為材料中摻雜了一些雜質[4]。此時，沒有理論能夠解釋礦石檢波器的運作原理，直到蕭特基 (Walter Schottky) 出現。

蕭特基曾就職於德國西門子，認為礦石檢波器是由金屬與晶體材料接觸而形成的裝置，在兩者的接觸點附近可能存在著勢壘。勢壘可以理解為電子前行的障礙，在某種條件下電子可以穿越這個勢壘，從而構成單向導電性[5]。蕭特基提出的勢壘理論在當時沒有受到足夠關注。

1938 年，蕭特基與英國布里斯托大學的莫特 (Nevill Mott)，在能帶理論的基礎上，分別獨立地提出電子如何以漂移和擴散兩種不同的方式跨越勢壘，進一步解釋了金屬與半導體接觸時的「單向導電性」[6]。漂移和擴散是電子運動的兩種方式，漂移指電子在電場作用下的定向運動，而擴散指電子根據周邊情況而進行的隨機運動。

蕭特基和莫特定性分析了金屬與半導體接觸前後出現的能帶結構，

並使用到兩個參數，一個是金屬的功函數，另一個是半導體的電子親和力，描述金屬與半導體接觸時能帶結構出現的變化，合理解釋了勢壘產生的原因。

金屬的功函數 (Work Function) W_m 為電子從金屬內部移到表面所需要的最小能量，其值為 E_0-$(E_F)_m$，E_0 為真空中自由電子所處的能階，$(E_F)_m$ 為金屬的費米能階。在絕對溫度為 0K 時，金屬中的電子將填滿費米能階 E_F 之下的所有能階，而在費米能階之上沒有電子，因此功函數可以理解為：金屬中能階最高的電子移到表面所需的能量。

功函數這個概念多用於金屬，偶爾也可用於描述半導體，半導體功函數依然為 $W_s=E_0$-$(E_F)_s$。在半導體中，還有一個重要參數為電子親和力 χ，其值為 E_0-E_C。

當金屬與半導體沒有接觸時，能帶結構如圖 2-2 左側所示。如果金屬功函數 W_m 大於半導體的功函數 W_s，則半導體的費米能階 $(E_F)_s$ 會大於金屬的費米能階 $(E_F)_m$。當金屬與半導體進行理想接觸，即沒有任何縫隙時，由於金屬與半導體接觸形成的系統具有統一的費米能階，平衡後的能帶結構如圖 2-2 右側所示。

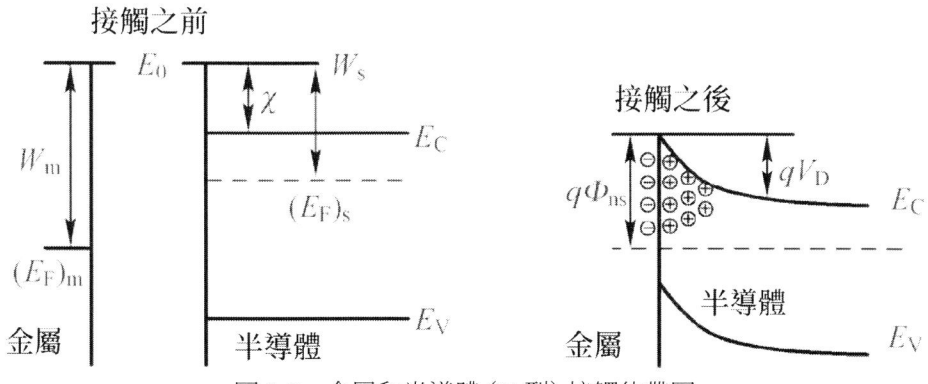

圖 2-2　金屬和半導體 (N 型) 接觸能帶圖

第 2 章　電晶體降臨

在接觸面，金屬一側負電荷密度較高，半導體一側正電荷密度較高，從而形成空間電荷區，造成能帶彎曲，並產生勢壘。其中金屬側的勢壘高度 $q\Phi_{ns}$ 為 Wm-χ，即金屬功函數與半導體電子親和力之差，而半導體側的勢壘高度 qV_D 為 W_m-W_s，即金屬與半導體功函數之差。

後人為了紀念蕭特基的成就，將金屬與半導體接觸產生的勢壘稱為蕭特基能障。蕭特基能障揭開了這種接觸方式的奧祕，也為半導體產業的後續突破，打下了扎實的基礎，在這個理論成形不到 10 年的時間裡，兩位科學家採用金屬與半導體的接觸，取得了科技史冊上至關重要的突破。

勢壘理論成形後，科學家意識到礦石檢波器的神奇之處，是因為石頭中的特殊成分與金屬接觸時產生的變化所引發。化學工業的進步，使科學家能夠純化出石頭中的特殊成分。他們很快發現材料的純度越高，製作的檢波器品質越好，礦石檢波器之所以需要尋找到合適接觸點，是因為在這個接觸點上的材料純度最高。

此後，硫化鉛、硫化銅、氧化銅等一系列材料被持續純化，用於改良礦石檢波器。材料純度越高，檢波效果越好的事實使科學家信服，這些材料具有獨特的半導體屬性，不是絕緣體中摻雜了導體雜質，世界上存在符合化學意義的半導體材料。此後，科學家形成共識，為了製作性能更加優良的檢波器，必須提升半導體材料的純化能力。在這些科學家中，貝爾實驗室的羅素‧奧爾（Russell Ohl）率先發現了矽的價值。

早在 1930 年代中期，電子管大行其道時，Ohl 便堅定地認為，使用晶體材料製作的檢波器將會完全取代電子二極體。Ohl 查看了 Pickard 使用黃銅礦石晶體製作的礦石檢波器，發現黃銅礦石雖然是非常精細的整流材料，但表面並不均勻[7]。他先後嘗試了大約 100 多種材料之後，認

為矽晶體是實現檢波器的理想材料。按照今日的說法，矽晶體具有非晶質結晶、多晶與單晶三種形態，三者的區別如圖 2-3 所示。

非晶質結晶　　　　　　多晶　　　　　　單晶

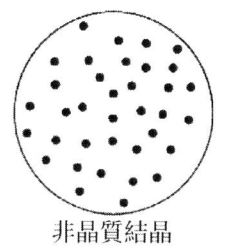

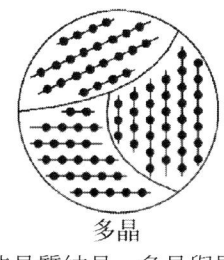

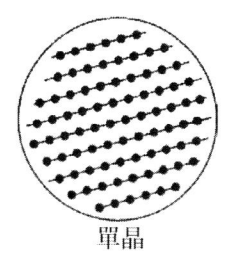

圖 2-3　非晶質結晶、多晶與單晶的區別

非晶質結晶，也被稱為玻璃態晶體，在半導體產業中用途不廣。多晶是由多個各不相同的小晶體組成。在半導體製作領域，多晶與單晶材料各有其用途。

多晶結構的矽，也稱為多晶矽，因為其具有更佳的高溫穩定性與優良導電性，在半導體製作中受到廣泛應用。在電晶體的閘極製作中，在很長一段時間裡都以多晶矽為主。在 DRAM 中，電容的電極也採用多晶矽製作。

其中基於單晶結構的矽，也被稱為單晶矽，是製作半導體晶片的基石。半導體領域著重關注的是整齊劃一的單晶矽。

單晶矽具有非常強的點對稱與平移對稱特性，按照一定的規律週期排列形成。半導體裝置，如二極體，其電學特性最終由能帶結構決定。晶胞重複且長程有序的單晶矽，能帶結構最完整，最終成為半導體領域，特別是積體電路領域的產業支柱。

此時，Ohl 並不了解矽晶體的這些分類。雖然在他所處的時代，許多人曾經嘗試過使用矽製作檢波器，但效果不佳，無法穩定運作。Ohl 卻認為，這種不穩定是矽晶體中的雜質過多所致，與矽晶體本身無關。他

堅持認為，如果能夠將矽充分純化，必然能夠製作出合格的檢波器。

1937 年，Ohl 開始尋找高純度的矽晶體，他自然會想到 Jack Scaff 這位貝爾實驗室的同事。Scaff 擁有高溫熔爐與各類坩堝設備，曾經成功純化過許多金屬晶體。雖然矽的熔點為 1,410℃，提煉難度高於絕大多數金屬，Scaff 還是竭盡所能為 Ohl 提供一塊矽晶體熔合體。這個熔合體勉強可算作一塊多晶矽，但對於 Ohl 來說已經足夠了。

此時貝爾實驗室不具備切割矽晶體的能力，Ohl 將這塊熔合體送至珠寶店，將其切割成各種尺寸不一的水晶狀樣品。1939 年 2 月 23 日，Ohl 發現其中的一塊水晶在光線照射後一端呈現正極，另一端呈現負極，因此將其分別稱為 P 區與 N 區。

3 月 6 日，Ohl 向時任貝爾實驗室總監一職的默文 · 凱利（Mervin Kelly）展示這一成果。凱利震驚，第一時間召集對太陽能光電裝置頗有研究的布拉頓和 Joseph Becker，讓他們立即放下所有工作，看看 Ohl 的這一發現。

當 Ohl 使用光線照射這塊晶體後，布拉頓目瞪口呆，不可思議地搖著頭，他發現電壓表的指標上升到幾乎 1/2 伏特，比他和 Becker 研究過的任何一種裝置透過光電轉換獲得的電壓都高出 10 倍以上[8]。

布拉頓觀察到這個水晶中間有一道清晰的橫線，將底端與頂端分割開來，於是即興發揮，認為電壓一定是由這個橫線所形成的「屏障」所致。他這個半開玩笑的說法，居然一語中的，距離事實的真相並不遙遠。

這就是 Ohl 發明的世界上第一個半導體 PN 接面（Positive-Negative Junction）[9]。

PN 接面是半導體產業在二戰期間出現的一次重大突破。Scaff 和 Ohl 在解釋其運作原理時，認為 PN 接面由 P 型與 N 型半導體材料結合構成，

2.1 接觸的奧祕

P 型與 N 型半導體是在純淨的半導體中摻雜不同元素所獲得。

這一想法源於 Scaff 研究氧化銅晶體的一段經歷。此前，Scaff 曾經發現氧化銅晶體的半導體特性與其中的摻雜物有關，而且他透過純化找到這種摻雜物[9]。很快，兩人發現這種水晶具有單向導電性，可以作為檢波器。

摻雜技術大幅促進了半導體材料的發展。以第 14 族、價電子數為 4 的矽元素為例，理想情況下，矽原子僅與周邊 4 個矽原子以共價鍵的方式組成晶體，並無限延伸。這種純淨且沒有晶格缺陷的材料被稱為本質半導體。在這種半導體中，絕大多數價電子無法自由運動，僅含有少數因為熱運動產生的電子或者電洞，導電功效並不好。

半導體因摻雜而變得神奇。在本質半導體中摻雜微量元素時，如果這些元素與半導體元素結合，就能夠提供額外的電子或者電洞，將極大幅提升導電功效，如圖 2-4 所示。

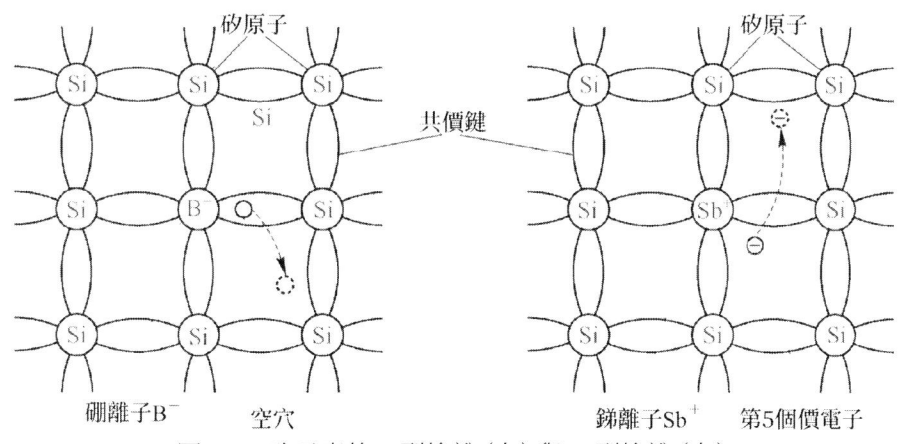

圖 2-4　矽元素的 P 型摻雜（左）與 N 型摻雜（右）

以矽晶體摻雜 13 族的硼元素為例，硼只有 3 個價電子，與矽組成共價鍵時，因為缺少 1 個價電子，需要從其他矽原子中奪取 1 個，從而形

成 1 個帶負電的硼離子 B⁻，並多出 1 個帶正電的電洞。這個電洞受到硼離子吸引，在其附近運動，但是這個吸引力較弱，僅需少量能量便可使其脫離束縛，成為矽晶體中自由運動的導電電洞。

因為硼元素能夠接受電子而產生電洞，所以被稱為 P 型雜質，也稱為受體雜質，這種摻雜方式被稱為 P 型摻雜，摻雜後的半導體被稱為 P 型半導體。

處於熱平衡狀態的半導體，電子與電洞的濃度是固定的。進行 P 型摻雜後也是如此，但是電洞濃度遠遠大於電子濃度，為多數載流子；與之相對，電子為少數載流子。摻雜硼元素後的 P 型半導體矽由矽原子、硼離子 B⁻、大量電洞與少數電子組成。向矽晶體摻雜 15 族的銻元素，與此類似。銻元素具有 5 個價電子，與矽組成共價鍵時，將多出 1 個電子，從而形成 1 個帶正電的銻離子 Sb+，與 1 個帶負電的電子，這個電子將成為矽晶體中自由運動的導電電子。

因為銻元素能夠釋放電子而產生導電電子，所以被稱為 N 型雜質，也被稱為施體雜質，這種摻雜方式被稱為 N 型摻雜，摻雜後的半導體稱為 N 型半導體。摻雜銻元素後的 N 型半導體矽由矽原子、銻離子 Sb⁺、大量電子與少數電洞組成。

P 型與 N 型摻雜與正負電沒有關聯。本質半導體矽與待摻雜元素硼與銻均為電中性，因此兩者摻雜之後依然為電中性。隨著摻雜濃度提升，半導體材料的載流子數目增多，導電功效隨之增強，但是這種提升有其上限，不能透過摻雜而無限增強。除了矽可以摻雜其他元素，化合物半導體 GaAs、GaN、InP 也可進行這種操作。

P 型與 N 型半導體接觸時，將在其交界處產生奇妙的變化，如圖 2-5 所示。

2.1 接觸的奧祕

為方便起見，圖 2-5 沒有標出在 PN 接面中占比最高的矽原子，圖中 P 型半導體由硼離子 B⁻、大量自由的電洞與少數電子組成；N 型半導體由銻離子 Sb⁺、大量自由的電子與少數電洞組成。其中硼、銻離子相對於電子與電洞這兩種載流子，處於相對靜止狀態。

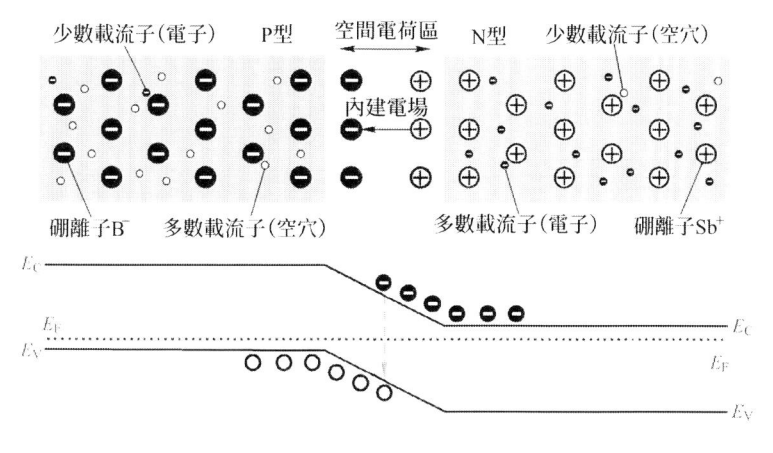

圖 2-5　PN 接面的形成原理

當 P 型與 N 型半導體接觸後，因為載流子濃度梯度，導致電洞從 P 型半導體至 N 型，電子從 N 型半導體至 P 型進行擴散，並在接觸面附近結合泯滅，在處於動態平衡狀態後，接觸面附近僅剩位置相對靜止的硼、銻離子。

這段僅剩硼、銻離子的區域被稱為空間電荷區，也稱為空乏區。同時，帶正電的銻離子與帶負電的硼離子將產生「內建電場」。

從第 1.7 節介紹的能帶結構中可以發現，本質半導體的費米能階 EF 處於導帶能階底 EC 與價帶能階頂 EV 中間。摻雜將改變費米能階，進行 P 型摻雜時，摻雜濃度越高，費米能階越接近 EV；反之，進行 N 型摻雜時，濃度越高，費米能階越接近 EC。當摻雜濃度到達某個閾值時，費米能階將不再隨著濃度升高而改變，這種現象也稱為費米釘扎效應。

第 2 章　電晶體降臨

P 型與 N 型半導體接觸形成一個整體，且處於動態平衡狀態時，費米能階統一，交界處會出現能帶彎曲並形成坡度，即 PN 接面勢壘，就是布拉頓即興說出的「屏障」。PN 接面接入與內建電場相反的正向電壓時，N 區電子可以借勢衝破由 PN 接面形成的勢壘，此時 PN 接面導通；當接入反向電壓時，電源電位與 PN 接面內建電場一致，N 區電子與 P 區電洞更難穿越 PN 接面，此時 PN 接面截止。

PN 接面的發明與摻雜技術在貝爾實驗室高度保密。在整個二戰期間，美國其他研究機構，並沒有從貝爾實驗室獲得這一資訊。Ohl 本人也僅是在 1941 年，發表了一個與太陽能光電效應相關的專利，沒有提及與 PN 接面相關的資訊[12]。他也萬萬沒有預料到，10 年之後，有一位科學家藉助這種半導體與半導體的接觸，開創出一個全新的時代。

二戰結束後，Scaff 在學術交流中，發現摻雜技術還有幾位共同發明者。一位是在 1944 年申請，並在 1950 年獲得摻雜技術專利授權的 John Woodyard[13]，還有一位就是普渡大學的 Lark Horovitz 教授。二戰期間，普渡大學是美國半導體材料研發的一支重要力量。普渡大學背後的美國，正是在此期間，從歐洲手中接過了高科技旗幟。

二戰爆發之前，歐洲山雨欲來風滿樓。貝爾實驗室、西方電氣、麻省理工學院、普渡大學與英國的研究人員通力合作，開始研製基於半導體晶體的二極體檢波器[14]。半導體在通訊領域中的應用潛力也被逐步挖掘出來。

1939 年 9 月，二戰爆發。1940 年 6 月，法國戰敗。英國加快了與美國的技術分享。同年 11 月，麻省理工學院成立雷達研究所。美國以這個研究所為基石，陸續成立 30 多個半導體研究機構與英國展開技術合作，並在雷達領域逐漸超越英國。二戰期間，PN 接面與摻雜技術之外，半導

體產業的另外一項重要成就是半導體的純化。Horovitz 教授製作出高純度的半導體材料鍺；在賓夕法尼亞大學，發明了 W-S 基胞的 Seitz 與杜邦合作，使矽的純化技術取得突破。

在這些科技人員的努力之下，純化半導體晶體的能力達到 99.999％[15]。此時產業界純化的是多晶半導體，不是單晶，但與 Pickard 時代相比已經獲得品質的躍進。純化後的半導體材料，解決了礦石檢波器的一致性問題，使得更加小巧、故障率更低的矽晶體二極體逐步取代中低功率的電子二極體，在雷達領域受到廣泛應用。

二戰全面爆發後，AT&T 旗下的西方電氣開始批次製作用於雷達的矽晶體二極體檢波器，同為 AT&T 旗下的貝爾實驗室為西方電氣提供技術支援。在兩者的通力配合下，矽晶體二極體的產量從 1942 年的每月 2,000 個，提升到 1945 年的 50,000 個，這種二極體的結構如圖 2-6 所示。

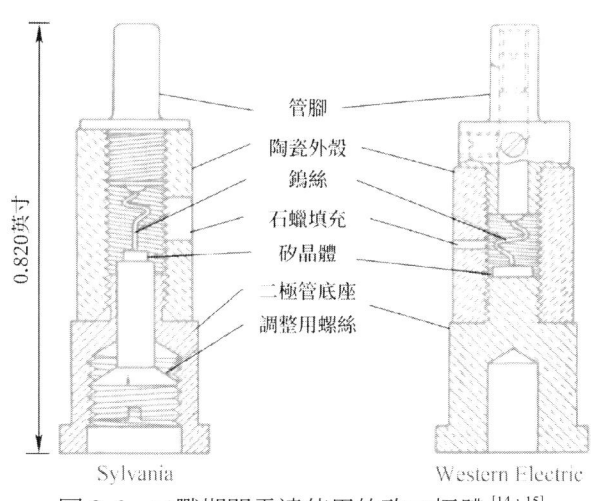

圖 2-6　二戰期間雷達使用的矽二極體 [14，15]

二戰期間，矽始終作為半導體材料的首選，普渡大學卻認為鍺材料大有可為。以 Horovitz 教授的研究為基礎，普渡大學的 Seymour Benzer

第 2 章　電晶體降臨

發現鍺也適合製作點接觸式二極體[16]。與矽相比，鍺材料具有一定的優勢，即熔點低利於純化；此外鍺二極體可以反向承受 50V 的電壓，而矽僅可承受 3～4V 的電壓。

在 1947 年那段半導體產業的關鍵時期，普渡大學始終在為貝爾實驗室提供鍺晶體。這一年年底，當製作出世界上第一個電晶體的巴丁與布拉頓拜訪普渡大學時，善良的 Horovitz 教授還在與兩個人討論，「一定可以使用鍺材料製作出類似電子三極體的裝置，你們有什麼建議？」[15]

2.2　最長的一個月

戰後的世界一片廢墟。美國本土沒有受到重大創傷，但這個國家的崛起之路並非一帆風順。蘇聯在一旁虎視眈眈，英國人不甘心將領袖位置交與他人，歐洲渴望復甦。在這種環境下，美國能夠突出重圍，其根本原因是足以稱為世界楷模的人才引進計畫。

二戰爆發之前，納粹的出現使被迫害的猶太人遍布整個世界。在這段時間，美國接納了 1,090 個科學家，其中包括愛因斯坦。美國憑藉著這股力量，步入科技領域的世界之巔。二戰期間，美國不搶錢也不搶地，只要歐洲頂尖的科學家。美國先後制訂了「遮蓋行動」與「迴紋針行動」，光從德國就引進了 457 名科學家。

這些科學家使發源於歐洲的量子力學，在美國落地生根。二戰之後，日益強大的美國分別在 1952 年、1965 年與 1990 年頒布移民法持續完善制度，整個世界的人才如流水般湧入。愛因斯坦之後，量子力學的頂尖人才，波耳、包立、費米 (Enrico Fermi) 等人先後抵達，且在他們之後還有更多年輕人。

隨著這些菁英的加盟，量子力學的發展在美國突飛猛進，半導體產業在美國迅速崛起，此後直到今天，科技始終是這個國家的立足之本。二戰之後，美國的本土企業與人才逐步成長茁壯，創造出一個又一個的輝煌成就。貝爾實驗室在這種背景下脫穎而出。

1940～1979 年近 40 年時間裡，貝爾實驗室是創新的代名詞。在這段時間，貝爾實驗室從雷達開始，引領著固體物理（今天被稱為凝態物理）、電晶體、積體電路、太陽能光電、雷射、通訊等諸多當時尖端科技的發展路線。貝爾實驗室的第三位總裁默文·凱利在其中承先啟後。

1925 年，AT&T 收購西方電氣的研究部門，並以此為基礎成立了貝爾實驗室，年輕的凱利也因此從西方電氣加入貝爾實驗室。從 1944 年開始，凱利在貝爾實驗室擔任高階主管。1951 年，凱利擔任總裁，並於 1959 年從貝爾實驗室退休。在凱利時代，貝爾實驗室在科技尖端完成諸多重大突破。

從 1930 年代開始，為了克服電子管的各類弊端，貝爾實驗室始終在尋找能夠完全替代電子管的方案。二戰期間，先後出現了基於蕭特基能障與半導體 PN 接面的二極體，但這些二極體無法替代電子三極體，因為無論使用多少個二極體，如何進行排列組合，也無法實現放大功能。

1936 年，凱利意識到固態物理的重要性，特地前往麻省理工學院找剛剛完成博士論文的蕭克利。凱利做事雷厲風行，連上下樓梯都是一路小跑，他沒有花太長時間就說服了蕭克利加入。

蕭克利進入貝爾實驗室後不久，便表現出與眾不同的氣質。有一次，貝爾實驗室某位以古板著稱的老師向實驗室人員講授固態物理課程時，他刻意找了隻電動鴨子跟在這位老師身後，搞砸了整堂課。在這堂課中，學生們唯一記住的就是這位老師鐵青著臉離開教室的背影，以及

第 2 章　電晶體降臨

蕭克利的那隻鴨子。

　　蕭克利的大膽與想像力絕不僅限於此，他曾經徒手爬上貝爾實驗室最高的一面石牆；他經常帶槍出門，有一次因為非法持槍被警察拘留。不過在人才濟濟的貝爾實驗室，還是有幾個能讓他服氣之人，戴維森是其中之一。戴維森就是成功進行電子繞射實驗，並在 1937 年獲得諾貝爾獎的那位科學家。

　　在戴維森的指導下，年輕的蕭克利開始將其在麻省理工學院掌握的理論知識與實踐結合。此時描述晶體中電子運動的 Kronig-Penny 模型已廣為流傳，這個模型太過理想，其中一個明顯的不足就是假定晶體是無限大的，而一個實際的半導體材料總是會有表面邊界。如何計算這個表面上的能階，不在該模型的考慮範圍之內。

　　1932 年，蘇聯物理學家塔姆（Igor Yevgenyevich Tamm）提出表面能階的概念，他認為晶體表面有附加能階，塔姆透過大量的計算證明：在一定的條件約束下，處於表面的原子將在其禁帶出現一個表面能階，這個能階也被稱為塔姆能階。

　　1939 年，蕭克利在塔姆能階的基礎上發現，只有原子間距較小的晶體，才能形成表面能階。他認為由共價鍵組合形成的晶體，在其表面的原子，將失去能為其提供價電子的另一個原子，從而發生價鍵破裂並形成懸鍵，此時晶體的表面將存在表面態，並形成表面能階[17]。這個表面態有別於塔姆能階，被稱為蕭克利態。塔姆與蕭克利的貢獻奠定了表面態的基礎。

　　根據這個理論，蕭克利發表了幾篇頗有影響力的論文，並申請到幾項專利。這些紙上談兵的工作，不是他加盟貝爾實驗室的首要目的。1939 年，蕭克利在蕭特基和莫特勢壘理論的啟發下，結合表面態理論與

一些實驗數據，提出一個與電子三極體運作原理類似的設想。他認為採用這種方法，可以藉助半導體材料，實現「放大」功能。

有一天，他遇到布拉頓這位能工巧匠。1902 年，布拉頓出生於中國的廈門，1929 年加入貝爾實驗室。蕭克利加入這裡時，布拉頓已經成為世界上一流的實驗物理學家。

蕭克利很快就發現布拉頓的價值，死死纏著他要求其在氧化銅檢波器的縫隙中植入一張金屬網，並認為這種裝置能夠如電子三極體般，具有電流放大的功能。顯然他這個思路源自於福雷斯特製作電子三極體所採用的柵極植入。布拉頓進行了一系列嘗試，均未能成功，蕭克利卻更加堅定了使用半導體材料製作放大器的想法。

蕭克利的這個想法因為二戰而中斷。從 1938 年開始，凱利率領的實驗室開始與美國軍方密切合作。1939 年，二戰正式爆發。1940 年 8 月，邱吉爾派遣特使團造訪美國，開始英美兩國在雷達技術方面的合作[18]。

凱利決定派遣蕭克利從事雷達方面的工作。蕭克利關於半導體放大器的研究暫時告一段落，或許此時的布拉頓應該因為擺脫了蕭克利的糾纏，而有種如釋重負的感覺。

1942 年，蕭克利離開貝爾實驗室，進入軍隊研究所工作。他解決了深水潛艦炸彈的精準度問題；主導了雷達投彈瞄準器的訓練計畫；蕭克利還做過一份關於進攻日本本土的傷亡評估報告，這個報告在一定程度上阻止了美軍進攻日本本土的莽撞行為，最後美軍以投擲兩顆原子彈的方式結束了戰事[19]。

二戰期間，蕭克利是為數不多能夠接觸到美軍最高機密的平民。戰後，為了表彰蕭克利的貢獻，美軍授予蕭克利「國家功勛獎章」。二戰即將結束時，蕭克利攜一身榮譽，重返貝爾實驗室[19]。

第 2 章　電晶體降臨

回到凱利身旁的蕭克利，已不是那個剛剛加入貝爾實驗室的頑皮少年。在美國軍方的 3 年工作生涯，使蕭克利建立起充足的人脈。在戰時和其後相當長的一段時間，軍方的支持對於貝爾實驗室相當重要。那時的美國軍隊，不僅有充足的資金，還擁有許多圍繞軍事展開的科學研究專案，最重要的自然是雷達。

雷達工業大幅促進了半導體晶體純化技術的發展，半導體的摻雜與 PN 接面技術也先後出現。美國包括貝爾實驗室在內的許多研究所，在二戰期間不懈努力，為即將到來的半導體技術突破累積了深厚的底蘊。

二戰之後，凱利敏銳地意識到，因為雷達的需求而在半導體材料上取得的成就，極有可能掀起一場革命，其中材料科學的突破不可或缺，貝爾實驗室有必要恢復因為戰爭而中斷的半導體材料研究作業。

1945 年 3 月，凱利帶著他的得意門生蕭克利，再次拜訪貝爾實驗室的 Ohl，希望蕭克利能從 Ohl 處得到一些啟發。Ohl 發明 PN 接面時，凱利已經帶著蕭克利專程拜訪過他。此時，Ohl 依然在進行固態物理的研究，但沒有幾個人能夠理解他的發明創造。他使用固態材料製作出一種支援「放大」功能的無線電接收機，這臺機器運作得異常不穩定，沒有人認為這個試驗品會在將來有所作為，甚至連 Ohl 本人也如此認為。

與 Ohl 交流之後，蕭克利重新梳理了戰前的研究思路，思索如何使用半導體材料全面替換電子管。蕭克利根據能帶理論，繪製了 P 型與 N 型半導體的能帶圖，並在此基礎上提出一種設想，即「場效應設想」。

蕭克利假設矽晶片的內部電荷可以自由運動。如果矽晶片足夠薄，在其上方施加電壓後，矽晶片內的電子或者電洞會在電場的作用下，湧向矽晶片的表面，從而使矽晶片的導電能力大大提升，適度控制後即可實現放大效果，其原理如圖 2-7 所示。

図 2-7　蕭克利的場效應設想 [20]

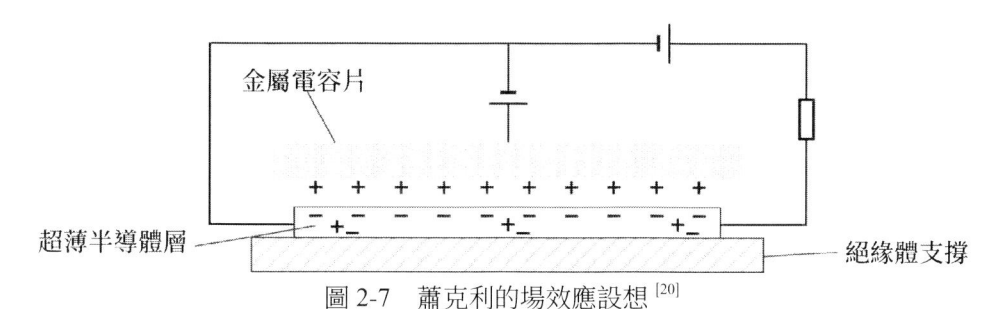

　　這個設想說服了凱利，或者說蕭克利提出的任何設想，凱利都會選擇相信。此時蕭克利已經暴露出其自大與桀驁等缺點，但是凱利比任何人都清楚，在科技領域能大有所為的人，必定是「偉大的優點與偉大的缺點」並存的天才；而不是像他這般綜合能力優異，卻無突出之項的管理人才。

　　1945 年，貝爾實驗室成立半導體研究小組。凱利力排眾議，認為才思敏捷、精力充沛的蕭克利是負責這個專案的不二人選。這個小組一年的經費是 50 萬美元，這在當時是相當不菲的數字。

　　這個小組中，有蕭克利的老朋友布拉頓、另外一位實驗物理學家 Gerald Pearson、精通半導體材料製作的 Robert Gibney、電路專家 Hilbert Moore，還有一位是蕭克利特地請來的理論物理大師巴丁。半導體研究小組在成立之初，便確立了兩大方向。一是集中力量研究鍺與矽這兩種半導體材料；另外一個是以蕭克利提出的「場效應設想」為基礎，製作出具有實用價值的半導體裝置，並用於放大領域。

　　半導體研究小組的起步並不順利，平淡的第一年很快就過去，這個小組沒有獲得實質性突破。受限於製作水準，心靈手巧的布拉頓未能實現與蕭克利設想一致的裝置。

　　1946 年，研究小組中的另外一位理論物理大師巴丁，重新審視了之

第 2 章　電晶體降臨

前的半導體表面態理論。巴丁認為在外加電場的作用下，按照塔姆與蕭克利之前提出的表面態理論，電子被吸收到半導體的表面後將被束縛，而形成封閉狀態，阻止外加電場穿透到半導體內部。

他進一步透過計算得出，只要在材料表面有非常少的表面態存在，就可以避免半導體材料出現場效應現象，並解釋了蕭克利的設想不可能實現的原因[21]。此時的蕭克利或許會哭笑不得，巴丁用源自於他的表面態理論打敗了他的場效應假設。

1947 年 11 月中旬，在一次意外事故中，布拉頓發現矽晶體上有電解液時，太陽能光電效應現象會加強，這個並不起眼的現象，被敏銳的研究小組掌握，巴丁認為電解液中移動的離子可能會克服半導體的表面態。11 月 17 日，Gibney 建議布拉頓在 P 型矽晶圓與電解液兩邊施加偏置電壓，並重新進行實驗，如圖 2-8 所示。

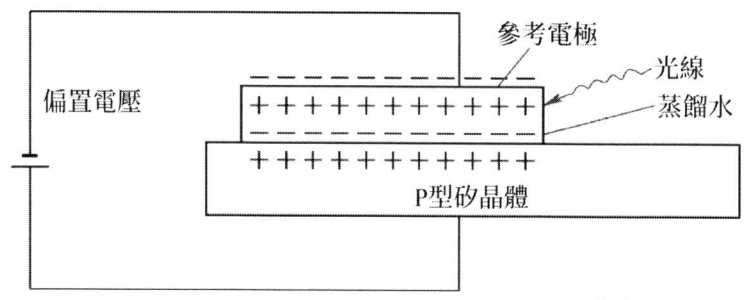

圖 2-8　布拉頓進行的太陽能光電效應實驗[21]

布拉頓發現當調節偏置電壓的大小與極性時，由太陽能光電效應引發的電動勢也在發生變化，而且可以從零到非常大的值。布拉頓嘗試了各種電解液，包括乙醇、丙酮與甲苯，最後發現使用蒸餾水也可以取得同樣的效果。

布拉頓當然明白這不是因為太陽能光電效應突然增強。巴丁猜測這是因為蒸餾水中的離子遷移到 P 型矽晶體，突破了表面態封鎖，使載流

子湧向矽晶片的表面，從而大大提升了矽晶片的導電能力，最後呈現出太陽能光電效應增強。此時，蕭克利也許是因為巴丁給予場效應假設的重擊而感到萬念俱寂，在半導體小組中的表現極為反常，他比之前更加喜歡獨處，雖然他仍向巴丁與布拉頓提出一些建議，但將更多時間投入到另外一種放大器的研究中，他沒有將這個新的方向與小組成員分享。

巴丁與布拉頓絲毫沒有覺察到蕭克利的變化。1947 年 11 月 20 日，他們經過深入討論，隱約感覺到距離成功只差一步。這次實驗的結果代表著只要他們找到一種方法，將光生電動勢的變化，轉換到另外一個電路，即可實現放大效果[21]。

11 月 21 日，巴丁重新設計了一套實驗方案，轉移「光生電動勢的放大」。

巴丁準備嘗試反轉層（Inversion Layer）。二戰期間，研究人員已經發現，在一定的條件下，半導體晶體的表面透過化學處理，可以製作出這個反轉層。當襯底的多數載流子為電洞時，反轉層的多數載流子為電子，反之亦然。

半導體小組在實現「場效應設想」的過程中，將反轉層應用得爐火純青，這個反轉層正是蕭克利所期望的「足夠薄的矽晶片」，只是他們之前沒有想過將實驗裝置浸泡在水中。布拉頓按照這個設想重新架構實驗環境，如圖 2-9 所示。

只有布拉頓的雙手，才能將巴丁的設想變為現實。布拉頓所建構的實驗主體為一個帶有 N 型反轉層的 P 型矽晶片與兩根金屬探針。他將金屬探針 2 的兩邊塗上一層薄薄的石蠟，使金屬探針 2 與水絕緣，並將其尖峰與 N 型反轉層直接連接；隨後在這個連接點周邊，小心地滴上一滴蒸餾水，並使用金屬探針 1 插入水滴中。

第 2 章　電晶體降臨

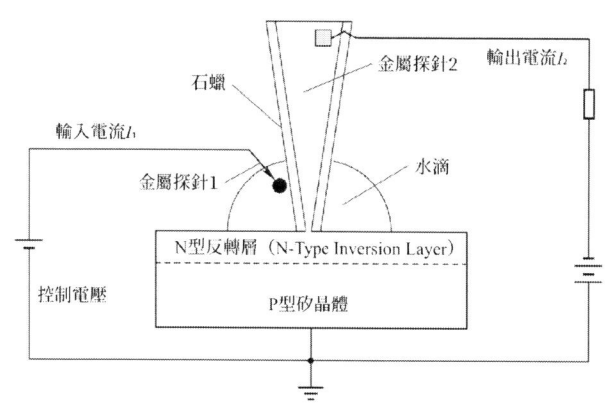

圖 2-9　巴丁在 11 月 21 日構思的半導體放大器模型 [20，21]

當接通電源的瞬間，布拉頓與巴丁驚奇地發現一個非常微弱的、從矽晶片流向金屬探針 2 的「放大」電流，11 月 23 日，巴丁和布拉頓在總結這次實驗結果時，認為雖然這個實驗裝置沒有放大電壓，但放大了電流，是有效的「放大」[20，21]。

他們發現在實驗過程中，水滴容易被蒸發，難以持續突破半導體晶體的表面態封鎖，導致所產生的放大增益並不明顯，只能在 8Hz 以下的頻率運作。這次實驗沒有取得理想的效果，但為隨後的實驗奠定了札實的基礎。

12 月 8 日，巴丁、布拉頓和蕭克利共進午餐時，對這次實驗進行了系統性總結，決定使用能帶間隙更小的鍺晶體替換矽，用電解液替換水。這一天的下午，巴丁和布拉頓重新進行實驗，獲得了約 330 倍的功率增益。12 月 10 日，巴丁與布拉頓成功地將電流功率的放大程度提升到 6,000 倍。令兩人沮喪的是，這套實驗裝置依然只能放大低頻訊號，無法放大人耳可辨識的音訊。

兩人意識到放大頻率過低可能是因為電解液的離子移動過慢。在實驗過程中，兩人無意間發現鍺晶體表面出現一層具有絕緣特性的氧化薄

膜，其中的離子移動遠高於電解液，亦可突破半導體晶體的表面態封鎖，於是連吃飯都顧不上，構思了一套不使用電解液的實驗模型，如圖2-10 所示。這一重大調整使電晶體最終得以出現。在這次實驗中，巴丁與布拉頓使用一個 N 型鍺晶體，並在氧化層之上蒸鍍 5 個金點作為電極，以便金屬探針與鍺晶體透過這個金點直接接觸。他們希望透過調整金屬探針與鍺晶體之間的電壓，使載流子從 P 型的反轉層中通過，從而在另外一根鎢探針處得到放大的電流。

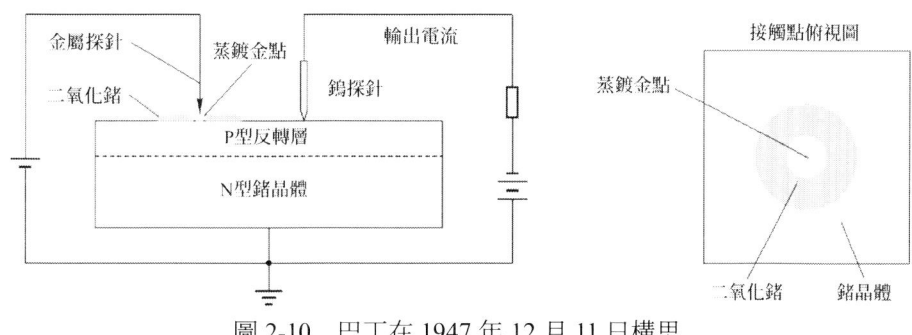

圖 2-10　巴丁在 1947 年 12 月 11 日構思
並於 15 日完成的半導體放大器模型[20，21]

　　與之前的實驗相比，這次的實驗模型做出非常大的調整，但這次實驗仍然沒有成功。當布拉頓使用金屬探針在二氧化鍺所在區域上施加負壓時，發現與在鍺晶體上並無出現變化，而且他還在無意中因為短路，將這個金點燒毀了。12 月 12 日，布拉頓在分析實驗失敗原因時，認為二氧化鍺微溶於水，因此這層氧化膜可能被洗掉了，沒有發揮絕緣的作用，從而產生短路現象。布拉頓與巴丁迅速走出失敗的陰影，從頭來過。12 月 15 日，巴丁與布拉頓再次進行實驗，原本有 5 個金點的鍺晶體，現在還剩下 4 個，他們還有機會再錯 4 次。布拉頓反覆嘗試對金點施加電壓，並用另一個金屬探針靠近這個金點，試圖得到放大的電流。

　　在這段並不算太長的時間裡，巴丁與布拉頓在反覆嘗試與反覆失敗

第 2 章　電晶體降臨

的過程中煎熬著。在一次意外中，布拉頓在金點處施加了正向偏置電壓，在金屬探針處施加了負向偏置電壓，卻驚奇地發現在鎢探針處出現放大電流。雖然這次放大沒有獲得更大的功率增益，但是放大的頻率可達 10,000Hz。

巴丁與布拉頓意識到他們終於要步向成功。他們明白產生放大現象的本質，是金點與鍺晶體的接觸介面上出現完全不同的物理現象，而與氧化層無關，巴丁認為是由鍺晶體與金屬點接觸的表面所產生的電洞運動導致，如圖 2-11 所示。

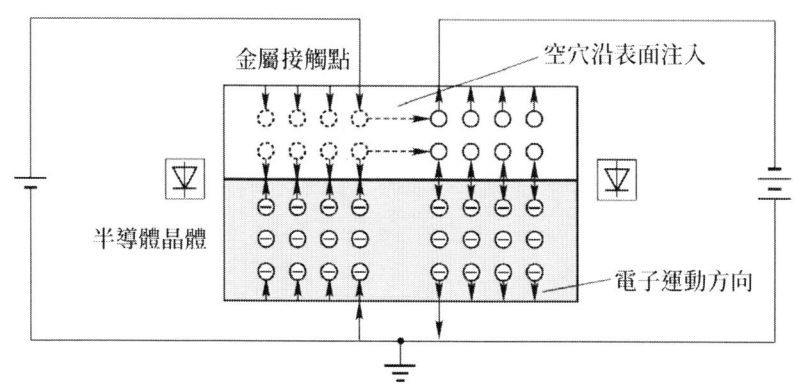

圖 2-11　半導體晶體表面態的電洞運動

金屬與半導體接觸形成蕭特基二極體，布拉頓的實驗裝置相當於兩個二極體並聯，在正常情況下，無法達到放大效果。這套裝置的左側施加正向偏置電壓時，二極體導通，電子將從半導體晶體湧入金屬接觸點；在右側施加反向偏置電壓時，二極體截止，但因為蒸鍍金點與金屬鎢探針間距很小，電洞有機會從左邊注入到右邊使其導通。

在這個電路中，如果左側使用的電壓較小，而右側使用的電壓較大時，左側出現的微小電流波動，會在右側引發較大的電流變化。這個實驗裝置能夠進行放大的最重要的原因，是晶體表面電洞的移動。此時，

巴丁與布拉頓卻沒有任何心思從理論上詳細分析產生這種放大現象的根本原因。他們最需要做的事情是將兩個金屬探針的輸入與輸出點盡量靠近，以便於電洞從一端穿越到另外一端。根據巴丁的理論計算，兩個點的距離在 0.001in，即 2.54μm 左右時，才可以獲得最理想的放大效果。在當時，這個距離遠低於最細的金屬探針的直徑，幾乎無法實現。

布拉頓想到一個巧妙的方法，使用一個側面貼有金箔的三角形塑膠片，在塑膠片的頂端將金箔分為兩半，最後在塑膠片的上方使用一根彈簧將其緊緊地壓在鍺晶片之上。此時兩個金箔間隙約為 40μm，實驗裝置如圖 2-12 所示。

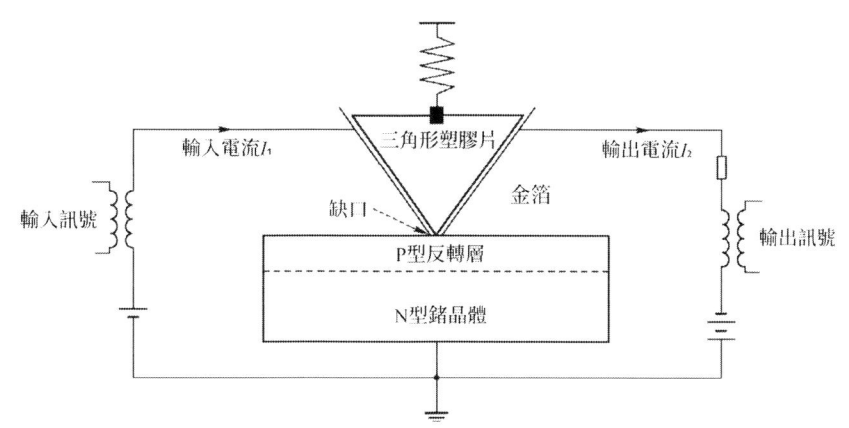

圖 2-12　布拉頓在 12 月 16 日實驗使用的半導體放大器模型 [21，22]

12 月 16 日下午，巴丁與布拉頓使用這個裝置再次進行實驗。在布拉頓接通電源的瞬間，奇蹟降臨。在這一次實驗中，他們獲得了 1.3 倍的功率增益、15 倍的電壓增益、放大頻率為 10kHz，成功實現音頻放大 [21]。

這是人類歷史上第一個使用半導體材料，將高頻微弱訊號放大的裝置。從這一刻起，半導體材料不僅可以製作具有整流功能的二極體，也

第 2 章　電晶體降臨

可以將訊號放大。自此開始，半導體材料越過蠻荒，步入輝煌，被再次發現。

巴丁與布拉頓勉強抑制住心中的激動，說了一句：「是時候打個電話給蕭克利了」。從 1947 年 11 月 17 日到 1947 年 12 月 16 日，整整一個月的時間，對於他們兩個人而言，太過漫長了。

1947 年 12 月 23 日，再過一天就是聖誕夜，天氣陰沉，貝爾實驗室提前讓所有員工放假。蕭克利沒有離開，巴丁也沒有。布拉頓則在忙碌地偵錯各種設備，他在準備著一個重要的實驗。這一天下午，大雪如約而至，貝爾實驗室的所有高階主管齊聚在蕭克利的實驗室。

布拉頓向在場的所有高階主管簡單介紹了一個即將永載史冊的實驗裝置，如圖 2-13 所示。布拉頓使用這個簡陋的裝置，進行了兩次實驗，一次是將音訊訊號放大；另外一次是訊號的振盪實驗。

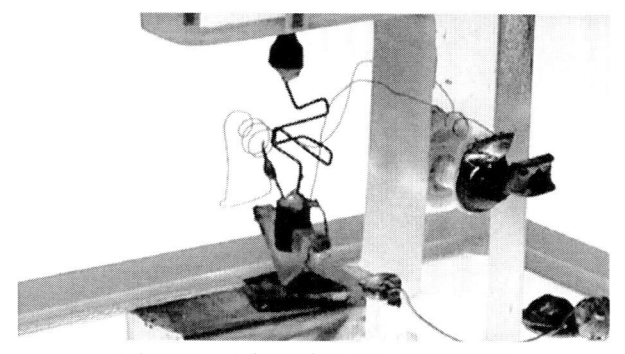

圖 2-13　人類歷史上第一個電晶體

巴丁與布拉頓認為，這個裝置能夠放大訊號的根本原因在於電阻變換，即訊號從低電阻的輸入到高電阻的輸出，於是將其命名為 Trans-re-sistor，縮寫為 Transistor。多年之後，錢學森定下 Transistor 的中文名稱為電晶體。因為這種電晶體呈點狀與半導體晶體連接，也被稱為點接觸電晶體。

電晶體的出現改變了人類歷史的發展軌跡，電子資訊產業呼之欲出。與電子管相比，電晶體擁有巨大優勢。電子管的所有缺點，如體積大、能源消耗高、放大倍率小、有效運作時間短、製造成本高，均可以被電晶體有效克服。

在無線電領域，從電磁波的發射、檢波直到訊號放大這三大應用場景，電晶體可以全面替代電子管。在數位電路領域，電晶體可以更加方便地構成「反及閘」，亦可全面替換電子管。

如果以1904～1906年弗萊明與福雷斯特發明真空電子管與三極體，作為電子資訊產業的開端，那麼直到1947年電晶體的出現，電子資訊產業才進入新的紀元。

電晶體的出現，大幅促進了電子資訊產業的發展。至1960年代，積體電路脫穎而出。不久之後，半導體產業從美國的矽谷，蔓延到歐洲與日韓，直到世界的每一個角落。以半導體產業為基礎，人類正式進入電子資訊時代。

這是無數科學家向廣袤而未知的領域挑戰的時代，是為全世界帶來新發現與希望的時代。如果說電磁學是將全世界連繫在一起的開始，電晶體的出現則揭開了人類現代文明的序幕。

2.3　蕭克利的救贖

電晶體的誕生是蕭克利率領的半導體研究小組取得的一次關鍵突破，貝爾實驗室為此歡欣鼓舞，蕭克利卻另有一番滋味，他倍感失落，也倍感壓力。在絕大多數人眼中，蕭克利是電晶體概念的提出者，卻沒有堅持到最後一刻，他的功勞再大，也不是臨門一腳把球踢進去的那個人。

第 2 章　電晶體降臨

半導體研究小組中的絕大多數人，不認為蕭克利與點接觸電晶體的發明有非常直接的關係。蕭克利希望實現的是場效應電晶體，並不是巴丁與布拉頓發明的點接觸電晶體。在點接觸電晶體誕生之前那最漫長的一個月，蕭克利幾乎毫無作為。

1948 年 2 月 26 日，貝爾實驗室申報了 4 項與電晶體相關的專利，其中前 3 項如表 2-1 所示，這 3 項專利只是同時提交的 US2524035A 專利的鋪陳[23]。

表 2-1　貝爾實驗室在 1948 年 2 月 26 日提交的前 3 項電晶體相關專利[19]

專利名稱	發明人	描述
US2560792A	Gibney	使用電解液處理鍺晶體表面
US2524033A	巴丁	電晶體使用的半導體材料反轉層
US2524034A	布拉頓與 Gibney	電晶體使用的電路設計

最後也是最重要的這項專利，是關於點接觸電晶體的發明。這項專利的申請資料並不難寫，律師們所面對的最大困難是能否滿足團隊成員提出的一個特別請求，即「如何才能把蕭克利排斥在外」。

皇天不負苦心人。團隊發現一個名為 Julius Lilienfeld 的可憐蟲居然在 1925 年，就提出了場效應的概念[24]。團隊如獲至寶，既然有人在蕭克利之前就已提出場效應，蕭克利的價值便更小了。團隊花費很長的時間，反覆確認 Lilienfeld 不會對點接觸電晶體產生任何威脅後，拋棄了蕭克利。蕭克利是半導體研究小組的負責人，但是小組裡大多數人，卻如此堅決排斥蕭克利。只有上帝才知道蕭克利是如何得罪了這些人。

對於有些人來說，天下最悲哀的事情，莫過於進入決賽卻拿了亞軍。在蕭克利的心裡，是他系統性且有序地建立了晶體的表面態理論，是他從提出場效應設想開始並籌建團隊，是他一路披荊斬棘、含辛茹苦

地引導並激勵整個團隊，倘若沒有他，不可能有今天這個點接觸電晶體的一切。

蕭克利甚至認為，即便這個電晶體的專利只寫上他一個人的名字，也不是什麼太過分的要求。蕭克利還真為此付出不小的努力，也因為這個努力，他平生第一次收到了來自貝爾實驗室高層的警告。這個當頭棒喝使蕭克利冷靜下來，他接受了點接觸電晶體專利與他無關的事實。

在電晶體發明之後的那個聖誕節，蕭克利沒有去度假，而是把自己關進書房。此後，在他的天地之中，只能容得下電晶體。蕭克利的天分與能力不容置疑，他的驕傲與執著不容挑戰。

此時的蕭克利，除了證明自己之外，已無路可走。前方雖有千難萬難，他願一人獨往。點接觸電晶體問世後的一個月，是他在科技生涯之中最勤奮的一個月，也是他在半導體領域中最具創造力的一個月。點接觸電晶體問世之後的兩年，更是他一生之中最輝煌的兩年。

在科技史冊中，許多重大發明起源於一些並不科學的因素，比如仇恨、嫉妒或者憤怒。蕭克利的這次發明過程正是如此。蕭克利很幸運或者說全人類都很幸運，他最後成功了。這次的成功只與蕭克利一人有關，而與他人無關。

蕭克利從頭到尾都知道，與電子管相比，點接觸電晶體有許多優點，但也有幾個致命缺點。點接觸電晶體的製作過程艱難，不可能大規模生產；這種電晶體的結構非常脆弱，連關一下實驗室的大門，都會對這種電晶體的運作產生相當大的影響。

巴丁和布拉頓製作的點接觸電晶體，其原理是基於電洞沿著半導體表面的反轉層流動，但是他們兩人並不清楚電子與電洞是否可以在半導體內部流動，蕭克利也並不完全認可巴丁對點接觸電晶體運作原理的解釋。

第 2 章　電晶體降臨

蕭克利以 Ohl 發明的 PN 接面為基礎，說明帶正電的電洞可以在鍺晶體內部通行，不是像巴丁理解的只能活動於晶體的表面。他很快就完善了這個想法，將其稱為「少數載流子注入」。受限於當時的實驗條件，蕭克利只能從理論層面得出這個想法。

1948 年 1 月 23 日，在連續奮戰一個月之後，蕭克利建構出一種新型的電晶體實現模型。他在筆記中寫道，這種電晶體應該具有三層結構，中間一層使用 P 型半導體，外部的兩層使用 N 型半導體。

蕭克利認為這種電晶體結構可以使用蒸鍍方式實現，並透過歐姆接觸的方式，使用金屬引線分別與三個半導體層相連，其示意圖見圖 2-14 的中間部分。

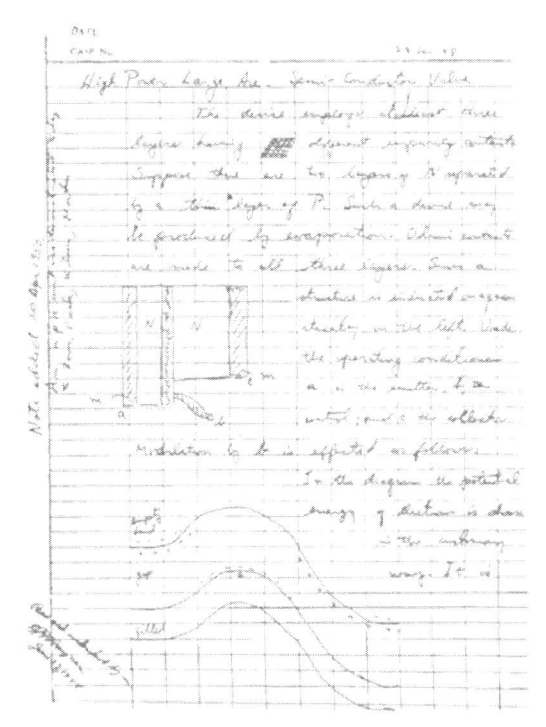

圖 2-14　蕭克利關於接面電晶體結構的草稿[25]

2.3 蕭克利的救贖

歐姆接觸是金屬與半導體接觸的另一種方式，相當於金屬與半導體材料之間建立直接的導電關係。歐姆接觸不同於蕭特基接觸，兩者接觸時不會產生蕭特基能障。高度摻雜的半導體與金屬接觸時，有機會出現這種情況。

蕭克利將這三條金屬線對應的接腳命名為射極（Emitter）、集極（Collector）與控制極（Control），這個控制極後來被改名為基極（Base）。其中基極類似於閥門控制器，用於調整電流的放大功能。

他簡單繪製出這種電晶體的能帶結構圖，進一步說明了這種電晶體的放大原理，並將其稱為接面電晶體（Junction Transistor），以區別巴丁和布拉頓發明的點接觸電晶體。接面電晶體運作原理如圖 2-15 所示，其中射極與集極所在區域均為 N 區，基極所在區域為 P 區，而且射極區域的電子摻雜濃度遠大於集極區域。

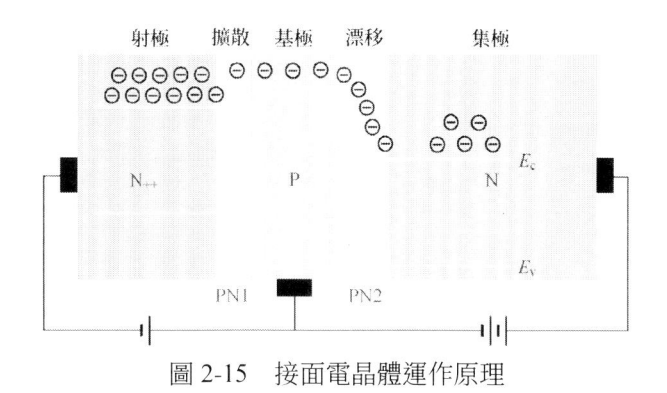

圖 2-15　接面電晶體運作原理

接面電晶體運作時，電子首先以擴散的方式爬坡穿越 PN1。當 PN1 施加正向偏置電壓時，這個坡度進一步變緩，利於電子擴散到基極所在區域。在接面電晶體中，基極非常窄，該區域的載流子以電洞為主，由射極注入的電子在此區域為少數載流子。在基極與集極之間施加反向電壓時，擴散到基極的電子來不及停留，便順著在 PN2 中的斜坡漂移到集極。

第 2 章　電晶體降臨

在集極兩邊的反向偏置電壓高於射極的正向偏置電壓，因此射極電流的微小改變，將引發集極電流的大幅變化，從而實現放大作用。基極相當於閥門，加在這個閥門上的正向偏置電壓越高，從射極流向基極的電子越多，從而由基極流向集極的電子也會相應增加，放大倍數越高；反之亦然。

在當時，蕭克利提出的這種電晶體模型，遭到嚴厲挑戰。研究人員質疑，從射極漂移過來的電子，可能會無法穿越基極所在的 P 區，便被這個區域中的電洞中和。另外一個問題是，來自射極的電子如何穿越基極，研究人員認為電子或者電洞沿著半導體材料的表面運動，不是發生在內部，因為點接觸電晶體就是這樣運作的。

更為重要的是，這種完全由蕭克利設想出來的接面電晶體，並沒有經過實驗驗證。蕭克利正無言以對之際，貝爾實驗室的 John Shive 及時出現。蕭克利提出接面電晶體之後不久，Shive 實驗證明電子並不限於在半導體材料的表面運動，也可以發生在內部[21]。此時蕭克利所提出的接面電晶體，雖然還沒有在實驗上成功，但是已經不耽誤他申請專利了。

1948 年 6 月 17 日，貝爾實驗室提交了巴丁與布拉頓一篇關於點接觸電晶體專利的補充申請[22]；9 天之後，蕭克利的接面電晶體專利，即 US2569347A 也提交出去[26]，這個專利只有蕭克利一個人的名字，蕭克利踏出成功的第一步。

蕭克利的下一步計畫是製作這種停留在設想階段的接面電晶體。雖然布拉頓不會繼續配合他，但蕭克利的身邊並不缺乏天才。1948 年春，Morgan Sparks 加入半導體研究小組，幫助蕭克利解決這一問題。Sparks 和蕭克利相處得非常融洽，當然他和蕭克利的祕書 Bette 相處得更為融洽。第二年，蕭克利就參加了他們兩個人的婚禮。

2.3 蕭克利的救贖

蕭克利的另外一個救星，是即將在半導體史冊中留下深深足跡的 Gordon Kidd Teal。1930 年，Teal 加入貝爾實驗室，並在這裡工作了 22 年。在人才濟濟的貝爾實驗室，Teal 初期並未表現出驚人的才華。他默默無聞，異常專注地進行著半導體鍺與矽材料相關的基礎研究工作。

在蕭克利半導體小組發明電晶體之後，Teal 認為如果使用單晶半導體材料替換多晶，點接觸電晶體的性能將得以高度提升。他的看法沒有引發太多關注。Teal 選擇堅持，而他的堅持得到了回報。1948 年底，在 Teal 加入貝爾實驗室 18 年之後，他在 John Little 的協助下，成功製作出單晶鍺[27,28]。

Teal 使用的方法為直拉法，是 1916 年波蘭科學家 Czochralski 為了用於材料純化而發明的方法，也稱為 CZ 直拉法。有一天，Czochralski 準備蘸墨水書寫資料時，沒有把鋼筆放入墨水瓶，而是放入融化的錫水中，當他拔出鋼筆時，拉出了一根錫絲。之後他發現這根錫絲居然是單晶結構[29]。CZ 直拉法誕生後，率先應用於純化金屬單晶。

之後幾年時間，單晶材料的純化突飛猛進。1950 年，Teal 採用直拉法製作出單晶矽，並持續改良製作工藝，奠定了今天單晶矽的提煉標準[30,31]。Teal 這種純化單晶的方法被蕭克利稱為「半導體領域最重要的科學發明」。

1950 年代前半，以 Teal 的成果為基礎，產業界逐步確立了直拉法製作單晶矽的標準流程：在拉製單晶矽之前，首先將高純多晶矽熔融在坩堝中，之後將一顆「純度極高的矽種子」近距離與之接觸，呈液體的多晶矽將圍繞這個種子生長形成單晶，隨後再將這個單晶緩緩拉出，形成單晶矽錠[28]。

這種單晶製作方法在今天依然處於領導地位。單晶半導體矽材料的

第 2 章　電晶體降臨

出現，為進一步提升電晶體性能奠定了深厚的基礎。

在 Teal 直拉單晶法的基礎上，Sparks 使用「生長結法」成功製作出基於單晶鍺的 PN 接面，這種 PN 接面的性能和穩定性，與 Ohl 最初製作的那個最多也只能稱為多晶矽的 PN 接面相比，已不可同日而語。

採用生長結法製作的 PN 接面由 CZ 直拉法產生。Sparks 首先使用 P 型鍺半導體溶液，用直拉法獲得 P 型鍺單晶，並在生長過程中的某一個時刻，將溶液的摻雜類型切換為 N 型，之後繼續使用直拉法獲得 N 型鍺單晶。在生長完成之後，將晶體切割成 PN 接面，其過程如圖 2-16 所示。

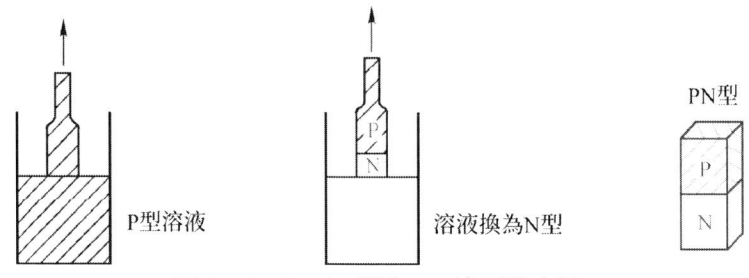

圖 2-16　Sparks 製作 PN 接面的方法

從大批次生產的角度來看，採用這種方法製作 PN 接面並不經濟，但是在電晶體發展的初期階段，這個方法極其重要，特別是在實驗場景。

1950 年 4 月，Sparks 與 Teal 通力合作，以 N 型溶液為基礎，在直拉單晶的過程中，依次進行 P 型與 N 型摻雜。兩人經歷一系列艱苦卓絕的嘗試，最後成功使用直拉法製作出 NPN 型電晶體。兩人發現這種電晶體具有放大訊號的功能，而且運作原理與蕭克利的理論預設幾乎完全一致。

起初，接面電晶體產生的放大頻率低於點接觸電晶體。蕭克利、Sparks 和 Teal 三人經過仔細分析，發現是因為基極過厚造成的。但是將基極做薄之後，又發現金屬導線極難焊接上去。儘管存在這些問題，蕭

克利依然為已經取得的成就興奮不已。

至 1951 年初，除了放大頻率這一個指標之外，接面電晶體的每一項性能都超過點接觸電晶體。之後幾個月，在 Sparks 的持續努力下，接面電晶體在放大頻率這個關鍵指標上，也超越了點接觸電晶體。更為重要的是，這種電晶體的穩定性和可生產性是點接觸電晶體無法比擬的[32]。

1951 年 7 月 4 日，貝爾實驗室在美國獨立紀念日這天，為蕭克利團隊準備了一場非常特別的新聞發表會。主持人如此描述接面電晶體：「這種只有豆粒大的裝置，是絕對意義上的新型電晶體，與之前的電晶體相比，其擁有空前絕後的各種性能」[33]。

成功製造出接面電晶體的蕭克利志得意滿，長達兩年多的奮鬥歷程，至此畫上一個圓滿的句號。在研究製作接面電晶體的過程中，他還編寫了一本名為《半導體中的電子與電洞》(Electrons and Holes in Semiconductors) 的書籍。在書中，他整理出多年以來專研電晶體的工作成果，介紹了半導體材料性質、能帶理論與量子力學這些基礎知識。

在當時，這是為數不多以系統性介紹半導體材料的書籍，並在相當長的一段時間裡被奉為經典。蕭克利還陸續發表了一系列文章，歸納總結出半導體材料與接面電晶體的運作原理。

此時的貝爾實驗室，在半導體產業界一枝獨秀。除了蕭克利率領的半導體小組之外，其他科學家在這個領域也有許多重大突破。

1950 年，貝爾實驗室的 William Pfann 發明出另外一種純化半導體材料的區熔法 (Zone Refining)[34]，利用這種方法能夠獲得比直拉法純度更高的晶體，缺點是很難生產出大尺寸的半導體晶體。區熔法的雛形由英國科學家 John Bernal 於 1929 年提出，在當時他提煉出的高純度晶體不是半導體材料，而是用於研究 X 射線特徵譜線的金屬晶體。

第 2 章　電晶體降臨

　　1954 年，貝爾實驗室的 Calvin Fuller 發明出製作 P 型與 N 型半導體的擴散法（Diffusion Process），取代了之前所有摻雜方法。早在二戰時期，科學家便能將硼或者磷元素摻入鍺或者矽晶體中，生成 P 或者 N 型半導體。當時採用的方法較為簡單，是在高溫提煉多晶矽的過程中，將其與待摻雜元素融合在一起。Sparks 用直拉法製作的基於單晶的 PN 接面，也可以視為一種摻雜方法，但是這些方法並不適用於大規模生產。

　　Fuller 的雜質擴散法，是將半導體晶體放入高溫石英管爐中，之後與待擴散雜質的氣體，在一定溫度環境下加熱一段時間，將雜質摻雜入半導體晶體。Fuller 使用這種方法重新製作出蕭克利的接面電晶體，獲得更加理想的效果。

　　1955 年，貝爾實驗室再接再厲，嘗試使用微影技術生產電晶體，與這種微影技術搭配出現的是光阻劑、蝕刻技術（Etching）與光罩（Photomask）。這一年，貝爾實驗室還發現了二氧化矽在半導體產業中的價值。此後氧與矽這兩個在地殼中含量最多的元素，在半導體的生產製作中水乳交融在一起。

　　此時已經沒有任何科技勢力能夠撼動貝爾實驗室在半導體產業中獨步天下的地位。但在美國反壟斷法的陰影下，高處不勝寒的貝爾實驗室，最終將半導體專利主動授權給其他廠商。

　　1950 年代，貝爾實驗室舉辦了三場技術研討會，分享最先進的半導體材料技術與電晶體的製作流程。貝爾實驗室所分享的技術資料，被後人稱為「貝爾媽媽的食譜」（Mabell's Cookbook）。

　　第一場技術研討會舉辦於 1951 年 9 月，參加會議的廠商主要與美國的國防工業相關。1952 年 4 月，貝爾實驗室舉辦了盛大的第二場研討會，全世界有 40 家公司，一共派出 100 名代表，參加了為期 9 天的電晶體技

術研討會，並參觀 AT&T 旗下西方電氣生產電晶體的工廠。

參加第二場會議的公司包括奇異和 RCA 這些大公司，還有許多有志於進軍這個產業的小公司，如德州儀器。日本的索尼也參加了這場會議[35]，這次會議之後，西方電氣向北約國家授權了電晶體的製作許可。

1956 年 1 月，貝爾實驗室舉辦第三場研討會，分享最先進的半導體擴散與微影技術。在貝爾實驗室毫無保留的幫助下，半導體在歐洲與日本逐步興起。在美國本土，IBM 進軍半導體產業；Motorola 半導體事業部以汽車電子為基石逐步發展茁壯。

伴隨著貝爾實驗室技術分享的是人才逐漸流失。1952 年，為接面電晶體的發明立下汗馬功勞的 Teal，回到他的家鄉德克薩斯，加入了德州儀器。在 Teal 的幫助下，德州儀器成長為今天的類比巨人。

IBM、Motorola 與德州儀器這三間公司，在各自發展的過程中，形成美國半導體的三大派系，即 IBM 系、Motorola 系與德儀系。除此之外，在美國的半導體產業，還有一個代表著叛逆與創新的矽谷系，這個派系始於蕭克利。

在這段貝爾實驗室的分享時光中，蕭克利因為在接面電晶體的理論與實踐兩個領域大獲全勝，生活得較為輕鬆。他終於回想起到底是什麼支撐著他如此忘我地工作，這當然是因為仇恨。

此後的時間，蕭克利除了進行半導體的研究之外，更為重要的事情是盡一切可能打壓巴丁與布拉頓。蕭克利的冷嘲熱諷加上接面電晶體的接連突破，使得巴丁與布拉頓甚至懷疑，他們發明的點接觸電晶體是不是反而影響了半導體產業的進步。

面對持續的打壓，布拉頓雖然沒有離開貝爾實驗室，但做出堅決不與蕭克利共處的選擇，轉到其他研究小組。1951 年，巴丁遠走伊利諾

第 2 章 電晶體降臨

大學，成為一名教授，他後來因為在超導領域的成就，第二次獲得諾貝爾獎。

成功擊敗兩位宿敵的蕭克利，恍然若失。他不認為巴丁與布拉頓沒有貝爾實驗室某些高層在背後支持，就敢冒然挑戰他。當時，貝爾實驗室的許多高層都認為，蕭克利是不錯的學科領袖，卻不是合格的行政管理者。許多人都不願意與他共事，巴丁與布拉頓的離去，更讓貝爾實驗室堅信這個觀點。

貝爾實驗室進行大規模部門重組時，蕭克利沒有被委以重任，他過去的部下，甚至成為他的上司。為電晶體做出重大貢獻的他，依然還只是一個研究小組的負責人。

1954 年 2 月，因為一系列原因而心灰意冷的蕭克利，去加州理工學院兼任客座教授，之後還去美國國防部閒晃了一段時間。蕭克利逐漸游離於貝爾實驗室之外。

也許是因為看到 Teal 在德州儀器風生水起般的生活，也許是因為思鄉心切，蕭克利打算去美國西部創立公司。在加州理工學院的校友阿諾德・奧威爾・貝克曼（Arnold Orville Beckman）和矽谷之父弗雷德・埃蒙斯・特曼（Frederick Emmons Terman）的邀請下，蕭克利回到家鄉，回到了加州。

2.4 矽谷之父

一捧碧藍的海水，從太平洋西部的迷霧海岸登陸，在加利福尼亞炙熱的陽光下，化作薄霧，瀰漫著整個海灘。一縷涼風，徐徐而過，托起這薄霧扶搖直上，化作一朵朵雲彩，越過舊金山的金門大橋。雲彩不迷

戀北方納帕谷的酒香，反倒一路向南，沿著海灣乾冷的海岸線，緩緩溢來。雲彩不在意南方美麗的 17 英里海岸線，待到海灣盡頭，散作雨露，飄蕩在天地之間。

這裡是山景之城。

有一天，這裡來了一位中年人，他在一個倉庫旁邊徘徊了很久，準備將這裡改造成一間實驗室，他的名字叫做蕭克利。1955 年，他遠離美國東部的喧囂，沿著西部牛仔的拓荒之路，來到加州，來到山景之城。這片美國最晚迎來陽光的大地，因為他的到來，即將升起第一面迎接電子資訊時代的旗幟。

在山景之城附近，有一座名為 Palo Alto 的小城市，這座城市是蕭克利西行的重要原因，他的老母親居住在這裡。在這座城市，還有一間在未來非常有名的公司，就是以 Bill Hewlett 和 David Packard 兩個人名字命名的惠普。

1930 年，Hewlett 與 Packard 相識於史丹佛大學，共同度過了大學生涯。在這裡，志同道合的 Hewlett 與 Packard 成為好朋友，他們的友誼延續了一輩子。畢業後他們準備創業，兩人的想法得到特曼的支持，當時特曼擔任史丹佛大學電子通訊實驗室的主任。這一次特曼押對了寶。

1939 年 1 月 1 日，Packard 在猜硬幣正反面的遊戲中輸給了 Hewlett，這就是惠普這家公司，叫做 Hewlett-Packard，而不是 Packard-Hewlett 的原因[36]。

他們的公司從一個車庫開始。此後相當長的一段時間，在 Palo Alto、在加州，甚至在整個美國，即便是一開始就正經八百租用了辦公室的公司，也總是標榜自己最早起源於車庫。這個車庫不僅代表著堅韌與執著，更顯示出一種精神。

第 2 章　電晶體降臨

Hewlett 和 Packard 的惠普，從上市到成為世界五百強，一路順風順水。特曼教授對此非常滿意，他習慣性地激勵著後續創業者成為第二個惠普。1945 年，特曼成為史丹佛大學工學院的系主任，6 年之後率領成立了史丹佛研究園區，起初只有幾家公司安家於此，後來落腳於此的公司越來越多，特曼因此成為創業者心目中的矽谷之父。

在這個大背景下，蕭克利隻身來到加州。

起初，蕭克利來到這裡的目的，不是建立一間半導體公司。如果僅是為了半導體，在當時沒有任何地方能夠提供比貝爾實驗室更多的資源。他來到這裡是為了實現他另外一個夢想。

1948 年 2 月，點接觸電晶體專利所引起的糾紛，是蕭克利在貝爾實驗室遭受的第一次打擊。在蕭克利以接面電晶體的專利獲得「救贖」之後，他有了新的研究方向，機器人與自動化，這起先可能只是蕭克利藉此陶醉自己的一個依託，但是他後來全心全意地投入到這個領域，還提出過幾個不錯的點子。

1948 年，貝爾實驗室幫助蕭克利申請了一項和半導體風馬牛不相及的專利，「Radiant energy control system」。這項專利描述一項基於視覺感測器的回饋控制系統，可以用於飛彈的自動導引。這種專利自然會觸發軍方的專利保密條款，直到 1959 年，美國專利局才將這項專利授權給蕭克利[37]。

機器人與自動化領域點燃了蕭克利的熱情。他對這個領域如此熱情，甚至要求貝爾實驗室將這個自動化專利歸於自己名下。1952 年 12 月，蕭克利經過周詳的考慮，申請了另外一項與機器人相關的專利。在蕭克利的描述中，這個機器人有手、有感知器官、有記憶功能、有大腦，還有眼睛[38]。

2.4 矽谷之父

蕭克利滿心歡喜地準備進軍機器人這個領域時，被凱利的回信潑了一盆涼水。凱利告訴他，貝爾實驗室不會支持他的這個想法。此時，凱利已經成為貝爾實驗室的總裁，他的回答是最高等級的答覆。

蕭克利離開了貝爾實驗室。他先是前往加州理工學院，之後又去了五角大廈。直到在1955年的某一天，他在洛杉磯遇到貝克曼[39]。

貝克曼曾在加州理工學院擔任過教授，還為在這裡就讀本科的蕭克利上過課。貝克曼是pH檢測儀的發明者，憑藉這個檢測儀，他在1934年建立了「貝克曼儀器公司」。與蕭克利見面時，貝克曼已經是一個成功的商人，碰巧他也很喜歡自動化，也相信機器最終能夠取代人類。

兩人一見如故。當蕭克利準備用他的機器人專利與貝克曼合作時，作為一個精明的商人，貝克曼讓團隊仔細評估蕭克利的發明之後，婉轉拒絕了蕭克利。又過了一段時間，蕭克利打電話給貝克曼，這一次他想把貝爾實驗室剛發明的電晶體投入市場。貝克曼立即做出回應，第一時間安排兩個人的會面。

此時貝爾實驗室已將持有的電晶體製作專利，以非常低的價格對外授權。任何一個公司在支付這個授權費用後，就擁有製作電晶體的權力。電晶體的發明人蕭克利自然具備更多的先發優勢。經過仔細探討，貝克曼與蕭克利達成協議，決定成立「蕭克利半導體實驗室」。這個實驗室作為貝克曼儀器的子公司，由蕭克利全權負責[40]。

1956年1月1日，蕭克利半導體實驗室正式成立。籌組公司是一件非常繁瑣的工作，開門的第一件事情是應徵員工。蕭克利的初始團隊是4個工程師，外加一個處理日常雜務的祕書。

很長一段時間裡，蕭克利半導體實驗室並無業務承辦人員。蕭克利頂著總監的頭銜，從人力資源、後勤一直做到工程師。憑藉自己在電子

第 2 章　電晶體降臨

資訊產業的聲望,蕭克利從美國各地應徵了一批學徒,包括金．赫爾尼(Jean Hoerni)、謝爾頓．羅伯茨(Sheldon Roberts)、羅伯特．諾伊斯(Robert Noyce)與高登．摩爾(Gordon Moore)等人。

待到貝克曼從貝爾實驗室購買好電晶體相關的專利授權,蕭克利從他的老東家獲得了單晶矽之後,這個半導體實驗室終於可以著手研製電晶體。在那個年代,研製電晶體的一項重大挑戰是準備製作設備與材料。

沒有公司出售這些設備,蕭克利雖然能夠在貝爾實驗室的支持下,獲取所有技術文件,但是他應徵的學徒還是太過年輕,需要他手把手地一個個教導,這幾乎耗盡了蕭克利的所有精力。

蕭克利很幸運,也可以說他其實很不幸運,在他忙得不可開交的1956年,他居然獲得了諾貝爾獎。天底下很少有人能夠輕視這個獎項,蕭克利也不例外。獲獎消息傳來,各種活動與採訪如潮水般湧來,蕭克利疲於奔命,無法將精力集中於公司的營運,他至少需要去斯德哥爾摩一趟,領取這一年 11 月 1 日頒發的獎金。

在當時,半導體製作剛剛起步,組建一個半導體公司的難度遠遠超過今天。半導體製作需要不同學科的工程師,而且人才極度匱乏。這些稀罕珍貴的人才自然桀驁不馴,將這些不同類型且桀驁不馴的人聚沙成塔,並非易事。蕭克利顯然不是處理這些瑣事的最佳人選,他的身邊缺少一個「凱利」,為他處理這些後顧之憂。

作為一間公司,合理的結構應呈金字塔型排列,頂尖的人才也需要許多普通工程師予以支援。蕭克利卻不這樣認為,他不屑於應徵普通的工程人員,他認為他挑選的這些有潛力成為科學家的天才,絕不至於連普通工程師的事情都做不了,他也沒有考慮過支付給這些科學家的不菲薪資。

蕭克利沒有在商場上白手起家的經歷，雖然偶遇挫折，但基本上職業生涯一帆風順，使他很難理解「妥協」的價值。他對完美的苛求，展現在每一個細節，他要開發出最好的設備，再使用這個最好的設備製作出最好的電晶體。蕭克利卻經常忽略一項事實，他的這幫學徒至少在現階段還不是最好的。

從斯德哥爾摩領獎歸來後，蕭克利原本就自大的性格，更加無法控制，他變得多疑且專橫。團隊很尊敬他，也有許多人很畏懼他。人多之處必有政治，團隊間的衝突從小開始逐漸擴大。蕭克利面對這些衝突的選擇是將自己封閉起來，此時代替蕭克利化解衝突並與員工溝通的人，是羅伯特・諾伊斯。

蕭克利非常欣賞諾伊斯，除了諾伊斯之外，蕭克利還欣賞另外兩個人，其中一個人是謝爾頓・羅伯茨。羅伯茨在不到半年的時間，重新設計了貝爾實驗室的單晶爐，並改良加工矽晶片的操作臺。但蕭克利總是喜歡與羅伯茨喋喋不休地討論那些他並不擅長的機械知識。

蕭克利最欣賞的人是金・赫爾尼。從性格上來看，赫爾尼與蕭克利有幾分相似，但是蕭克利與赫爾尼也產生不小的衝突。蕭克利始終認為赫爾尼最有可能成為其半導體理論的繼承人，從一開始就把赫爾尼定位為純粹的科學家。赫爾尼卻並不這麼認為，他希望多做一些與實驗相關的工作，不喜歡坐在辦公室裡推導公式。

蕭克利與團隊的對立在逐漸擴大，但是這個對立被公司惡化的經營狀況所掩蓋。截止到1957年1月，公司在成立一年不到的時間裡，一共花費了100萬美金。這個在今天不值一提的數字，在當時令人生畏。

從研發的角度來看，蕭克利在第一年的進展實際上相當不錯。他應徵了一大批有才華的年輕人，這些人搭建出製作電晶體的主要設備，而

第 2 章　電晶體降臨

且在某些領域青出於藍，完全可以與他的老東家貝爾實驗室相提並論。

　　只是從公司營運的角度來看，蕭克利的公司居然在這個時候，還沒有想過要確立一個產品方向。此時，蕭克利最應該做的事情，就是關注貝爾實驗室哪個產品距離實用最接近，他就去模仿，並在微創新領域，利用小公司靈活的機制，取得商業上的成功，而不是在科學研究領域與貝爾實驗室一較高下。但是蕭克利的實驗室，第一不靈活，第二野心還很大。儘管貝克曼和蕭克利得到了貝爾實驗室的所有產品授權，但是他們卻從來沒有想過要複製其中的任何一個產品，包括已經基本成型的兩種電晶體，擴散電晶體與臺面式電晶體。

　　蕭克利的驕傲決定了這個公司的命運，在他獲得諾貝爾獎的瞬間，這個公司的最終結局就已注定。在這個世界上，有許多與蕭克利相似的人，他們只能為第一而活著，即便是世界第二這個對於常人而言可望而不可及的目標，對於他們也只是極大的侮辱。他們或者取得一次大成功，或者泯然於眾人。

　　蕭克利不屑複製貝爾實驗室發明的那些電晶體，也不屑重複自己成功的過去。他力排眾議將他的另外一項發明，一個由「4 層結構所組成的二極體」，即 Four-Layer Diode[40]，作為公司的產品方向。這種二極體也被稱為蕭克利二極體。1957 年 1 月，他與貝克曼達成一致，大規模生產這種特殊的二極體。

　　這種「4 層二極體」實際上由兩個電晶體、兩個電阻和一個二極體組成，蕭克利打算在單個矽片上製成這種二極體。這種二極體的運作原理與今天在電力系統中使用的閘流體相似。在當時的條件下，製作這種產品並不容易。如果蕭克利能將這款產品製作出來，他便會成為發明積體電路的第一人。

蕭克利有兩個研發利器，一個是從貝爾實驗室引進的微影技術，另外一個是二氧化矽在電晶體中的應用，蕭克利非常清楚這兩個技術的威力，並準備嘗試使用。但當蕭克利實驗室的學徒們逐漸意識到這兩個利器的價值，並接受了這些新觀點之後，蕭克利卻莫名其妙地放棄了這兩大利器。

在沒有這兩個研發利器的前提下，製作出蕭克利設想的這種新型二極體，其難度無疑提升許多。蕭克利實驗室的學徒們，沒有信心能夠做出這種二極體。於是在沒有做好充分動員的前提下，蕭克利啟動了這個專案。

正在此時，蕭克利又有了一個全新的想法。1957年初，他與諾伊斯發明出一種新型的接面電晶體，並申請了專利[41]。蕭克利準備把這個產品也作為公司的主要經營方向。在蕭克利巨大的光環之下，這兩個專案全力前行。

有蕭克利這樣的好老師，學徒們成長得非常快，這個老師在研發層面的容忍度非常大，給予他們足夠的試錯空間。這些學徒逐步展現出極高的潛力，但是這一切很快便與蕭克利沒有絲毫關係了。

伴隨學徒們一起成長的是他們之間的對立，以及他們與蕭克利之間的對立。敏感的蕭克利，非常清楚這些對立，卻不知道這些對立從何而來，更不清楚應該如何處理，他像鴕鳥一樣將頭深深埋入沙堆。蕭克利的實驗室，在商務上一直經營得不算太好，多重重壓之下的蕭克利罹患了失眠症，這使得蕭克利變得更加多疑。

一個偶然的事故，成為壓垮蕭克利實驗室的最後一根稻草。有一天，蕭克利的祕書在去辦公室的路上，不小心被金屬割傷了手指。這原本是很普通的一件小事，在蕭克利眼中卻不可饒恕。他居然認為這個事

第 2 章　電晶體降臨

件一定是羅伯茨的陰謀。羅伯茨是蕭克利曾經非常欣賞的天才，他用顯微鏡研究了這個金屬長達半個下午之後，得出結論：這只不過是一個丟失帽子的圖釘。

蕭克利不相信這個事實，反而懷疑每個人都在說謊，甚至想使用測謊儀辨別每個人的真假。蕭克利這般小題大做，與他自己的性格有關，也因為這個實驗室已經陸續出現了多起技術洩密事件。

1957 年 5 月，他的學徒們選擇反抗，推舉摩爾為代表，越過蕭克利，直接與貝克曼對話。摩爾認為「沒有有效的解決方案，這些人也許會集體辭職」。當時，摩爾的要求是讓蕭克利專心領導科學研究，並請一位職業管理者營運公司。

貝克曼當然清楚，答應摩爾的這個要求也代表著蕭克利的離職，他不可能以開除蕭克利為代價，化解這場危機。在回憶這段往事時，貝克曼非常痛心地認為，他應該在公司成立的第一天，就請人分擔蕭克利在管理上的一些工作。

面對「摩爾」們的逼宮，貝克曼做出一些讓步，找了一個管理人員專門夾在蕭克利與團隊之間作為緩衝。這一安排並沒有化解蕭克利實驗室的信任危機，這個以蕭克利名字命名的實驗室，無可避免地走向分崩離析的結局，「摩爾」們去意已決。

1957 年 6 月，諾伊斯向蕭克利提議，是否可以為這些打算集體辭職的人員，成立一個相對獨立的電晶體研發小組。此時，一切的努力都為時已晚，世界上最難修補的就是人心的裂痕。

「摩爾」們沒有回頭路，他們開始尋找投資。此時恰逢矽谷風險投資的高峰，但是這幾個年輕人的獨立之路，並不順利。沒有幾個投資人願意冒著得罪蕭克利與貝克曼的風險，幫助幾個前途未卜的年輕人。

諾伊斯的處境最為尷尬,一邊是兄弟,另一邊是他尊敬的師長。最後羅伯茨用了整整一個晚上才說服諾伊斯加盟。在一定程度上,諾伊斯的加入使他們獲得了希爾曼‧費爾柴德(Sherman Fairchild)的投資承諾。希爾曼的父親喬治‧費爾柴德(George Fairchild)是 IBM 的前身 CTR 公司的董事長,擁有 IBM 大量的股權。希爾曼是家中唯一的孩子,喬治去世後,希爾曼成為 IBM 最大的個人股東。希爾曼不擔心蕭克利與貝克曼的報復,最多不過是這筆投資打了水漂。

希爾曼認為在這幾個叛逆青年中,諾伊斯最具領導才能,讓他負責公司的營運。他的這個看法並不精準,從摩爾成立反叛大軍的經歷來看,他的領導才華絕不亞於諾伊斯,摩爾後來的成就也證實了這一點。

1957 年 9 月 18 日,諾伊斯、赫爾尼、羅伯茨、摩爾、Julius Blank、Victor Grinich、Eugene Kleiner 與 Jay Last 集體向蕭克利提交了辭職申請。在這八個人中,有三個是蕭克利最欣賞的天才,諾伊斯、羅伯茨與赫爾尼,還有一個是蕭克利最不喜歡的摩爾。這些人的組合使蕭克利怒不可遏,將他們統稱為「八叛逆」(見圖 2-17)。

圖 2-17 「八叛逆」的合影

第 2 章　電晶體降臨

摩爾造反成功,「八叛逆」一起建立的快捷半導體比蕭克利半導體實驗室更加輝煌。他與諾伊斯後來成立的 Intel,引領著一個時代。蕭克利和他的實驗室再也沒有從這八個人的離職中振作起來。此時的貝克曼比蕭克利果斷得多,準備第一時刻起訴剛剛成立的快捷半導體。蕭克利選擇沉默,雖然他絕對有能力將年輕的快捷半導體扼殺於搖籃之中。1960 年,沮喪的貝克曼出售了蕭克利半導體實驗室的所有股份。

發明了電晶體的蕭克利,注定不能批量製造出電晶體。面對著即將到來的電子資訊時代,蕭克利黯然離去,他最終進入史丹佛大學,成為一名教授。在史丹佛大學,蕭克利的老朋友,也是他在貝爾實驗室率領的半導體小組成員 Gerald Pearson,從貝爾實驗室退休後,來到這裡研究太陽能電池。他的另一個老朋友,被稱為矽谷之父的特曼,已經成為這所大學的教務長。兩位老朋友張開雙臂,歡迎他的到來。

也許是因為蕭克利過於孤獨,也許是因為他希望再次受到關注,1970 年代,他發表了讓他備受唾棄相當長一段時間的文章,黑人的智商低於白種人。沒有人能夠證明他的這個觀點是錯誤的,但更加沒有人願意與他並肩前行。這是原本可以與特曼一同被稱為矽谷之父的蕭克利,最後的絕唱。

1989 年 8 月 12 日,蕭克利在孤獨中離開這個世界,他的孩子僅僅是從報紙中得知他的死訊。他啟動了一個時代,卻未能創造這個時代最輝煌的一刻;他啟動了一個時代,卻只是這個時代的匆匆過客。

緩緩前行的歷史車輪拋棄了蕭克利。曾經在蕭克利實驗室工作過的「叛逆」們習慣性地認為,蕭克利不是一個好的管理者,除了科學研究才華之外,幾乎一無是處的蕭克利,其最大的優點就是善於發現人才。當然這與他們就是蕭克利發現的人才有最直接的關係。

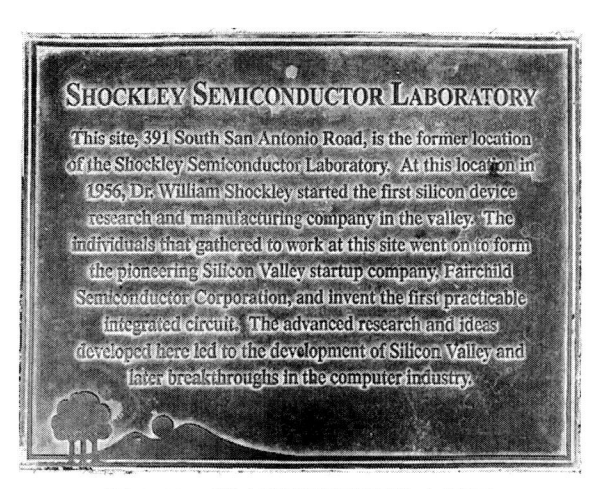

圖 2-18　蕭克利半導體實驗室牌匾

「八叛逆」的成功，使「叛逆」作為矽谷的象徵而廣為傳頌。在此之後，這片能夠誕生任何奇蹟的大地，充斥著才華與夢想、無情與背叛。源源不絕的後浪吞沒著前浪。叢林法則，適者生存。這片大地回歸西部狂野，騎著最烈的馬相互追殺的時代。這片大地，因為這一狂野而生機勃勃。

歲月匆匆，不知過了多少年。有一個小夥子來到了山景之城，他穿著牛仔褲，捧著他剛剛製作的電腦，他的名字叫史蒂夫·賈伯斯（Steve Jobs），很快他就被自己建立的公司開除了。

又經過了幾年，有幾個人在這裡建立了一間名字叫「網景」的公司。

不久之後，兩個剛拿到博士學位的年輕人來到了這裡，他們是賴瑞·佩吉（Lawrence Edward Page）和謝爾蓋·布林（Sergey Brin），他們準備成立一家名為「Google」的公司，他們將總部選在山景之城。

若干年後，賈伯斯再次回到這裡。這一次他手中握著一部手機，準備開一場發表會。

蕭克利半導體實驗室卻永遠消失在人們的記憶中。蕭克利與「八叛

逆」工作過的倉庫，被一間名為 WeWork 的公司租用，這個公司的主業是為新創公司提供共享辦公服務。

昔日的喧囂已成往事，只有門旁一處的牌匾，記載著這裡的過去。該牌匾現懸掛於蕭克利半導體實驗室原址，如圖 2-18 所示。

2.5 積體電路的誕生

1923 年 11 月 8 日，傑克·基爾比（Jack Kilby）生於美國堪薩斯州。他的父親是一位電氣工程師。受其影響，基爾比從小便立志做一名電氣工程師。14 歲時，他便能搭建天線，進行無線電收發實驗。

少年時，他的成績並不出眾，考大學時因為數學成績 3 分之差與麻省理工學院擦身而過，最後選擇伊利諾大學厄巴納－香檳分校（UIUC）就讀。多年以後，基爾比因為發明積體電路而聲名大噪時，依然對此事耿耿於懷[61]。

基爾比入學後不久，珍珠港事件爆發。基爾比加入美軍，成為一名無線電通訊設備的維修員，並輾轉於印緬戰場。

二戰結束後，基爾比重返 UIUC，並於 1947 年獲得學士學位，之後進入 Globe Union 公司的中央實驗室。Globe Union 公司曾經是美國最大的汽車蓄電池製造商，但這家公司最聞名的事蹟依然是曾經擁有過傑克·基爾比。

基爾比加入這間公司時，中央實驗室已經開發出在今天被稱為「厚膜電路」的產品。這個產品使用陶瓷襯底，以電子管技術為基礎，將電阻、電容等元件整合在一起[62]。電晶體出現後，中央實驗室打算替換「厚膜電路」中體積龐大的電子管，以實現「電路微型化」。基爾比參與了

2.5 積體電路的誕生

這項工作，並對電晶體技術產生濃厚的興趣。

在 1947 ～ 1958 年這段長達十多年的中央實驗室職業生涯中，基爾比閱讀了大量與「電路微型化」相關的論文，並於 1952 年參加了貝爾實驗室組織的研討會。在這次研討會中，基爾比因為接近兩公尺的身高而鶴立雞群；在不久的將來，他將因為對半導體產業的貢獻，再次鶴立雞群。

完成培訓的基爾比，很快就複製出製作電晶體所需的必要設備與材料。1957 年，在基爾比的努力下，中央實驗室推出用於助聽設備的放大器[62]。此時，基爾比卻發現中央實驗室無能力也沒有意願在半導體產業投下重本，更不用說他最感興趣的「電路微型化」領域，於是準備開始新的旅程。

起初，他考慮過 IBM，這家公司也打算製作「厚膜電路」，與基爾比在中央實驗室的工作類似。他還認真考慮過 Motorola，這家公司允許基爾比留出部分時間研究「電路微型化」。他最後選擇了德州儀器，因為這家公司能夠提供基爾比所需要的一切[62]。

1958 年 5 月，基爾比加入德州儀器。

此時，德州儀器在半導體領域已嶄露頭角。1930 年，德州儀器成立於美國的德克薩斯州，距離盛產石油的墨西哥灣很近，起初以製作石油鑽探設備作為主業。二戰期間，德州儀器開始製作軍用電子設備。

1952 年，德州儀器獲得製作電晶體的授權之後招兵買馬，邀請到使用直拉法製作出單晶鍺、協助 Sparks 製作出接面電晶體的 Gordon Teal 加盟。

Teal 的到來使德州儀器掌握了半導體材料的純化工藝，更重要的是，因為他的加盟，更多人才選擇了德州儀器，其中包括 Willis Adcock。1954 年，Teal 和 Adcock 聯手製作了以矽為原料的商用化接面電晶體[42]。雖然事實上，第一個製作出矽電晶體的依然是貝爾實驗室，但是為了保密，這個實驗室沒有對外宣布這一消息。

Teal 為了展示矽電晶體的優點，特意將採用矽與鍺的兩種電晶體，放入高溫的油鍋中。不耐高溫的鍺電晶體顯然不能正常運作，而採用矽的電晶體完全不受影響。這次展示獲得意想不到的廣告效應，也使德州儀器這個半導體產業的後起之秀，迅速成為產業界關注的焦點。

此時，電晶體使用臺面式工藝（Mesa Structure）製作，也因此被稱為「臺面式電晶體」。臺面式電晶體是接面電晶體的一種，基於貝爾實驗室發明的擴散技術製作。這種電晶體因為其橫切面形似於大峽谷的方山，由一個臺面接著一個臺面組成而得名。

1955 年，貝爾實驗室將臺面式電晶體技術對外授權之後，德州儀器與快捷半導體分別在 1957 年與 1958 年，將這種產品推向市場[43]。德州儀器還在一篇專利中描述這種電晶體的製作方法[44]。

臺面式電晶體由基極、集極與射極組成，結構如圖 2-19 所示，其製作方法如下。

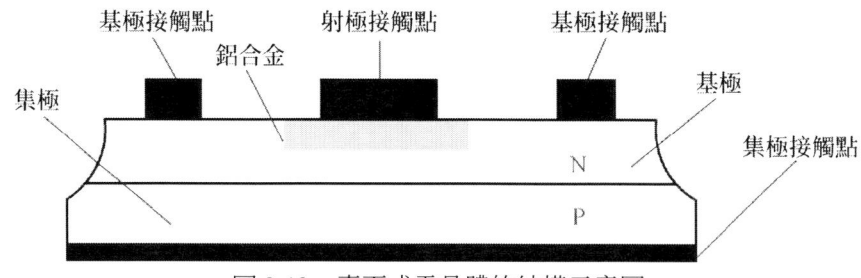

圖 2-19　臺面式電晶體的結構示意圖

將 P 型鍺晶片的底部拋光，並沉積金屬層，這個金屬層將作為集極的接觸點，同時也是這個臺面式電晶體的底部。

2.5 積體電路的誕生

使用擴散法在 P 型鍺晶片的頂部生成 N 型半導體區域，即基極所在的區域。

在基極所在的 N 區之上蒸鍍一層鋁合金，鋁合金將與基極透過蕭特基接觸融合在一起，並形成一個 PN 接面，在其上再製作一個射極接觸點。這種製作 PN 接面的方法也被稱為合金結製作法，其製作過程如圖 2-20 所示。

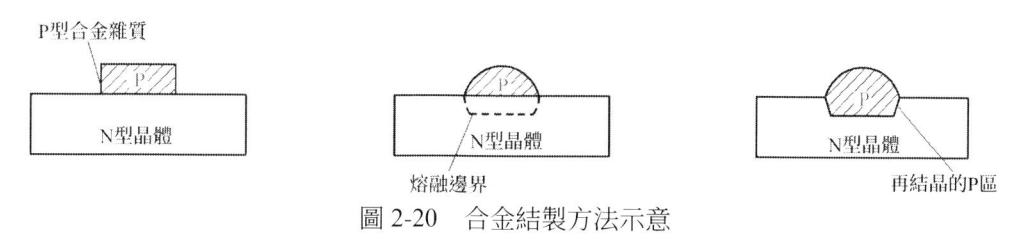

圖 2-20　合金結製方法示意

在 N 型區域蒸鍍基極與射極接觸點。蒸鍍金屬的過程需要高溫，確保半導體與金屬形成微合金化的結構。

最後將基極與射極的區域進行蝕刻，分離基極與射極接觸點。

這種製作方法有個不算太小的問題，即基極與射極之間的 PN 接面暴露在外部，極易受到干擾。除此之外，這種平臺工藝還具有另外兩個主要缺點：一是臺面容易受到物理傷害和汙染；二是這種工藝不適合製造電阻。

臺面式製作工藝儘管具有上述缺點，但比起 Sparks 時代使用生長結法直接製作出來的接面電晶體，依然有巨大的飛躍。

待到基爾比加入德州儀器時，這家公司已經具備大規模製作電晶體、二極體、電阻與電容等元件的能力。同時在 Willis Adcock 的帶領下，德州儀器的半導體團隊提出三種方案，試圖將電路進一步「微型化」。

第 2 章　電晶體降臨

　　基爾比非常幸運，或者說全人類都非常幸運。基爾比的主管 Adcock，這位在德州儀器以嚴謹著稱的工程師，告訴他可以使用第四種方法將「電路微型化」。德州儀器在半導體領域的技術儲備，以及這種對待創新的寬容，為基爾比發明世界上第一個積體電路鋪好了道路。

　　基爾比審視德州儀器已知的三種「電路微型化」策略，發現其中共同的問題，這三種方法均需要使用不同的材料與工藝製作電晶體、電阻、電容等裝置。這些「微型化」策略均治標不治本，本質上都是以電晶體為基礎建構電路。採用這種電路建構的大型計算機，甚至需要長達幾英里的連接線與多達幾百萬個焊點，才能完成組裝。

　　此時，使用半導體材料製作電晶體與二極體的工藝已然成熟；也出現使用半導體材料製作電容與電阻的工藝，這種電阻、電容製作工藝，雖然不如傳統工藝成熟，如使用氮化鈦製作電阻，聚四氟乙烯製作電容。但基爾比卻堅定地認為這是可以在同一種材料上製作「單晶電路」[45]，實現「電路微型化」的最佳方案，並因此提出一個大膽的設想，「將電晶體、電阻、電容等裝置整合在同一片半導體材料中」。

　　1958 年 7 月 24 日，基爾比在他的工作日誌中草擬了一份製作這種「單晶電路」的方案，並利用其他同事放暑假的時間，完善這一方案，進而成功地將以矽材料製作的電晶體、電阻與電容組裝在一起，製作出一個由多片矽晶體組成的「正反器」[45]。

　　8 月 28 日，基爾比向休假歸來的 Adcock 展示這一成果。Adcock 震驚並質疑當「多片矽晶體」合併為單晶時，基爾比的這個電路是否能夠正常運作，但他依然調動幾乎整個德州儀器的半導體事業部，全力以赴配合基爾比。

　　使他更為震驚的是，在不到兩週的時間之內，基爾比就取得了留名

科技史冊的重大突破。9 月 12 日，基爾比成功地將之前使用「多片矽晶體」組成的電路，縮減為「單晶」，將電晶體、電阻與電容整合到同一個矽晶片之上，建構出移相振盪器（Phase-Shift Oscillator）電路。這就是人類歷史上第一個積體電路，如圖 2-21 所示。

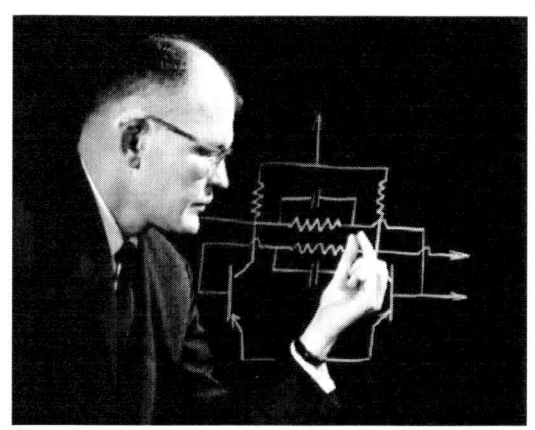

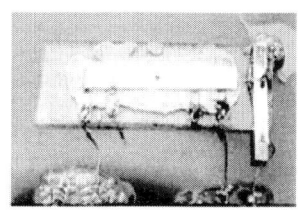

圖 2-21　人類歷史上的第一個積體電路 [45]

基爾比向同事們展示這一成果時，沒有多少人意識到這一發明的光輝前景。

許多人質疑這種單晶積體電路在大規模生產時的良率，畢竟當時電晶體的製作良率依然在 10% 之下。而且積體電路中的電阻與電容，在性能方面還無法與傳統工藝相媲美。

還有一派反對者不肯接受積體電路的理由令人啼笑皆非，他們居然是因為不能容忍「優雅的電晶體」與「粗俗的電阻、電容」共存於同一片半導體晶體之上。

這些質疑與反對最終伴隨著積體電路的發展而煙消雲散。積體電路最終取代電晶體出現在電子產品中，使得大型主機、PC、智慧型手機等一切電子產品得以誕生於世。

第 2 章　電晶體降臨

2000 年，77 歲的基爾比因為發明積體電路獲得諾貝爾物理學獎。評審委員會認為「他為現代資訊科技奠定了基礎」。而在頒獎時，這位被產業界稱為「溫和的巨人」的基爾比，想到的卻是「如果諾伊斯依然在世，應該與他共享這一獎項」。

2.6　「八叛逆」與平面製程

羅伯特・諾伊斯與基爾比一同被譽為積體電路之父。1957 年，作為「八叛逆」之首的諾伊斯離開蕭克利半導體實驗室，創立了快捷半導體。這是「八叛逆」的新生，也是一段非常艱難的旅程。

為數不多的幾個年輕人除了才華，只有夢想，才華與夢想恰能改變整個世界。「諾伊斯」們很清楚，快捷半導體的首要任務不是關起門來專心研發，而是必須先存活下去，需要盡快做出產品，並將其推向市場。他們的產品不僅要比大公司推出得更早，而且需要更低的成本。

快捷的運氣不錯。1960 年代，在美國出現兩次「風險資本」熱潮，第一次發生在 1961～1962 年，第二次發生於 1968～1969 年。年輕的快捷在第一次投資熱潮中成長茁壯。

1957 年 10 月 4 日，蘇聯將第一顆人造衛星送入太空近地軌道。此後美國做出一連串回應，包括制定對未來影響深遠的阿波羅計畫。1960 年代，因為美國與蘇聯的軍備競賽和航太產業對電晶體的龐大需求，矽谷的半導體產業迅速發展起來。

此時，電晶體製作方法已不是巴丁與布拉頓發明點接觸電晶體那個連剪刀都要上陣的時代。經過十餘年的累積，製作半導體的主要設備與

材料，已經基本準備就緒，共同迎接半導體製作的最為關鍵的拼圖──微影。

微影技術最早源自於印刷術。早在中國的唐代，古人便可以熟練地使用水墨，將雕版上的佛經圖案拓印在紙張上。這種雕版就是印刷術的雛形。

西元 1852 年，英國科學家 Henry Talbot 發現用重鉻酸鉀處理過的明膠，在光照之後會硬化。不久之後法國科學家 Alphonse Poitevin 在此基礎上，發明「珂羅版」平版印刷，也象徵著照相製版技術的誕生[46]。珂羅版以玻璃為基板，並在其上塗敷明膠，之後透過光線將膠捲底片上的圖案轉移到明膠上。明膠被光照射後，其硬化部分產生的皺褶將吸收油墨，未硬化部分則會在潤溼後排斥油墨，之後進行印刷操作。

在此後百年的時光飛逝中，印刷業的照相製版技術發展迅速，半導體微影技術以此為基礎應際而生。半導體微影技術從誕生之日至今，其製作的關鍵之處與珂羅版一致，即「將圖案轉移到明膠」的過程。半導體產業中使用的光罩等效於照相製版技術的膠捲底片，而光阻劑的作用等同於明膠。

光阻劑與光罩搭配可以達成半導體微影，光線照射在光罩之後，將穿過其透明部分，並在光阻劑上成像。光阻劑被光線照射後會發生變化，變得很容易去除，從而將光罩中的圖案轉移到光阻劑之上。

在半導體製作過程中，光罩圖案轉移到光阻劑之後，需要使用強酸進行蝕刻，照相製版技術使用的明膠容易被強酸溶解，因此無法用於半導體製作，直到 1952 年，伊士曼柯達發明聚乙烯醇肉桂酸酯光阻劑。

這種光阻劑是一種負光阻劑，被紫外線照射後會聚合。與此相對，

第 2 章　電晶體降臨

光照之後易於溶解的光阻劑被稱為正光阻劑。聚乙烯醇肉桂酸酯不溶於多數強酸、光敏特性優良、解析度高，在早期半導體製作中受到廣泛應用，但其最大缺點是在矽晶片上的附著力不足。

1957 年，伊士曼柯達發明環化橡膠系光阻劑，解決了附著力不足這一問題，並使用自己的名字，將其命名為 KTFR（Kodak Thin Film Resist）。這種光阻劑還具有耐強酸的特性，對光敏感，易於被有機溶劑溶解，為微影技術的出現立下汗馬功勞。

早在 1955 年，貝爾實驗室的 Jules Andrews 與 Walter Bond，使用光阻劑以照相製版技術製作印製電路板（Printed Circuit Board，PCB），並將這種技術引入電晶體與積體電路的製作，逐步發展成為半導體微影技術。

微影技術原本是材料加工的輔助設備，相當於墨斗在製作家具中的功用。這個原本用於畫線測量的工具，因為半導體產業對製作精準度的無限需求，逐步成為核心。

半導體晶片的製作，大則可與規劃城市相提並論，小則可與打造家具同語。對於建構城市與打造家具的泥水匠與木匠而言，這些「大小」之間具有共性，均依照設計圖處理並加工材料，將其聚沙成塔後完整呈現。半導體的製作亦是如此，以矽為主材料，反覆經過材料處理、材料加工等步驟之後，逐步實現。

1950 年代末，半導體主材料矽的純化方法，出現直拉與區熔兩種方法；使用強酸的蝕刻方法已逐漸成形；用於材料摻雜的擴散技術開始大規模應用；半導體微影技術也初現雛形。

在這些設備與材料的基礎之上，現代半導體製作的標準流程已呼之欲出，這一步留給了幸運的仙童們。第一個站出來的仙童，是蕭克利最

欣賞的金‧赫爾尼。「八叛逆」從蕭克利實驗室中吸取到足夠的教訓，他們不再將精力投入只有研發價值而無法商業化的產品中，而是直接複製貝爾實驗室已經驗證過的產品，如臺面式電晶體。

在製作臺面式電晶體時，快捷半導體繼承了蕭克利實驗室中最先進的半導體製造概念，並做出有效調整。他們放棄了蕭克利使用的以石蠟製成的模具，而採用微影技術進行半導體製作。這個改變使得快捷製作的臺面式電晶體，在技術層面領先所有競爭對手。

臺面式電晶體分 NPN 與 PNP 兩種類型。統管研發團隊的摩爾聚焦於 NPN 專案，而赫爾尼負責開發 PNP 型電晶體。在這一次競爭中，摩爾率先完成任務，推出 NPN 型電晶體，並將其作為快捷半導體的第一款電晶體產品。

憑藉著臺面式電晶體，1957 年 9 月 18 日成立的快捷半導體公司，在 1958 年 8 月便取得了 65,000 美元的銷售收入。不久之後，他們收到波音公司百萬美元等級的訂單，快捷站穩了腳跟，之後一發不可收拾。

臺面式電晶體的成功使摩爾更加習慣地稱呼赫爾尼為「我們那位科學家」，而不是他的名字。摩爾的這種態度，為赫爾尼將來離去埋下種子。摩爾在 NPN 臺面式電晶體的勝利，無法讓赫爾尼心服口服，因為 NPN 電晶體的製作難度低於 PNP 電晶體。

在快捷半導體時代，摩爾只贏了赫爾尼這一次。此後的快捷是赫爾尼的舞臺。赫爾尼的個性與蕭克利有七分相似，自負、驕傲且永不放棄。他不僅在半導體物理理論上排在「八叛逆」之首，而且還有著最強的實驗能力，他是蕭克利與布拉頓的合體。與摩爾的初戰失利，激發了赫爾尼的鬥志，憤怒與不滿是對他最好的激勵。

1957 年底，赫爾尼萌生出一個絕妙的想法[47]，他想盡快將其付諸實

第 2 章　電晶體降臨

行。從 1958 年 4 月開始，他只為自己的這個想法而戰。隔年 1 月 14 日，他將這個想法整理成形，寄給了快捷半導體的律師，準備申請專利[47]。摩爾作為研發部門的負責人，非但沒有支持，反倒是反對赫爾尼的這個想法。整個快捷半導體也沒有人支持赫爾尼，他只能獨自奮戰，每天加班到很晚，利用空餘時間將他的想法轉變為現實。

1959 年 3 月的第一週，當赫爾尼宣告成果時，所有人都啞口無言，雖然此時還沒有太多的人意識到，他發明的這種電晶體製作方法，在未來改變了整個半導體製作的格局[48]。這一次，他居然發明出電晶體的平面製程（Planar Process）。這種工藝有別於之前流行的平臺製程，使半導體製作工藝步上新的一階。

1959 年 5 月，快捷半導體為這種製作工藝提交專利申請[49]。這種設計思路為諾伊斯提出平面積體電路鋪設了道路。這種電晶體的平面製程，是今天微電子科系大學生的一門實驗課程，其原理並不複雜，在當時卻需要頂尖的工程人員才能實現。

在半導體製程逐步超越 7nm 的今天，半導體設備和材料與赫爾尼時代不可同日而語，但是基本製作概念沒有發生重大改變，依然是赫爾尼發明的平面製程。

採用平面製程時，半導體工廠將電晶體的製作分解為不同平面來進行，從矽晶圓襯底開始，直到加工完畢交付給封測廠，其中每一個完整製作環節均保持在一個平面上。

平面製程圍繞微影展開，其製作被分解為多層子平面展開。子平面的製作使用不同光罩，每處理完當前平面之後，將更換光罩並曝光下一層圖案。其中，每層圖案必須和上一層已完成的圖案精準套疊在一起，也被稱為套刻；儲存每層圖案的光罩集合稱為一套光罩組。

2.6 「八叛逆」與平面製程

下文以 NPN 型矽電晶體為例，簡要說明平面製程的主要過程。此處描述沒有採用赫爾尼時代的方式，但原理大致上類似。NPN 型電晶體由集極、基極與射極所對應的 3 個區域組成。這 3 個區域分別為 N 型、P 型與 N 型，簡稱為集電區、基區與發射區，組成一個三明治夾層結構。

採用平面製程，從矽晶圓襯底開始，逐一平面製作集電區、基區，最後製作發射區，在 3 個區域製作完畢之後，製作集極、基極與射極 3 個接腳，最後進行封裝測試，完成 NPN 型電晶體的製作。整個製作過程由多個環節構成，其中無論是製作 3 個區域，還是製作接腳，每一個完整環節都是在同一個平面之上完成。

1. 集電區的製作

集電區的製作較為簡單，如圖 2-22 所示。

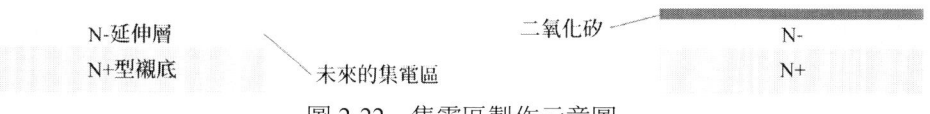

圖 2-22　集電區製作示意圖

準備 N+ 型矽襯底，之後外延生長一層 N- 型矽層，這個 N- 型矽層即為**集電區**。N+ 與 N- 都是在本質半導體中摻雜 N 型材料獲得，區別在於 N+ 的摻雜濃度大於 N-。

在 N- 外延層之上堆積二氧化矽。這層二氧化矽有兩大作用：封鎖雜質與絕緣保護。

在這個準備工作完成之後，即可開始最為重要的微影環節。

2. 基區光阻劑成型

集電區製作完畢後，開始製作基區。基區製作的第一步為光阻劑成型，如圖 2-23 所示。

图 2-23　基区光阻剂成型示意图

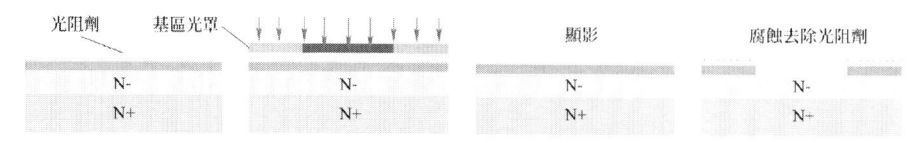

光阻剂塗敷。在二氧化矽上塗敷一層光阻劑。

曝光。在光阻劑上放置基區光罩，之後與矽晶圓**對準**後，使光線穿透光罩的透明區域，即圖中黑色區域，抵達光阻劑，進行曝光。

在赫爾尼時代，光罩與襯底大小相同，而且密切貼合，這種微影技術也是半導體製作最先開始使用的「接觸式」微影。曝光完畢後移出光罩。

顯影。以有機溶劑溶解被曝光的光阻劑並清洗。顯影結束後，光阻劑成型告一段落，基區光罩圖案完全轉移到光阻劑。

腐蝕與**去除光阻劑**。使用氫氟酸進行腐蝕操作，顯影後剩餘的光阻劑將作為阻擋層，保護其下的二氧化矽不被腐蝕。之後去除光阻劑，使基區所在矽晶圓完全暴露。這種使用酸性溶劑進行的腐蝕操作，也被稱為溼法蝕刻。

二氧化矽不溶於強酸，卻溶於氫氟酸。在所有的酸中，氫氟酸最為神奇，這種酸不是強酸，但偏偏能夠溶解幾乎所有強酸都不能溶解的二氧化矽。

3. 基區製作

基區是在集電區之上，透過 P 型摻雜成型的，如圖 2-24 所示。

進行擴散與預沉積作業，將 13 族元素硼沉積在 N- 層之上。硼在二氧化矽中的擴散速度遠低於矽，因此二氧化矽可以作為阻擋層，阻止硼擴散到其下的矽中。

圖 2-24　基區製作示意圖

擴散後的再分布作業，將硼元素向 N- 層深處擴散，並形成基區（P 區）。這個作業在有氧環境下進行，因此該操作完成後，其上將自動形成一層二氧化矽。

4. 發射區製作

發射區與基區的製作過程幾乎一致，依然是圍繞著微影進行，之後進行摻雜作業，如圖 2-25 所示。

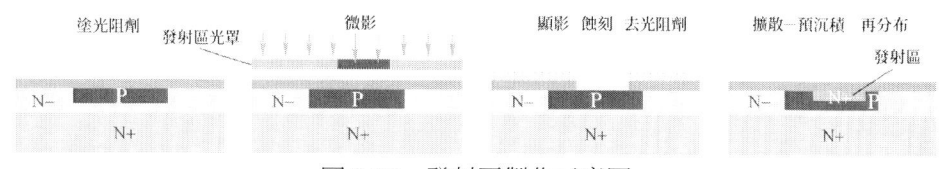

圖 2-25　發射區製作示意圖

發射區的製作同樣需要經過塗光阻劑、曝光、顯影幾個環節以使光阻劑成型，與製作基區的主要差異是使用發射區的光罩。顯影後依然是用氫氟酸蝕刻與去光阻劑。

最後使用 15 族元素磷進行擴散作業，並得到灰色的發射區（N+）。

5. 接腳製作

本製作環節的目的是在基區、發射區與集電區之上打孔，並為製作接腳做準備，製作接腳孔與製作發射區的製作過程幾乎一致，如圖 2-26 和圖 2-27 所示。

第 2 章　電晶體降臨

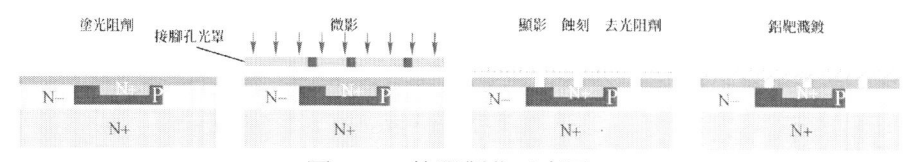

圖 2-26　接腳製作示意圖 1

透過塗光阻劑、微影、顯影，並使用接腳孔光罩進行光阻劑成型，以獲得接腳孔的圖案與位置。

進行顯影、腐蝕與去光阻劑。

最後一步是使用濺鍍靶的方法堆積鋁金屬，將鋁堆積在接腳孔和二氧化矽層。

這些工作準備就緒後，開始正式製作接腳。

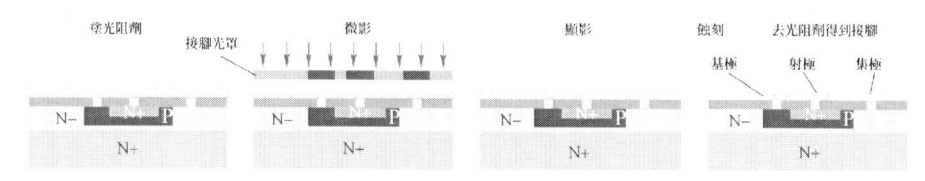

圖 2-27　接腳製作示意圖 2

透過塗光阻劑、微影、顯影，並使用接腳光罩進行光阻劑成型。此時的光阻劑與之前使用的不同，通常使用負光阻劑。

腐蝕去光阻劑後得到最後的接腳，即基極、射極與集極。

以上就是半導體工廠使用平面工藝製作 NPN 型電晶體的主要流程，之後這些加工過的晶圓將被移交至封裝測試廠，製作出最終的產品。

赫爾尼發明的平面製程，改變了其後半導體製作工藝的演進路線。摩爾或者說整個快捷半導體，在這一次完全敗給了赫爾尼，而且輸得體無完膚。在那個時代，恐怕全天下人都會輸給這位赫爾尼。

在赫爾尼之後，半導體製作工藝大多是基於平面工藝的微創新。隨著這些微創新的逐步累積，半導體的製作工藝發展到今日已翻天覆地。

166

2.6 「八叛逆」與平面製程

1959年7月30日，諾伊斯在平面工藝的基礎上，提出一種不同於基爾比的積體電路製作思路，並申請了一個重要專利「半導體與互連結構」[51]，後世將這一天定為平面積體電路的發明之日。

有時候，人們習慣性地把某一段歷史濃縮為一個瞬間，並把這一瞬間的關鍵人物定格放大，將所有榮譽歸其一身，這就是英雄的誕生。

1959年10月，在赫爾尼發明的平面製程逐步完善、良率逐漸穩定之後，諾伊斯宣布，未來快捷半導體的所有電晶體製造都會使用平面工藝，他為這種工藝設計了非常有力量的宣傳口號：「像印刷郵票一樣生產積體電路」。

不久之後，「八叛逆」中的 Jay Last，也是赫爾尼的好朋友，帶領 10 多個工程師，經過艱苦卓絕的努力，以平面工藝製作出由 4 個電晶體組成的「雙穩態 RS 正反器」。這也是快捷半導體的第一個積體電路，如圖 2-28 所示。

在這個積體電路開發過程中，Jay Last 與諾伊斯設計出一種稱為「Step-and-Repeat」的照相機輔助微影，使用這種相機可以重複相同的步驟，在一個晶圓上製作出完全一樣的電晶體[52]。在當時，這是一個了不起的創新。

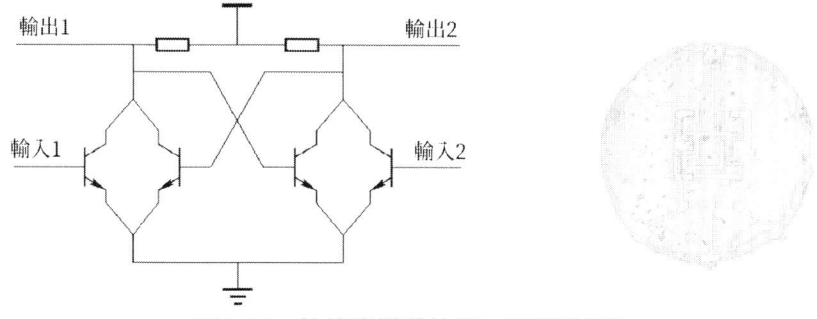

圖 2-28　快捷半導體的第一個積體電路

第 2 章　電晶體降臨

　　至此，積體電路的製作進入新的篇章。在其後的演進中，由諾伊斯主導的積體電路製作方法在平面製程的幫助下大獲全勝，成為今天製作積體電路的標準方法。諾伊斯也因此與發明第一個積體電路的基爾比，一同被後人稱為積體電路之父。

　　積體電路誕生的歷史大致上如此。基爾比發明的積體電路站在臺面式電晶體的基礎之上，而沒有赫爾尼的平面電晶體，哪裡有諾伊斯的平面積體電路。

　　一項偉大的發明通常在初期飽經磨難，因為這些創新通常與絕大多數人的直覺相悖。電磁學與量子力學的發展歷程如此，蕭克利的接面電晶體如此，赫爾尼的平面電晶體也是如此。給予這些發明寬容的環境，是何等困難。

　　1961 年 1 月，赫爾尼事了拂衣去，別人幫他深藏身與名。與赫爾尼一同離去的還有「八叛逆」中的 Jay Last 和羅伯茨，他們一起成立了 Amelco 公司，後來赫爾尼又單獨創立了 Intersil 公司。

　　1968 年，Victor Grinich 也離開快捷半導體，先後加入加州大學柏克萊分校與史丹佛大學教書育人。同年，諾伊斯與摩爾離開了快捷半導體。此時，二人已名滿天下，他們沒有花費太大精力，便獲得足夠的投資，兩人一同成立的公司就叫做 Intel。在 Intel 工作期間，摩爾還提出一個以自己名字命名的、對後世影響深遠的摩爾定律，即今天眾所周知的「積體電路上可容納的電晶體數目，每 18 個月增加一倍」。

　　Eugene Kleiner 轉行做風險投資，並與 Tom Perkins 成立了大名鼎鼎的創投公司 Kleiner Perkins，即凱鵬華盈（Kleiner Perkins Caufield & Byers，KPCB）的前身，他還投資了諾伊斯和摩爾成立的、在未來名聲顯赫的 Intel。

1969 年，「八叛逆」的 Julius Blank 最後一個離開快捷半導體，他成立了一家名為 Xicor 的公司，這間公司最後被 Intersil 收購。

此後，以製作電晶體為核心的半導體製造，逐步切換為以積體電路為核心的晶圓製作。起源於通訊的半導體產業，隨著製作工藝逐漸成熟，從內部開始進行劇烈的繁殖，在這種自身能夠推進自身發展的過程中，半導體產業在已有的通訊產業之外，衍生出兩大全新應用領域，一個是計算，另外一個是記憶體。

在當時絕大多數的歐美半導體公司，都是從記憶體產業起步，包括年輕的 Intel。也正是在此時，這些歐美公司遭遇到嚴峻的挑戰。

2.7　強大的近鄰

半導體記憶體產業興起於美國。電晶體誕生之後，迅速出現了靜態隨機存取記憶體（Static Random Access Memory，SRAM）。1966 年，IBM 的 Robert Dennard 發明動態隨機存取記憶體（Dynamic Random Access Memory，DRAM）[53]。

DRAM 的出現是半導體記憶體世界的重大里程碑，與使用 6～8 個電晶體才能組成一個 SRAM 單元相比，DRAM 單元僅需使用一個電晶體。DRAM 與 SRAM 基本單元的比較如圖 2-29 所示。

在 DRAM 發明之後相當長一段時間裡，半導體記憶體產業幾乎等同於 DRAM 產業。在美國，DRAM 產業發展的動力來自於 IBM 的推動。IBM 從貝爾實驗室獲得電晶體相關專利之後，強勢進軍半導體產業。

第 2 章　電晶體降臨

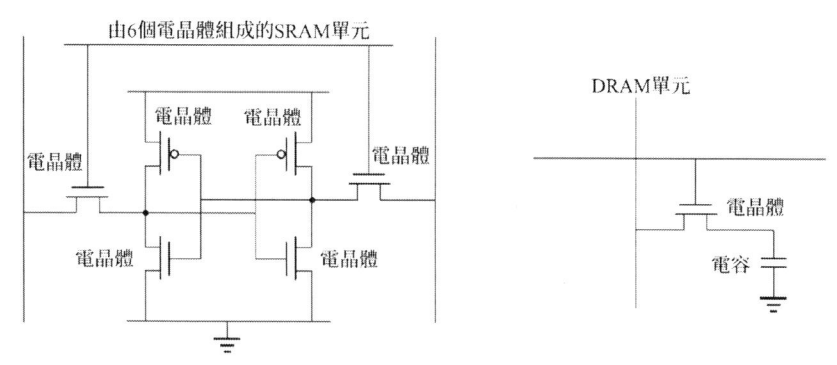

圖 2-29　SRAM 與 DRAM 基本單元的組成

IBM 的加入為這個產業帶來了巨大壓力，也提供更多的機會。1964 年，IBM 推出 System/360 處理器系統，開創了大型主機時代，將電子資訊領域推向第一個高峰。大型主機對半導體裝置的需求，極強力地推動了 DRAM 產業在內的所有半導體產業飛速發展。

DRAM 誕生不久後，便開始大規模普及，Intel 抓住了這次機會。1970 年，成立兩年後的 Intel 推出容量為 1KB 的 DRAM，將成本控制在每位元組 1 美分之內，在大型主機中逐步取代磁記憶體。從那時起直到今天，記憶體產業始終是半導體產業的最大分支。

不久之後，美國幾家半導體公司，包括德州儀器與 Mostek 等公司，強勢進軍這一領域。歐洲的兩大國企業義大利的 SGS 和法國的 Thomson 也是 DRAM 產業的重要成員。1987 年，這兩個公司合併為意法半導體。德國的西門子半導體事業部，就是今天的英飛凌，也曾經是 DRAM 產業的大廠。

在 DRAM 產業處於 1KB 時代時，Intel 占據霸主地位。在 4KB 和 16KB 時代，德州儀器和 Mostek 公司成為最大的供應商。在 DRAM 產業的驅使下，美國的風險資本持續湧入矽谷，在產生泡沫化現象的同時，加劇了半導體產業的競爭。

為此，美國政府在 1969 年，頒布了稅收改革法案，將資本增值稅從 25% 逐步提升到 49%。此時的半導體產業與 20 年前相比品質大有進步，卻依然處於早期階段。美國新政成為矽谷進一步繁榮的障礙，資本市場隨之蕭條。

在一個產業興起的初期，出現泡沫化現象是不可或缺的環節。中小公司會在這種泡沫之中茁壯成長，並有機會與大型公司展開競爭。一般來說，一個偉大產業的興起，需要歷經一次泡沫化的洗禮。美國自毀長城為其他國家帶來機會。

以追求更高利潤為立足點的美國企業，將利潤不高的封測廠、低階半導體廠轉移到人力成本更低的國家與地區，與此相關的材料工廠也逐漸轉移到海外。從歐洲至日本，到整個東南亞，遍布著美國半導體企業的各類工廠。這些工廠在為各國帶來更多利潤的同時，挑戰著美國的半導體產業。

1978 年，美國政府在世界經濟競爭的壓力下，重新制定了有利於本土工業發展的稅收改革法案，決定將公司資本收益的稅率從 49% 壓低到 28%。風險資本重新起步，但是對於美國的積體電路產業而言，已經太遲了。

歐洲、日本，包括後來的韓國等地區逐漸興起。不久之後，日本為美國半導體產業帶來巨大麻煩。日本的半導體產業從 1960 年代開始起步，至 1980、90 年代，以 DRAM 記憶體產品為核心，曾經占據全球半導體產業的半壁江山。

日本並不是一個小國，由本土四島與周邊 7,000 多個小島嶼組成，面積小於法國，大於德國與英國，只是因為這個國家距離中俄太近，使其領土顯得狹小。日本人口眾多，至今有 1.27 億人，人口數量排在世界

第 2 章　電晶體降臨

第 11 位（截至 2020 年 10 月 1 日）。二戰重創日本。這個國家的多個城市受到致命打擊，無數廠房與機器被摧毀，青壯年人口損失慘重，美軍還在廣島和長崎投下兩顆原子彈。戰後，這個國家百廢待興，強烈希望重建家園。

日本在戰前累積的技術與管理層面等無形資產，依然完好無缺，但是對這個國家來說，起步依然非常艱難。因為在二戰中犯下的罪行，整個世界都在極力遏制日本再次工業化，防止日本再次發動戰爭。

二戰之後，盟軍占領日本，麥克阿瑟要求東芝、日立這些公司大量生產收音機，確保每一個日本家庭都能夠收聽盟軍的廣播，試圖從精神層面控制日本。在當時，日本公司製作的收音機，僅有 10% 的良率。為此麥克阿瑟制定了一個為期八天的品質管控課程，讓當時知名的戴明博士傳授日本人，如何才能製作出合格的產品。

戰勝國的權威，使得所有日本企業家俯首帖耳，日本頂尖企業的總經理全部參加了這次培訓。這些即將在未來重新塑造日本的企業家，在上課的時候一定不會想到，這位戴明去美國的汽車大廠福特解決品質問題，將是 30 年之後的故事。

戴明關鍵的品質理念，是在產品生產過程中盡量避免瑕疵，而非在產品完成時發現問題，這與今日的品質管控體系較為一致，在當時卻沒有得到美國本土廠商的認可。這個理念卻在日本受到擁戴。

1950 年，戴明關於品質管控的培訓書稿在日本出版，並成為暢銷書籍。1951 年，日本使用銷售這本書籍所獲得的資金設立了戴明獎。直到今天，戴明獎仍是品質管控領域的最高榮譽之一。

日本人從戴明手中獲得製作產品的理念，也使品質優先於技術的生產哲學，生根發芽。麥克阿瑟的無心插柳，給予日本進軍電子資訊產業

的可能性，另外一件發生在日本周遭的大事件，則給予這個國家千載難逢的機遇。

二戰之後，同盟國迅速瓦解，美蘇冷戰的序幕徐徐揭開，冷戰引發區域性的熱戰。1950 年 6 月 25 日，韓戰爆發。從此時起，美國的對日政策產生巨大轉變，開始全力支持日本的發展。美國視日本為一艘永不沉沒的航空母艦，將其作為重要的工業產品供應地，為軍事目的而生產。

這一政策改變了日本經濟復甦的軌道。在那個政治與軍事大碰撞的年代，來自美軍的戰爭訂單，大幅促進了日本經濟的成長，製造業在日本全面復甦。在韓戰結束不到 5 年的時間，美國多家產業受到這個國家的挑戰。

日本人口眾多，自然資源卻極度匱乏。日本從這樣的國情出發，制定出一系列產業政策，最終使其成為世界工廠。日本為了禁止其他國家加工品的輸入，大幅提升了關稅；以世界市場為目標，全面培養工業實力；鼓勵政府與私人進行工業相關的投資，並由政府主導「成效慢，需求資金巨大」的高科技工業投資[54]。

在這一系列政策的支持下，日本製造商品輸出全球。1955 年，日本從收音機開始，藉助物美價廉的產品橫掃北美。1961 年開始生產電視機，很快便走出國門，風靡全球。不久之後，日本廠商將黑白電視機升級到彩色電視機，並製作出 CP 值最佳的磁帶錄影機。在那個年代，日本製造的民用電子設備，遍布整個世界。

收音機、電視機與磁帶錄影機迅速發展，將日本電子資訊產業推向第一個高峰。至 1970 年代，日本在消費類電子領域一騎絕塵，這個國家不甘心停留在產業鏈的下游，很快便對上游的半導體產業產生衝擊。

1955 年，索尼公司創辦人盛田昭夫和井深大，從貝爾實驗室獲得了

第 2 章　電晶體降臨

製作電晶體的專利許可之後，開始製造半導體收音機，日本的半導體產業由此起步，迅速發展。

在日本迅速發展的 1950～70 年代，美國深陷越戰泥潭，無暇顧及日本。至 1960 年代末期，美國逐步從越南撤軍，揭開了美日貿易戰的帷幕。這場貿易戰從紡織品、鋼鐵、家電產業開始，至 1980 年代，美國將主戰場轉移到了半導體與積體電路，卻發現日本半導體產業已非「吳下阿蒙」。

在日本半導體的發展初期，美國處於絕對的領先地位。日本，作為後來者，透過引進、跟隨並選擇前人走過的道路，具備一定的後起優勢。從全局觀之，後起者的位置不可能好於先行者。如果具有後起優勢，彎道超車，大家都不發展、一起比誰落後不是更加舒服一些。後起者能夠挑戰先行者優勢地位的大前提是，有一群不甘心落後的人，願意拚命來改變落後的現狀。

二戰之後的日本人具備這種特質。他們不貪心，不像美國廠商那樣追逐高額的利潤，能夠存活下來就已經心滿意足。他們很謹慎，在沒有確保度過生存危機之前，選擇韜光養晦。在半導體產業發展初期，日本採用的戰術簡單實用，專門從美國淘汰的技術中拾遺，這種戰術即為「運用長尾效應」。

在當時，日本沒有足夠的研發能力引領半導體產業的時代潮流，運用長尾效應這種做法，更加務實，也避免了日本半導體產業與美國直接競爭，美國半導體產業在不知不覺中被切斷了後路。

在半導體產業中，有兩種產品最容易獲取利潤。一種是話題中心的高技術產品，這種產品的盈利之道非常簡單，製作出他人無法抄襲的壟斷產品。這個簡單的盈利之道，需要強大的科技實力。

另一種是處於產業中後期，卻依然具有超長生命週期的長尾產品。這類產品早已證明自身價值，不具有試錯風險，也不需要投入大量研發資源，競爭格局已然確定，既有廠商生活在不求有功但求無過的慣性中，對後起者的警惕性不高。日本廠商耐心收割各種長尾，在韜光養晦中踏實向前。

收割長尾的過程貌似簡單，卻需要以背後各個層面的背景為支撐。此時的日本恢復了重工業與輕工業，逐步掌握下游電子產品的話語權，需要做的只剩將來自美國的產品做進口替代，並不需要冒著風險尋找新的應用情境。國家在背後提供了有力的產業政策與資金，可以保證這些企業的基本生存。

日本企業在進軍半導體的路途中，將「運用長尾」這個有效手段發揮得淋漓盡致。當鍺電晶體不耐高溫的弱點充分揭露，美國半導體企業準備將其淘汰切換到矽電晶體時，日本生產了大批用於收音機的鍺電晶體。儘管鍺電晶體有不耐高溫的缺點，但是依然適用於許多應用情境，而且鍺的熔點相對低，利於純化，在當時比起矽電晶體這個新鮮事物，更具有價格優勢。

當美國半導體產業準備逐步放棄矽電晶體，全力發展積體電路時，日本開始致力於矽電晶體產業，等待前衛的美國企業主動放棄這塊領地。

這些貌似即將被淘汰的產品，有著彗星一般的長尾，足以支撐當時依然弱小的日本半導體企業，能夠好好地活下去。此時，日本在安然掌握半導體產業的長尾時，美國正忙於應對蘇聯在軍事與航太領域的挑戰。

在當時，美國半導體企業的主要客戶是軍事與航太領域。1962年，美國國防部幾乎購買了本土半導體產業的所有積體電路；1965年，國防

第 2 章　電晶體降臨

採購依然占半導體總產值的72%；1968年，下降到37%後，雖然逐漸減少，卻沒有引起美國企業的警惕，他們依然陶醉於輝煌的過去之中。

在此期間，日本的半導體產業持續取得進步，在電晶體製作領域，逐步超越了美國，在電子產品領域，繼續橫掃千軍。美國的美好時光沒有持續太久。一個偶然事件，使日本半導體產業界意識到積體電路的重要性。日本無法繼續韜光養晦，只能選擇背水一戰，面對美國。

1967年，德州儀器的基爾比，也是那位製作出第一個積體電路的工程師，發明了手持式計算機[55]，這個產品在全球迅速普及。日本企業不會放過這種電子產品中的商機，不久之後，日本企業仿製的計算機青出於藍而勝於藍，不僅率先形成生產能力，而且在品質與價格兩方面，同時超越了美國的同類廠商。

美國廠商在總結失敗教訓時發現，日本廠商只是購買了美國生產的積體電路晶片，並進行更為精巧的設計與組裝，且更加重視細節罷了。他們認為，日本人除了比他們工作得更加拚命之外，沒有神奇之處，於是祭出尚方寶劍。他們沒有選擇與日本人比誰更加勤奮，而是停止為日本廠商提供晶片。日本廠商面臨滅頂之災。

日本始終明白與美國正面衝突代表著什麼，也只能在不得已的情況下做出選擇——進軍積體電路產業。此時摩爾定律成立在即，積體電路日新月異，落後幾個月便會產生肉眼可見的差距。蹣跚學步的日本積體電路產業，必須迎接這個挑戰。

1962年，NEC（日本電氣公司）從快捷半導體手中獲得平面製程的專利授權，並在兩年後開始生產積體電路，此後日本許多公司紛紛仿效。他們採用的策略依然是收割長尾，從積體電路的最低階處入手。國家為這些企業提供了一面保護傘，實行非常嚴格的積體電路保護政策，

幾乎不允許進口自己能夠生產的晶片。

這個舉動激怒了太平洋彼岸的美國廠商。在電晶體戰場上慘敗於日本的經歷，使得美國無法忽視這個對手。德州儀器率先出手，要求在日本設立獨資子公司，否則不向日本授權他們手中的「基爾比專利」。

當時，積體電路領域有兩個無法不使用的核心專利，一個是日本已經從快捷半導體獲得的「平面製程」專利，另一個就是德州儀器的「基爾比專利」。根據當時的規定，一個企業如果沒有同時獲得這兩項專利授權，所生產的積體電路便無法對外銷售。

在這種不利局面之下，日本政府在快捷半導體與德州儀器之間左右逢源，成功利用這兩個美國公司的對立，使日本半導體企業在夾縫中，頑強地活到了 1970 年代。正是從這個時間點開始，日本在積體電路領域突飛猛進，直接威脅到美國的霸主地位。

在積體電路的發展過程中，日本選擇了一條正確的方向，率先進軍記憶體領域。DRAM 在大型主機產業取得成功後，伴隨著半導體計算領域的逐步推進，創造出無限應用情境，DRAM 產品遍及每一個電子設備，成為電子資訊產業的血液。

半導體記憶體晶片是一項標準產品，主要包括 DRAM 與 Flash。這兩類產品的電氣特性、操作方式、測試方法、生產支持、產品品質、可靠性，甚至機械外形都有標準化的定義。

這種標準產品具有大宗商品屬性，類似於工業中的銅與鋁，很難在其周邊形成強大的生態。這種貌似誰都可做的產品，比的是投入者的技術、商業與製造等多方面能力，比的是投入者「匹夫不可奪志」的韌性，比的是這個廠商背後所屬國家的整體實力。

1970 年代，美國半導體企業是 DRAM 產業的絕對霸主。Intel 成立

第 2 章　電晶體降臨

後的第一桶金就是來自 DRAM，這間公司率先成功研製出 1,000 bits 大小的 DRAM 晶片。Intel 之後，是德州儀器的幾個工程師離職後成立的 Mostek 公司。在 1970 年代中後期，這個公司在 DRAM 領域擊敗了 Intel，一騎絕塵。

在美國的半導體記憶體領域，還有一個重量級的美光科技。這間公司由 Mostek 公司的幾個離職員工創立於 1978。直到今日，美光科技依然活躍在半導體記憶體的舞臺，也是目前整個歐美，在 DRAM 領域碩果僅存的企業。

日本廠商切入的半導體記憶體領域，屬於被動成長產業，隨著來自計算或者通訊領域的需求而成長。1964 年，IBM 推出 System/360 系統，計算領域進入大型主機時代；1965 年，美國的西方電氣製作出第一臺商用程控交換機，通訊領域全面進入電子時代。

程控交換機與大型主機屬於高階產品，造價不菲而且生命週期較長，需要價格合理而且能夠穩定運行 10 年以上的 DRAM 晶片。日本廠商的運氣好得驚人，這些需求正是戴明為日本企業植入的「品質優先於技術」觀念發揮之時。

在當時，DRAM 產業的技術門檻並不算很高，即便到了今日，這個產業的技術門檻依然不算是不可踰越。但是記憶體領域更加關注產品長期的穩定性，以及持續不斷進行微創新的能力。這些微創新的集合，最終建構了記憶體企業的立身之本。這是一個與時間做朋友的產業，也是一個極度比較韌性的產業。

伴隨著日本的 NEC、東芝、日立、三菱與富士通這五大廠商介入，半導體記憶體產業腥風血雨。工匠精神使日本 DRAM 晶片的可靠性，遠勝於美國的同類產品，而在價格方面較勁向來就不是美國企業的優勢。

無論是價格還是品質，Mostek 與 Intel 都無法與日本企業競爭。美國開始質疑日本，認為「便宜沒好貨」，後來卻不得不全面認輸。

在 1983 年，PC 時代來臨，引發北美遊戲機市場的崩盤。在當時，DRAM 的重要應用領域之一就是遊戲機，這使得 DRAM 需求量大減，產業利潤跌至冰點。這本來是促使 DRAM 市場改變結構的大好機會，而絕大多數廠商看到的卻是恐懼。

由於受到這種恐懼籠罩，歐美廠商忽略了與即將到來的 PC 時代相比，遊戲機市場對 DRAM 的需求僅是滄海一粟，徑自以最快的速度拋棄了 DRAM 產業。1985 年，美國昔日的記憶體產業霸主 Mostek 公司被迫廉價出售給法國的 Thomson，後來隨著 Thomson 和 SGS 的合併，成為意法半導體的資產。

Mostek 敗退之後，美國記憶體廠商集體崩潰，Intel、德州儀器、Motorola 相繼退出 DRAM 產業。

美國這些代表性企業在記憶體領域的敗北，引發了一連串連鎖反應。一時間美國半導體產業潰不成軍，並將失敗的恐懼逐步渲染到歐洲。歐美在與日本於品質、成本與效率三方面的較量中，毫無懸念地敗下陣來。美國最後僅留下一個 DRAM 廠商美光科技，在遠離塵囂的山溝之中盡力生存。

從 1985 年開始，日本半導體藉助記憶體產業的壟斷地位，占據了半導體產業的半壁江山。NEC 在此後很長的一段時間裡，保持在半導體廠商排名第一的位置，東芝、日立、富士通與松下始終在排名前 10 的名單中；至 1995 年，半導體產業排名前 10 的廠商，日本依然占據 3 席。

日本企業在半導體記憶體領域大獲全勝的同時，在半導體各條產業鏈取得全面性的突破。在半導體產業中，設備與材料處於上游，半導體

第 2 章　電晶體降臨

設計領域位於下游，半導體工廠使用上游廠商提供的設備與材料，根據下游廠商的需求，製作出一顆顆晶片。

其中，設備與材料的研製技術門檻高，試錯機會匱乏，試錯時間較長，而且多數半導體設備與材料供應商並不具備完整的生產環境。新產品的研發與試錯，通常需要擁有全套設備的半導體工廠，配合其他材料與設備，歷經漫長歲月，緊密切合，方能打磨成型。

半導體工廠選用新設備與材料時，不僅關注技術，而且考慮與以往設備和材料廠商在漫長歲月的並肩作戰中，所建立的友情與信任。這提升了新的半導體材料與設備進入市場的難度，使得日本半導體設備與材料的起步異常艱難，也使得日本有機會向世人展現這個「菊與刀」渾然一體的民族之堅忍與執著。

1950 年代末期，日本半導體產業剛剛起步，便立志將引進的設備國產化，從合資建廠開始引進技術，從低階的擴散爐與濺鍍靶設備開始，直到製作出離子植入與化學氣相沉積設備，最後攻克了曝光機。

至 70 年代末期，日本的武田理研排名半導體設備廠商的第十名，此前排在前十名的都是美國公司。至 90 年代，日本的東京電子、Nikon、Advantest、Canon 與日立製作所進入了前十的名單，其中 Advantest 即武田理研，其於是 1985 年改名。此後直到今天，日本廠商始終在半導體設備領域占據一席之地。

半導體材料是化學的世界，日本廠商在這個領域絕對強勢。信越化學和 SUMCO 是最大的兩家矽晶圓供應商；在光阻劑領域，日本合成橡膠、東京應化、住友化學處於壟斷地位。在幾乎所有與半導體材料相關的領域，日本廠商打遍天下無敵手。

至 1980 年代，日本半導體產業非但不是「吳下阿蒙」，反而具備挑

戰美國的全方位能力。美國在丟失記憶體陣地之後、PC 產業尚未興起的這段時間，面對上游並無弱點，製造業無懈可擊的日本廠商，無力與日本在半導體領域一較高低。矽谷危矣。

在這個大時代脈絡之下，美國被迫將戰火引入政治、軍事、科技與文化等多個層面，向深處發展，向比較國家綜合實力的方向發展，日美貿易戰進入高潮。

1985 年 9 月 22 日，美、日、英、德、法五國財政部長簽署廣場協議，美國將貿易戰火引入貨幣領域。這場戰爭重創了日本，在此後短短兩年時間，美元對日元匯率從 240 驟降為 120[56]。日元的升值，遏制了日本半導體廠商的上升趨勢。

此時，日本半導體廠商在全世界仍然占據技術優勢，卻頹態盡顯。1986 年，美國與日本簽署針對半導體產業的協議，將美國半導體產品在日本的市場占有率強行提升至 20%～30%，並建立價格監督機制，限制日本廠商的廉價銷售行為。1989 年，美國繼續加碼，迫使日本簽訂《美日半導體協議》。

然則日本之地有限，美國之欲無厭，奉之彌繁，侵之愈急。故不戰而強弱勝負已判矣。日本半導體產業對美國的一味退讓，使其從巔峰滑落。不平等條約能簽第一次，就會有第二次。當美國開始為第三次不平等條約做準備時，卻發現日本半導體產業已跌落神壇。

以事後之悟，破臨境之謎。打敗日本半導體產業的不是美國的政客，不是他們發起的貿易戰，不是日本房地產泡沫破裂引發的一連串連鎖反應，更不是經濟學家在事後總結的所有原因。

在這場沒有硝煙的戰爭中，打敗日本的，是今天仍駐紮在他們本土的美國軍隊。弱國無外交。一個國家，沒有強大的軍隊，剩下的選擇，

第 2 章　電晶體降臨

無非是什麼時候輸，以什麼樣的方式輸，最後輸給誰罷了。

即便我們僅停留在科技層面，日本半導體的衰落也是必然的。

強極則辱，命運很難連續垂青一個民族。縱觀史冊，很難有一個民族能夠保持長盛不衰。日本的半導體產業，依靠大型主機與程控交換機這兩大應用，在記憶體領域獨占鰲頭，卻在接下來的 PC 與智慧型手機時代中，幾乎一無所獲。

在 PC 與智慧型手機時代，半導體產業的主戰場圍繞計算展開。在計算領域，比較的不是半導體的製造業，而是能夠支撐起這兩個時代的生態體系。在這個生態的背後，除了半導體硬體之外，還有作業系統和其上的應用軟體。

日本沒有能力引領這兩個時代，但這兩個時代的興起卻給予半導體整體產業鏈更多機會。此時依然占據半導體產業半壁江山的日本，只要能在這兩個時代，獲得少數機會，也絕不應該是今天這副模樣。

成也戴明，敗也戴明。日本的失敗，居然是因為把產品做得太好，以至於步入崩潰。1980 年代，日本的 DRAM 晶片，被產業界視為低價傾銷的代名詞，然而在短短幾年之後，居然因為價格太高而無法銷售。

PC 興起後，市場對 DRAM 的品質需求從 10 年降低為 5 年，從 PC 年代開始直到今天，很少有人連續 5 年使用同一臺 PC。對於這個產業，日本廠商提供的長壽且高品質 DRAM 過於奢侈了。

自 PC 時代開始，日本半導體產業全面衰退，這是因為美國人背後的無形之手在推動，也因為美國半導體產業藉助 PC 重新崛起帶來的此消彼長。而這一切都不是擊潰日本半導體產業的決定性因素，直接打敗日本這個產業的不是美國人。

在日本的西北方，一個半導體強國在此時崛起。

2.8 逆風飛揚

半導體記憶體產業最美好的歲月始於大型主機時代，1964 年，IBM 推出 System/360 大型主機，拓展了半導體記憶體產業的市場空間。美國廠商憑藉先發優勢占據了這塊陣地，卻好景不長，日本記憶體廠商介入之後，腥風與血雨始終是這個產業的主旋律。

從技術層面來看，這個產業始終沿著摩爾定律的道路前行。從銷售數字方面來看，記憶體產業每隔 4～5 年會出現一次波浪，其產值始終在波浪之中，從起點到達高峰，之後從高峰滑落，回落到一個更高的起點之後，再次向前。該產業在 1977～1997 年的銷售額統計如圖 2-30 所示。

半導體記憶體產業呈波浪前行有其必然性，與半導體工廠的建設週期相關。長久以來，習慣在產業高峰時籌劃工廠的擴建，在產業谷底時減產，以維繫供需平衡。依照這一規律增減產能，記憶體世界原本可以沿著一條較為平滑的曲線穩步推進。

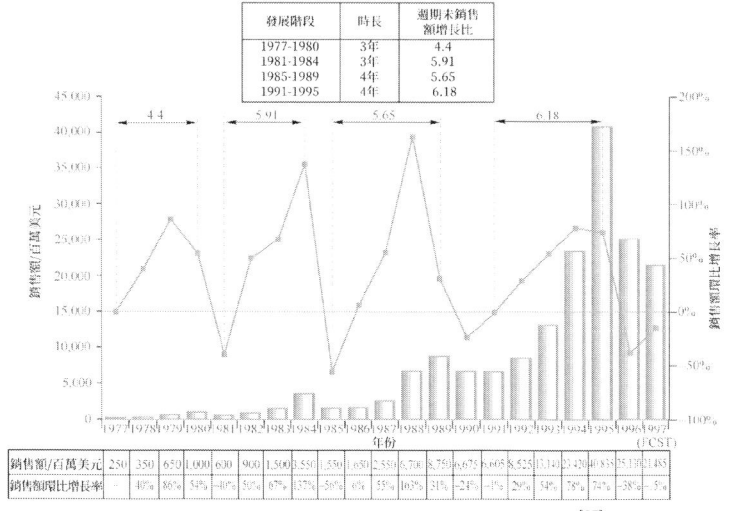

圖 2-30　1977～1997 年的 DRAM 產值 [57]

第 2 章　電晶體降臨

從 1960 年代開始的大型主機時代，在 80 年代中期抵達高峰。通訊業也在此階段興起。來自大型主機與程控交換機對 DRAM 需求，極大地推進了電子資訊產業的發展，也引發 DRAM 產業的兩次波峰，這兩次波峰分別來自 1979 年和 1984 年。至 1980 年代末期，DRAM 產業約有百億美金左右的產值。全球有 40 多家專門從事 DRAM 研製的廠商，散布在歐洲、美國與日本。來自大型主機與通訊領域的需求，為這些廠商提供了足夠的養分。

大型主機與程控交換機屬於 2B 產品，造價不菲，對品質的要求很高，需要能夠穩定運行至少 10 年時間。這要求使與其配套的積體電路，包括 DRAM 在內，有較長的生命週期。這也是當時的電子產品對積體電路的主流需求。

日本 DRAM 廠商對這個需求的堅守從頑固轉為迂腐，當大型主機時代切換到 PC 時代，對產品生命週期的需求發生變化時，沒有做出及時調整。在 1980、90 年代，日本半導體廠商的強勢地位，導致難以進行這種調整，來自韓國的半導體廠商把握住這次機會，DRAM 產業因為這個國家的進入而血流成河。韓國的起步比日本艱難許多。二戰期間，日本統治下的朝鮮，重工業集中在北方，南方負責農業。韓戰結束之後，韓國一窮二白，幾乎沒有任何工業基礎，擁有的資源只有民眾的凝聚力。

1950 年代，韓國人識字率不足一半。當時，韓國人從鋪設公路、搭建電廠開始修復戰爭創傷。為了為這個國家換取外匯，青年男女們遠赴歐洲，因為教育水準極低，只能從事礦工與醫護這些最低階的職業。他們的生活條件異常艱苦，時任總統朴正熙在他鄉遇見這些故人時，被感動得痛哭流涕。

從那時起甚至直到今天，韓國就是建立在這些為了國家，不怕犧

牲、無所畏懼的韓國人的肩膀之上。萬眾一心形成的凝聚力，使韓國締造了舉世震驚的漢江奇蹟。韓國從 1953 年的一片廢墟起步，至 1996 年漢江奇蹟步入尾聲時，躍居為世界第 11 大經濟體。

韓國的半導體產業始於 1965 年，美國的幾個半導體公司在這個國家建立了一些最低階的封裝工廠。在 60 年代末期，韓國金星社，即 LG 的前身，組裝出韓國第一臺真空管收音機。這個在當時算不上任何成就的產品，被視為韓國電子資訊產業的開端。

1969 年，三星集團成立子公司三星電子。三星集團歷史悠久，於 1938 年由李秉喆建立。起初，三星電子聚焦於家電產業，進軍半導體產業是因為一個人的堅持。這個人是李秉喆的第三子李健熙。1965 年，李健熙從日本早稻田大學畢業後加入三星集團旗下的子公司，並展現出驚人的才華。

1974 年，李健熙在一片質疑聲中，以 50,000 美金的個人積蓄，收購了瀕臨破產的韓國半導體公司 (Korea Semiconductor Company) 一半的股權，當時這家半導體公司的主業是製作矽晶圓[58]。所有人都不看好這次交易。韓國的財閥更願意投資他們認為更加安全的重工業，而李健熙認為資源匱乏的韓國，必須發展附加價值更高的尖端產品。

此時，三星電子依靠勞動密集的生產線，從國外進口半導體晶片，組裝低階電子產品。李健熙志不止於此，準備整合三星電子與所收購的半導體公司，左手做電子產品，右手做半導體晶片。他很快便付諸行動，將這個公司開發的第一款晶片用於製作電子手錶。

1981 年，李健熙說服了他的父親，建立三星半導體研究中心，投資 1,300 萬美元進一步改造先前收購的韓國半導體公司，主攻 DRAM 方向。此時的李健熙，做好了在半導體產業孤注一擲的準備，並賭上了整個三星。

第 2 章　電晶體降臨

不久，韓國政府制定「超大型積體電路技術共同開發計畫」，以國家電子研究所為主，三星、現代、LG 和大宇共同參與，集中整個韓國的人力、物力與資金，突破瓶頸 DRAM 的核心技術，史稱泉源計畫。

在這個計畫中，向 1～16Mbit 的 DRAM 科學研究投入約 879 億韓元，政府負擔其中的 500 億韓元；向 16～64Mbit 的 DRAM 科學研究投入約 900 億韓元，政府投入 750 億韓元。韓國政府孤注一擲，賭上了整個國家。

半導體產業是一個耗費巨資的產業。在今天建設一個中型半導體工廠需要幾十億美金。一個工廠從開始營運到產品上市之間，還伴隨著許多不能用金錢解決的風險。歐美日韓在半導體產業起步之初，都用全力在其背後狠狠地推了一把。

三星進入半導體記憶體產業時，具備了新創企業應該有的所有劣勢，技術人員稚嫩、生產工藝落後、良品率低。李健熙能倚仗的只有這個民族的堅忍不拔。

李健熙與勤奮的韓國人，創造的第一個奇蹟是建設半導體工廠的速度。在 1980 年代，建立一個大型半導體工廠大約需要 18 個月，三星只用了 6 個月時間。三星並無神奇之處，不過是別人一週工作 40 個小時，他們一週輪班工作 168 個小時而已。

幾乎在整個 80 年代，與 DRAM 產業相關的三星員工，工作時間就是從星期一到星期「七」。李健熙一刻不曾停息，多次遠赴矽谷，盡一切可能獲得最新的半導體技術，以及矽谷背後的強大國家的支持，盡一切可能邀請日本專家赴韓交流技術。

三星的努力得到回報。1983 年，這家公司已經可以大規模量產 64kbit 的 DRAM 產品，並於 1984 年開發出 256kbit 的產品，正式進入

DRAM 領域一線陣容。其後在與日本 DRAM 廠商的較量中，韓國的 DRAM 產業勉強存活了下來。

　　三星並不幸運，李健熙的半導體之路異常艱辛。在他耗盡最後一絲力氣，擠入 DRAM 產業時，這個產業卻在 1985 年，遭遇到建立以來最嚴重的一次下滑期。在美國，包括 Intel 在內的廠商，紛紛被日本廠商趕出半導體記憶體產業。此時，李健熙沒有退路，三星沒有退路，韓國沒有退路。此時，他還沒有徹底領悟到後來屢試不爽的「逆週期大法」，只是做出一個沒有其他選擇的選擇。

　　在 DRAM 產業陷入谷底時，李健熙決定迎向鉅額虧損，逆週期布局，繼續加大投入 DRAM 產業。李健熙並非未卜先知，三星這一次逆週期布局只是歪打正著，賭對了 PC 產業鏈，也使弱小的三星電子站穩了腳跟。1985 年，三星在研製出 1Mbit DRAM 的同時，取得了 Intel「微處理器技術」的許可協議，這為三星電子的 DRAM 產品進入即將來臨的 PC 時代，打下了扎實基礎。

　　1986 年，Intel 全面放棄半導體記憶體產業，正式確立以微處理器作為公司未來的方向，做好了迎接 PC 時代的準備。美國人明白計較細節、追求完美的半導體記憶體製造業中，只有東亞人能夠打敗東亞人，他們希望三星電子能夠在 DRAM 領域拖住日本。

　　此時，韓國半導體產業在美國的扶植下，傾舉國之力，迅速崛起。美國早已做好偏袒一方的打算，在一次貿易糾紛中，當日本廠商指責三星依賴國家資本，傾銷 DRAM 產品時，作為裁判的美國，將日本產品的進口關稅提升了一倍，對韓國產品的關稅只是象徵性地加了一點。

　　半導體記憶體產業的下游是電子類產品，美國擁有世界上最大的消費市場；這個產業的上游，設備與材料，依然把持在美國手中。在上下

第 2 章　電晶體降臨

游產業的夾擊下，日本半導體記憶體產業未能適應 PC 時代的新需求，兵敗如山倒。

韓國半導體在日美貿易戰的夾縫中，獲得了足夠的生存空間，韓國政府推行基於大財團的經濟發展模式，使得足以支撐資金密集型的 DRAM 產業。此後韓國乘 PC 時代之風，確立了在 DRAM 產業的優勢，並將優勢不斷轉化為勝機。

韓國記憶體產業很幸運，在起步時遇見並擁抱了 PC 時代。在這個時代，電子資訊產業迎來第一次真正意義上的爆發。昔日的高科技產品開始飛入尋常百姓家，整個產業也隨著摩爾定律快速更迭。PC 產業的飛速發展，為三星相對低階、但是價格低廉的 DRAM 產品，找到了立足之本。

在大型主機的高階 DRAM 市場中，日本企業曾經大獲成功。但是在 PC 的低階 DRAM 市場，韓國迅速反超。大型主機時代日本廠商的大獲成功，限制了他們在 PC 時代的想像力。也許恰是因為過去的輝煌，使得日本人的嚴謹向頑固演化，抑制了創新。伴隨著日本記憶體產業的衰退，韓國半導體產業逐漸崛起。

1995 年，DRAM 產業抵達 422 億美元這個前所未有的高峰，卻在 1996 年從高峰處開始如自由落體般下跌。一時間，半導體記憶體產業再一次腥風血雨。

此時，三星再次祭出逆週期布局的法寶，這一次逆週期疊加著 1997 年的亞洲金融危機，三星亦九死一生。在危機中，李健熙率先向自身動刀，同時帶著產業全體邁入死地，他明白在一場殘酷的戰爭中，與對手最終較量的不是技術，而是在絕境中最後的堅持。日本半導體企業在 DRAM 市場上開始全面敗退，昔日輝煌的 DRAM 業務成為日本企業的

負擔。東芝、富士通與三菱逐步退出 DRAM 產業。1999 年，NEC 與日立的 DRAM 業務合併，成立爾必達，後來三菱電機的 DRAM 業務也合併到爾必達中。

美國人沒有放過節節敗退中的日本半導體記憶體廠商，藉助三星之勢，狠狠地向這個昔日競爭對手補了一刀。2001 年，東芝將 DRAM 業務出售給美光科技；2002 年，爾必達被美光科技收購，至此日本再無 DRAM 產業。

2001 年，網際網路泡沫崩塌，半導體產業在其後的十幾年時間裡萎靡不振。2010 年，全球 DRAM 產值僅為 395 億美元，還不如 1995 年時的產值。三星在 1996 年的逆週期布局，使包括三星在內的 DRAM 廠商元氣大傷。恰在此時，半導體記憶體產業在 DRAM 之外的 Flash 記憶體產業開闢出一片新的藍海，即快閃記憶體領域。

Flash 記憶體的歷史可追溯至 Floating-Gate 電晶體的出現。1959 年，美籍韓國人 Dawon Kahng 與美籍華人施敏合作，在貝爾實驗室發明了這種電晶體[59]。在這種電晶體內部，漂浮著一個多晶矽，這個多晶矽也被稱為浮閘（Floating-Gate，FG）。

透過對電晶體的三個接腳施加不同的電壓，可以將電子注入浮閘中，即對浮閘進行程式設計／寫入操作；也可以將浮閘中的電子去除，即對浮閘進行清除作業。儲存在浮閘的電子，在電晶體不施加電源的情況之下也不會流失，因此具有永久保存數據的功能。

1980 年，東芝半導體的 Fujio Masuoka 基於浮閘技術，發明了 Flash Memory（快閃記憶體）[60]。Masuoka 後來還發明出一種新型的 GAA（Gate-All-Around）MOSFET 電晶體，這種電晶體在今天被視為能夠繼續推動摩爾定律前行幾步的希望。

Masuoka 發明的快閃記憶體包括 NAND 與 NOR 兩種類型。NAND 與 NOR Flash 的連續讀取速度相差無幾，但是 NAND Flash 的容量更大，清除與寫入速度快於 NOR Flash，更重要的是整合度高於 NOR Flash，這使其在大容量記憶體領域中，持續取代之前大規模使用的磁介質硬碟。

1995 年，第一個基於 NAND Flash 的記憶體卡 Smart Media 問世，從這時起 NAND Flash 開始大規模商用。NAND Flash 與 DRAM 產品的用途不同。DRAM 的主要用途是作為處理器系統的記憶體，而 NAND Flash 可以取代磁碟。

NAND Flash 的出現是半導體記憶體產業的一個里程碑，其重要性超過許多人的想像。如果沒有這種大容量而且超低功率的記憶體介質，今天的智慧型手機產業將不會存在。

從 1990 年代起，Flash 產業從最初 NOR Flash 的 3,500 萬美元產值起步，伴隨著 NAND Flash 的出現而爆發式成長，至 2006 年，Flash 記憶體產業的總產值已達 200 億美元，如表 2-2 所示。在半導體記憶體產業中，NAND Flash 在出現後長達 20 餘年的時間裡，始終保持高速成長。

表 2-2　Flash 產業 1990～2006 年的發展趨勢

	市場規模／百萬美元	年成長	半導體市場占比	記憶體市場占比
1990 年	35	—	0.1%	0.3%
1991 年	135	286%	0.3%	1.0%
1992 年	270	130%	0.5%	1.8%
1993 年	640	106%	0.8%	3.0%
1994 年	865	35%	0.9%	2.7%
1995 年	1,860	115%	1.3%	3.5%
1996 年	2,611	40%	2.0%	9.2%
1997 年	2,702	3%	2.0%	9.2%

	市場規模／百萬美元	年成長	半導體市場占比	記憶體市場占比
1998 年	2,493	-8%	2.0%	10.8%
1999 年	4,561	83%	3.1%	14.1%
2000 年	10,637	133%	5.2%	21.6%
2001 年	7,595	-29%	5.5%	28.7%
2002 年	7,767	2%	5.5%	28.7%
2003 年	11,739	51%	7.1%	36.1%
2004 年	15,611	33%	7.3%	33.1%
2005 年	18,569	19%	8.2%	38.3%
2006 年	20,275	9%	8.1%	34.4%

NAND Flash 的加入，為之前因為三星採取逆週期布局而元氣大傷的半導體記憶體產業帶來一絲希望。但好景不長，這片藍海迅速演變成血海，包括三星在內的幾乎所有 DRAM 廠商全部殺入了這一領域。

2007 年，三星再一次逆週期布局，產業全體再一次腥風血雨。半導體記憶體產業非常不幸，三星的這次布局與 2008 年的金融危機不期而遇。記憶體晶片價格在此期間雪崩，最低時跌到顛峰的 1/10 左右，此時李健熙決定繼續增產，擴大整體產業的虧損。三星未雨綢繆，早有準備，卻導致歐洲最後一個半導體記憶體廠商，德國的奇夢達破產。

這一次逆週期布局確立了今日半導體記憶體市場的產業格局。在 DRAM 產業中，韓國有兩大廠商：三星與海力士，美國有一家美光科技，這三家所占的市場占有率約為 90%，還有幾個臺灣小廠商不慍不火地生存在產業邊緣；從事 Flash 產業的廠商略微多一些，包括三星、鎧俠、西數、美光與海力士等一些小廠商。

無論是在 DRAM 還是 Flash 產業，三星無疑都是最具影響力的半導體記憶體廠商，一舉一動都在改變整體產業的走勢。三星能夠取得這一

第 2 章　電晶體降臨

地位的重要原因，是這個公司生命不息、折騰不止的鬥志。這一鬥志展現在三星勇於向自己用「刀」的逆週期布局中，這是三星半導體得以長盛不衰的基石。

在這段因為三星的奮戰向前而傷痕累累的歲月，其他半導體記憶體廠商除了要應對摩爾定律，不斷升級半導體製作工藝之外，還要時刻提防著三星的逆週期布局。自從 1980 年代，韓國三星進入半導體記憶體市場之後，這個產業沒有經歷過哪怕是一天的好日子。

DRAM 產業在 1995 年便到達 400 多億美金的產值，至 2020 年，這個產業的產值也不過 640 億美金左右。在長達 25 年的時間裡，這個產業的成長速度遠低於廣義貨幣的成長速度。從投資的角度來看，這個產業只有在慘烈的競爭下，資源持續不斷向大廠集中，這一個邏輯才能成立。

從產業的角度來看，沒有人比李健熙更懂記憶體，他始終明白在這個重資產與週期的產業，只有破釜沉舟做到產業第一，才有資格生存。這個產業的價值不是實現自身成長，而是滋養其他相關產業。

這個產業的背後，是國與國資源的競爭，合作與競爭同在，聯盟與背叛同在，活下來的意義超過發展。三星電子在這幾次「逆週期布局」中大獲全勝，成為半導體記憶體產業的霸主，並延續至今。

三星敢於多次進行「逆週期布局」，是因為韓國在當時相較於其他國家的整體優勢，即底蘊、政策、人力與市場。

這個公司敢於「逆週期布局」的重要原因，是對未來趨勢的精準預判。始於 1985 年的逆週期被即將興起的 PC 時代所拯救；1996 年的逆週期後，PC 時代開始進入高潮，微軟的 Windows 與 Office 聯手耗掉更多記憶體；2007 年的逆週期則迎來智慧型手機產業的爆發。

這不是巧合，是三星早有準備；這也不太算是陰謀，三星的這個行為完全可以在事後放在陽光下討論。三星依靠傷敵一千自損八百的做法，沒有使記憶體產業呈爆發式發展，客觀上卻使依賴著「這一血液」的電子資訊產業受益。

這個公司敢於「逆週期布局」最為重要的信心來源之一，來自於這個公司的靈魂──李健熙。信奉德川家康「人生如負重致遠，不可急躁」的李健熙，始終「呆若木雞」般地深度思考著滄浪寰宇，偏執地活在天地之間。

李健熙對自己苛刻，對待產品品質更加嚴苛。他曾經用推土機把上萬部劣質電話當眾碾壓，並命令相關負責人必須到場觀看；他曾經用大鎚把價值 5,000 萬美金的劣質手機砸成碎片，並用大火焚燒。

他不僅使用逆週期對付競爭對手，也用這個手段對付三星。他首創 7-4 工作制度，每天上午 7 點上班，下午 4 點下班，採用這種工作制度可以錯開塞車高峰，以提升效率。李健熙制定這項制度時，一定非常明白，在任何一個繁華的都市，還有一個更加不塞車的時段，就是夜深人靜時。

三星藉助「逆週期布局」，與對自己的「狠」，進一步穩固了在半導體記憶體產業中的地位，也使得三星電子的所有相關產品，在半導體產業的庇護之下，成長茁壯，並擁簇著三星成長為今日的帝國。

在半導體記憶體產業中，DRAM 產業在未來的幾年將波瀾不驚，NAND Flash 產業始終在一路前行，度過了 2008 年的金融危機，至今依然保持著兩位數的成長。如圖 2-31 所示，2017 年，NAND Flash 產業迎來巔峰，並延續至 2018 年第 3 季度。

第 2 章　電晶體降臨

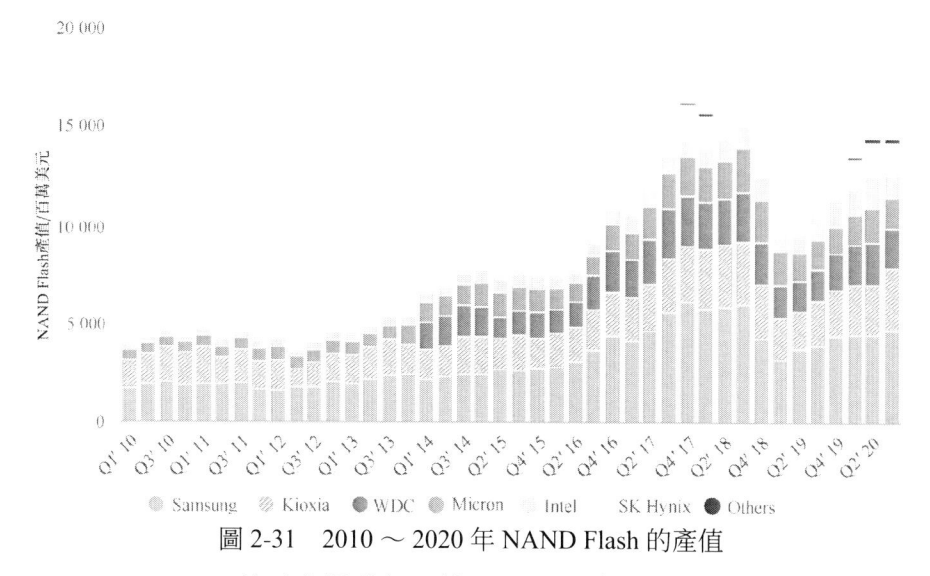

圖 2-31　2010 ～ 2020 年 NAND Flash 的產值

NAND Flash 的需求爆發起因於三星 2016 年 Galaxy Note 7 手機的折戟沉沙。因為電池問題，這款手機被迫下架。三星為這款旗艦機預留大量 NAND 裸晶，這些 NAND 裸晶封裝與標準產品並不一致，無法用於其他手機和電子產品中，占據相當大的產能，間接降低了市場上 NAND 快閃記憶體的供應。

全球手機銷量沒有因為三星的事故受到影響，銷售額依然在上漲，從而產生微弱的供需失衡。此時 iPhone 開始大規模擴充記憶體容量，iPhone6 的 NAND Flash 配置是 16GB ／ 64GB ／ 128GB，2016 年底釋出的 iPhone7 容量是 32GB ／ 128GB ／ 256GB，iPhone 之後，Android 手機紛紛仿效。至 2017 年，手機記憶體容量全面提升。

NAND Flash 需求的爆發出乎記憶體廠商意料，也令記憶體廠商措手不及。同時，NAND 的製造工藝從二維切換到三維，其過程並不順利。這一系列事件疊加使得 NAND 產業的供需嚴重失衡，最後導致記憶體產品的價格飛漲，庫存持續緊張。三星電子從半導體記憶體產業中獲得的

額外收益，完全彌補了手機產業的虧損。

在 NAND 產業向三維立體空間切換的過程中，一項古老的記憶體技術被重新啟用。在 2D 時代，Flash 記憶體使用浮閘（Floating Gate）方式製作。隨著摩爾定律的推進，當同一個積體電路中容納的電晶體數目增加時，浮閘方式遭遇瓶頸，採用 CT（Charge Trap）技術製作基本記憶單元逐漸得到產業界的重視。

浮閘與 CT 技術均出現在 1967 年。浮閘方式使用在電晶體中漂浮的「多晶矽」這種導體記憶電子；CT 技術使用在電晶體中漂浮的「氮化矽」這種絕緣體記憶電子。兩者的區別是一個使用半導體包圍導體，另一個是使用半導體包圍絕緣體。嚴格說來 CT 技術也屬於浮閘方式。

由於電子更容易在絕緣體中累積，在高溫時極易導致數據失效，這導致 CT 技術長期以來，沒有受到產業界太大的關注。

但 CT 技術具有浮閘方式無法比擬的優點。這種優點在電晶體尺寸隨著摩爾定律持續推進而逐步縮小的過程中，逐漸展現出來。使用 CT 技術的 Flash Memory 功率更低，最重要的是基於 CT 技術的記憶體單元，其物理尺寸更小，也更易於向三維空間擴展。2002 年，CT 技術逐漸引起產業界的重視。

新技術的引進，使 NAND 記憶體產業繼續前進，並逐步向三維空間延伸。2020 年，三星已經開始量產 128 層、基於 CT 技術的 NAND Flash。

三星在取得技術優勢，完全確立記憶體產業的地位之後，逆週期布局仍沒有結束。2019 年，DRAM 與 NAND 產業在高點回落，三星再次開始「逆週期布局」。此時在半導體記憶體世界，出現了中國廠商的身影，與這一次「逆週期布局」疊加，使半導體記憶體的未來越來越撲朔迷離。

參考文獻

[1] BROWN H R. Robert alexander watson-watt, the father of radar[J]. Engineering Science and Education Journal, 1994, 3(1)：31-40.

[2] HANDEL K. The uses and limits of theory: from radar research to the invention of the transistor [C]// The Annual Meeting of the History of Science Society. 1998.

[3] KOENRAAD P M, FLATTE M E. Single dopants in semiconductors[J]. Nature Materials, 2011, 10(2):91.

[4] WILSON A H. The theory of electronic semi-conductors. II [J]. Butsuri, 1931, 5(4):575-584.

[5] SCHOTTKY W, STRÖMER R, WAIBEL F. Hochfrequenztechnik[J].

[6] MÖNCH W. Metal-semiconductor contacts: electronic properties[J]. Surface Science, 1994: 928-944.

[7] Oral History Interviews Jack Scaff [EB/OL]. https://www.aip.org/history-programs/niels-bohr-library/oral-histories/4857.

[8] RIORDAN N, HODDESON L. The origins of the pn junction. [J]. IEEE Spectrum, 1997, 34(6): 46-51.

[9] Oral history interviews Russell Ohl - Session II [EB/OL]. https://www.aip.org/history-programs/niels-bohr-library/oral-histories/4804-2.

[10] SHOCKLEY W. The theory of p-n junctions in semiconductors and p-n junction transistors[J]. Bell Labs Technical Journal, 1949, 28(3): 435-489.

[11] 劉恩科、朱秉升、羅晉生。半導體物理學 [M]，7 版。北京：電子工業出版社，2016。

[12] OHL R S. Light sensitive electric device[J]. 1941.

[13] WOODYARD J R. Nonlinear circuit device utilizing germanium: US Patent US2530110[P]. 1950.

[14] SCAFF J H, OHL R S. Development of silicon crystal rectifiers for microwave radar receivers[J]. The Bell System Technical Journal,1947,26(1): 1-30.

[15] SEITZ F. Research on silicon and germanium in world war II [J]. Physics Today, 1995, 48(1): 22-27.

[16] GREENSPAN R J. Seymour Benzer (1921–2007) [J]. Current Biology, 2008.

[17] SHOCKLEY W. On the surface states associated with a periodic potential[J]. physical review, 1939, 56(4): 317-323.

[18] ZIMMERMAN D. Top secret exchange: the tizard mission and the scientific war [M]. McGill-Queen's University Press, 1996.

[19] SHURKIN J N. Broken Genius: The Rise and Fall of William Shockley, Creator of the Electronic Age [J].Physics Today, 2007, 60(2): 64-65.

[20] Huff H R. John Bardeen and transistor physics[J]. American Institute of Physics, 2001.

[21] HODDESON L, DAITCH V, SCHRIEFFER J R. True Genius: The life and science of John Bardeen, the only winner of two nobel prizes in phys-

ics[J]. Physics Today, 2003, 56(2): 62.

[22] JOHN B, BRATTAIN W H. Semiconductor amplifier and electrode structures therefor: US, US2589658A [P]. 1952.

[23] JOHN B, BRATTAIN W H. Three-electrode circuit element utilizing semiconductive materials: US, US2524035A [P]. 1950.

[24] LILIENFELD J E. Method and apparatus for controlling electric current: US patent 1, 745, 175 [P]. 1925.

[25] BEDERSON B. More things in heaven and earth: a celebration of physics at the millennium/ American Institute of Physics, 1999 Springer/ American Physical Society, 1999[J]. Nature, 2000, 27(6757): 96.

[26] WILLIAM S. Circuit element utilizing semiconductive material:US2569347A [P]. 1952.

[27] TEAL G K. Single crystals of germanium and silicon —— basic to the transistor and integrated circuit[J]. IEEE Transactions on Electron Devices, 1976, 23(7): 621-639.

[28] ZULEHNER W. Historical overview of silicon crystal pulling development[J]. Materials Science & Engineering, 2000, 73(1-3): 7-15.

[29] JAN K K. Professor Jan Czochralski-distinguished scientist and inentor[J]. Materiały Elektroniczne, 2003, 31: 18-29.

[30] LITTLE J B, TEAL G K. Production of germanium rods having longitudinal crystal boundaries: US patent US2683676[P].

[31] ERNEST B, TEAL G K. Process for producing semiconductive crystals of uniform resistivity: US patent US2768914A[P].

[32] SHOCKLEY W, SPARKS M, TEAL G K. p-n Junction Transistors [J]. Physical Review, 1951, 83(1): 151.

[33] AT&T Archives. Communications milestone: invention of the transistor [EB/OL]. https://techchannel.att.com/play-video.cfm/2012/5/23/AT&T-Archives-Communications-Milestone- Invention-Transistor.

[34] PFANN W G. Principles of zone-melting[J]. JOM, 1952, 4(7): 747-753.

[35] WHITE R M. Book review: a history of engineering and science in the Bell system: physical science (1925–1980) [J]. Journal of Vacuum Science Technology, 1984, 2(4): 1610-1610.

[36] Timeline of our history [EB/OL]. https://www8.hp.com/us/en/hp-information/about-hp/history/hp-timeline/timeline.html.

[37] SHOCKLEY W. Radiant energy control system: US2884540A[P].

[38] SHOCKLEY W. Electrooptical control system: US2696565A[P].

[39] David C.How William Shockley's robot dream helped launch silicon valley [EB/OL]. https://spectrum.ieee.org/how-william-shockleys-robot-dream-helped-launch-silicon-valley.

[40] RIORDAN M, HODDESON L. Crystal fire: the invention of the transistor and the birth of the information age[J]. Angewandte Chemie International Edition, 1998, 51(50): 12490-12494.

[41] WILLIAM S, NOYCE R N. Transistor structure: US65211757A[P].

[42] RIORDAN M. The lost history of the transistor[J]. IEEE Spectrum, 2004, 41(5): 44-49.

[43] BRINKMAN W F, HAGGAN D E. A history of the invention of the transistor and where it will lead us[J]. IEEE Journal of Solid-State Circuits, 1997, 32(12): 1858-1865.

[44] MACK M K, WOLFF E A. Transistor and method of making same: US775164A[P].

[45] KILBY J S. Turning potential into realities: the invention of the integrated circuit[J]. International Journal of Modern Physics B, 2002, 16(5): 699-710.

[46] STULIK D C, KAPLAN A. The Atlas of Analytical Signatures of Photographic Processes [EB/OL]. https://www.getty.edu/conservation/publications_resources/pdf_publications/pdf/atlas_collotype.pdf

[47] RIORDAN M. The silicon dioxide solution[J]. IEEE Spectrum, 2007, 44(12): 51-56.

[48] LÉCUYER C, D BROCK, LAST J. Makers of the microchip: a documentary history of fairchild semiconductor[M]. MIT Press, 2010.

[49] HOERNI J A. Method of manufacturing semiconductor devices: US3025589 A[P]. 1962.

[50] LOJEK B. History of semiconductor engineering[M]. Springer, 2007.

[51] NOYCE R N. Semiconductor device-and-lead structure: US-83050759A[P].

[52] ADDISON C. SEMI oral history interview with Jay T. Last [EB/OL]. https://www. semi. org/en/Oral-History-Interview-Jay-Last.

[53] DENNARD R H. Field-effect transistor memory: US patent US3387286 A[P].

[54] PRENTICE J. Japanese industrial strategy[J]. Electronics & Power, 1983, 29(7-8): 561-563.

[55] KILBY J. Miniature electronic calculator, originally filed September 1967, issued June 1974: U.S. Patent 3,819,921[P].

[56] BORDO M D, SCHWARTZ A J. What has foreign exchange market intervention since the Plaza Agreement accomplished? [J]. Open Economies Review, 1991, 2(1):39-64.

[57] Smithsonian Chips. The DRAM Market [EB/OL]. http://smithsonianchips.si.edu/ice/cd/MEMORY97/SEC02.PDF.

[58] SIEGEL J I, CHANG J J. Samsung electronics (TN)[J]. Harvard Business Review, 2005.

[59] KAHNG D, SZE S M. A floating gate and its application to memory devices[J]. Bell System Technical Journal, 1967.

[60] MASUOKA F, IIZUKA H. Semiconductor memory device and method for manufacturing the same: US4531203A[P].

第 2 章　電晶體降臨

第 3 章　計算的世界

1965 年，摩爾提出一個積體電路可容納的電晶體數目，大約每年增加一倍；1975 年，摩爾將每年修訂為每 24 個月；很快，產業界又將其修訂為每 18 個月增加一倍。此後，摩爾定律在相當長的時間內保持正確，指引並激勵著一代又一代工程師奮勇向前。

積體電路領域主要包括三大應用，計算、通訊與第 2 章講述過的記憶體。計算相關的半導體領域包羅萬象，PC、智慧型手機處理器，基於 ARM 架構的各類嵌入式處理器，人工智慧相關的 GPU 與可程式設計邏輯裝置，都屬於這個領域。

半導體產業以計算為中心，電子資訊世界也以計算為中心。絕大多數科技公司，從 Google、Apple、Intel、微軟，到其他大家耳熟能詳的科技公司，甚至一些以通訊為主業的公司，在電子資訊世界也屬於計算領域。這些公司的研發人員多為軟體工程師，書寫的程式在處理器中運行。

通訊與記憶體系統是電子資訊產業基礎設備重要的組成部分，其主要任務是搭建舞臺，而真正上臺表演的是計算。

1937 年開始設計的 ABC（Atanasoff-Berry Computer）計算機，揭開了計算時代的序幕。二戰時期，受到密碼破譯的影響，出現了一系列用於解密的專用設備，建立起現代計算系統的雛形。

二戰之後，伴隨電晶體與積體電路的出現，計算領域出現了三次浪潮，分別是大型主機時代、PC 時代與智慧型手機時代。在三次浪潮中，計算世界圍繞著演算法與系統架構展開，演算法與系統架構的世界則以艾倫・麥席森・圖靈（Alan Mathison Turing）與約翰・馮・諾伊曼（John von Neumann）為中心展開（見圖 3-1）。

第 3 章　計算的世界

圖 3-1　圖靈（1912 年 6 月 –1954 年 6 月）與
馮‧諾伊曼（1903 年 12 月 –1957 年 2 月）

3.1　絕代雙驕

1912 年 6 月 23 日，圖靈生於英國倫敦。

圖靈的一生注定是孤獨的，這種孤獨從年少時便與他如影隨形。高中時代的圖靈，可以輕易在任何學校與團體中，製造出各種問題。他可以無視所有人的目光，坦然地在冬天游泳，可以在夏季穿著大衣參加軍訓。

1926 年，圖靈被英國公立學校謝伯恩錄取。上學的第一天，他引起了整個城市的關注，因為一場罷工，圖靈無法乘坐火車，於是這個 14 歲的男孩騎車 60 餘英里來到學校。這個壯舉在很長一段時間裡被人們津津樂道。

在謝伯恩學校讀書期間，圖靈沒有多少朋友，他總是害羞而孤獨地躲在角落，專注於自己的興趣，他在 16 歲時便自學了愛因斯坦的相對論。圖靈不是刻意特立獨行，只是在不經意間忽略了周遭的一切。他從不循規蹈矩，他的行為也不會影響到他人。高中時代的圖靈展現出異於

常人的天分，與異於常人的孤獨。

1931 年，圖靈考入劍橋大學。此時量子力學興起，圖靈準備進軍這一領域。他不關心量子力學中光芒四射的理論與實踐，更加專注於量子力學的數學基礎，並在基礎理論書籍中，發現了馮・諾伊曼的名字。

馮・諾伊曼比圖靈年長幾歲，從 1927 年開始，發表了一系列與量子力學有關的文章，其中包括一本專著《量子力學的數學基礎》(Mathematical Foundations of Quantum Mechanics) [1]。在圖靈拿起這本書的那一刻，就注定了他的未來必將與馮・諾伊曼產生交集。

1903 年，馮・諾伊曼出生於匈牙利的猶太家庭。15 歲時，匈牙利著名數學家 Gábor Szegö 為他講解高等微積分課程時，竟因這個男孩異於常人的天分，而震驚得痛哭流涕。19 歲時，這個男孩已在頂尖數學刊物上發表了兩篇文章[2]。

大學時代，馮・諾伊曼依照父親的建議，在柏林大學與蘇黎世大學進修化學，同時依照自己的興趣，在布達佩斯大學專研數學。馮・諾伊曼認為自己更有化學天賦，但在蘇黎世大學的這段求學經歷，他唯一留給人的印象是摔壞的實驗器皿不計其數。

在數學領域，馮・諾伊曼展現出驚為天人的才華，非常輕鬆地拿到數學博士學位，於 1926 年進入哥廷根大學，跟隨希爾伯特 (David Hilbert) 從事數學研究。當時，哥廷根大學是世界上最著名的學府，在此就讀的學生與工作的學者這樣描述這所院校：「哥廷根之外沒有生活。即便有生活，亦非這般的生活。」

19 世紀至二戰前這段時間，哥廷根大學是宛如神話般的存在。偉大數學家高斯 (Carl Friedrich Gauss) 的一生都在這所大學度過。高斯的學生，即是被後世稱為數學之神的黎曼 (Bernhard Riemann)，也在這所大

第 3 章　計算的世界

學工作。愛因斯坦的廣義相對論，正是以黎曼幾何為數學基礎建立的。

1929 年，哥廷根數學研究所成立，並很快地成為各國數學家心目中的聖地。這個研究所聚集了一大批才華橫溢的科學家，著手系統性地梳理量子力學的數學基礎。他們組成一個星光燦爛的陣容，包括分別將相對論與群論引入量子力學的保羅·狄拉克（Paul Dirac）和赫爾曼·威爾（Hermann Weyl），對薛丁格方程式進行機率解釋的馬克斯·玻恩，原子彈之父羅伯特·奧本海默（Julius Robert Oppenheimer），以及被稱為「數學界亞歷山大」的希爾伯特等人。

馮·諾伊曼就在這樣的環境中，展開與量子力學相關的數學研究。1929 年，馮·諾伊曼在一篇著作中，將希爾伯特提出的一種空間，命名為「希爾伯特空間」[3]。這個空間的發明者希爾伯特對此毫不知情，當有人向他請教「希爾伯特空間」的相關問題時，他反問對方什麼是希爾伯特空間？

在量子力學發展史中，重要的研究工具有兩個，一是薛丁格方程式；二則是希爾伯特空間與運算子理論。馮·諾伊曼意識到希爾伯特空間的重要性，並藉助這個空間對量子力學進行了一系列基礎且極具創造性的研究工作。維格納（Eugene Paul Wigner）曾經對馮·諾伊曼的工作做出這樣的評價：「對量子力學的貢獻，足以確立馮·諾伊曼在當代物理學的特殊地位。」

此時，量子力學領域的果實，大多已被哥本哈根學派摘取。馮·諾伊曼在數學層面的查漏補缺，沒有使他在數學界或者物理界獲得足夠聲望。年輕的馮·諾伊曼，在星光燦爛且按部就班的歐洲大陸，甚至無法謀得一個副教授職位。

1929 年，美國普林斯頓大學需要開設與量子力學相關的數學基礎課程，馮‧諾伊曼收到邀請後欣然前往。他幸運地躲過了納粹德國即將發動的排擠猶太科學家行徑，來到這個處於成長期的國家。在這個國家，沒有論資排輩，只有唯才是舉。1931 年，27 歲的馮‧諾伊曼成為普林斯頓大學的教授。

幾年以後，因為納粹德國對猶太人的排擠，大批學者抵達美國。美國為此專門在普林斯頓大學成立高等研究院。在這個研究院中，第一批終身教授有 6 名，其中一名是愛因斯坦，最年輕的是年僅 30 歲的馮‧諾伊曼。

此時，馮‧諾伊曼已經在普林斯頓大學站穩腳跟，等待著圖靈的到來。兩個人的第一次會面或許發生在 1935 年，在這一年夏季，馮‧諾伊曼利用假期來到英國，在劍橋大學舉辦過一場演講。

圖靈非常熟悉這次演講的內容，他幾乎閱讀過馮‧諾伊曼發表的所有文章，並以這些文章的基底有所創新[4]。歷史沒有留下這兩個人是否曾在劍橋會面的記載。此時，圖靈是一個學生，馮‧諾伊曼也沒有今天的地位。

1936 年 4 月，圖靈提交了一篇對後世影響深遠的文章〈論可計算數及其在判定問題上的應用〉（*On Computable Numbers, with an Application to the Entscheidungsproblem*）[5]。在這篇文章中，他提出「理想電腦」的概念，後人將之稱為圖靈機。圖靈機由三大部分組成，一臺控制器、一條兩端無限延伸的工作紙帶和一個可以將工作紙帶上的數據傳送給控制器的讀寫頭，組成原理如圖 3-2 所示。

第 3 章　計算的世界

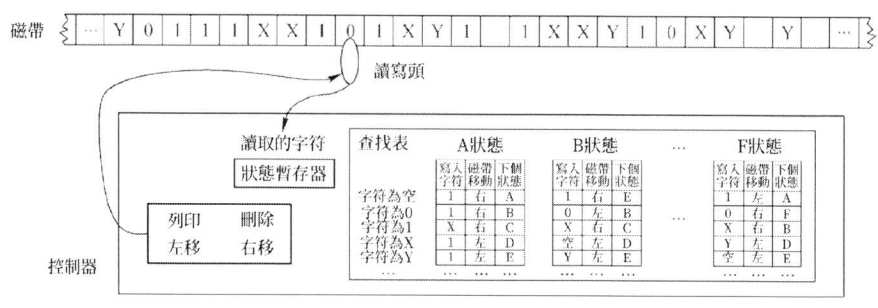

圖 3-2　圖靈機模型

　　工作紙帶上有若干個小格子，其中每個小格可以儲存一個符號。讀寫頭可以沿著工作紙帶左右移動，讀取工作紙帶上的內容並傳送給控制器。在控制器中，有一張存放控制原則的查找表和一個狀態暫存器。讀寫頭獲得格子中的內容之後，將其傳送給控制器中的查找表；之後根據所獲得內容與狀態暫存器，在查找表中找到對應操作，如將讀寫頭進行左移、右移，以及刪除、列印等，將結果記錄在工作紙帶上，並改變內部狀態暫存器。

　　在這個控制器中，查找表長度有限，但是工作紙帶可以無限延伸。圖靈認為透過這臺機器，能夠模擬人類所能進行的任何計算操作。

　　建議對圖靈機有興趣的讀者，可以在 https://turingmachinesimulator.com 網站找到更多視覺化的範例，以深入了解圖靈機的原理。

　　圖靈機可以解決所有可以用狀態機描述的問題。如果一個問題無法用圖靈機來完成，代表沒有任何演算法能夠解決這個問題，也表示凡是能用演算法求解的問題，就一定可以使用圖靈機完成。

　　這篇文章沒有引起太多人關注，歐美主流的數學家對這種數理邏輯模型並不太感興趣。還有一位與圖靈同時研究這種計算模型，也有著相同興趣的科學家，是遠在美國普林斯頓大學的 Alonzo Church 教授。

　　劍橋畢業後，圖靈沒有選擇名師如雲的歐洲攻讀博士學位，而是遠

離了這片傷心之地,來到了普林斯頓。在劍橋時期,圖靈一生中最好的朋友因病離世,孤獨再次籠罩圖靈。劍橋的幾位教授甚至擔心起圖靈隻身一人時的安危,鼓勵他遠赴美國,師從 Church 教授,至少這位教授的研究方向與他一致。

1936 年 9 月,圖靈開始在 Church 教授的指導下攻讀博士學位。樂觀而開朗的馮‧諾伊曼見到了孤僻而緊張的圖靈。同年 11 月,圖靈那篇在未來被稱為圖靈機模型的論文,在倫敦數學學會發表。

他在普林斯頓大學介紹了這篇在後世赫赫有名的文章,卻沒有引發其他研究學者的共鳴。在這所大學,除了 Church 教授和為數不多的幾個人之外,圖靈的知音恐怕只剩下馮‧諾伊曼。

圖靈在邏輯學、代數學與數論等領域迅速展現出驚人的才華。在 Church 教授的指導下,圖靈完成了與可計算理論相關的畢業論文。1938 年 6 月,圖靈獲得博士學位,結束了枯燥乏味的兩年時光。孤獨而自閉的圖靈在這裡沒有幾個朋友,他厭倦了美國的生活方式,或者說他厭倦幾乎所有生活方式,準備返回倫敦。

馮‧諾伊曼極力挽留,甚至幫他安排了擔任其助理的臨時職位。圖靈最終選擇回到劍橋,從事與可計算理論相關的研究。此後,兩個人沒有留下是否會晤的歷史記載,但是兩個人的命運,卻在即將到來的大戰爭時代,更加緊密地連結在一起。

圖靈回到英國後不久,二戰正式爆發。英德兩國在倫敦上空展開規模龐大的空戰。這場空戰所競爭的,不只是飛行員的勇猛與戰機的性能,背後還有兩國之間全面科技實力的較量。

在二戰中,破譯對手在無線通訊中使用的密碼,提前知曉對手的作戰意圖,決定多場重大戰役的成敗。在密碼破譯的背後,較量的是交戰

第 3 章　計算的世界

國之間計算能力的高下。

　　這個計算能力由人與機器組成。在英國，圖靈是那個人，機器是圖靈設計的機器。此時，英國全民皆兵，圖靈也不例外。圖靈的工作地點設在布萊切利莊園，別名 X 站。在這座特殊的莊園，圖靈開始了一生中最重要的一段歷程。圖靈在這裡的主要工作是發現密碼演算法中的漏洞，進行破譯。

　　他是密碼破譯領域的天選之人。邏輯學、數論與可計算理論是密碼破譯最重要的數學基礎。基於圖靈機模型能夠設計出強大的計算機，加速密碼破譯程序。即便如此，完成這項工作依然需要星辰之外的奇蹟。圖靈正是來自星辰之外。

　　當時，德軍設計了一種名為 Enigma 的密碼機，從外觀上看，這臺機器類似一個普通箱子，如圖 3-3 所示。Enigma 密碼機可以同時完成加密與解密功能，由若干旋轉盤、接線板、鍵盤與燈盤組成，其安全性主要依賴金鑰。

圖 3-3　德國的 Enigma 密碼機

　　以二戰之前，包含 3 個旋轉盤、接線板具有 6 條連接線的 Enigma 密碼機為例，金鑰變化量已可達 10^{16} 種。根據應用場景不同，德軍可以將

金鑰每隔一段時間更新一次。這代表著，即使繳獲了 Enigma 密碼機，如果不知道當時的金鑰，也無法得知德軍傳遞的訊息。

Enigma 密碼機內部構造非常複雜，操作方式卻很簡單。德國普通士兵按照密碼本以一定順序放入選擇好的各個旋轉盤，設定各個旋轉盤的初始狀態與接線板中連接線的位置，即配置好金鑰後，使用鍵盤輸入明文，對應密文字母會在燈盤位置上亮起；使用鍵盤輸入密文，則明文字母會在相應位置亮起，從而完成加解密操作。當時，Enigma 密碼機被認為是世界上最先進的密碼機，德軍自然認為他們的密碼牢不可破。

二戰之前，波蘭科學家仔細研究了 Enigma 密碼機，發現德軍在設計和使用這臺機器時的漏洞。波蘭人經過非常艱苦卓絕的努力，掌握到破解 Enigma 密碼機的方法，藉助他們所製作的 Bomba 機器，破譯了德軍相當多的軍事情報。

二戰爆發前夕，德軍加強了 Enigma 密碼機的加密能力，增加兩個輔助旋轉盤，旋轉盤數由 3 個變為 5 個，實際採用 5 選 3 的方式；接線板連接線數也由 6 條增加到 10 條，將 Enigma 密碼機的金鑰變化量提升了 15,000 多倍，而且德軍還可以每隔一個月更換一次密碼本，每天更換一次金鑰，甚至可以做到每一封電報使用不同的金鑰。盟軍對這種新型 Enigma 密碼機和使用方式無計可施，直到圖靈出現。

按照 Enigma 密碼機設計者的思路，這臺增強後的設備能夠產生 1020 種加密組合。採用窮舉法，所需計算能力是個天文數字，恐怕到二戰結束時，這些加密訊息也無法破解。但很不幸，他們的對手是天才圖靈。圖靈仔細分析了 Enigma 密碼機的運作原理，並敏銳發現其密碼設計具有重大缺陷。

圖靈帶領十幾位數學家、4 位語言學家，還有 100 名從事機械操作

第 3 章　計算的世界

的女員工，利用 Enigma 的設計缺陷，並結合語言及戰爭規律，將解密難度降低到只需要約 100 萬次的窮舉操作[6]。

以人力計算進行這一數量的窮舉依然並不可行。1939 年，圖靈設計了一臺巨大的機器，後世將之稱為「圖靈 Bombe」密碼破譯機，取名 Bombe 主要是為了紀念波蘭人的 Bomba 密碼破譯機。1940 年，這臺機器被另一個密碼破譯專家 Gordon Welchman 改良，如圖 3-4 所示[7]。這臺機器在運作時會產生巨大噪音，到處都咔咔作響，卻可以在約 20 分鐘內完成密碼破譯。

圖 3-4　改良後的圖靈 Bombe 密碼破譯機

在所有人的努力下，第一臺改良後的 Bombe 破譯機於 1940 年 8 月建造完成，並迅速投入使用。這臺機器很快就被美國引進，為此圖靈特別在 1942 年 11 月造訪美國，並於隔年 3 月返回英國。根據公開記載，圖靈此行的目的是幫助美國建造 Bombe 破譯機。在此期間，他還參觀了俄亥俄州的電腦實驗室，並順道造訪貝爾實驗室[9]。

英美兩國沒有留下圖靈與馮‧諾伊曼是否在此時會面的記載，但是我們很難想像，在這樣一個特殊的時期，他沒有去拜訪與曾他同在普林斯頓、現在同處於一個陣營、同樣進行密碼破譯、同樣才華橫溢的馮‧

諾伊曼。Bombe 破譯機輸入美國後，許多公司開始複製這一產品，其中一家從事制表機和穿孔卡片機的公司，也開始生產這種機器，這間公司就是號稱「藍色巨人」的 IBM（International Business Machines）。Bombe 破譯機後來被美軍改良，產生一系列變型機。二戰期間，Bombe 破譯機左右了戰局。在北非戰場，蒙哥馬利（Bernard Montgomery）憑藉破譯帶來的情報優勢，擊敗了「沙漠之狐」隆美爾（Erwin Rommel）；又在大西洋海戰中，幫助皇家海軍擊潰德國潛艦編隊。

雖然目前世界上公認的第一臺電子計算機是 ABC，但我們更應該稱呼 Bombe 破譯機為人類歷史上的第一臺電子計算機。ABC 計算機的原型設計於 1939 年 11 月，直到 1942 年才建造出完整機型[12]。在戰爭期間，Bombe 破譯機的意義也遠非 ABC 計算機所能比擬。

1941 年起，德軍研製出與 Enigma 密碼機完全不同的、更加先進的電傳打字機加密系統，即 Lorenz 密碼，用於加密包含希特勒在內的德軍高階將領之間的通訊。1943 年，為破譯 Lorenz 密碼，盟軍啟動了代號為 Colossus 的密碼破譯機專案並於隔年研製成功，這臺設備使用了將近 2,000 個電子管，由 Thomas H. Flowers 主導設計，其部分設計靈感來自圖靈 Bombe 破譯機[8]。

Colossus 破譯機具備執行不同程式的能力，但是每次更變程式時，需要手動調整這臺機器電子管間的連接拓撲，耗時長達幾個月。二戰之後，科學家在解決這個問題的過程中，確立了現代電腦的組成結構。

Colossus 破譯機在諾曼第登陸中大放異彩，之前需要幾天甚至十幾天時間還要加上一點好運氣，才能被破解的德軍高階加密訊息，在這臺電腦的幫助下，幾個小時之內便轉換為明文，傳送至盟軍的最高指揮部。

第 3 章　計算的世界

　　戰爭結束後，親身經歷這場情報戰的人們，在陸續解密的資料中透露，透過破譯德國的密碼，盟軍提前獲知德軍的所有作戰意圖，左右了這場戰爭的走勢，進而加速在歐洲戰場的勝利，為奪下二戰的最後勝利立下不世之功。

　　二戰之後，英國政府拆解了所有破譯機，封鎖與這些破譯機相關的一切資訊，使得圖靈、Bombe 和 Colossus 電腦的功績，在相當長的一段時間內皆不為外人所知，這些祕密直到 1970 年代中期才逐漸揭曉。

　　密碼破譯在戰爭時期的成就，使其在戰後躍上神壇。除了演算法之外，密碼破譯還需要競爭計算能力。計算能力決定了密碼破譯的效率，被視為一個國家軍力的象徵。從這時起，各國軍方以計算為中心，展開了一場曠日持久的競賽。這場軍備競賽為電晶體的誕生提供了肥沃的土壤，並揭開現代電腦發展的帷幕。

　　二戰之後，英美兩國進一步加快電腦的研究步伐，圖靈借鑑 Colossus 的點子，設計出 ACE（Automatic Computing Engine）計算機，在這臺機器中已經出現了程式儲存（Store-Program）的概念，並於 1950 年完成樣機[10]。在這一年，圖靈發表了另外一篇對後世影響深遠的論文〈電腦與智慧〉（*Computing Machinery and Intelligence*）[11]。

　　這篇文章中，圖靈提出了著名的圖靈測試理論。圖靈測試的基本原理是分別讓人與機器位於不同房間，測試者向人與機器提問並由人或機器作答，如果測試者無法根據回答區分機器與人，則認定機器具備了人工智慧，通過圖靈測試。

　　圖靈機、Bombe 破譯機和人工智慧，是圖靈留給後世的重大貢獻。但是 1954 年 6 月 8 日，圖靈卻在他 42 歲的時候，使用一顆毒蘋果離開了這個世界。為了紀念圖靈，電腦科學界以他的名字命名這個領域的最

高獎項。圖靈去世後三年，馮‧諾伊曼也因癌症病故。在離世之前，馮‧諾伊曼認為他對這個世界的最大貢獻是量子力學的數學基礎，而不是 1945～1946 年提出的「馮‧諾伊曼架構」，該架構奠定了現代電腦系統架構的基礎。如果他能夠再活 20 年，一定會認為他在無意中發明的這一架構，才是其一生中最偉大的成就。

圖靈與馮‧諾伊曼的光輝歲月，均出現於二戰前後，他們在計算領域的貢獻，一直等到積體電路產業突飛猛進之後才充分展現。但是由他們引領的電腦演算法與系統架構，改變了其後的電子資訊世界。今天，在電腦演算法領域，有位宛如「神」一般的圖靈；在電腦系統架構領域，馮‧諾伊曼的貢獻前無古人，後無來者。

在電腦領域，兩個人並稱絕代雙驕。圖靈的貢獻是清楚定義出什麼是計算、設計出圖靈機、證明計算模型之間的等價關係以及計算模型的極限。而馮‧諾伊曼的成就在於提出建造通用電腦架構的有效方法。

與圖靈的經歷類似，馮‧諾伊曼的計算生涯起源於二戰。1941 年 12 月，在愛因斯坦的建議下，美國制訂曼哈頓計畫。這個計畫的終極目標是在戰爭結束之前，利用核分裂反應，製造出原子彈。

十幾萬人參與了這一計畫，其中最重要的自然是被後世稱為原子彈之父的奧本海默。馮‧諾伊曼在眾多參與者中，默默無聞。對於這個計畫而言，馮‧諾伊曼甚至可有可無，他在此期間取得的成績，也不在這個專案的計畫之內。

曼哈頓計畫在實施過程中，面臨到一大難題。這道難題不是如何製作原子彈，而是如何有效控制核分裂的威力。因為曼哈頓計畫的高度機密性與核試驗的高昂成本，透過引爆原子彈獲取實驗數據的方式並不可行。在當時的條件下，使用手動方式計算原子彈的衝擊波能量也不現實。

第 3 章　計算的世界

賓夕法尼亞大學此時正在研製一臺電腦，即 ENIAC（Electronic Numerical Integrator And Computer），用於推算飛彈的飛行軌跡。馮・諾伊曼意識到，這臺電腦可以協助計算原子彈的衝擊波能量。此時，ENIAC 電腦已建造到一半。馮・諾伊曼仔細研究了這臺電腦的設計原理，並提出幾個建設性意見。

1945 年春，ENIAC 成功建造出來之後，幫助曼哈頓計畫執行了核彈模擬程序。這臺仍顯稚嫩的機器將之前需要幾個月的運算時間縮短到幾天。隨後馮・諾伊曼在 ENIAC 的設計者 Mauchly 和 Eckert 的陪同下，參觀了這個占地達 167 平方公尺，由 18,000 個電子管組成的龐然巨獸。見識到 ENIAC 的威力之後，馮・諾伊曼決定作為顧問，參與研製下一代機型 EDVAC（Electronic Discrete Variable Automatic Computer）。1945 年 6 月 30 日，馮・諾伊曼正式發表一份關於如何建造 EDVAC 的手寫草稿，即「First Draft of a Report on the EDVAC」，簡稱為「FirstDraft」[13]。

第二年，馮・諾伊曼與其他人一起完善並總結了「First Draft」，發表一篇名為〈Preliminary Discussion of the Logical Design of an Electronic Computing Instrument〉的論文[14]。這兩篇文章闡述的概念被後人稱為馮・諾伊曼架構。

馮・諾伊曼架構誕生之前，世界上只有一些執行固定任務的計算機，包括進行加減乘除與求解微積分的專門設備、用於解密的 Bombe 和 Colossus、模擬核試驗與飛彈軌跡計算的 ENIAC 等。這些設備只能執行固定演算法，當計算新的任務時，工程師需要花費數個月的時間調整機器的連接結構，其難度幾乎與重新製作一臺計算機相當。

1949 年交付，並於 1951 年投入使用的 EDVAC，改變了這一現狀。這臺電腦執行新程式時，不需要重構電腦硬體，僅需提供不同的程式碼

即可。EDVAC 因此被稱為人類歷史上第一臺通用電子計算機。

歷史上第一臺電子計算機的歸屬，曾經引發異常激烈的爭論。在很長一段時間裡，Mauchly 和 Eckert 設計的 ENIAC 被稱為第一臺電子計算機，直到 1973 年，美國聯邦地方法院判決撤銷 ENIAC 的專利，認為 ENIAC 發明者從 ABC 計算機中獲得設計構想。至此，ABC 被裁定為世界上第一臺電腦。

但從純科技的角度來看，ABC 與 ENIAC 電腦的區別甚至肉眼可辨（見圖 3-5）。ENIAC 是第一臺可程式設計、圖靈完備[⊠]的電腦。而 ABC、Bombe 和 Colossus 電腦同樣皆僅能執行固定任務，依然是一種專用計算機。

只有 EDVAC 作為第一臺通用電子計算機沒有絲毫爭議，因為這臺電腦採用的馮·諾伊曼架構與二進位制運算，毫無疑問是通用電子計算機的象徵。這臺電腦的設計基礎——馮·諾伊曼架構，重構了其後的計算世界。

馮·諾伊曼架構引入「儲存程式」理論，其中心思想是，將需要執行的程式儲存在某處，執行這段程式時再讀取出來執行。採用這種方法執行新的演算法時，只需要更換電腦所執行的程式，而無須重新搭建線路。

圖 3-5　ABC 計算機（左）與 ENIAC 電腦（右）

第 3 章　計算的世界

　　馮‧諾伊曼架構，確立了在電腦系統架構中的五大基本組成部件，包括控制單元（Control Unit）、算術邏輯單元（Arithmetic Logic Unit，ALU）、暫存器（Processor Registers）、記憶體單元（Memory Unit）與輸入／輸出設備（Input/Output Device），如圖 3-6 所示。其中控制單元、算術邏輯單元與暫存器合稱為中央處理器（Central Processing Unit，CPU）。

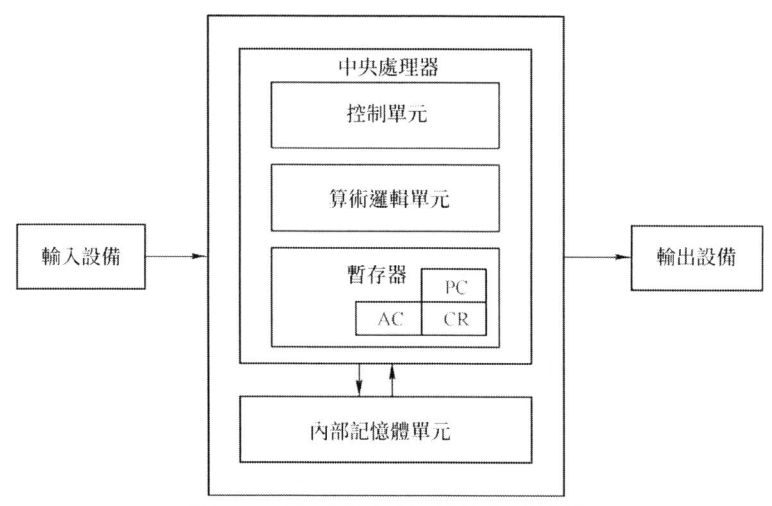

圖 3-6　馮‧諾伊曼架構的組成結構

　　此後直到今天，所有電腦，從大型主機、PC 到手機處理器，全部基於這種架構製成。我們使用智慧型手機撥打電話時，電話程式從外部儲存空間（NAND Flash），透過輸入設備介面載入到記憶體，之後控制單元從記憶體中讀取程式，透過指令解碼等操作轉換為機器指令，並傳送到算術邏輯單元中執行。

　　算術邏輯單元在執行指令的過程中，語音數據由輸入設備提前載入到記憶體。因為記憶體速度較慢，如果每次都從記憶體讀取數據，將極大幅降低執行速度，因此加入暫存器作為緩衝。算術邏輯單元可以從暫存器中獲得數據，進行語音處理後將結果回寫入內部記憶體，最後由輸

出設備將語音數據傳遞出去。暫存器的另外一項重要功能是控制中央處理器的執行方式，並記錄其執行狀態。

從這個例子中不難發現，在馮‧諾伊曼架構中，無論是程式還是數據，或者來自外部輸入／輸出設備的請求，均需要經過記憶體才能參與計算，記憶體因此成為整個系統的中心。這種以記憶體為中心的理念，正是馮‧諾伊曼架構的基石。

馮‧諾伊曼架構極其簡化了電腦設計中的冗餘，將絕大多數應用情境約化至一個統一模型，奠定了現代電腦系統架構的基礎。至此，電腦的歷史進入新篇章。這套架構誕生至今，在持續發展的幾十年時間以來，始終占據領導地位，沒有任何理論能夠將其顛覆。

如果我們進一步抽象並精簡馮‧諾伊曼架構，可以清楚地梳理出在當時那個年代，面對電腦這一新生事物，提出如何建構一個合理的計算架構、以 ENIAC 電腦為基礎架構分析，並在 EDVAC 電腦中解決的過程中，馮‧諾伊曼的這套架構是自然產生的結果。馮‧諾伊曼架構的誕生過程，依然沿著「提出問題」、「分析問題」與「解決問題」的軌道。

後人以馮‧諾伊曼架構為基礎，進一步對計算領域面臨的問題高度抽象與精簡，產生出電腦系統架構這門學科，這門學科與圖靈機一同成為電腦科學的重要基礎。

此後，積體電路的發展重心由通訊與記憶體領域，逐步轉移到計算領域，並持續至今。摩爾定律持續保持其正確性，極大地促進了積體電路的進步，為馮‧諾伊曼架構插上翅膀，此後電腦技術迅速發展。電腦的核心處理器越來越強大、越來越廉價，逐漸進入千家萬戶。

馮‧諾伊曼架構並不完美。以記憶體為中心代表著記憶體必然成為瓶頸，這個瓶頸被稱為馮‧諾伊曼瓶頸，始終伴隨著馮‧諾伊曼架構，目

第 3 章　計算的世界

前尚無有效的方法突破。

後人對馮‧諾伊曼架構進行一系列修補，緩解了記憶體瓶頸，卻無法從根本解決這一問題。在現代處理器中，暫存器與記憶體之間設定了非常複雜的緩衝結構，這種緩衝結構也被稱為 Cache 階層。加入 Cache 階層的目的是緩解馮‧諾伊曼瓶頸，但是瓶頸依然存在。

這一切最初是由數學家馮‧諾伊曼，以「計算科學」為出發點，執行飛彈軌跡計算、核彈模擬這些高階應用。他沒有預料到處理器在一路前行、席捲天下的過程中，應用邊界會持續擴張，從國家、軍隊、企業直到個人。他沒有預料到在 21 世紀的今天，地球上幾乎所有人都在使用不同種類的計算機。在這樣一個年代，計算機的主要作用並不是科學計算。

3.2　大型主機時代

二戰之後，美蘇冷戰大幕徐徐揭開。在這段時間裡，時而發生有限戰爭，而雙方對等的核威懾，使世界大戰的可能性逐漸遠離。美國軍方不必將經費用在維護航母、戰機與坦克等領域，可以將更多的資金用於科技。

最受軍方愛戴的科技，當屬在二戰中戰功赫赫的密碼破譯、核彈模擬與飛彈軌跡推演等需要強大計算能力作為支撐的領域。在這種背景之下，許多企業投身計算領域，包括雷明頓蘭德公司（Remington-Rand）與 IBM。

雷明頓公司建立於 19 世紀，從槍枝製作開始，白手起家。1873 年，雷明頓收購「QWERTY」鍵盤的打字機專利，並以這項專利為基礎，

增加了一個非常重要的功能鍵「Shift」。今天使用的鍵盤依然由「QWERTY」與各類功能鍵構成。

1927 年，雷明頓公司與 Rand Kardex 合併為雷明頓蘭德公司，準備與 IBM 聯手進入企業辦公市場，二戰期間，這家公司重操舊業，為美軍製作槍枝。二戰之後，雷明頓蘭德致力於電腦領域，然後很不幸地成為 IBM 的競爭對手。

IBM 的歷史可追溯至 ITR（International Time Recording Company）時代。1900 年，喬治·費爾柴德將多個企業合併重組，建立 ITR 公司[14]。喬治就是那位投資了「八叛逆」的希爾曼·費爾柴德的父親。1911 年，ITR 與其他公司合併為 CTR（Computing-Tabulating-Recording），以記帳為主業的公司。喬治擔任第一任總裁。

CTR 公司營運多項業務，與現代電子資訊產業最有關係的是打孔卡（Punched Card）。1950～70 年代，打孔卡用於儲存各類企業資訊，風靡於電腦系統。在電腦發展初期，程式碼與處理完畢的數據均由打孔卡儲存。不過今天，打孔卡的身影只有在博物館中才能夠找到。

1914 年，老沃森（Thomas J. Watson）加入 CTR 公司[14]，他的加入成為這個公司的轉捩點。當時，無論老沃森加入哪家公司，都將會成為該公司的轉捩點。1924 年，老沃森將公司更名為國際商用機器公司，即 IBM[17]。

IBM 與雷明頓公司共同經歷了 1929～1933 年的美國經濟大蕭條，一同迎來二戰爆發。在這段時間，個體與公司在幾個國家機器的劇烈對抗中顯得如此渺小，他們每天所思考的不過是活下去與如何活下去。在二戰期間，同為美國軍火供應商的雷明頓蘭德與 IBM，隨著盟軍節節勝利，一路高歌猛進，並對「計算」產生濃厚興趣。

第 3 章　計算的世界

戰爭結束後，IBM 研製出一款基於電子管的電腦[18]，並以慘敗告終。老沃森很辛酸地認為，也許 IBM 的性質不適合做電腦這種新鮮玩意，也許這個世界只需要幾臺電腦便已足夠，也許 IBM 做不出這種產品，損失也不會很大。

雷明頓蘭德公司顯然不這樣認為。1949 年，雷明頓蘭德公司推出 RAND409 計算機，並以收購 Mauchly 和 Eckert 創辦的公司為代價，強勢進入計算領域。作為 ENIAC 的設計者，Mauchly 和 Eckert 是當時少數幾個能夠設計大型計算系統的工程師。

1951 年 6 月 14 日，Mauchly 和 Eckert 不負眾望，推出 UNIVAC（Universal Automatic Computer）電腦。這臺電腦的主體以 5,000 多個電子管構成，部分電子裝置嘗試使用電晶體，占地 35.5 平方公尺，重約 7.6 噸，如圖 3-7 所示。

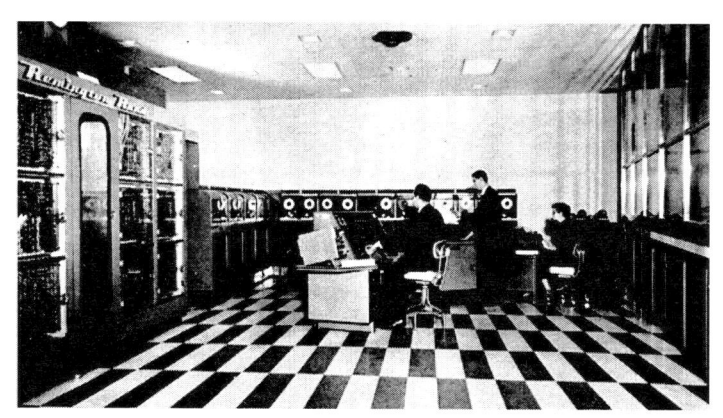

圖 3-7　第一臺商用電腦 UNIVAC

雷明頓蘭德公司憑藉著這臺機器，成為電腦市場上最為重要的公司。這臺電腦的第一個使用者是美國商務部，用於人口普查而不是軍事，象徵著電腦正式進入商用領域[19]。1952 年，這臺電腦因為成功預測出艾森豪當選美國的第 34 任總統而一舉成名[20]。

老沃森的 IBM 依然非常賺錢，但在代表未來發展趨勢的電腦領域，完全處在下風。老沃森沒有失敗，因為他還有一個兒子，小沃森。小沃森生於 1914 年，二戰時是一名飛行員，二戰後回到 IBM，並成為第二把手。在產業界，小沃森這個稱呼實在是太有名了，以至於在他 80 多歲的時候，大家還是叫他小沃森。

與父親相比，小沃森充分預見到電腦的輝煌未來，也非常清楚雷明頓蘭德公司在電腦領域的成功，不過是因為僱用了 Mauchly 和 Eckert。1951 年，小沃森直奔核心，聘請當時在電腦領域最具影響力的馮·諾伊曼擔任技術顧問，重回這一領域。

在馮·諾伊曼的幫助之下，IBM 取得突破。1952 年 4 月 29 日，小沃森在年會上告知公司所有股東，他們正在製造一臺「世界上最先進、最靈活的高速電腦」。隔年 4 月 7 日，這臺被稱為 IBM701 的機器正式對外釋出[21]。

這一天，以「原子彈之父」奧本海默為首的 150 位嘉賓，蒞臨 IBM701 揭幕儀式。此後，IBM 在計算領域大顯身手，在 IBM701 的基礎上不斷推陳出新，陸續釋出 IBM702、IBM704 與 IBM705 計算機，並於 1960 年代初期推出 IBM7000 系列計算機。

1956 年，IBM 在全美計算機領域的占比高達 70%，將昔日對手雷明頓蘭德公司遠遠甩開。這一年，老沃森病逝，小沃森掌握 IBM 的最高權力。不久之後，小沃森集中 IBM 所有力量，全力進軍電子資訊領域，在不算太長的時間裡，改變了 IBM，也改變了其後的計算世界。

二戰期間的五年軍旅生涯，塑造出小沃森勇於冒險且堅韌不拔的性格，並使小沃森將軍隊的集權管理思想應用到 IBM。小沃森旗下的 IBM 是一個高效的 IBM。在 1956～1972 年的小沃森時代，這個公司取得的

第 3 章　計算的世界

成就令世人矚目。

在小沃森時代，IBM 發明了 DRAM 記憶體、電動打字機、Fortune 語言、用於信用卡的磁條，當然最為重要的成就來自於半導體與計算領域。憑藉這些成就所取得的商業成功，小沃森將 IBM 塑造為藍色巨人。

這個巨人的崛起之路並非一帆風順。此時電子資訊產業處於早期階段，新技術層出不窮。一次重大的失誤就足以葬送公司；一個偉大的天才便足以扭轉乾坤。1957 年，從雷明頓蘭德離職的幾個員工成立了 CDC (Control Data Corporation) 公司，成立後的第一年，公司以代理記憶體產品為生；第二年，西蒙·克雷 (Seymour Cray) 加盟，CDC 公司開始切入電腦領域。不久之後，克雷以電晶體技術為基礎，研製出 CDC1604。隨後美國海軍開始購買這種電腦，年輕的 CDC 公司逐漸站穩腳跟。

除了 CDC 之外，小沃森的 IBM 還有一個韌性十足的對手，就是即將成為處理器產業一代傳奇的 DEC (Digital Equipment Corporation)。DEC 成立於 1957 年，這家公司的設計理念與 IBM 不同，認為更加小型化的機器才是計算的未來。

1959 年，DEC 推出 PDP-1 小型機，這臺機器側重於人機互動，而不是計算速度。PDP-1 的售價為 12 萬美金，而 IBM701 一個月的租金是 1.2 萬美金。PDP-1 小型機憑藉價格優勢，迅速占領低階市場。

1960 年代初期，CDC 與 DEC 在低階領域的興起，引起 IBM 的注意，同時在中端領域，IBM 還受到漢威聯合、奇異與 RCA 的聯合阻撓。這些公司製作的電腦相對低階，銷售額全部累加在一起也不高，對 IBM 而言，遠遠談不上面臨危機。

小沃森斷然不會將這些公司視為競爭對手。1960 年代初，IBM 的 700/7000 系列電腦，在商業應用與科學計算領域如日中天，占據北美 2/3

的市場占有率。在小沃森的心目中，只有 IBM 才有資格與 IBM 競爭。

1959 年 10 月，IBM 1401 正式推出，其設計初衷是輔助 7000 系列電腦處理外部請求，如磁性儲存媒介與打孔卡等。這臺機器在推出後受到市場擁戴。IBM 在 5 週之內收到 5,200 份訂單，至 1960 年代中期，世界上有一半電腦系統使用 IBM 1401，而不是 IBM 投入重金打造的 7000 系列 [22]。

IBM 1401 設備不具備強大的計算能力，也無法進一步擴展與升級，卻滿足了更多企業客戶的需求。多數企業不需要進行大量計算，7000 系列提供的強大計算能力不是硬性需求；這些企業卻有大量數據需要處理，而這正是 1401 的長處所在。

許多客戶希望 IBM 能夠略微提升 1401 設備的計算能力，並具備一定的相容性。對於客戶而言，IBM 僅需做出少量調整即可滿足這一小小需求，但小沃森面臨的問題並非如此簡單。

擺在小沃森面前的是兩個成功的產品線，一個是 IBM 1401，另一個是 7000 系列，這兩個產品由兩個不同的團隊研發。IBM 1401 的成功使得 7000 系列的開發團隊倍感壓力。1960 年 9 月，這臺機器的升級版 IBM 1410 正式釋出，依然大獲成功，嚴重威脅到 7000 系列電腦在 IBM 的地位，亦關乎後續 8000 系列的生死。

IBM 1410 的成功，使得抵制研發更為龐大的 8000 系列電腦的呼聲愈來愈高，8000 系列的研發團隊不會坐以待斃。兩個團隊的競爭日趨白熱化，其激烈程度甚至遠遠超過他們與 IBM 外部對手之間的競爭。

小沃森有兩種選擇，一種是在 IBM 1410 的基礎上提升計算能力；另一種是增強 7000 系列的數據處理能力。小沃森無論做出哪種選擇，都將在 IBM 內部引發軒然大波。這代表著這兩個開發團隊，不是西風壓倒東

第 3 章　計算的世界

風，就是東風壓倒西風。

1960 年代初，小沃森執掌 IBM 尚不足 5 年。作為二代接班人，他父親底下的資深幹部稱呼他為小沃森，是在內心深處認為他確實很「小」。此時，IBM 已經存在大半個世紀，各個部門之間形成難以踰越的鴻溝。這些因素夾雜在一起，足以使小沃森的任何決策均無法貫徹執行。

時光已經無法回撥到 1961 年，小沃森做出那個重要決定的時刻。我們很難揣測當時到底發生什麼事，使得小沃森在並未受到致命威脅的情況下，便孤注一擲，將整個 IBM 壓上賭桌。也許這是因為小沃森已經預測到電腦的輝煌未來。

1961 年 12 月 28 日，小沃森力排眾議，決定開發一種全新的電腦，並在合適的時間替換掉 IBM 1401 與整個 7000 系列，這臺電腦就是在未來撼動大型主機世界的 System/360[23]。

這個決策需要 IBM 在 4 年之內，為這個新專案應徵 6 萬名員工、興建 5 座新工廠，並支付高達 50 億美金的費用。而 1961 年，IBM 的全年營收不過 22 億美金，淨利潤僅為 2.54 億美金[24]。

從財務數據上來看，反對這個瘋狂的專案不需要其他理由。這個幾乎要透支 IBM 20 年淨利潤的 System/360 大型主機，即便對於 IBM 這樣的龐然大物，依然是一場豪賭。對於小沃森，這卻是一次不能錯失的良機。

他非常清楚，IBM 之憂，不在外患，而在蕭牆之內。他需要一場大勝，不僅要打敗所有潛在的競爭對手，更為重要的是擊碎 IBM 內部的寒冰，一舉掌握 IBM 上下之心，使這個龐大的機器能夠同心協力，走向世界，成為真正的國際商業機器。

小沃森對 System/360 寄予厚望，他以 360 為字尾命名這臺機器，象

徵希望這臺機器 360 度無死角，能夠在所有領域擊敗一切競爭對手。這一理念貫穿 System/360 大型主機開發的完整歷程。

小沃森的第一步是將幾乎處於對立的 1401 與 7000 系列開發團隊融合。這種融合必然帶來陣痛。專案初啟時，沒有人對 System/360 的進展感到滿意。小沃森處於一個幸運的時代。在這個時代，美國人可以每週工作 100 多個小時；工程師可以把行軍床搬進辦公室；專案遭遇危機時，總會有人挺身而出，扶大廈之將傾。

在當時的美國，小沃森必然可以完成這項任務。這個處於發展階段的國度，可以從全世界為 IBM 提供充足的人力與物力。在小沃森的強勢整合下，IBM 將相同心、將士用命。小沃森選擇了一個乘著趨勢的方向，只要做到堅持不懈，成功只是時間問題。

1964 年 4 月 7 日，System/360 大型主機正式推出[25]，計算領域的第一次浪潮，大型主機時代正式降臨。此後，在電子資訊產業中，「計算」始終是最重要的方向。System/360 大型主機的組成如圖 3-8 所示。

圖 3-8　IBM System/360 大型主機系統

System/360 大型主機具有劃時代的意義。其中一個關鍵的改變是從 System/360 大型主機開始，一直延續到今天的處理器設計理念，將電腦

第 3 章　計算的世界

的架構與實際完全分離，使用同一套架構配合不同的應用領域。

　　採用這種方法，IBM 可以在核心架構不做重大調整的前提下，透過改變達成情境所需，即可以最小代價，製作出適用於不同領域的電腦，360 度無死角地覆蓋從高階到低階的所有應用情境。依據這一設計理念，System/360 大型主機由一個統一的核心，以及圍繞其所衍生出的多個型號組成。

　　System/360 大型主機最先推出的型號是 Model 30，每秒只能執行 34.5k 條指令，記憶體為 8～64KB[25]。在 1967 年推出的 Model 91，每秒鐘可以執行 16.6M 條指令，最大記憶體為 8MB[26]。這些指標遠遠比不過今天可以每秒執行數十億條指令、輕鬆支援幾 GB 內部記憶體的手機處理器，但在當時已經是非常高的數字了。

　　System/360 大型主機釋出之後，CDC 的克雷在電腦領域做出重大突破。1964 年 9 月，克雷憑藉快捷半導體使用平面製程生產的矽電晶體，推出一款史詩級的作品，CDC6600，如圖 3-9 所示。

圖 3-9　第一臺超級計算機 CDC6600

　　這臺電腦比當時效能第二高的電腦快了 3 倍多。因此電腦產業界只能將 CDC6600 稱為超級電腦以示區別[27]。這臺電腦使 IBM 倍感壓

力，因為被 CDC6600 超越的前世界第一，正是自家的那臺 IBM7030 Stretch[28]。

雖然 CDC 沒有與 IBM 在其如日中天的商業領域競爭，而是專注於科學計算，IBM 依然為丟掉這個第一如鯁在喉。在與 CDC6600 之計算效能的競爭中，IBM 的電腦全部敗下陣來。雖然 CDC 公司只有 30 多名員工，但是卻有一位西蒙·克雷。這位被後人稱為超級電腦之父的克雷，一人足以抵擋千軍萬馬。

IBM 沒有自亂陣腳。System/360 大型主機與超級電腦的設計理念不同，這是大型主機能夠引領一個時代的重要原因。小沃森定義的大型主機，主要使用者是企業，不是國家機器。企業購買大型主機的原因，不是從事密碼破譯、核彈模擬與飛彈軌跡的計算，而是需要解決更為實際的問題，這些問題直接關係到數據處理。

小沃森充分理解這一需求。System/360 大型主機在設計之初，格外關注的性能指標，是每秒鐘進行的「資料交換」次數。這裡的「資料交換」是指數據從外部設備匯入處理器進行計算，之後再將處理過的數據送還給同一個或者其他外部設備的一次完整過程。System/360 的設計聚焦於這個交換數，而不是每秒鐘執行的指令數目。

此類重視「資料交換」的設計理念，與 CDC6600 這種超級電腦迥然不同。國防工業的需求，強調電腦的運算效能，特別是每秒鐘進行的浮點運算能力，這也是衡量超級電腦的重要指標。

1970 年代，克雷從 CDC 公司離職後，建立了以自己名字命名的公司。從那時起直到 20 世紀末，克雷公司在超級電腦領域始終一枝獨秀，所推出的任何一個產品，都是競爭對手研究與模仿的對象。

克雷的技術天分無法阻止公司最終的失敗，超級電腦很快便遭遇危

第 3 章　計算的世界

機。越戰使美國陷入泥淖，在有限的經費中，美軍需要兼顧航母、飛機、飛彈、核武器與遍及全球的軍事基地，剩餘的資金無法支撐超級電腦的迅速發展。

國防支出銳減，使克雷公司難以維繫製作超級電腦所需的鉅額支出。1992 年，克雷公司破產，其資產被其他公司收購。

作為國家計算實力的象徵，超級電腦至今也沒有退出歷史舞臺。美國、歐洲、日本與中國，仍然在進行相關研究。在不計成本的建造過程中，超級電腦大幅促進了電腦系統架構的發展。從處理器效能的改良、處理器之間的連接拓撲，到大規模並行處理等許多創新理念，最初都是先在超級電腦上應用並逐步普及的。

大型主機與超級電腦在設計理念上的差異，決定了這兩種電腦的命運。依靠國防工業的超級電腦沒有形成大型產業；以企業應用服務為核心展開的大型主機，具有更為廣闊的空間，這種電腦迅速席捲天下，展開了長達 40 餘年的時代。

以 System/360 大型主機為中心，IBM 開發出許多硬體設備，包括穿孔機、穿孔卡、儲存、列印設備等。在所有涉及企業辦公的領域，成功做到涵蓋 360 度無死角，使得 System/360 不只是一臺機器，而是被周邊生態包圍得密不透風的系統。

後人總結了 System/360 大型主機的一系列優點。這臺機器第一次提出並解決了相容性問題，直到今天，為 System/360 開發的程式還可以在現代的 IBM 伺服器上執行。解決這一問題除了需要指令集相容之外，還需要 OS/360 作業系統的支持。

OS/360 作業系統確立了應用程式設計介面（Application Programming Interface，API）的概念，使用相同 API 的程式可在不同機器上執行。

OS/360 作業系統支援多個程式同時執行，塑造出分時作業系統的雛形。

以 OS/360 作業系統為中心，IBM 開發出許多應用軟體。這些應用軟體的數量多到使 IBM 這個傳統硬體供應商，在後期順利轉型為軟體服務公司。在企業辦公軟體方面，IBM 也做到涵蓋 360 度無死角。

伴隨 System/360 的成功，事務處理系統（Transaction Processing System）嶄露頭角，這種系統就是今天資料庫的雛形。資料庫的出現使企業處理日常事務時，產生的數據能以表格的方式有序存放，提升了工作效率。直到現今的行動網路世界，交換處理系統依然是核心所在。

每年的雙十一購物狂歡節，幾大電商在技術環節方面較量的就是兩種交易數據，一種是交易數，另外一種是成交數。電商們使用一個更加直觀的詞彙 GMV（Gross Merchandise Volume）取代了交易數這個詞彙，GMV 指成交金額，由付款和未付款兩部分的交易數據構成。

在成就 System/360 處理器的眾多成功要素中，最重要的一條依然是以「資料交換」為核心。在距今約 60 年之前，小沃森便預測到這個「資料交換」是企業應用的關鍵，這種對未來神奇的洞察力，是以 IBM 擁有的科技為本。

在大型主機時代，甚至直到今日，藍色巨人是唯一一家將電子資訊產業全線貫串的公司。藍色巨人從最基礎的數學、物理、化學到與材料相關的科學，從半導體的設備、材料、製造到積體電路設計，從大型電腦的主機設備、作業系統、資料庫到企業應用，幾乎無所不在。

在 System/360 大型主機的建造過程中，IBM 使用了介於電晶體與積體電路之間的 SLT（Solid Logic Technology）技術。在研製 SLT 的過程中，IBM 的物理與化學家整合了源於貝爾實驗室的電晶體技術與快捷半導體提出的積體電路製作工藝，並在此基礎之上更進一步，系統性且科

第 3 章　計算的世界

學地規劃了積體電路製作過程中的每一處細節,使積體電路正式成為大型產業。

不久之後,IBM 從貝爾實驗室手中,接過推動半導體科學持續發展的接力棒,在此後 30 多年的時間裡,引領著半導體設備、材料與製作工藝全面發展。

從 System/360 大型主機系列開始,處理器系統架構、作業系統雛形初現。至此,以硬體與作業系統為中心,周邊應用軟體為生態的模式,在計算領域逐步確立。IBM 因為相容與開放,引領了處理器與作業系統領域長達 30 年之久。

IBM 之後,還有許多公司也開始進入大型主機領域,包括 Burroughs、UNIVAC、NCR、Control Data、Honeywell、GE 和 RCA 七家公司。產業界將大型主機領域這種群雄逐鹿的格局,戲稱為「白雪公主與七個小矮人」。

這位「白雪公主」太強大了,不僅在技術領域,於銷售領域小沃森也在嘗試新的策略,達成 360 度無死角,連口湯都沒打算留給「七個小矮人」。「七個小矮人」決定聯合起來,奮起反抗,痛打「白雪公主」。

IBM 太成功了,以至於成為全民公敵。此時,能夠制約小沃森的只剩下美國的反壟斷法。從 1969 年開始,美國司法部對 IBM 正式提起反壟斷訴訟,控告 IBM 公司「不僅企圖壟斷,而且已經做到了壟斷」。這場訴訟持續 13 年之久,直到 1982 年才告一段落。

美國是反壟斷法的創始國。這個國家誕生之初,沒有世襲貴族,巨型公司的勢力取代了世襲貴族。從歐洲抵達美洲的清教徒,因為厭惡世襲貴族制度,本能地相信「公司大者必為惡」。

這個國家很快便完整建立起反壟斷法,肢解了 AT&T,間接打敗了

貝爾實驗室。只是這些反壟斷法的捍衛者，究竟有幾人能夠洞察到即將蓬勃發展的電子資訊時代的未來，有幾人具有小沃森這般對未來的洞察力。

面對反壟斷官司，IBM 奮起反抗，認為政府在制裁「成功者」，在制裁「憑藉自己的努力、技術上的投入、對未來的精準預判」而獲得成功的公司。這場官司最後不了了之，IBM 沒有如 AT&T 一般被徹底分解。

在此期間，IBM 付出了慘痛代價。小沃森熬到油盡燈枯，在 1971 年，因病卸下 CEO 職位。歷經十餘年的壟斷官司，IBM 已不再是小沃森旗下的那個陽光少年。這個少年在長大後，變得越來越謹小慎微。雖然 IBM 始終強調，世界上唯一不變的就是變化，但是讓這間公司嘗試新的改變卻無比艱難。

萬生皆有一死，再輝煌的公司也終歸塵土。貝爾實驗室是這樣，IBM 也是這樣，世界上沒有任何一間公司能夠擺脫這一宿命。美國的反壟斷法，卻時常加快著一間科技公司的生命週期。

在反壟斷法的壓力下，IBM 無法在大型主機市場上一家獨大，美國政府雖然沒有肢解 IBM，卻為其他大型主機廠商爭取到了足夠的生存空間。大型主機市場之外，還陸續出現了不同類型的中小型機。

這些大中小型機面臨著一個同樣的問題，即封閉式開發環境導致軟體相容性的問題。這些機器不僅指令集不同，所使用的作業系統與應用程式介面也不盡相同。程式設計師在開發應用軟體時，需要配合不同的作業系統與應用程式介面，極大影響了大中小型機前行的步伐，統一作業系統與應用程式介面已勢在必行。

1972 年，貝爾實驗室的一名軟體工程師 Ken Thompson，在 DEC 的 PDP-7 計算機上開發了一個簡單的作業系統，為了書寫這個作業系統，

第 3 章　計算的世界

　　Ken 發明了一種新型程式設計語言，即 B 語言。這種作業系統與程式設計語言，沒有在貝爾實驗室引起關注。

　　此前，貝爾實驗室從一個代號為「Multics」的作業系統專案中撤退，研發團隊還籠罩在失敗的陰影之中。

　　Ken 是 Multics 作業系統專案小組成員，利用工作之餘編寫了一款名為「Star Travel」的遊戲。這款遊戲只能在 Multics 作業系統中執行，當貝爾實驗室放棄這個專案後，Ken 再也沒有機會趁著同事下班，偷玩這款遊戲了。於是 Ken 用了一個多月的時間，找來一臺老舊的 PDP-7 計算機，重新編寫了一個作業系統，繼續偷玩這款遊戲。

　　這個作業系統，引起貝爾實驗室另外一個工程師 Dennis Ritchie 的注意，他與 Ken 一起完善了這個作業系統，將其命名為 UNIX。1973 年，Dennis 和 Ken 發表了關於 UNIX 的一篇文章[33]，使整個電腦產業大為轟動，開始了 UNIX 作業系統的傳奇生涯。

　　Ken 與 Dennis 的成功，使整個產業界都在質疑，貝爾實驗室在開發 Multics 作業系統時，到底採用了什麼樣的管理機制才導致專案失敗，明明開發這一作業系統，只需要 Ken 與 Dennis 兩個人就足夠了，連第三個人都不需要。

　　第一版的 UNIX 作業系統以 B 語言為基礎書寫，具有不少與電腦硬體指令緊耦合的彙編程式碼。Dennis 在 B 語言的基礎上，發明出大名鼎鼎的 C 語言[34]，重新編寫了這款作業系統。UNIX 作業系統與 C 語言的出現，改變了其後軟體業的格局。而由此，Ken 與 Dennis 也成為所有老一輩程式設計師心中不死的傳奇。

　　他們所發明的 C 語言，奠定了其後所有程式設計語言的基礎。連這本主體是半導體的書籍，也不得不出現他們的名字，因為半導體設計所

使用的硬體描述語言，依然基於 C 語言定義的框架與語法結構。

他們所設計的 UNIX，奠定了今天依然在伺服器領域使用的 Linux、在 PC 上使用的 Windows 和 MacOS，以及在智慧型手機上使用的 iOS 和 Android 等所有作業系統的基礎。從技術角度來看，今天這些作業系統的設計理念仍未跳出 UNIX 的框架。

許多公司在獲取 UNIX 的相應授權後，開發出各自的專屬作業系統，如 IBM 的 AIX、SUN 的 Solaris、惠普的 HPUX、SGI 的 IRIX、DEC 的 Tru64 等。這些作業系統基於 UNIX，但依然與各自的主機有一定的耦合關係，也對應著不同的封閉開發環境。這種封閉式的開發環境，一定程度上制約了大型主機的進一步發展，也引發產業界的深度思考。

為此，產業界制定 POSIX（Portable Operating System Interface）規範，解決不同作業系統的相容性問題。在解決這些相容性問題的過程中，中小型機層出不窮。許多公司認為現有的大中小型機，除了需要滿足中大型企業需求之外，還應該深度化簡以供小企業使用，甚至連小企業內部的小部門，也應該擁有一臺小機器。

有一家公司將這個理念延伸出去，認為不只是小企業，甚至個人也應該擁有一臺電腦。憑藉這一理念，這家公司開創了一個全新的時代。

3.3　Wintel 帝國

1971 年 11 月 15 日，Intel 4004 正式推出 [35]。這款處理器由 2,300 多個電晶體組成，尺寸為 $12mm^2$，效能卻與 ENIAC 計算機相當。因為這款處理器可以製作於同一片積體電路中，而被稱為微處理器。

1978 年 6 月 8 日，Intel 發布 16 位元的 8086 微處理器。沒有人會認

為，這將是一個全新時代的開始。因為日本半導體廠商的強勢崛起，此時的 Intel 是個危機重重的半導體記憶體製造商。

一年之後，Intel 推出更為廉價的 8088 微處理器。IBM 使用這款處理器，製作出第一代個人電腦（Personal Computer，PC），如圖 3-10 所示，PC 產業正式誕生。

圖 3-10　IBM 的第一代 PC

在 PC 產業興起之初，IBM 展現出驚人的控制欲。藍色巨人深知占領產業制高點最廉價的方法，莫過於掌控產業標準。1981 年，在其釋出第一代 PC 之後的第二年，IBM 幾乎公開所有製作 PC 的技術資料，確立了 PC 的設計標準，將自己生產的 PC 稱為原裝機，將其他廠商製作的機器稱為相容機。

IBM 不認為基於微處理器製作的 PC，能夠挑戰大型主機。1970 年代，IBM 提出 RISC（Reduced Instruction Set Computing）設計理念，對應的處理器架構被稱為 RISC 架構，即精簡指令集架構，與之相對的是 CISC（Complex Instruction Set Computer），即複雜指令集架構。在電腦發展初期，絕大多數公司選用 CISC 架構，包括 Intel。

RISC 理念的雛形，最早出現於圖靈在 1946 年設計的 ACE 計算機[29]。將 RISC 理念付諸實踐並打磨成型的是 IBM 的 John Cocke，他設計

出第一臺具有 RISC 架構的處理器 —— IBM 801，為此產業界將 Cocke 稱為 RISC 之父。

Cocke 在設計 IBM 801 處理器之前，經過大量統計，發現處理器在執行時，約一半以上的時間僅使用 5 條指令，包括「讀取記憶體」、「寫入記憶體」、「整數比較」、「整數相加」與「分支判斷」[30]。Cocke 認為，如果將這幾條指令調整為等長，而且執行時間也盡可能一致，將有利於指令在 CPU 中流暢執行，其效率明顯高於指令不等長、執行時間不一致的 CISC 架構，而且功率也將明顯降低。

1980 年，16 位元的 IBM 801 處理器正式推出，並大獲成功。在 15.15MHz 的時脈頻率下，其執行效率可達 15MIPS（Million Instructions Per Second），即每秒 1,500 萬條指令[31]，此時，Intel 的 8086 處理器在 10MHz 的時脈頻率下，執行效率僅為 0.75MIPS[32]。

兩種處理器效能間的巨大差距，使 IBM 可身處雲端，俯視 Intel 設計的所有微處理器。在 IBM 這個巨人的心中，所謂的微處理器，不過是幾個微小企業之間的遊戲罷了。在這種微處理器之上建構的一切均不足為慮，包括作業系統。

當時，在 Intel 開發的 x86 微處理器中，最為流行的作業系統是 Gary Kildal 開發的 CP/M。IBM 有意收購這款作業系統用於 PC。令這位巨人驚訝的是，對於這種恩賜，Kildal 居然還敢討價還價。

在 IBM 管理層的心中，任憑誰都能做成這種簡單的作業系統，於是不假思索地選中微軟這個在當時非常弱小的公司，放棄了 CP/M 作業系統。這一異常在產業界引發了不小的爭議，也留下一段有趣的往事，據說建立微軟的比爾蓋茲（Bill Gates）的母親在 IBM 董事會中有不小的影響力。

微軟此時的主業是 BASIC 語言直譯器，並無作業系統相關經驗。

第 3 章　計算的世界

但這難不倒比爾蓋茲，他花費 7.5 萬美金，從一間小公司手中購買了 QDOS（Quick and Dirty Operating System），將其改名為 MS-DOS，轉手授權給 IBM[36]。IBM 以這個作業系統為基礎，開發出具有字元介面的 PC-DOS。

QDOS 的設計靈感源於 CP/M 作業系統，這使得 Gary Kildal 堅持認為微軟的 DOS 抄襲了 CP/M[37]，甚至準備起訴微軟與 IBM。但是 QDOS 並不等同於 CP/M，後人從原始碼層級比較兩者，驗證了這個事實[39]。以比爾蓋茲的精明程度，想必在購買 QDOS 之前，便已悉知這些資訊。

在輕易解決 MS-DOS 與 CP/M 之間的法律糾紛之後，比爾蓋茲試圖說服 IBM 讓微軟保留 MS-DOS 作業系統，與 IBM PC 獨立銷售而無須捆綁。IBM 不假思索，便批准了這一請求。

IBM 沒有忽視即將來臨的 PC 時代，只是嚴重誤判了 PC 產業在未來的演進趨勢，認為掌控住 PC 的設計標準，便掌握住這個產業的命脈。IBM 沒有預料到，他們制定的標準過於龐大。在他們設計的大房子之中，有人又蓋了兩棟小房子，微處理器和作業系統。這兩棟小房子才是 PC 時代最後的標準。

大型主機時代的成功，使 IBM 習慣性地認為，在一個電腦的硬體組成中，最關鍵的是主機本身；在軟體系統中，最重要的是深度綁定企業客戶的應用程式。而實際上，在即將來臨的 PC 時代，主機與應用程式不過是處理器與作業系統的周邊生態罷了，藍色巨人進行的這些努力，不過是不停地為他人做嫁衣裳。

IBM 不認為 Intel 的 80x86 系列處理器能對 IBM 801 帶來任何威脅，也不認為微軟在作業系統領域能有多大作為。無論是 DOS 還是後來出現的 Windows，在技術層面上甚至無法與蘋果推出的 Macintosh 作業系統

相比，更不用說在大型主機中已經非常成熟的 UNIX 作業系統。

IBM 沒有因為 Intel 與微軟在此時的弱小而掉以輕心。在這間公司，一群聰明人在想盡辦法，試圖掌控用於 PC 的微處理器與作業系統。IBM 先是扶植 AMD 制約 Intel，之後與微軟聯合開發 OS2 作業系統，試圖在時機成熟時，替換掉 DOS。

IBM 對微軟與 Intel 所進行的一系列掣肘行為，使兩者走得更加靠近，在某種程度上促使雙方建立了實際上的聯盟。IBM 的這一系列操作，似乎無懈可擊，卻只能守成，無助於幫助自己開創新的時代。

在 PC 時代興起前夕，IBM 進退維谷，無論將來會成就誰，都無法成就自己。製作出第一臺 PC 的 IBM，沒有獲得最後的成功。這不完全是因為自身失誤，這間公司很不走運，在 PC 時代中，遇見了 IT 史冊上最大的兩個投機主義者，微軟的比爾蓋茲與 Intel 的安迪·葛洛夫（Andrew Stephen Grove）。這兩個投機主義者當然不會放過任何機會。

在微軟獲得獨立銷售作業系統權力的瞬間，世間再也沒有任何力量，能夠阻礙這間公司的未來。比爾蓋茲將命運牢牢地掌握在自己手中。此時，微軟不受任何約束，僅需等待 PC 成為一個偉大的產業，便可一騎絕塵。比爾蓋茲的運氣非常好，他即將與在 IT 史冊中特立獨行的企業家安迪·葛洛夫合作。

Intel 的創辦人是八叛逆中的諾伊斯與摩爾。諾伊斯憑藉發明積體電路，便已青史留名，1970 年代末期，已游離公司之外，摩爾與安迪·葛洛夫一同肩負起公司重擔。安迪·葛洛夫是 Intel 的第一個員工，此時已成為 Intel 的第二把手。Intel 的歷史上，還有一位名為安迪·布萊恩特（Andy D. Bryant）的董事長，因此下文將安迪·葛洛夫尊稱為老安迪。圖 3-11 為葛洛夫、諾伊斯、摩爾於 1978 年的合影。

第 3 章　計算的世界

圖 3-11　葛洛夫（左）、諾伊斯（中）、摩爾（右），攝於 1978 年

1978 年，當 23 歲的比爾與 42 歲的老安迪第一次見面時，微軟才剛成立三年，僅有 11 名員工，還沒有開發出作業系統；而 Intel 已在半導體記憶體產業確立地位，推出多款微處理器，員工過萬。公司間的不對等很難使比爾蓋茲具有任何自信，同樣驕傲的兩個人時常發生爭吵。

據說在某個晚宴上，兩個人的爭吵引起周遭所有人的關注。老安迪還能有條不紊地盡享美餐，比爾卻吃了一肚子氣。微軟與 Intel 沒有因為兩人見面而立即展開全面合作，PC 產業在當時剛剛起步，並不成熟。

1979 年，Intel 任命老安迪為公司總裁，摩爾依然擔任 CEO，卻將更多的管理職權移交給了老安迪。Intel 此時的處境異常艱難，老安迪內憂外患，或許已經將年輕氣盛的比爾蓋茲遺忘。在與日本半導體記憶體廠商的競爭中，Intel 盡站在下風，全公司員工士氣低落，老安迪經常守在公司門口，從查核員工勤奮與否開始，重整旗鼓。

這種作法顯然治標不治本。1980 年代，日本半導體產業如日中天。1984 年，Intel 的記憶體晶片在庫房中堆積如山，面臨到建立以來的第一次危機。

1985 年，老安迪在一次公司會議中問摩爾：「如果董事會決定從外部應徵新的 CEO，這個新的 CEO 會怎麼做？」

摩爾回答：「他會拋棄記憶體業務。」

老安迪堅定地反問摩爾：「那麼我們為什麼不自己動手？」

也許老安迪在科技技術層面無法與 Intel 兩位創辦人相媲美，但是他如岩石的執著、如烈火的果敢，化解了 Intel 面臨的危機。

Intel 最終拋棄了記憶體業務，進軍處理器領域。從今天 Intel 在處理器領域的領袖地位來看，老安迪這個決策似乎理所當然。但只有將時鐘回撥到 1985 年時，才能體會到老安迪的艱難與不得已。

當時，大型主機時代尚未結束，中小型機大行其道。Intel 全面放棄記憶體業務，致力於正處在萌芽階段的 PC 產業，全力以赴執行自己並不擅長的處理器領域，是一個沒有回頭路的選擇。

在老安迪做出這個決定之前，Intel 並不重視微處理器。4004、8008、8080 微處理器的產品負責人 Federico Faggin 於 1974 年便已離開，創立了 Zilog 公司，並開發出與 8080 指令集相容的 Z80 微處理器[40]。這顆晶片支援 CP/M 作業系統，成為 Intel x86 微處理器在低階應用領域的主要競爭對手。

當時，Intel 的主流產品是 1982 年便已釋出的 80286 微處理器，不僅在技術上遠遠落後於在大型主機中使用的處理器，甚至不能與 Motorola 設計的 68K 系列處理器一較高下。在那個年代，Intel 推出的每款處理器都是學術界奚落的對象，在很長一段時間裡，技術都不是 x86 系列處理器的優勢。Intel 最大的優勢是老安迪雖百折而不撓、我行我素、籠罩當世的強大氣魄。1987 年，老安迪正式成為 Intel 的第三任 CEO，完全拋下半導體記憶體這個巨大的包袱，帶領 Intel 的處理器步入 80386 時代。

第 3 章　計算的世界

在此之前，Intel 剛與 IBM 完成一場曠日持久的交鋒。IBM 要求 Intel 必須扶植另外一個能夠生產 x86 系列處理器的公司，與其展開競爭，以確保 IBM 生產的 PC 有兩個不同的處理器廠商。

IBM 為 Intel 樹立的對手叫作 AMD。AMD 也是以製作半導體記憶體起家。1975 年，這家公司以反向工程複製了 Intel 8080 微處理器，還在名字上壓了 Intel 一頭叫作 AM9080[38]。在微處理器領域，AMD 在很長的一段時間都採用跟隨戰術，Intel 做什麼 AMD 就複製什麼。

Intel 的所有人包括老安迪，大概都曾在心曾無數次咒罵 AMD，無奈此時 IBM 在 PC 產業的話語權顯然比天還大。1982 年，Intel 被迫與 AMD 簽訂「關於 iAPX86 系列微處理器的技術交換協議」，其中 iAPX86 是 8086 處理器的正式名稱[39]。

Intel 沒有因為競爭而消亡。此時曾經擁抱開放、提倡革新的 IBM，卻與 Intel 開了一個大玩笑。1982 年，Intel 推出 80286 處理器時，IBM 卻有相當多的人堅決反對從 8086 切換到效能更好的 80286 處理器。

此時，積體電路沿著摩爾定律的道路持續前行，在相同尺寸的晶片中，每 18 個月整合度會提升一倍。與 8086 相比，80286 微處理器整合了更多的電晶體，但價格並沒有大幅提升。價格與效能不是 IBM 做出這一選擇的原因。

也許是因為在大型主機領域獲得成功，遮蔽了 IBM 的雙眼。大型主機的使用者是企業客戶，更加關注應用系統的穩定性，而不刻意追求效能。這與 PC 的設計理念有較大差異。在 Intel 推出 80286 很長的一段時間，IBM 還在著重銷售基於 8088 的 PC。1985 年，Intel 發布 80386 時，IBM 依然選擇等待。

Intel 無法等待，整個世界不再等待。康柏快速推出基於 80286 與

80386 處理器的 PC 相容機，在 PC 銷售額上一舉超過 IBM。在巨大的效能差異面前，哪個老百姓會關心相容機與原裝機的血統誰更為純正？

事實證明，在大型科技浪潮面前，即便是藍色巨人這樣的龐然大物所製造的阻礙，也不過是螳臂擋車，以卵擊石。在 PC 領域中，IBM 逐步淪為普通製造商，最後黯然退出了這一領域。擺脫 IBM 束縛之後，Intel 和微軟奮力向前。1989 年，Intel 推出 80486 處理器；第二年微軟發布 Windows 3.0 作業系統。80486 處理器與 Windows 3.0 的組合堪稱完美，Windows 與 Intel 的名字因此緊密連繫在一起，組成一個專有詞彙「Wintel」。

Wintel 泛指使用 x86 處理器並運行 Windows 的生態環境，同時也是微軟與 Intel 這一聯盟的簡稱。在 PC 領域中，Wintel 組合打遍天下無敵手，建立了令所有對手望而生畏的時代，一個只屬於他們的時代，Wintel 帝國時代。

無論是 Intel 還是微軟，都沒有公開承認過 Wintel 聯盟的存在，卻無法否認這個詞彙在整個產業製造的恐慌。在那個時代，對於在帝國之外，妄圖涉足 PC 領域的廠商，Wintel 這個詞彙是一個魔咒，使人望而卻步。

在聯盟中，Intel 負責搭建底層硬體平臺；微軟提供作業系統和上層軟體。Intel 的周圍有許多 PC 製造商，微軟的周邊也有許多應用程式供應商，這些廠商以 Wintel 為中心，組成了 PC 的生態環境。這是一段屬於 PC 的美好時光。Wintel 聯盟相互間存在的依賴，相互成就對方，這一事實維繫著 Wintel 帝國的穩定。

帝國具有嚴明的紀律，其組成部分各司其職，沒有衰退的前兆，也沒有太多不和諧的聲音。在帝國中，Intel 是 PC 處理器最重要的供貨商，AMD 也具有些許市場占有率。PC 處理器主要使用 Windows 作業系統，

第 3 章　計算的世界

1994 年出現的 Linux 作業系統沒有向帝國製造過多的麻煩。

帝國的問題，總是從內部開始。如同所有聯盟，合作和衝突始終並存。只有面對強敵時，兩個弱者間的聯盟才較為可靠。伴隨 Wintel 帝國的成長，之前威脅帝國生存的 IBM 逐漸式微，微軟與 Intel 皆成長為巨人，使得帝國內部的衝突越來越頻繁。

1993 年，Intel 發表了沒有按照 80x86 進行命名的 Pentium 處理器。在拉丁文中，Penta 代表 5；「ium」字尾通常出現在元素週期表中。Intel 對這款處理器寄予厚望，將其比喻為一種新的化學元素。微軟卻給予 Intel 一記響亮的耳光。

1985 年，IBM 要求微軟與其一同開發 OS2 作業系統。此時，PC 產業處於起步階段，IBM 正著手布局未來，牽制日益強大的微軟與 Intel，並試圖將兩者一舉擊潰。OS2 作業系統，是完成 IBM 這一布局的重要環節。

IBM 設計這款作業系統的初衷，自然是為了找到合適時機，替換掉 DOS。從設計這款作業系統的第一天，IBM 就將這一層含義明確無誤地轉達給微軟。在強大的 IBM 的面前，微軟沒有反抗能力，同意了這一要求。OS2 作業系統源於 UNIX。微軟很清楚這種作業系統的設計框架比 DOS 更加強大，在偷師成功後，微軟就一腳踢開了 IBM。1993 年 7 月，微軟發布 Windows NT。Windows NT 與 OS2 作業系統源出同門，但從命名上與 IBM 完全劃清界限。

在設計 OS2 作業系統時，IBM 時刻惦記著 Intel。這款作業系統在設計之初，已準備支援 x86 處理器的所有競爭對手。主體源於 OS2 的 Windows NT，自然也可以透過與 x86 競爭的處理器運行，Intel 因此迎來了自建立以來的第二次危機。

此時，DEC 的 Alpha 處理器，Apple、IBM 與 Motorola 聯合開發的 Power PC 處理器，SUN 的 UltraSPARC 處理器和 MIPS 處理器組成一個強大的微處理器聯盟。這個聯盟的處理器全部基於 RISC 架構，因此也被稱為 RISC 聯盟。

Intel 即將迎接來自這個聯盟的挑戰。在技術層面，Intel 沒有任何與其抗衡的優勢。Intel 是複雜指令集架構 CISC 的擁護者，始終堅守著指令集向下相容（Backward Compatibility）的理念，很難立即掉頭加入 RISC 陣營。

RISC 與 CISC 架構各有千秋，但 RISC 架構在執行效率上無疑更勝一籌。今天，幾乎在任何應用情境中，都找不到基於 CISC 架構的處理器，即便是 Intel 的 x86 處理器最終也被 RISC 架構同化，今天的 x86 處理器雖然披著「CISC 指令集」的外衣，但其內部實際上已經完全 RISC 化。

CISC 架構的先天不足，使 Intel 的處理器在效能上落後於 RISC 聯盟。Intel 在處理器領域累積的實力，遠遠不能與大中小型電腦使用的 RISC 處理器相比。Intel 開發的第一代 Pentium 處理器，甚至不具備高端 RISC 處理器早已支援的「亂序執行」。

微軟開始猶豫，多次在公開場合中斷言 RISC 處理器取代 Intel 的 x86 是大勢所趨[41]。Intel 沒有動搖，至少老安迪沒有動搖。Intel 沒有退路，其背後只有萬丈深淵。此時，老安迪麾下的 Intel 是「連說句不會都無比自信」的 Intel。

在技術上處於優勢，並壟斷大中小型各類伺服器的 RISC 聯盟，面臨一道幾乎無解的難題。當時，除了 Window NT 的原生程式之外，沒有多少應用程式能夠在 RISC 處理器環境中執行，特別是老百姓經常使用的應

第 3 章　計算的世界

用程式，比如遊戲與聊天軟體等。

　　此時，PC 世界建立十年有餘，人們習慣了這裡的一切，不在乎 RISC 處理器的效能，只關心在這種處理器中能否重現他們熟知的一切。應用軟體的開發商，不會因為 RISC 處理器的效能，便全面移植此前十年累積的應用程式，他們即便有心，亦感無力，書寫這些應用軟體的程式設計師，恐怕早已不知蹤影。這使得 RISC 聯盟，在 Windows NT 環境中，始終無法湊齊足夠的應用程式，以進入 PC 世界擊敗 Intel，無法進入 PC 世界代表著無法進一步應用。面對這個已構築好的 PC 生態，作為 Wintel 聯盟一方的微軟亦無法化解，這是一個由全球民眾構成的生態力量。

　　面對這種力量，技術上領先的 RISC 聯盟，沒有任何機會在 PC 市場中戰勝 Intel，只能在伺服器市場中苟活，然後眼睜睜地看著 Intel 在 PC 生態的保護傘下，逐漸完善處理器技術，滲入伺服器市場，最後戰勝他們。

　　1995 年 11 月，Intel 歷史的里程碑 Pentium Pro 處理器釋出。這顆處理器將程式中的 CISC 指令，翻譯為被稱為 µops 的 RISC 指令，之後進入管線執行。這種執行方式，使得 x86 處理器在外面雖然使用 CISC 指令，但在內部執行時，完全基於 RISC 架構。Intel 完成蛻變，具備挑戰 RISC 聯盟的技術資本。Windows NT 與 RISC 聯盟，依然無法擊敗 x86 處理器的事實，使 PC 帝國的兩個成員重回蜜月期。1995 年，微軟發表了一個劃時代的產品 Windows 95，這個產品僅支援 x86 處理器。1996 年，比爾蓋茲在公開場合承認，「最近兩年內，Intel 與微軟在合作方面所花的時間比前十年加在一起還要多」。

但是在不久之後，微軟的一個高層提出應該收購 AMD 或者 Cyrix 以對抗 Intel[42]。老安迪卸下 CEO 職位時，也承認自己犯下的最大錯誤是使 Intel 過度依賴微軟[43]。

在電子資訊領域，沒有永遠的合作，也沒有永遠的聯盟。Intel 與微軟也許已厭倦了 Wintel 這個詞彙，只是這個詞彙背後的生態，依然將兩家公司緊密連結在一起。微軟陸續釋出的 Windows 98、Windows 2000、Windows XP、Windows 7、包括今日正在使用的 Windows 10 作業系統，與 x86 處理器依然不離不棄。

當一切成為往事，這段歷史依舊令人回味無窮。

面對這個由芸芸眾生共同維護的 Wintel 生態，SUN、DEC 無能為力，Apple、IBM 與 Motorola 的聯盟也無能為力，處理器世界的一代傳奇 DEC 第一個倒下。當時的 DEC 在技術層面如此強大，在轟然倒塌後的幾年時間內，投靠 AMD 的幾位工程師研製出 K7 和 K8 處理器，幾乎帶給 Intel 滅頂之災。

AMD 在 Intel 的強勢之下，能夠生存下來就足以令人尊敬。1969 年 5 月 1 日，Sanders 與其他 7 位來自快捷半導體的員工創立 AMD。與 Intel 的兩位創辦人不同，Sanders 是被快捷半導體解僱而被迫離開的。

Sanders 總是習慣性地將 AMD 與 Intel 對比，經常自嘲：「Intel 只花 5 分鐘就籌集了 500 萬美元，而我花 500 萬分鐘只籌集到 5 萬美元。」成立之後，AMD 採用跟隨 Intel 的策略，幾乎是 Intel 做什麼，AMD 也做什麼。

Intel 顯然不會放過這樣的對手，只是在美國反壟斷法的陰影之下，Intel 始終留給 AMD 一絲喘息之機。在這線生機中，Sanders 和 AMD 奮力向前的故事顯得更加悲壯。

第 3 章　計算的世界

1982 年，AMD 在 IBM 的強力干涉下，從 Intel 手中獲得 x86 指令集的授權，Intel 對此始終感到芒刺在背。1984 年，Intel 設計 80386 處理器時，準備拋棄 AMD。這一舉動開始了兩間公司長達十年之久的訴訟，主要事件如表 3-1 所示。

表 3-1　Intel 與 AMD 十年的訴訟歷程 [44, 45]

時間	事件描述
1985 年	Intel 正式釋出 80386 處理器時，沒有將相關專利授權給 AMD
1987 年	AMD 起訴 Intel 壟斷
1991 年	AMD 推出的 AM386 處理器效能超越 Intel 的 80386；Intel 反訴 AMD
1992 年	Intel 敗訴，法院授權 AM386 處理器可以免費使用 Intel 的相關專利
1993 年	AMD 推出 AM486 處理器
1994 年	法院裁定 AMD486 處理器可以使用 Intel 80486 處理器的微代碼

這是一場 AMD 必須堅持的訴訟，也是 Intel 無論輸贏都是勝利的訴訟。對於 Intel，只要這場訴訟沒有結束，AMD 就不能順暢地生產 x86 處理器。在漫長的訴訟過程中，Sanders 從反向工程開始，一路披荊斬棘，陸續推出 AM386 與 AM486 處理器，與 Intel 同類晶片相比，效能不完全落於下風，價格卻低出許多。

這場曠日持久的訴訟於 1995 年 1 月結束，AMD 大獲全勝 [46]。對於 AMD 來說，最大的勝利不是獲得 x86 指令的使用權，而是每天都在死亡邊緣徘徊的絕境中，終於明白了求人不如求己。

AMD 發起訴訟的初衷是希望獲得 x86 產品的授權，在訴訟結束後，AMD 透過自身努力，獨立開發出基於 x86 指令的處理器，不再需要依賴 Intel。從這一刻起，PC 處理器的歷史，伴隨著 Intel 與 AMD 的競爭奮然向前。

此後，AMD 陸續開發出 K6、K7 與 K8 處理器，這為 Intel 的 Pentium 系列處理器製造出不小的麻煩。曾經有一段時間，Intel 的主流處理器 Pentium 4，在技術層面落後於 K7 處理器，導致 Intel 在 2006 年迎來糟糕的會計年度。這一年，Intel 的銷售額與 2005 年相比下降了 11.1%，市場占有率被大幅蠶食，昔日的堅定盟友紛紛叛逃，Intel 步入寒冬。

困境中的 Intel，對 AMD 進行全方位反擊。在 PC 產業中，最主要的使用者是不太會辨別技術好壞的老百姓。在 Intel 強大的市場行銷能力與產品長期處於優勢的巨大慣性作用下，多數使用者認為 Intel 的處理器可能並不完美，但至少不會比 AMD 更差。AMD 在無奈中選擇等待。

在 AMD 的強大攻勢面前，Intel 意識到自身在處理器架構中的弱點。從 Intel 發布 4004 微處理器的 1971 年，到推出 Core 2 處理器的 2006 年，在這 30 多年時間裡，Intel 在處理器架構領域，從未領先過 IBM、SUN 等公司研製的 RISC 處理器。

2001 年，IBM 的 Power 4 處理器已經支援雙核心結構。2006 年，SUN 發布的 UltraSPARC T1 處理器可支援 8 核心，而這一年 Intel 的處理器依然在雙核心上掙扎，還經常被 AMD 奚落為「假雙核心」。

在半導體製作領域，Intel 與其他製造商，包括 AMD、英飛凌、德州儀器、IBM 與台積電同時處於 90nm 工藝製程的起跑點上，並無明顯優勢。

在此期間，Intel 制定了一個影響自身，乃至整個半導體產業界長達十年之久的策略，憑藉在半導體產業累積的強大底蘊，致力於半導體製作工藝，並以此為基石，全力向處理器系統架構領域發起進攻。

在處理器系統架構中，最重要的組成模組為處理器微架構（Microarchitecture），也簡稱為微架構。微架構不等同於處理器，一顆處理器，除了包含微架構之外，還需要記憶體、網路、硬碟、音效卡、顯示控制器等與外部設備相關的控制邏輯。

而微架構僅包含處理器中的指令管線與記憶體階層（Memory Hierarchy），即最為精華的組成部分。

此時，Intel 交替打出了兩張牌，一張叫作 Tick，即引入新的半導體工藝製程；另一張叫作 Tock，指微架構的升級。Intel 將這兩張牌組合在一起，稱為 Tick-Tock。

3.4　Tick-Tock

2006 年初，Intel 釋出 Pentium M 處理器，藉助筆記型電腦市場重整旗鼓，並實施「Tick-Tock 戰略」，向 AMD 展開反擊。Tick-Tock 是英文中的擬聲詞，相當於中文的「滴」與「答」。Tick-Tock 戰略的核心是 Tick，是驅使 Tock 前行的源動力。這一策略的時間表見表 3-2。

表 3-2　Intel 的 Tick-Tock 計畫

	工藝製程	微架構	處理器型號	釋出時間
Tick	65nm	Pentium M	Yonah	2006 年 1 月
Tock	65nm	Core	Merom	2006 年 1 月
Tick	45nm	Core	Penryn	2007 年 11 月
Tock	45nm	Nehalem	Nehalem	2008 年 11 月
Tick	32nm	Nehalem	Westmere	2010 年 1 月
Tock	32nm	Sandy Bridge	Sandy Bridge	2011 年 1 月
Tick	22nm	Sandy Bridge	Ivy Bridge	2012 年 4 月
Tock	22nm	Haswell	Haswell	2013 年 6 月

	工藝製程	微架構	處理器型號	釋出時間
Tick	14nm	Haswell	Broadwell	2014 年 9 月
Tock	14nm	Skylake	Skylake	2015 年 8 月

始於 2006 年的 Tick-Tock 計畫實施得相當順利。Intel 借助之前在半導體上游產業累積的強大底蘊，每兩年升級一次半導體工藝製程，即進行一次 Tick，一路將半導體工藝製程從 65nm 推進到 14nm 節點。

每次提升工藝製程，便使得相同面積的晶片能夠多容納一倍的電晶體數目，為處理器微架構的升級奠定了基礎，從而讓 Intel 每兩年就能完成一次微架構的升級，即進行一次 Tock。其中相鄰的 Tock 與 Tick 採用相同的微架構，如 2008 年與 2010 年的 Tock 與 Tick，使用的微架構均為 Nehalem。

在 Tick-Tock 戰略順利實行的這段時間裡，Intel 在處理器微架構與半導體工藝製程兩個領域，打遍天下無敵手，引領 PC 產業快速更迭，直至一騎絕塵。

處理器微架構主要由指令管線與記憶體階層（Memory Hierarchy）兩大部分組成，如圖 3-12 所示，圖中左側為指令管線部分，右側為記憶體階層的主體。

指令管線包括馮‧諾伊曼架構定義的算術邏輯單元、暫存器與控制單元，其主要功能是將程式中的指令分解為多個步驟，如指令預取、解碼、執行與回寫等，以流水線方式快速執行，是以「運算速度」為中心的處理器所需改良的重點區域。

第 3 章　計算的世界

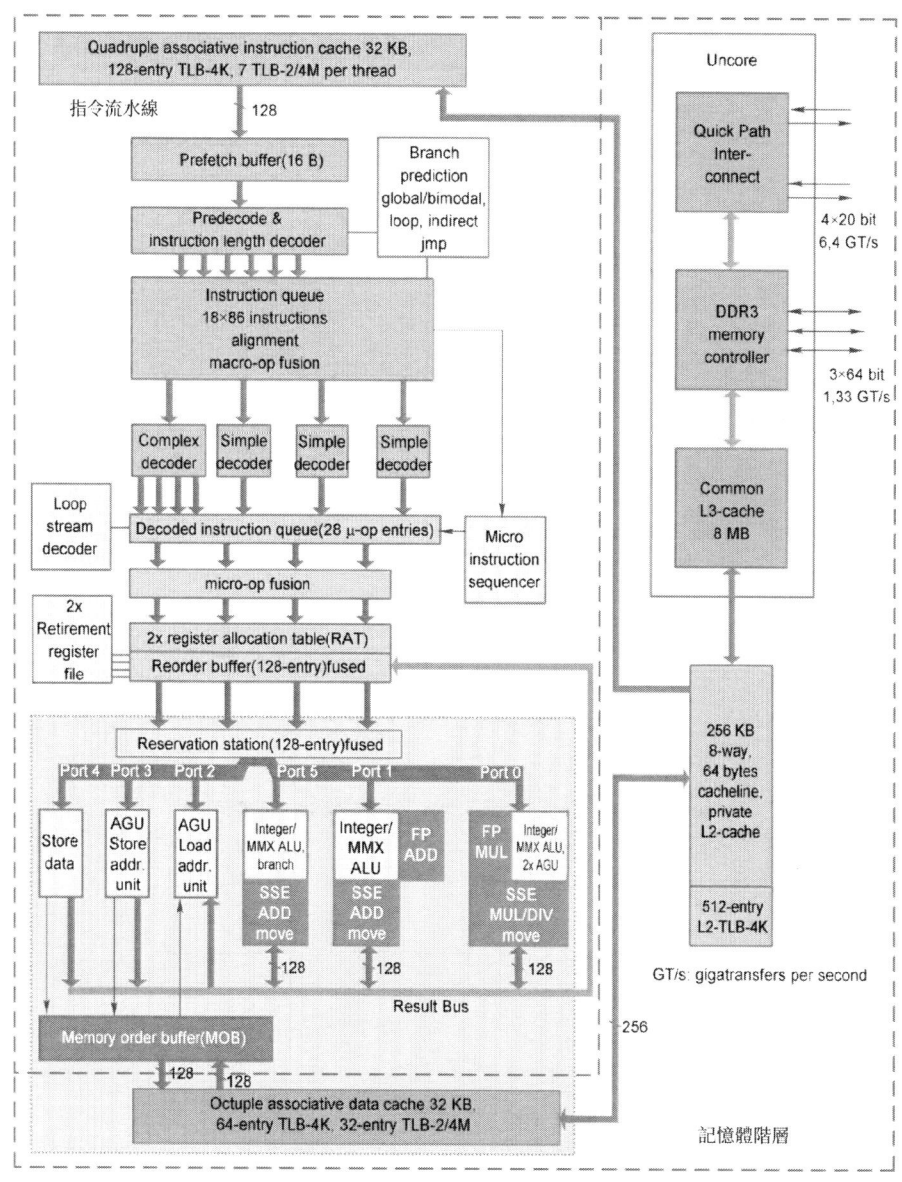

圖 3-12　Intel Nehalem 微架構的組成

　　記憶體階層包含記憶體管理單元、多層 Cache 與記憶體控制器等邏輯，是以「交換次數」為核心的處理器進行效能改良的關鍵。

指令管線的效能，在相當程度上決定了微架構的運算速度。評價指令管線的標準為每秒鐘執行指令的數目。提升時脈頻率是提升微架構效能的直接方法。Intel 從 8086 處理器 4.77MHz 的時脈頻率開始起步，至 Pentium IV 處理器時曾經抵達 4GHz，之後在相當長的時間內無法更進一步。直到在半導體製程超越 7nm 製程節點的今天，商用環境下使用的處理器時脈頻率才逐步超過 4GHz。

片面提升時脈頻率並不可取。指令管線的主要任務是執行兩大類指令，一類是算術與邏輯運算指令，另一類是記憶體存取指令。提升時脈頻率可以正比加速運算類指令的執行效率，但不能有效縮短執行記憶體存取指令所需時間。

指令管線與汽車生產線類似。製作一輛汽車，需要執行上萬次操作；執行一條指令，也需要幾十層步驟。製作汽車時，假如由一個工人從頭到尾做完，需要 1 年時間，那麼 365 個工人，每人做這個汽車的一部分，一個工人做完後移交給下一個工人，在管線搭建完成後，生產效率將得到極大提升。

其中，第一臺車從上線到下線，將逐層通過流水線，依然需要 1 年時間才能製作完畢，這是這條管線的建立時間；在管線建立完畢後，365 個人以完整流水線同時工作，此後每天都可以製作出一輛汽車。微架構中的指令管線概念與此類似，假設一條指令全部執行過程需要 16ns，且分為 16 個步驟完成，那麼在理想情況下，當管線建立完畢後，每 1ns 便可完成一條指令的執行。其中 1ns 與 1GHz 時脈頻率對應。

以此類推，如果可以將這條指令的執行分解為 32 個步驟，管線搭建完成後，將具備每 500ps 執行一條指令的可能性，對應 2GHz 時脈頻率；分解為 64 個步驟，每 250ps 執行一條指令，對應 4GHz 時脈頻率。

第 3 章　計算的世界

　　細分管線的執行步驟有助於提升時脈頻率，提升指令管線效能。採用這種方法似乎可以將指令管線的時脈頻率，提升到半導體材料的極限。但是與汽車生產線偵錯完畢後，數年如一日般重複不同，指令管線容易被異常、外部中斷與轉移指令等操作打斷而重新建立。管線越長，恢復的代價越高，從而降低效能。

　　片面提升時脈頻率非但不能提升管線的執行效率，有時反而適得其反。Intel 製作出時脈頻率接近 4GHz 的 Pentium IV 處理器，該處理器在一些儲存與 I/O 存取密集的應用情境下，執行效率尚不及 2GHz 時脈頻率的 Pentium M。另一個制約時脈頻率提升的是功率。功率與時脈頻率的提升成正比，時脈頻率越高功率越高，而一個積體電路能承受的最大功率有限。想要解決功率問題，已經超出電腦系統架構的能力範圍，屬於半導體材料與製作工藝的領域。

　　在指令管線改良中，非常關鍵的策略是亂序執行（Out-of-order execution）。現代處理器亂序執行的完整概念由 IBM 的 Tomasulo，於 1966 年在 System/360 大型主機的設計過程中提出，並於 1990 年在 IBM 的 Power1 處理器中實現[47]。

　　高階處理器的指令管線具有多個執行單元，如圖 3-12 所示的 Store Data、AGU、Integer/MMX ALU 等，可以容納 100 多條指令，不同指令的執行速度不同，使用的執行單元不同，執行路徑不同。其中沒有依賴關係的指令，將不以進入管線的先後順序執行，而是準備就緒的指令率先執行。

　　現代電腦系統架構中，亂序執行的要點是「執行過程亂序」，在執行完畢後依然「順序退出管線」。圖 3-12 中的 RAT（Register Allocation Table）、保留站（Reservation Station）、ROB（Reorder Buffer）單元與亂序

執行邏輯相關。

　　主流處理器在實行「亂序執行」的過程中，不斷提升指令並行度，即在一個時間週期內，可以同時完成多條指令的執行。這種管線也被稱為超純量管線。目前主流處理器微架構，如 x86 與 ARM 均採用亂序執行與超純量管線方式。

　　因為程序的相關性，指令的並行度具有上限，超純量管線的改良終有盡時，處理器廠商在指令管線層面的競爭越來越無趣，因為無論如何改良管線，如何堆砌運算單元，也不過是尺有所短，寸有所長，適用於不同的應用情境罷了。

　　此時，提升指令管線效率的關鍵，集中展現為提升記憶體指令的執行速度。馮‧諾伊曼架構以記憶體為中心，程式進行運算時，需要透過記憶體指令與記憶體交換數據。微架構時脈頻率的提升，使記憶體瓶頸更加明顯，對處理器微架構的改良，從進一步提升指令管線的效率，逐步轉移到如何緩解記憶體瓶頸。

　　馮‧諾伊曼架構以記憶體為中心，在發展過程中，將「記憶體」升級為「記憶體階層」。在記憶體階層中，設計起點為指令管線的記憶體存取指令，其間歷經多層 Cache，終點為 DDR 記憶體。

　　2008 年 11 月，Tick-Tock 戰略實施到第二輪時，Intel 發布基於 Nehalem 微架構的處理器，即第一代 Core i7，轉變了微架構設計思路，重點改良記憶體階層，將其他公司的同類產品遠遠甩開。Nehalem 微架構大獲全勝，一是因為「Tick」，二是因為「Tock」。2007 年，Intel 將半導體工藝製程升級到 45nm，領先當時所有積體電路製作廠商，工藝的升級使晶片得以整合更多電晶體，Intel 將這些電晶體用在了刀刃上。

　　Intel 進一步強化從 System/360 大型主機時代開始的、以「每秒鐘資

料交換次數」為核心的設計理念，並不片面追求「每秒鐘執行指令的數目」，這一思路更加貼近當時的使用者需求，也使得記憶體階層成為 x86 處理器的設計重心。

桌上型電腦、筆記型電腦、伺服器及智慧型手機處理器的設計起點，基於這種「資料交換」模型，並將「交換」的資料從傳統的輸入／輸出設備，如記憶體、網路與硬碟等，擴展到攝影機、觸控螢幕與各類感測器等設備。

與之前的微架構相比，Nehalem 僅略微改良了指令管線，卻著重變革了記憶體階層的架構，加快內部 Cache 的讀取速度，擴展外部 Cache 的容量，此外還引入了 QPI（Quick Path Interconnection）匯流排。產業界通常將微架構內部的 Cache 稱為內部 Cache（Inner Cache），而將微架構之外的 Cache 稱為外部 Cache（Outer Cache）。

基於 Nehalem 微架構製作的 Nehalem-EX 處理器，最多可以整合 8 個微架構，這 8 個微架構可以共享同一個外部 Cache，並保證 Cache 的共享一致。使用 QPI 匯流排可以連接 8 個 Nehalem-EX 處理器，組成最多可以容納 64 個微架構的多核心處理器系統。這個處理器系統，放在今天雖不值一提，但在當時是一個了不起的成就。

在處理器系統中，DDR 記憶體的隨機讀寫速度較慢，與微架構的速度不匹配。為此微架構設定讀寫速度較高的 Cache 作為 DDR 的資料副本，以提升執行效率，並大幅降低微架構存取 DDR 晶片的次數，全面提升了微架構的整體效能。

微架構在執行程式的過程中，如果需要存取資料，首先在本地 Cache 中進行尋找，如果資料沒有命中 Cache，將在多核心處理器系統中的所有 Cache 與記憶體中尋找，並最終將數據匯入本地 Cache 以供下次存取

使用；再次存取相同的資料時，將會在本地 Cache 中命中，在理想情況下，微架構將反覆使用本地 Cache 中的資料，甚至不用再次存取記憶體。

其中，Cache 越大命中率越高，對微架構效能提升越明顯。假如多核心處理器系統中所有 Cache 均能共享，將有效增加 Cache 總容量，利於提升 Cache 的使用效率。長久以來，記憶體階層的改良，以 Cache 存取的延遲、頻寬與命中率為核心展開，並過渡到由本地 Cache 與外部 Cache 組成的共享結構。

不同層次的 Cache 之間，進行資料淘汰時涉及許多演算法；微架構進行中斷與異常處理時，需要確保 Cache 資料的有效性；多核心處理器系統中的內外部 Cache 與 DDR 記憶體在共享的同時，需要確保資料的完整性；多核心處理器系統的亂序執行管線在執行記憶體指令時，需要考慮訪存序列的合理性。

伴隨著處理器系統需要保持 Cache 一致性的微架構數量逐漸增加，多個微架構間進行高效互連的難度劇增，提升了 Cache 階層的設計難度。如果說處理器是數位積體電路的皇冠，那麼微架構的 Cache 階層及其互連結構就是其中的冠上明珠。在高階處理器中，其設計難度遠遠超過超純量管線。

Intel 在 Nehalem 微架構中，極大改良了 Cache 階層，從而提升微架構的整體效能。以 Nehalem 微架構為基石建構的多核心處理器系統大獲成功。

Nehalem 微架構之後，Intel 進行了多輪 Tick-Tock 迭代，以半導體製作工藝的提升為基礎，進一步改良記憶體階層設計，極大幅提升了「資料交換」效率，將源於 System/360 時代的設計理念，延續到 PC 與智慧型手機時代的伺服器中，使得 Intel 在伺服器領域，逐步戰勝了 IBM、SUN 等廠商。

第 3 章　計算的世界

　　Intel 強化了 System/360 大型主機時代提出的，將架構與實際分離的成功經驗。Intel 的 PC 與伺服器處理器的應用情境相近，均以「資料交換」為核心。伺服器的「資料交換」效能高於 PC，運算能力卻與 PC 處理器接近。

　　這些相似之處使 Intel 可以在微架構層面，統一桌上型電腦、筆記型電腦與伺服器處理器的製作方式，以最大化節省設計成本。伺服器的市場規模小於筆記型電腦與桌上型電腦，利潤卻更高。直到今天，伺服器產品依然是 Intel 的重要利潤來源。

　　Tick-Tock 能夠順利實施，建立在 Intel 強大的技術基底與財力之上。Intel 可以讓兩支團隊同時進行不同的 Tick 與 Tock，全力前行，所有處理器廠商都無法與 Intel 抗衡，最終敗下陣來。

　　Intel 的 Tick-Tock 大獲成功，也為這個成功付出了不小的代價。為了集中足夠的人力與物力，Intel 幾乎放棄了所有嵌入式領域，包括通訊、記憶體以及後來體量超過 PC 與伺服器的智慧型手機處理器。

　　2006 年 6 月 27 日，Intel 將手機處理器產品，以 6 億美金出售給 Marvell[48]。幾年過去，Intel 在 PC 與伺服器領域大獲全勝之後，即使付出 10 倍以上的代價，也無法重回手機處理器領域。

　　也許這就是美國企業的宿命，再偉大的公司也不能同時跨越兩個時代之巔，大型主機時代的 IBM 是這樣，PC 時代的 Intel 也是這樣。大型主機之王無法在 PC 時代繼續稱王，PC 之王亦無法在智慧型手機時代繼續稱霸。

　　2015 年，Intel 發布基於 14nm 工藝製程的 Skylake 微架構後，Tick-Tock 戰略的執行腳步近乎陷於停滯。此後這家公司雖然陸續釋出過一些

依然基於 14nm 工藝製程的微架構，但是這些架構再也沒有「Tick」的先行作為基礎，獲得的成就乏善可陳。

2021 年，Intel 終於攻克 10nm 工藝製程，進展之慢甚至令競爭對手震驚。儘管 Intel 的 10nm 與台積電的 7nm 性能相當，但是此時台積電 5nm 工藝製程已經準備量產。昔日的對手 AMD 憑藉與台積電的合作，再次挑戰 Intel。

Intel 遭遇成立以來的第三次危機。

此時，這間公司不僅在半導體工藝製程上落後台積電；在 x86 處理器微架構層面也逐步被 AMD 超越；以「每秒鐘交換次數」為核心的設計理念，與人工智慧時代倡導的「每秒鐘運算次數」為中心的設計理念格格不入。

2021 年 1 月 13 日，Pat Gelsinger 回歸 Intel，成為 Intel 第 8 任 CEO。Pat 是 80486 處理器的架構師，2001 年出任 Intel 成立 33 年以來的第一任 CTO。Intel 的前三任 CEO，諾伊斯、摩爾與葛洛夫均出身自技術領域，也許他們認為自己能夠順便兼任 CTO，這個以技術為本的公司，長期以來都沒有設置 CTO 這個職位。

Pat 就任 CTO 職位期間，力推 Tick-Tock 戰略；大規模應用 USB 與 Wi-Fi 技術；長期主持 Intel 的 IDF（Intel Developer Forum）會議，在這個會議上，Intel 向全世界分享半導體製作與 x86 處理器的頂尖技術。

回歸之後，Pat 將昔日的 Tick-Tock 戰略調整為 IDM 2.0。此時，Intel 的競爭者，除了 Tick 層面的台積電，Tock 層面的 AMD、輝達，還有一個永遠的對手──ARM。

3.5　ARM 的崛起

　　1979 年，柴契爾夫人（Margaret Thatcher）出任英國首相。此時，英國經濟陷入兩難，如果採取緊縮措施壓低通貨膨脹，將使經濟成長緩慢，失業率高升；若為了挽救失業率和經濟成長而採用寬鬆政策，則將使通貨膨脹率升高。柴契爾夫人開始變革，明確反對「大政府、小社會」這種凱因斯主義。劍鋒所指，巨型公司紛紛解體，中小企業如雨後春筍，生意盎然。柴契爾夫人推出私有化、貨幣控制、削減福利與抑制工黨四項措施，在帶給既得利益者不小傷害的同時，在一定程度上化解了英國經濟的兩難。

　　1978 年，Acorn Computers 公司（下文將其簡稱為 Acorn）在這樣的政治背景之下，成立於英國的劍橋。這使得 Acorn 在成立之初，便沒有建立一個商業帝國的野心。公司的三個聯合創辦人，Herman Hauser、Chris Curry 和 Andy Hopper 異常低調，當公司已經赫赫有名之時，他們依然在產業界默默無聞。

　　Acorn 從製作 PC 起步，在 1980 年代至 1990 年代，其設計的 BBC Micro 計算機主宰英國教育市場。在美國，也有一間公司針對教育系統，開發出一款電腦，那就是蘋果公司的 Apple II。從這時起，Acorn 和蘋果，這兩個設計理念、產品形態相似的公司結下了不解之緣。當時，很多人將 Acorn 稱為英國的蘋果。

　　一次偶然的機會使 Acorn 的幾個創辦人意識到處理器的重要性。Acorn 在製作 BBC Micro 計算機時，累積了豐富的使用處理器的經驗。他們認真評估 Intel 的 80286 處理器，並請求 Intel 對這款處理器進行一些定製修改，以便進一步提升 BBC Mirco 的效能。Intel 禮貌地拒絕了

這個請求[49]。

幾個創辦人考慮研製一顆屬於自己的處理器。為數不多的幾個工程師，開始梳理已知的處理器流派，並在無意中發現加州大學柏克萊分校正在進行的 RISC 專案。

在當時，處理器的組成結構並不複雜。即便在 Intel，設計一代處理器的團隊也不過 50 餘人。但對於年輕的 Acorn 來說，50 人卻是一個不小的數字。RISC 架構因為結構精簡，而成為 Acorn 的首選。

今天，幾乎所有處理器都基於 RISC 架構製成。但在 1980 年代，RISC 與 CISC 架構孰優孰劣尚無定論。當時，採用 RISC 技術的最大優勢，是可以使用更少的晶片資源和開發人員，製作出效能相對更高的處理器晶片。

Acorn 在決定製作處理器之後，派 Sophie Wilson 和 Steve Furber 專程來到美國的菲尼克斯，拜訪名為 WDC 的處理器公司。當時，蘋果的 Apple II 與 Acorn 的 BBC Micro 正在使用這家公司設計的 6502 微處理器。

令 Acorn 的兩位工程師震驚的是，這款在當時大名鼎鼎的 6502 微處理器，是由這個公司的創辦人獨自開發的，這個公司透過 IP（Intellectual Property）方式，將產品授權給其他大型公司，發展得異常順遂。

Wilson 和 Furber 欣喜如狂，這一次美國之行，他們取得的最大收穫是信心，因為他們能夠投入處理器設計的工程師至少有兩個人，足足比 WDC 公司多出一倍。他們可以學習 WDC 的模式，只負責處理器的設計，使用 IP 授權這種商務模式。他們還有 BBC Micro 計算機做後盾，與 WDC 公司相比更具優勢[50]。

1983 年 10 月，Acorn 決定將 RISC 技術作為主攻方向，啟動了名為「Acorn RISC Machine」的處理器研發計畫，這顆處理器簡稱為 ARM。此

第 3 章　計算的世界

時，BBC Micro 計算機在英國如日中天，在這一年的聖誕季，拿下 30 萬份訂單，也開始了 Acorn 的災難之旅。因為工廠產能不足，Acorn 只生產出其中的 3 萬份，大量訂單遭到使用者取消。

1984 年，工廠產能提升，PC 市場的風向卻發生突變，陸續生產出的電腦成為庫存，至 1985 年初，Acorn 的現金流捉襟見肘，危機終於降臨。1985 年 2 月，義大利的 Olivetti 出資 1,000 多萬英鎊收購了 Acorn 49.3％的股份[51]。在此後相當長的一段時間，Acorn 成為 Olivetti 的子公司。

Olivetti 創立於 20 世紀初，對智慧與品質苛刻的執著，使他們的印表機與 PC 產品，陳列在紐約的現代藝術博物館中，出現在許多經典的影片中，這卻沒有改變這間公司在 PC 產業中的命運，Olivetti 毫無懸念地輸給了效率更高、更會節約成本的亞洲廠商。

Acorn 被 Olivetti 併購後，Andy Hopper 和 Herman Hauser 繼續留任，為此 Olivetti 成立了專門的實驗室，由這兩個聯合創辦人負責管理；另外一位聯合創辦人 Chris Curry 在 1983 年之前便已離開。

此時，作為一間公司的 Acorn 已經不復存在，作為一個處理器的 ARM 在 Olivetti 旗下的這段時光，成長得異常緩慢。

1985 年 4 月 26 日，第一顆 ARM 處理器，即 ARM1，千呼萬喚始出來。ARM1 由 25,000 個電晶體組成，結構非常簡單[50]，甚至不支援硬體乘法指令。這顆晶片並未引發產業界的眾多關注。1985 年 10 月，Intel 發布 80386 處理器。沒有人會認為 ARM1 會帶給 80386 處理器任何衝擊，甚至包括研發這顆晶片的工程師。

作為處理器廠商，與 Intel 生活在同一個時代是一場悲劇。此時 Intel 在微處理器領域鶴立雞群，並將與微軟形成 Wintel 聯盟，借助 PC 產業鏈所蘊含的能量，Intel 將處理器的故事演繹到極致，他們的競爭對手因

3.5　ARM 的崛起

此步入地獄。

1986 年釋出的 ARM2 也沒有掀起波瀾。1989 年釋出的 ARM3 更加如此，沒有公司使用 ARM3 開發產品，一些公司持觀望態度，將 ARM3 交給研發人員評估；更多公司甚至不知道 ARM3 的存在。僅能用於研發而不能產品化的 ARM3，無法使 Acorn 擺脫困境。無論在財務還是在技術上，Acorn 均遭遇瓶頸。這段時間是 Acorn 自建立以來，最艱難的一段時光。

1988 年，Acorn 的聯合創辦人 Hermann Hauser 離開了 Olivetti，Andy Hopper 最終也選擇離開[52]。此後一段時間，Olivetti 的財務狀況並不樂觀，無法承擔研製處理器的開支。在權衡利弊之後，Olivetti 決定讓 Acorn 獨立。

1990 年 11 月，Olivetti 旗下的 Acorn Computers、蘋果和 VLSI 公司聯合重組 ARM。其中 VLSI 是 ARM 處理器的半導體製作公司，蘋果入股 ARM 則基於策略考量。

蘋果正在為代號為 Newton 的專案尋找低功率處理器，該專案的終極目標是推出地球上第一臺平板電腦。蘋果認為平板電腦是能夠與 Wintel 聯盟抗衡的終極武器，對其前景寄予厚望。在這種背景下，ARM 處理器成為蘋果的選擇。

重組後的公司繼續沿用 ARM 作為簡稱，但已不再是 Acorn RISC Machine，而是 Advanced RISC Machine，這個名稱一直沿用至今。至此，Acorn 這個單詞徹底消失，據說這是因為蘋果不允許在新公司中繼續存在 Acorn 這個昔日競爭對手的影子。

1996 年，Olivetti 在最困難的時候，將持有的 14.7% ARM 股份，出售給雷曼兄弟[53]，不久之後，Olivetti 從 ARM 公司全面退出，與 ARM

第 3 章　計算的世界

再無關係。僅用 300 萬美元便擁有了 ARM 公司 43％股份的蘋果，也並沒有把寶完全押在 ARM 身上。

蘋果的重心在於 AIM 聯盟，該聯盟是在 1991 年與 IBM 和 Motorola 共同組建而成。蘋果的前幾代 Macbook 使用這個聯盟開發的 Power PC 處理器，並非 ARM。1998 年，ARM 公司在英國和美國上市後，蘋果逐步賣出所持有的 ARM 股份。後來，Macbook 擁抱了 x86 處理器，待 Macbook 再次選擇 ARM 架構，已是 20 年之後的故事了。1990 年代初，獨立後的 ARM 公司在財務上始終拮据，僅有的 12 名員工擠在穀倉中辦公。幾次重組後，ARM 已沒有創辦人的身影，ARM 架構的設計者 Sophie Wilson 和 Steve Furber 相繼離開，基於 IP 授權的商業模式也不被看好。在蘋果的協助下，ARM6 微架構問世，IP 授權模式在此階段逐步成形。這個準備用於 Newton 專案的 ARM6，沒有改變蘋果和 ARM 的命運。此時，ARM6 微架構受到 Intel 的 x86 處理器壓制，無所作為。蘋果的 Newton 專案本應該屬於 21 世紀，在當時的條件下，平板電腦過於前衛，始終無法將效能功率比控制在合理的標準。更加糟糕的是，在此之前蘋果董事會還將賈伯斯請了出去。1996 年 12 月，賈伯斯再次回到蘋果，所做的第一件事情就是取消這個並不成熟的專案，等到他再次推出平板電腦時，已是蘋果釋出 iPhone 手機、涅槃重生之後的故事了。

1993 年，ARM 迎來重大轉機，德州儀器和 Cirrus Logic 先後加入 ARM 陣營[54]。德州儀器給予 ARM 雪中送炭的幫助。當時，德州儀器正在說服一家不算太知名的芬蘭公司 Nokia，一同進入行動通訊市場。

Nokia 從伐木起家，1960 年代進入電子資訊產業；80 年代進入電視、PC 與 GSM 手機市場；90 年代，Nokia 切入通訊領域，從 GSM 基地臺

開始，逐步滲透到手持終端機領域，準備與美國通訊大廠 Motorola 一較高下。

此時，德州儀器已經成長為巨人，在 DSP（Digital Signal Processing）數位訊號處理領域身居領袖地位。與手機基頻訊號處理相關的應用，幾乎都使用這家公司的 DSP 晶片，但是德州儀器沒有製作處理器的經驗。

DSP 晶片與處理器的差異很大，更加偏向純計算，特別是一些相對複雜的矩陣與浮點類運算。通用處理器在兼顧計算之外，更加重視「資料交換」次數、在「資料交換」過程中的中斷與異常處理，以及排程與管理其中執行的應用軟體。同等規模條件下，通用處理器的設計難度要高於 DSP。

德州儀器沒有選擇 Intel 或其他強大的 RISC 廠商，與他們合作更似與虎謀皮，此時他們發掘出 ARM。這個一無實力，二無野心，三無實際領導人的公司，成為德州儀器和 Nokia 的選擇。

ARM 迎來了上天賜予的機會，透過與 Nokia 和德州儀器的密切合作，ARM 完全確立了基於微架構授權的商業模式。更為重要的是，這家公司無意中進入了即將在不久的將來光芒四射的智慧型手機產業。

藉助德州儀器與 Nokia 的支持，ARM 逐漸擺脫了財務危機，業務也不斷擴大。至 1993 年年底，ARM 已有 50 個員工，銷售額達到 1,000 萬英鎊，獲得了自組建以來的第一次盈利。同年，ARM 迎來公司成立以來，最為重要的 ARM7 微架構。

基於 ARM7 微架構製成的晶片，晶圓尺寸不到 80486 處理器的十分之一，售價為 50 美金左右[55]，約為同時期 80486 處理器的三分之一。由於 ARM7 微架構的尺寸較小，使其擁有較低的功率與價格，適合手持

第 3 章　計算的世界

式設備的應用情境。此後，德州儀器基於 ARM7 微架構製作出一系列處理器。1997 年，Nokia 正式釋出使用 ARM7 架構的 6110 手機。此後，德州儀器、Nokia 與 ARM 的組合一路高歌猛進。Nokia 陸續製作出 8110 與 8810 手機，其中 8110 是 Nokia 第一款滑蓋手機，而 Nokia 8810 是第一款內建天線的手機，如圖 3-13 所示。8810 手機的這種外觀大幅提升了手機的結構強度，使得這款手機具備一種其他手機都沒有的功能，比如「砸核桃」。

圖 3-13　Nokia 8110（左）和 8810 手機（右）

Nokia 憑藉這一系列手機，擊敗如日中天的 Motorola，最後使得這家公司放棄了自行研發的 68K 處理器，加入 ARM 陣營。此後，幾乎所有手機都開始使用 ARM 處理器，ARM 的崛起已勢不可當。

當時，手機的功能主要是通話與簡訊，還未演進成為智慧型手機，整體數量並不算很多，1990 年代依然屬於 PC。AMD 的異軍突起及其與 Intel 的競爭，成為處理器領域一道最炫目的景觀，而高階伺服器領域則屬於 DEC。

1992 年 2 月 25 日，DEC 釋出 Alpha 21064 處理器。這款 64 位元處理器的時脈頻率達到 150MHz，而 Intel 在第二年推出的 Pentium 處理器，時脈頻率僅有 66MHz，而且停留在 32 位元時代。同時期其他 RISC 廠商推出的處理器與 Alpha 21064 處理器也相差甚遠。

3.5 ARM 的崛起

1990 年代，處理器世界驚嘆著 Alpha 創造的奇蹟。DEC 發布的 Alpha 系列處理器，即便放到 21 世紀，設計理念依然並不落後。DEC 本就是為 21 世紀設計處理器，在 Alpha 21x64 的編號中，「21」代表的是 21 世紀，而「64」指 64 位元處理器。

上帝並不青睞 DEC，科技與商業的嚴重背離釀成巨大災難。Alpha 處理器的技術尚未抵達巔峰，DEC 的財務已入不敷出。1994～1998 年，DEC 開始向世界各地兜售資產。1998 年 1 月，DEC 被收購，在其解體前的最後一段日子裡 ARM 受益匪淺。ARM7 微架構引起 DEC 的關注。1995 年，這家公司在獲得 ARM 架構的完整授權後，將其升級為 Strong ARM 微架構，並於第二年推出基於 Strong ARM 微架構的 SA-110 處理器。DEC 公司的幫助使 ARM 架構達到前所未有的高度。此後，許多公司開始使用 SA-110 處理器製作手持設備。之後，DEC 陸續開發出基於這一架構的系列處理器，將 ARM 架構推向第一個高峰。

1996 年，ARM8 正式推出，與 ARM7 微架構相比，在功率沒有明顯增加的前提下，效能提升接近一倍，卻依然無法和 DEC 的 Strong ARM 微架構抗衡。使用 ARM8 微架構的廠商屈指可數，多數廠商更信任 DEC 改良的 Strong ARM。ARM8 與 Strong ARM 微架構的競爭屬於 ARM 架構的同門內戰，並未削弱 ARM 陣營的實力。

1997 年，具有里程碑意義的 ARM9 微架構正式推出。ARM9 具有非常漫長的生命，直到 2022 年的今天，依然有不少公司，基於 ARM9 微架構設計嵌入式處理器。

DEC 公司沒有因為 Strong ARM 微架構的成功而擺脫財務危機。1997 年，DEC 公司最終將 Strong ARM 微架構出售給 Intel。Intel 如獲至寶，投入大量人力，將 Strong ARM 微架構升級為 XScale 微架構，強勢

第 3 章　計算的世界

進軍所有嵌入式領域。

在 XScale 微架構一路高歌時，ARM10 微架構不合時宜地推出，完全被強勢的 XScale 微架構壓制而無所作為。ARM 公司似乎有個宿命，幾乎所有以偶數結尾的微架構，結局都不算太好。

ARM10 微架構的失利，沒有使 ARM 公司元氣大傷，XScale 歸根結底是以 ARM 架構為基礎，與 ARM 指令集相容，能夠在 XScale 微架構中執行的程式，可以輕易移植到其他 ARM 微架構中。此外，Intel 每售出一片基於 XScale 微架構的處理器，便需要向 ARM 支付費用。XScale 微架構的成功，使得更多應用程式向 ARM 生態集中，使其進一步壯大。

當時，Intel 不認為 XScale 微架構是在為 ARM 生態作嫁衣，卻認為 x86 與 XScale 微架構的組合，可以使其產品遍及任何需要處理器的領域。在 Intel 的推動下，XScale 微架構廣泛應用於嵌入式領域，包括用於手持終端機的 PXA 處理器、網路通訊的 IXP 處理器與記憶體領域的 IOP 處理器。Intel 的強勢出擊，更加擴大了 ARM 陣營的勢力範圍。

借用 PC 帝國的生態，基於 XScale 微架構的處理器從生產工藝到設計能力，領先所有競爭者。Motorola 的 68K、AIM 的 Power PC、MIPS 等嵌入式處理器，一個接著一個敗下陣來，為 ARM 微架構未來的飛黃騰達掃平了障礙。在 XScale 微架構高歌猛進時，ARM 迎來一個策略性客戶。2002 年 9 月，ARM 與三星簽訂了一項合作協議，允許三星完全存取當前與未來 ARM 開發的所有 IP，而且未限定期限 [56]。這項史無前例的協議，將三星從 ARM 的一個客戶，提升為能夠左右 ARM 微架構發展方向的全天候合作夥伴。

同年 10 月，ARM11 微架構釋出。此時，世界上所有主流處理器廠商擁抱了 ARM 微架構。以 XScale 微架構為首的處理器，占據著 ARM

微架構的高階應用領域，其中最為重要的自然是手機處理器，而三星以低價策略橫掃低階微控制器市場。

正當 XScale 微架構向更加宏偉的目標邁進時，Intel 的大本營 x86 處理器面臨 AMD 的強力攻勢。從 2005 年開始，AMD 推出雙核心處理器。隔年，在 AMD 的步步緊逼之下，Intel 迎來 20 年以來最糟糕的一季財務報表，開始了有史以來最大規模的裁員。這一年的 9 月，Intel 宣布裁員 10%。

為確保 x86 戰場的勝利，Intel 即便清楚處於成長期的產業在初期很難盈利，仍忍痛對外出售處於虧損狀態的 XScale 系列產品，將用於手持終端機的 PXA 處理器，以 6 億美元出售給 Marvell；將用於網路通訊的 IXP 處理器，轉讓給一間新創公司；用於記憶體領域的 IOP 處理器則無疾而終。

Intel 最後放棄了所有基於 XScale 微架構的產品線。此時，ARM 生態已經從 XScale 微架構中獲得足夠的能量，不再依賴任何廠商，他們的命運牢牢掌握在自己手中。即便是如 Intel 這樣強大的個別廠商加入或者離開，亦無法動搖這個生態的根基。

從技術的角度來看，ARM 微架構的優勢依然是效能功率比。此時最新的 ARM11 採用了在現代處理器中常用的改良方法，如指令的動態分支預測、對記憶體階層的改良等。這些功能增強，相較於 ARM7 與 ARM9 來說技術顯然有大幅躍進。但是與其他處於同一時代的 x86、Power PC 和 MIPS 處理器相比，仍然有不小的差距。

而從整體來看，從 ARM7 開始，歷經 Strong ARM、ARM9 與 XScale 之後，ARM 的生態已不可撼動，並且無孔不入，從玩具車使用的智慧控制器到手機、汽車領域的高階應用，都在使用 ARM 微架構。ARM

第 3 章　計算的世界

生態已基本建構完畢，沒有任何力量能夠制約 ARM 微架構的進一步發展。

基於 ARM11 微架構的處理器始終在穩步推進，伴隨半導體製作工藝的提升，效能逐步提升，功率逐步下降。量變的累積引發了質變，一個轟轟烈烈的時代即將降臨。2007 年 6 月 29 日，賈伯斯釋出 iPhone1 手機（見圖 3-14），使用基於 ARM11 微架構的處理器，展開了屬於智慧型手機的新時代。

圖 3-14　賈伯斯釋出第一代 iPhone

在此之前，基於 ARM9 或者 XScale 微架構的手機，雖然在通話與簡訊的基礎上，增添了少許智慧部件，但並不是真正意義上的智慧型手機。

iPhone1 重新定義了手機。此後出現的智慧型手機不再是行動版的小型 PC，開始具備 PC 沒有的獨立特點，如地理位置定位、感測器等。iPhone 的出現，可視為一次時代變遷，是由計算、記憶體與通訊三大領域的逐步累積引發的一場重大變革。

在 iPhone1 出現前夕，ARM11 微架構使用的時脈頻率已超過 500MHz。在半導體記憶體領域，NAND Flash 的快速更新疊代，使智慧型手機獲

得足夠大的儲存容量，能夠容納更多的應用程式與資料。在無線通訊領域，3G 時代降臨，不再是 PC 透過有線存取網際網路，使用手機以無線方式連接網路已深入人心。手機使用的感測器也在逐步微型化與模組化。

韜光養晦的基礎產業為 iPhone1 的出現奠定了基礎。賈伯斯抓住了這個稍縱即逝的機會，展開了一個新的時代 —— 智慧型手機時代。

ARM 公司伴隨著智慧型手機時代迅速發展。在 ARM11 微架構之後，ARM 公司使用新的命名方式，將 ARM 微架構替換為 Cortex 微架構。Cortex 微架構分為三大系列：用於微控制器領域的 M 系列、用於即時系統領域的 R 系列、用於高階應用領域的 A 系列。這三個系列的首字母合起來依然為「ARM」。

更換名稱後的 Cortex 微架構，更加勢不可擋。Cortex 微架構陸續實現「超純量」與「亂序執行」這些對指令管線的常見改良方法，大幅提升了記憶體存取效率，逐步向高階應用領域滲透。Cortex 微架構推出之後，ARM 迎來了最好的一段時光。Cortex 微架構與蘋果 iOS 以及 Google 的 Android 作業系統，組成屬於智慧型手機的生態環境，這個生態環境先後抵禦了來自 Intel 的挑戰。

ARM 緊緊抓住智慧型手機時代給予的機會，在這個領域一統江湖。多年之後，當 Intel 憑藉 Tick-Tock 模式戰勝 AMD，準備重新進入手持型市場時，卻發現智慧型手機生態已經完全被 ARM 掌控。

Intel 堅持使用 x86 架構，進軍智慧型手機領域。因為這個公司很清楚，借用 ARM 架構，即便銷售再多晶片，也不過是再為 ARM 生態添磚加瓦，這絕不是 Intel 這個霸主所追求的目標。

第 3 章　計算的世界

　　Intel 清楚自身將會遭遇當年 RISC 聯盟進入 PC 領域時，所遇到的應用軟體匱乏問題，卻沒有想到這個生態的堅固程度遠遠超過他們的想像。

　　Intel 和 ARM 兩間公司本身並無法比較。從財力方面來看，即便在 20 世紀，Intel 一年的銷售額也是百億美元層級，而即便在 2020 年，ARM 的營收也不過 20 億美元左右。Intel 有近 10 萬名員工，ARM 的員工最多時也不過 6,000 餘人。

　　自 1992 年起，Intel 一直在半導體廠商的排名中位列前茅，ARM 公司從來沒有進入過半導體廠商的正式排名，甚至可以說 ARM 不是一個半導體廠商，因為這個公司從來沒有對外銷售過一顆商用處理器。ARM 沒有辦法獨自與 Intel 較量，但是 ARM 陣營蘊含的能量足以與 Intel 抗衡。

　　幾乎所有的半導體廠商，都在使用 ARM 架構進行設計。智慧型手機的製造商，蘋果、三星也生產基於 ARM 架構的處理器。諸多形態各異廠商的參與，使 ARM 陣營更加立體化。

　　與 Intel 直接競爭的不是 ARM，而是組成 ARM 陣營的半導體公司，Intel 無力同時與全天下的半導體廠商競爭。這間公司做出了許多嘗試，最終仍舊無法進入智慧型手機領域，更加沒有能力擊破以 ARM 架構為基礎的智慧型手機生態。

　　ARM 陣營卻在逐步侵蝕 x86 處理器的生存空間，基於 ARM 微架構的 PC 層出不窮，伺服器產品也正在逐漸成形。

　　作為一間公司的 ARM，依然沒有笑到最後。2016 年 7 月 18 日，這個具備構築帝國潛力的公司，最終被軟銀收購，落入資本手中[58]。也許這間公司在建立之初，命運已經注定。也許這個公司與偉大之間，只相差了一個安迪·葛洛夫。

3.6 談設計

1958 年，基爾比製作出第一個積體電路，不久之後諾伊斯主導的平面製程逐步普及。摩爾定律持續保持其準確性，積體電路中容納電晶體的數目呈指數成長，這極大幅拓寬了其應用領域，半導體產業迎來春天。

積體電路分為數位電路與類比電路兩大類，其中類比電路的產值遠小於數位電路。半導體的三大應用領域中，計算與記憶體屬於數位積體電路，而通訊領域的核心在於類比電路。在三大領域之外，具有一定產值的電源和感測器也與類比相關。

數位積體電路的生產由設計與製造兩部分組成。積體電路出現後相當長的一段時間裡，並沒有設計業的存在。基爾比在製作第一個積體電路時，直接在晶圓上將電晶體、電阻、電容等裝置組合在一起。隨後不久，工程師開始使用繪製原理圖的方式設計積體電路。一個簡單的四位元同步計數器的原理如圖 3-15 所示。

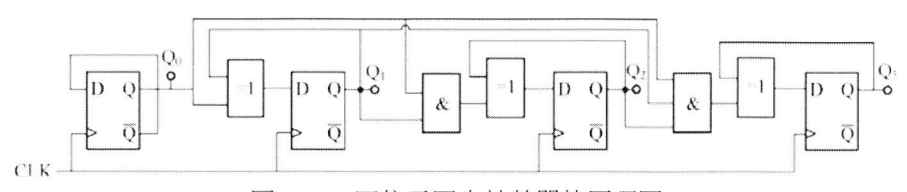

圖 3-15　四位元同步計數器的原理圖

起初，為了簡化設計，工程師使用邏輯閘繪製原理圖而不是電晶體。最常用的邏輯閘為反及閘和正反器（Flip-Flop），兩者均由多個電晶體組成。最簡單的兩輸入反及閘由 4 個電晶體構成；最常用的正反器，如 D 型正反器，使用 20 個左右的電晶體組成。

1960、70 年代，半導體產業界對於積體電路的發展規模嚴重缺乏想

第 3 章　計算的世界

像力，按照當時的定義，小型積體電路包含的邏輯閘在 10 個之內；中型積體電路包含的邏輯閘在 10～100 個之間；大型積體電路包含的邏輯閘數在 100～9,999 之間；即便是超大型積體電路也沒有包含太多的邏輯閘電路。

　　邏輯閘電路與電晶體具有直觀的對應關係，原理圖可以簡單地轉換為由電晶體與連接拓撲構成的網路連接表檔案，之後進行布局布線，得到半導體工廠製作積體電路所需要的布局。半導體工廠根據布局製作光罩組後，即可開始製作積體電路。摩爾定律持續保持其準確性，使得一個積體電路所能容納的電晶體數目迅速突破千萬、億甚至百億大關。至今，一顆規模龐大的處理器晶片中，可以輕易包含幾十億個電晶體，如基於 Skylake 架構的伺服器晶片，其布局如圖 3-16 所示。

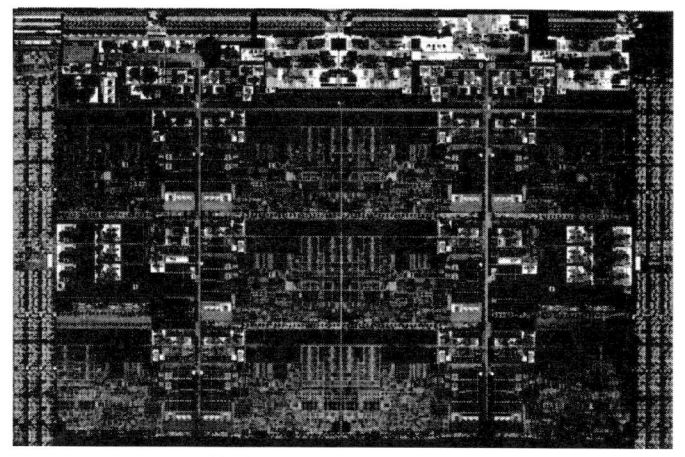

圖 3-16　基於 Skylake 微架構處理器的布局

　　對於這一層級的積體電路，不可能使用原理圖進行設計；也不可能使用純人工的方式，將幾十億個電晶體按照一定的拓撲，連接在一起進行閘電路布局布線。這種層級的積體電路設計，必須要在電腦的輔助之下才能完成。

電腦輔助半導體設計，可追溯至遙遠的大型主機時代。1964 年，System/360 大型主機正式釋出後不久，IBM 的工程師 James Koford 便開始使用大型主機輔助半導體晶片的設計與光罩組的製作[60]。

1967 年，Koford 加入快捷半導體，在積體電路領域引入電腦輔助設計。當時，快捷半導體陸續開發了 FAIRSIM 模擬器、測試程式生成器、布局布線等一系列 CAD（Computer Aided Design，電腦輔助設計）工具。

1960 年代末期，從快捷半導體加入加州大學柏克萊分校的 Ronald Rohrer 教授，帶領 7 個頑皮的學生，在 CAD 領域取得了令人難以置信的成就。Rohrer 是一位創新型教師，認為透過實踐可以獲取更多知識，於是決定在他的「電路模擬」課程中，安排一個開發專案，讓 7 個學生動手設計一款電路模擬軟體[59]。

Rohrer 這一大膽的想法，得到時任主掌教學的系主任 Donald Pederson 的支持。

Pederson 同意只要這 7 個學生的設計，最後能夠得到他的認可，就算通過這門課程。其中最頑皮的學生 Laurence Nagel，將專案命名為「CANCER」。這裡的 CANCER 不是指癌症，而是「Computer Analysis of Nonlinear Circuits, Excluding Radiation」這一長串英文的簡稱[61]。Nagel 特別強調「Excluding Radiation」的重要原因，是因為美國國防部主導了許多 CAD 專案，要求這些軟體具備分析電路抗輻射的能力。頑皮而反戰的 Nagel，特意與其背道而行。

CANCER 專案大獲成功之後，Pederson 與 Rohrer 教授，在決定 CANCER 專案歸宿的問題上，產生了巨大分歧。察覺到這個專案具有巨大商業價值的 Rohrer，被 Pederson 教授堅持將原始碼開源的想法激怒，最後一走了之。

第 3 章　計算的世界

後來，Nagel 繼續在伯克利攻讀博士學位，Pederson 教授成為他的論文導師。在 Pederson 教授的要求下，Nagel 將「CANCER」專案改名為 SPICE（Simulation Program with Integrated Circuit Emphasis），並將「CANCER」專案不利於開源的程式碼全部移除。1972 年 5 月，SPICE$_1$ 正式釋出，並成為一款開源軟體。1975 年，Nagel 以 SPICE$_2$ 版本為主軸，完成了他在加州大學柏克萊分校的博士畢業論文[62]。

SPICE 因為這次開源，獲得更加頑強的生命力。基於 SPICE 的軟體層出不窮，陸續出現了一系列名為「X-SPICE」的軟體，這個「X」從字母 A 一直排到 Z。這些源於 SPICE 的軟體奠定了電路模擬程式的基石。

至 1970 年代末期，伴隨電腦產業的迅速發展，CAD 軟體更加成熟，極大幅降低了使用門檻，使得一些大型半導體設計公司，如 IBM 與 Intel 等，可全面使用電腦進行積體電路的輔助設計。

1978 年，加州理工學院的米德教授（Carver Mead）與 IBM 的 Lynn Conway 合作，發表一篇名為〈Introduction to VLSI systems〉的文章，系統性地闡述了超大型積體電路的設計與電腦技術結合的方法，點明其發展趨勢，並將積體電路中使用的電腦輔助工具，明確稱為電子設計自動化（Electronic Design Automation，EDA）[63]。

此後，EDA 公司的出現如雨後春筍。1981 年，米德教授成立了一家專門從事 EDA 的公司。之後 EDA 產業三巨頭 Mentor Graphics、Synopsys 與 Cadence 分別在 1981 年、1986 年與 1988 年成立。數位積體電路的設計流程逐步統一，如圖 3-17 所示。

這一流程整體由前端與後端設計組成。前端從產品定義開始，經由數位邏輯設計、模擬檢查，最後生成網路連接表檔案；後端與生產製造環節相關，需要與晶圓廠確定製作方式，並獲得相關資料，即進行「資

料準備」，在此階段可大致確定晶片尺寸，之後進行布局規畫、元件放置、建構時脈網路、自動布線、時序收斂、驗證等操作後，生成標準的 GDSII 文件。2004 年，還出現另外一種交付檔案格式，即 OASIS 格式。

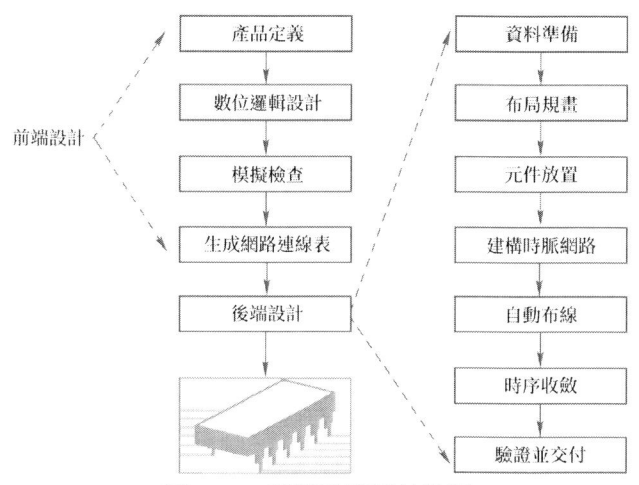

圖 3-17　積體電路設計流程

在 GDSII 與 OASIS 文件中，包含積體電路生產製作所需的一切資訊，如晶片布局等。這個檔案相對較大，歷史上，積體電路設計完畢後，首先將相關資料記錄到磁帶（Magnetic Tapes）上，再將實體磁帶遞交給晶圓廠。從那時起直到今天，生成這個檔案並提交的過程，皆稱為 Tape-out。

晶圓廠在拿到最終交付的檔案之後，根據晶片布局製作光罩組，然後經由近百機臺、數千步驟，加工出一顆顆積體電路晶片。在晶圓廠中，也有非常多步驟需要 EDA 軟體深入協助。

伴隨 EDA 軟體的興起，Verilog 和 VHDL 這兩種硬體描述語言隨之出現。這兩種語言出現在程式設計中鼎鼎大名的 C 語言之後，借用一些 C 語言的語法結構，因此與 C 語言程式較為相近，其中 Verilog 與 C 語言

製成的加法器程式如圖 3-18 所示。

硬體行為等級描述語言 Verilog 與程式設計語言 C，最本質的區別源於所描述底層對象間的差異。Verilog 語言描述的是電路邏輯，經過邏輯統整後，由一個個電晶體構成，C 語言所書寫的程式，編譯後由一道道處理器指令組成。

對積體電路施加電源之後，所有電晶體處於同時運作狀態，而處理器指令不管使用何種方式並行運作，本質還是序列執行。這種完全併發狀態與序列執行的區別，使得 Verilog 與 C 語言具有較大差異。C 語言的設計人員可以很快掌握 Verilog 的語法結構，而深入理解則需要充分領悟硬體底層的完全併發概念。

Verilog 程式	C 程式
module adder (	int adder (int a, int b)
input a,	{
input b,	return a + b;
output out	}
);	
assign out = a + b;	
endmodule	

圖 3-18　Verilog 與 C 程式的比較

硬體描述語言的出現填補了軟體與硬體之間的鴻溝，使電子資訊產業幾乎所有從業人員都被同化為「碼農」。不同之處在於傳統軟體的開發，採用 C 語言或者 Python 類指令碼語言，數位電路設計採用 Verilog 等硬體行為等級描述語言。即便曾是設計流程迥異的類比電路設計，也有諸如 Verilog-A 之類的語言，取代傳統的原理圖設計方式。

Verilog 類語言與 EDA 工具的出現，完成了半導體設計最重要的一塊

拼圖，進一步提升程式設計師的設計效率，使得積體電路設計可以追隨摩爾定律的腳步，將非常複雜的數位邏輯、上億顆甚至百億顆電晶體，放置在一個積體電路的晶片布局中。

數位積體電路的設計與都市計畫有七分相似之處。每種數位電路有自己的用途，每個城市有各自的特色。在都市計畫中，以道路修建為基礎。在一個大型城市中，有快速道路、主幹道、支路，道路的流暢程度相當程度上決定了城市的運轉效率。

數位積體電路包含用途不同的功能單元，如運算、資訊處理與儲存等，並由不同寬度和速度的通路連結，與都市計畫具有類似之處。不同的邏輯單元，執行的速度並不一致，需要使用資料快取連結，資料快取可以形容為十字路口前的緩衝帶。

數位積體電路除了功能單元、資料路徑之外，還包含整合兩者運作的控制邏輯。功能單元內部如果繼續細分，最終依然由資料路徑、控制邏輯，以及無法繼續細分的標準單位（Standard Cells）組成。

這些標準單位由半導體工廠提供，包括閘電路、正反器、記憶單元與時脈驅動等最為基礎的組成單元，數位積體電路的設計基於這些標準單位構成，所有資料路徑與控制邏輯最終均由這些標準單位製成。

在數位積體電路製作社會分工日趨合理的今天，大多數從業者很難有機會使用標準單位直接進行設計。現代的大型數位積體電路，除了 DDR 與 NAND 這類記憶體產品之外，基本上可以全部歸為系統單晶片（System on Chip，SoC）。SoC 晶片指整合多個組成模組，用於製成不同功能的積體電路晶片，其中至少包含一種處理器微架構，是今天數位積體電路的最大分類。手機、玩具車、汽車使用的微控制器都屬於 SoC 晶片。

第 3 章　計算的世界

　　SoC 晶片中使用的微架構，無論是最為流行的 ARM，還是氣勢正旺的 RISC-V，均基於馮‧諾伊曼架構，由中央處理器、記憶體單元、輸入／輸出埠口組成。微架構透過外部匯流排與輸入／輸出設備，包括網路、記憶體與顯示器等連接在一起。

　　外部設備發展到今天，也具備極強的處理能力。以網路控制器為例，其組成結構依然基於馮‧諾伊曼架構，由中央處理器、記憶體單元與輸入／輸出埠口組成。現階段，複雜的網路控制器甚至包括由多個微架構組成的處理器系統。

　　SoC 晶片由基於馮‧諾伊曼架構的微架構與各個組成模組建構而成，自然也遵循這一架構的設計理念。從更高的層次來看，依然由可以統籌全域性的中央處理架構、記憶體階層與輸入／輸出系統組成。

　　長久以來，SoC 的整體設計，甚至子模組的設計，完全可以使用馮‧諾伊曼架構高度概括，其內部的控制邏輯可由「圖靈狀態機」完整描述。

　　SoC 之外，其他數位積體電路也可以借鑑馮‧諾伊曼架構與圖靈狀態機的概念實現。馮‧諾伊曼架構抽象出功能單元與資料路徑這些思想，放之數位領域而皆準；天下數位控制邏輯亦可歸於圖靈狀態機模型。因此一個 SoC 無論多麼複雜，也僅需要掌握馮‧諾伊曼架構與圖靈狀態機，即可駕馭整體。

　　此外，數位積體電路的設計多採用同步設計方式，使用大量的暫存器，這些暫存器需要使用種類繁多的時脈訊號同步，不同的邏輯單元可以使用不同頻率的時脈。這些時脈組成較為複雜的網路。在設計中，需要著重考量時脈的分配網路。

　　積體電路對低功率與高效能無止境的追求，使電源網路的設計陷入兩難。高效能以高時脈頻率為基礎，需要更高的供電電壓；而低功率卻

要求更低的供電電壓。這一矛盾的需求提升了電源網路的設計複雜度。為了確保積體電路獲得良好的電源分配，需要對電源網路進行統籌分析。EDA 軟體會輔助完成時脈與電源網路的布局與分配，但這些軟體並非萬能。

在數位積體電路中，還有一個關鍵之處，即與外部接腳相關的電路，包括 PCIe 匯流排與乙太網路埠口使用的 Serdes（Serializer/Deserializer）模組、DDR 介面的高速差動訊號等。這些模組與類比電路緊密相關，其設計製作難度甚至超過絕大多數的純數位邏輯。

在大型數位積體電路中，相對難以實現的依然為控制邏輯的建構，尤其是狀態機數量眾多時，比如包含近百個狀態的多層 Cache 共享一致性協議。在這種協議中，每增加一個狀態，設計與測試的複雜度都將呈指數成長，從而出現「狀態機爆炸」的情況，大幅增加了數位電路的設計難度。

進行這類數位電路的邏輯設計時，不需要設計人員掌握半導體設備、材料與製造的細節知識，只需要具備清晰的數理邏輯基礎便已足夠。在大學中，數理邏輯是不需要任何數學基礎，就能直接學習的一門課程，這使得程式設計師需要具備的數學基礎極低。

近年來，隨著程式開發的普及，一些孩子在小學畢業時，已經能夠書寫出有序漂亮的程式。如果這些孩子，願意做一輩子「純邏輯推導」類型的工作，上大學可能就是多餘的。只是任何一個大型設計都不僅由邏輯構成，邏輯之外還有對系統的整體理解，以及對整個產業的認知，這一切不能僅透過「純邏輯推導」掌握。

在現今數位積體電路的應用領域中，透過「純邏輯推導」書寫程式已不是產業界關注的重點。大多數程式設計師很難有機會從頭至尾地書寫

一個複雜的數位積體電路。

多數通用模組，包括 GPU 與 DSP 這些相對複雜的模組，可以透過購買 IP 獲得。最複雜的微架構被 ARM 提前準備好，RISC-V 甚至將微架構開源。在今天的數位積體電路領域，設計者的主要工作為配合各種應用情境，排列組合各種 IP 模組，製作 SoC。

積體電路設計領域的合理分工，降低了設計 SoC 晶片的入門門檻，卻在無形中提升了 SoC 晶片的出產標準。在因為參與者眾多導致的激烈競爭中，一顆 SoC 晶片取得商業利潤的難度急遽提升，新創者獲得最後成功的機率越來越渺茫。

新創企業多使用三大 EDA 廠商的 IP 模組。這些模組不是免費的午餐，每一次晶片升級與製程變更，都需要重新購買這些模組。從中長期來看，如果這類公司沒有累積足夠多的 IP 模組，將無法有效拓展產品，進而成為平臺型設計公司。

IP 模組的累積，不完全為了節省費用。通常來說，來自歐美 EDA 廠商的模組，可以延用到許多不同的應用場景，屬於通用模組。這種通用模組，對於專屬設計而言，有時代表著巨大的資源浪費，導致設計出的 SoC 並非最佳 CP 值。累積 IP 模組另外一個更為重要的原因是，做出更加貼近於應用場景的差異化產品。

這就是蘋果不斷累積 IP 模組，並以此為基石自行研發手機處理器的重要原因。蘋果選擇了一條最艱難的路線製作 iPhone 系列智慧型手機，是因為在更容易製作 SoC 晶片的今天，數位晶片的價值越來越低微。根據應用場景對 SoC 晶片進行差異化與定製化，構築 SoC 晶片背後的生態環境越來越重要。

至今，傳統數位積體電路設計產業遭遇瓶頸。在應用時代到來的今

天，代表著「通用」的馮・諾伊曼架構的潛力，已被充分挖掘。半導體工藝正在迎向極限，積體電路已無法容納更多的電晶體，使得根據應用情境進行取捨，對已有模組重新排列組合，成為設計重點。

這使得數位積體電路的設計越來越無聊。若沒有因為全新科技出現而在製作層面引發的劇烈變化，積體電路的設計也許將長期處於由應用情境主導的時代，即屬於定製化與差異化的時代。

3.7　應用時代

1993 年，Marc Andreessen 編寫出一款圖形瀏覽器 Mosaic，將網際網路上的數據以圖形的方式呈現。這一發明也許永遠無法與人類歷史上任何一次在自然科學領域的重大進步相提並論，卻因為網際網路世界的力量而光芒萬丈。

一年之後，Andreessen 成立網景公司，將 Mosaic 升級為 Navigator 瀏覽器；次年網景公司首次公開募股，在開盤的當日，這個公司獲得了 27 億美元的市值。繼甘地之後，Andreessen 成為光著腳登上時代雜誌封面的第二人。網際網路時代如一夜春風忽然而至，這個幾乎不需要任何技術門檻的產業，瘋狂地野蠻生長。

在電子資訊領域，此時出現了程控交換機、乙太網路與路由器。在這些設備的幫助下，網際網路產業迅速發展。日益壯大的產業需要更多的伺服器與網路設備，需要大量的半導體晶片。半導體產業在這一需求的刺激下迅速發展的同時，也正孕育著泡沫化。這個泡沫很快便與網際網路泡沫融合在一起，相互借力、相互配合，搭建起一個巨大的空中樓閣。

第 3 章　計算的世界

在這個樓閣之中，幾乎所有公司都意識到入口網站的重要性。更有甚者，許多人認為一個公司可以一無所有，也必須要有入口網站，整個世界上演著買櫝還珠的故事。貪婪無時不在，恐懼卻只發生在一劍封喉的瞬間。

當所有人意識到網際網路產業是一場巨大泡沫化之時，已無人能力挽狂瀾。2000 年 3 月 10 日，那斯達克指數在達到 5,048 的高點後，呈斷崖式下跌，至 2002 年 9 月 9 日僅剩 1,114 點，約五兆美元的市值蒸發。

網際網路泡沫破裂之前，拋棄在大公司體內不盈利的半導體部門已經成為華爾街的主流。1999 年，Motorola 甩掉安森美，日立與 NEC 的 DRAM 業務合併為爾必達，英飛凌從西門子獨立。2001 年韓國現代分離出半導體事業部為海力士。

網際網路泡沫破裂之後，半導體產業再次遭受重擊。半導體領域的領袖企業 Intel 的股價從 2000 年的 60 美元高點，至 2002 年年底下滑到 10 美元左右，在此之後的 20 年時間裡，這間公司的股價再也沒有回到過 60 美元。

2000 年，全球半導體銷售額高達 2,040 億美元，相比 1999 年的 1,494 億美元，長幅高達 36.5%；而 2001 年的銷售額僅為 1,390 億美元，相比 2000 年出現約 32% 的降幅，半導體產業全面崩潰；2002 年，這個產業的銷售額依然徘徊在 1,400 億美元左右[64]。至 2003 年，半導體產業進行大規模合併重組已不可阻擋。

在網際網路泡沫的坍塌中，半導體晶片一瞬間大量過剩，從 1960 年代開始、只屬於半導體產業的黃金時代戛然而止。如果從 2000 年 2,040 億美元的銷售額開始計算，至 2016 年的 3,390 億美元，這個產業的年複合成長率不足 4%。2000～2019 年全球積體電路產業銷售額詳見圖 3-19。

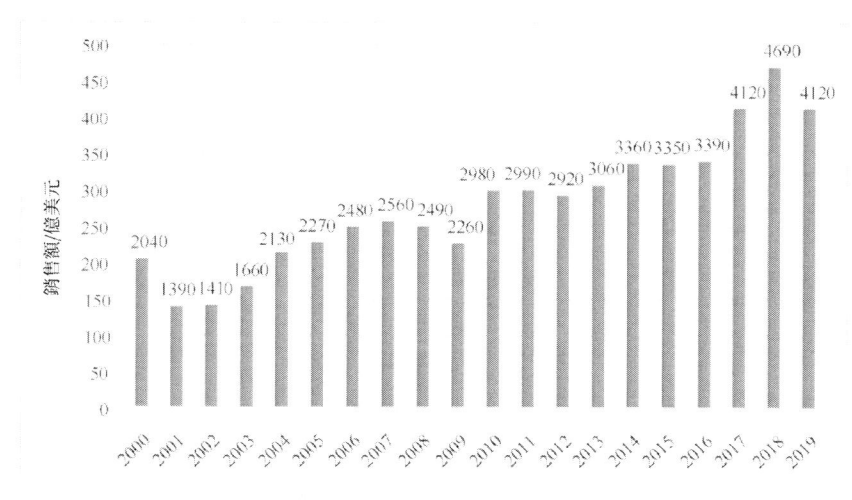

圖 3-19　2000 ～ 2019 年全球積體電路產業銷售額[64]

從 2001 年開始，半導體產業進入長達 15 年之久的調整期。在此期間，許多公司永久消失，資產如瘟疫般被拋棄。半導體產業迎來有史以來，歷時最長的一次谷底。在這段谷底期間，半導體產業在歷經一系列拆分重組後遍體鱗傷。

2003 年，日立與三菱聯合重組半導體業務，將其大部分業務合併為瑞薩半導體；安捷倫的半導體事業部獨立，更名為 Avago。

在這一年 10 月之後，Motorola 宣布獨立半導體事業部，後來將其改名為飛思卡爾半導體。Motorola 沒有因為獨立半導體事業部而重新振作。這個擁有世界上第一部商用對講機、便攜手機、車用擴音電話、摺疊手機與 GSM 數位手機，曾幾何時無限輝煌的公司，至今僅剩下一個製作對講機的部門繼承其衣缽。

破巢之下，安有完卵。相同的故事，發生在其他拆分後獨立的半導體公司中。荷蘭皇家飛利浦公司，將半導體事業部獨立為恩智浦。

2004 年，半導體產業逐步恢復，此後半導體晶片的需求緩慢提升，

第 3 章　計算的世界

但摩爾定律也頑強地向前了幾步，使半導體晶片的整合度更高，從而部分抵銷了這個需求。在其後的十幾年時間中，半導體產業萎靡不振。

在此期間，經過泡沫洗禮的網路產業涅槃重生。有些公司在網路泡沫破裂過程中消失了，但它們創造的內容並未消失。生存下來的公司，採用目錄階層持續吸收這些內容，資料與流量不斷向大廠集中。

當時，網路公司使用企業黃頁方式將資訊逐層排列，起初採用一層目錄，之後是二層，甚至擴展到四層與五層，這就是網路 1.0 時代。道奇隊的球迷，如果想在入口網站中找到球隊新聞，需要依次點選「體育」、「美國棒球」、「大聯盟」與「道奇」，才能找到相關資訊，有時這些資訊還未必是他所需要的。

基於黃頁檢索的網站效率低下，網站之間的資訊無法有效流通，以孤島形式散布於網路世界，有些小型網站甚至不為他人所知，這使得搜尋引擎的出現成為必然。

搜尋引擎作為網站之中的網站，提升了資訊檢索效率，連結各個資訊孤島，更重要的是確立了基於電子廣告的商業模式。在電視或者大型網站中，投放廣告的價格不菲，對中小企業而言，可望而不可及。搜尋引擎的出現，使得一個平凡的公司，甚至普通人也有機會展現自己的內容。

全新的巨大商機浮出水面，搜尋引擎的發明者 Google 脫穎而出，網路 2.0 時代降臨。在 Google 這類通用的搜尋引擎之外，還出現許多專門的搜尋引擎。我們今天使用的手機應用程式，比如地圖、電商等應用程式也都在使用搜尋引擎框架。

網際網路產業進入搜尋引擎時代之後，半導體產業逐步復甦。而正在此時，半導體設計業迎來自創立以來最大的一次挑戰。

3.7 應用時代

當賈伯斯拿出第一支 iPhone 時，屬於智慧型手機的時代正式展開。智慧型手機的出現，將網際網路進一步升級為行動網路。行動上網時代與之前的大型主機與 PC 時代相比，生態環境更加開放。

在大型主機時代，IBM 通吃從硬體到軟體的每一個角落；在 PC 時代，微軟與 Intel 雙寡頭壟斷。在智慧型手機時代，從手機硬體產業鏈開始，一直到手機的應用端，在不同的領域出現各自的大廠。

在手機處理器領域，高通與 MTK 興起；在作業系統領域，蘋果的 iOS 與 Google 的 Android 並立；在應用程式領域，出現涉及人類衣食住行的一系列行動網路公司。智慧型手機時代是多家大廠各領風騷的時代。

伴隨行動網路的興起，資訊進一步爆炸，搜尋引擎已無法更加精準地獲取資料。基於社交網路的社交圈文化興起，Facebook、Twitter 等公司異軍突起，使得行動上網進入下半場。從黃頁檢索開始的網際網路，在經歷了搜尋引擎與社交網路後步入巔峰，席捲天下資源，一時間無處不是移動著的網際網路。

行動網路將世界上的所有人與資源，透過幾乎可以忽略的延遲連結在一起，組成龐大的虛擬世界。從美國、亞洲到整個世界，行動上網無處不在，如黑洞般席捲著全天下的財力、物力與人力。

電子廣告產業為行動網路展翅翱翔插上翅膀。智慧型手機帶來的不僅是一個能夠移動的螢幕，更似一扇進入另一個世界的窗閣。構築在智慧型手機之上的行動網路，縮短了世界的距離，地球化為村落，也模糊了真實世界與虛擬世界的界限。在行動網路營造的虛擬空間中，時光飛逝，歲月如梭。

行動網路聚集了世間一切資源，將虛擬世界中的資訊與真實世界高

度結合，建構起人類有史以來最好的商業模式，一個贏者通吃的商業模式。行動網路清除了圖書館、書店與報刊亭。人類的衣食住行因為行動網路而天翻地覆。

智慧型手機簡化了整個電子設備產業鏈。在功能機時代依然占有一席之地的數位相機、MP3、低階遊戲機與 PDA（Personal Digital Assistant）銷聲匿跡。對於半導體產業，智慧型手機打開了一扇門，也關閉了所有的窗。半導體產業沒有因為智慧型手機的出現重整旗鼓。恰是因為智慧型手機，所有產業資源，包括半導體產業，進一步向大廠集中，整個產業再遭重創，網路泡沫破裂的傷痕尚未平復，新一輪的合併重組再次展開（見表 3-3）。

表3-3　行動網路時代半導體主要公司間的合併重組

時間	事件描述
2011 年 4 月	德州儀器收購 National Semiconductor 鞏固其在類比世界的地位
2011 年 9 月	Broadcom 收購 NetLogic 強化在網路領域的地位
2012 年 7 月	美光科技收購爾必達
2012 年 8 月	Microchip 收購 SMSC
2013 年 12 月	Avago 收購 LSI，在不到一年半的時間，繼續併購了 Broadcom
2014 年 2 月	RF Micro 與 TriQuint 合並為 Qorvo
2015 年 3 月	恩智浦與飛思卡爾合併
2015 年 5 月	Microchip 收購 Micrel，第二年收購 Atmel
2015 年 12 月	Intel 收購 Altera
2017 年 3 月	Intel 收購 Mobileye
2019 年 3 月	瑞薩收購 IDT
2020 年 10 月	AMD 收購 Xilinx

2015 年 3 月 2 日，恩智浦與飛思卡爾這對難兄難弟宣布合併，合併後公司名仍為恩智浦。在歷經漫長的歲月之後，恩智浦以這種方式重回

半導體排名的 TOP 10。人們是否還記得，Motorola 與飛利浦半導體中的任何一個，過去單獨就能進入 TOP 10 名單。

與之前半導體業務從大型公司中拆分不同，這一期間發生的重組是同業整合，資源調整，使得半導體領域向寡頭時代前行的步伐不可逆轉。這些半導體大廠努力成為寡頭的目的，不是為了進一步的壟斷，而僅是為了繼續活下去。

在半導體產業大範圍的重構中，上下游分工已然明確，產業定位更為明確，這個產業在歷經大型主機、PC 與智慧型手機時代後，回歸製造業的本質。在這一輪整合完畢後，以半導體工廠為中心，整合上游的設備與材料，延伸到下游應用的格局已然形成。

在這輪整合期間，以台積電為代表的，僅從事積體電路的製作，並不銷售積體電路產品的獨立晶圓代工廠強勢崛起，徹底打破了半導體設計與製造間的緊耦合；以 ARM 為首的 IP 模組供應商，為半導體設計領域準備了足夠的積木；EDA 工具日趨穩定，也更加便於使用。

這些變化使得半導體設計業逐步軟體化，大幅降低了其他跨界廠商進入半導體設計領域的門檻。此時，單純的晶片設計能力已不是半導體廠商的生存之本，對產業的理解與應用情境的掌控能力已然成為核心。

一個以製造為中心，應用多元化展開的半導體時代降臨。

傳統半導體設計廠商面臨著產業新入者的威脅，這些新入者不是別人，正是他們之前的客戶。這些客戶更加貼近應用場景，只要這個場景蘊含的能量足夠強大，就可以自行設計晶片，不必購買半導體廠商提供的通用產品。他們需要的僅是晶圓代工廠，他們將成為半導體設計領域的中流砥柱。

這些變化使得根據應用場景進行定製化與差異化，成為當前半導體

第 3 章　計算的世界

設計業的主要目標。在數位積體電路設計領域，這不是趨勢而是現實。

2008 年 5 月，蘋果收購 PA Semi 半導體公司，並以此為核心組建半導體部門。兩年後，蘋果自行研發的 Apple A4 處理器問世，這是蘋果開發的第一代用於手持式設備的 SoC 晶片，基於 ARM 的 Cortex 微架構，用於 iPhone 4 手機，如圖 3-20 所示。

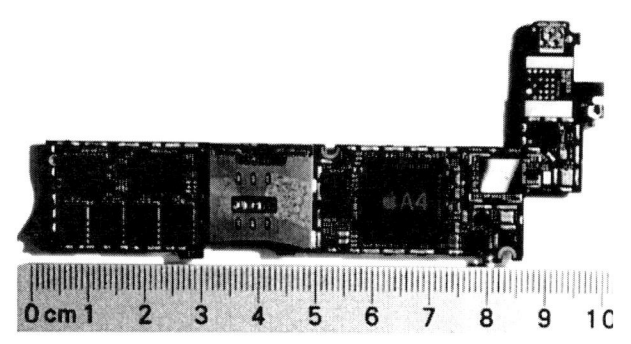

圖 3-20　iPhone4 手機主機板與 Apple A4 處理器

這顆晶片也許平凡無奇，但卻能與蘋果的 iPhone 手機及相關應用程式結合得天衣無縫。至今尚未有任何處理器與手機的組合能夠超越 Apple Ax 處理器與 iPhone 的組合。

蘋果之後，手機廠商紛紛仿效，陸續為自家手機定製處理器。除了手機處理器，還有掌握其他應用情境的廠商，如特斯拉也開始研發專屬晶片。這些廠商強勢進入半導體舞臺，以球員兼裁判員的身分與傳統半導體廠商展開了激烈的競爭。

半導體設計的主角正在轉換，這個產業將再次成為大型公司的一個部門。曾幾何時，因為龐大的工廠投入，大公司才能擁有半導體產業的「昨日」重現。半導體設計業面臨重大調整，傳統半導體設計廠商，透過歸納應用需求，設計出放之四海而皆準的通用晶片，他們的時代逐漸落下帷幕。在計算領域，基於馮‧諾伊曼架構的通用處理器時代正在結束；

在通訊領域，向箇極限近在咫尺；在記憶體領域，摩爾定律率先不再適用。技術層面的舉步維艱，促成了這個「以應用為中心」的時代，也使得定製化與差異化重回核心。

在這個應用時代中，半導體產業依然是基底，但簡潔而有效的數據發揮出越來越重要的作用。2016 年 3 月 9 日，李世石與 AlphaGo 開始了五局三勝的第一盤（見圖 3-21）。當時，沒有人會預料到這場比賽對今天所產生的深遠影響。

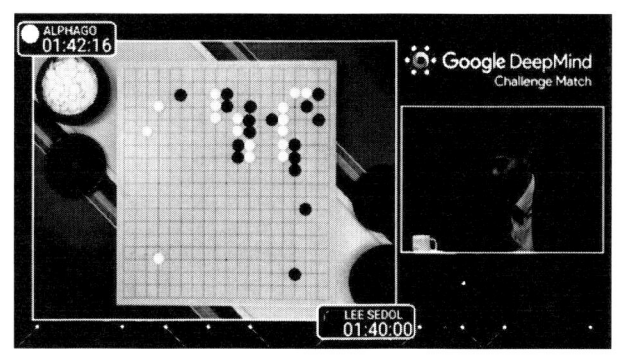

圖 3-21　人機大戰第一盤李世石 vs AlphaGo

第 1 盤結束後，主流媒體的新聞標題是「AlphaGo 爆冷門戰勝李世石」，而後續事實證明李世石在第 4 盤的獲勝，才是真正的爆冷門。AlphaGo 的成績被行動網路世界迅速放大。一夜之間，人工智慧成為人類新的希望，擁有巨大計算能力的圖形處理器（Graphics Processing Unit，GPU）成為焦點。

輝達的 GPU 與 x86 和 ARM 處理器，本質上並無區別。主要差異在於 GPU 包含更多浮點運算單元，並以此為核心建構運算平臺，與超級電腦的設計理念一致；而 x86 和 ARM 架構關注每秒鐘交換次數，以大型主機的設計理念為基礎。在更加側重計算的人工智慧場景中，GPU 顯然更為適合。

第 3 章　計算的世界

　　2020 年，輝達發表 Ampere 架構，基於這個架構製成的 GA100 處理器具有 8,192 個 CUDA Core 和 512 個 Tensor Core[65]，有助於可高度並行的任務獲得非常高的浮點運算效能。這個架構中，製作的困難之處依然是將多如牛毛的 Core 連接在一起的數據拓撲通路。GPU 的設計沒有脫離馮‧諾伊曼架構的範圍，只是算術邏輯單元的數目遠高於通用處理器，如 x86 與 ARM。

　　在人工智慧領域，除了 GPU 計算能力之外，數據尤為重要。AlphaGo 戰勝李世石不僅依靠計算能力，還有數據。圍棋的世界中，數據異常有序，機器可以根據初始模型，自動產生無限多的數據。機器透過訓練這些數據得出的演算法模型，輕易地橫掃了人類棋士。

　　計算能力與數據同心協力，將人工智慧推向前所未有的高度，但是與其他已經證實過成功的產業相比，人工智慧距離偉大，尚缺少一次正向回饋。

　　如果人工智慧夠從任一個原點出發，推動其他要素前行，其他要素的前行再次促進其原點的發展，將在內部形成「自身能夠推動自身發展」的循環回饋，此時人工智慧產業將完全成立。

　　譬如，人工智慧倘若可以促進材料科學的進步，材料科學的進步可以有效增強計算能力，增強的計算能力進一步促進人工智慧的發展，那麼人工智慧必將成為一個偉大的產業，也許在那時我們將有機會徹底揭開微觀世界的奧祕。

　　描述微觀世界的量子力學理論，依然並不成熟，人類對微觀世界的認知並不充分，凝態理論仍存在大量模糊地帶，現有演算法在實際應用中還有許多不足，使半導體材料科學的發展陷入停滯狀態。

　　幾十年，或者幾百年之後，也許有人能夠發現新的材料，延續人類

的未來。幾十億年過後，太陽也將老去，沒有材料科學的突破，這個世界沒有前途，子孫後輩終將滅絕。我們必須知道，我們也必將知道。

參考文獻

[1] HOVE L V. Von Neumann's contributions to quantum theory[J]. Bulletin of the American Mathematical Society, 1958, 64: 95-99.

[2] MACRAE N. John Von Neumann: the scientific genius who pioneered the modern computer, game theory, nuclear deterrence, and much more[M]// American Mathematical Society, 2008.

[3] NEUMANN J V. Allgemeine eigenwerttheorie hermitescher funktionaloperatoren [J]. Mathematische Annalen, 1930, 102(1): 49-131.

[4] TURING A M. Equivalence of left and right almost periodicity[J]. Journal of the London Mathematical Society, 1935(4): 284-285.

[5] TURING A. On Computable Numbers, with an Application to the Entscheidungs problem [J]. Alan Turing His Work & Impact, 1936, s2-42(1): 113-115.

[6] 安德魯·霍奇斯·艾倫。圖靈傳，如謎的解謎者 [M]，孫天齊譯。長沙：湖南科學技術出版社，2012。

[7] MICHAEL S．Station X: the code breakers of Bletchley park[J]. Macmillan New Writing, 2013.

[8] JÜRGEN S. Colossus was the first electronic digital computer[J].Nature, 2006, 441(7089): 25.

[9] ANDREW H. Alan turing: the enigma[J]. Physics Today, 2000, 37(11).

[10] HAYES J G. Programming the Pilot ACE[J]. Alan Turings Automatic Computing Engine, 2005: 215-223.

[11] TURING A M. Computing machinery and intelligence[J]. Mind, 1950, 59(236): 433-460.

[12] MOLLENHOFF C R. Atanasoff: forgotten father of the computer[M]. Iowa State University Press, 1988.

[13] NEUMANN J V. First draft of a report on the EDVAC[J]. IEEE Annals of the History of Computing, 2002, 15(4): 27-75.

[14] BURKS A W, GOLDSTINE H H. Preliminary discussion of the logical design of an electronic computing instrument[J]. Ablex Publishing Corp,1946 .

[15] Larson, US District Court judge Earl R., Findings of Fact, Conclusions of Law and Order of judgment, US District Court, District of Minnesota, Fourth Division, Honeywell, Inc. v. Sperry-Rand Corp. et al., No. 4-67, Civ. 138. Decision printed in US Patent Quarterly, Vol. 180, 1974, pp. 673-773.

[16] Chronological History of IBM[EB/OL]. https://www.ibm.com/ibm/history/history/ history_intro.html

[17] New Yoks Times. Tabulating Concerns Unite: Flint & Co. Bring Four Together with $19,000,000 capital [EB/OL]. https://timesmachine.nytimes.com/timesmachine/1911/06/10/ 104783303.pdf

[18] BASHE C J, BUCHHOLZ W, HAWKINS G V, et al. The architec-

ture of IBM's early computers[J]. IBM Journal of Research and Development, 1981, 25(5): 363-376.

[19] ECKERT J, WEINER J, WELSH H, et al. The UNIVAC system[C]// AIEE-IRE Computer Conference. 1951.

[20] COX M. Running head: The development of computer-assisted reporting[R]. 2000.

[21] IBM 701 A notable first: The IBM 701[EB/OL]. https://www.ibm.com/ibm/history/ exhibits/701/701_intro.html.

[22] GARNER R, DILL R. The Legendary IBM 1401 Data Processing System[J]. IEEE Solid-State Circuits Magazine, 2010, 2(1): 28-39.

[23] HAANSTRA J, EVANS B, ARON J, et al. Processor products-final report of the SPREAD task group, December 28, 1961[J]. IEEE Annals of the History of Computing, 1983, 5(1): 6-26.

[24] https://www.ibm.com/ibm/history/history/year_1961.html.

[25] IBM website. System/360 Model 30 [EB/OL]. https://www.ibm.com/ibm/history/exhibits/mainframe/mainframe_PP2030.html.

[26] IBM website. System/360 Model 91 [EB/OL]. https://www.ibm.com/ibm/history/exhibits/mainframe/mainframe_PP2091.html.

[27] NORBERG R B A L. The supermen: the story of seymour cray and the technical wizards behind the supercomputer by Charles J. Murray[J]. Isis, 1997, 88(4): 745-746.

[28] WHAT W A, MAINSTREAMING H. The world's fastest computer. at any given point in time [J].

[29] DORAN R. Computer architecture and the ACE computers[J] Alan Turing's Automatic Computing Engine, 2005.

[30] COCKE J, MARKSTEIN V. The evolution of RISC technology at IBM[J]. IBM Journal of Research and Development, 2000.

[31] RADIN G. The 801 Minicomputer[J]. IBM Journal of Research and Development, 1983, 27(3): 237-246.

[32] CRECINE J P. The next generation of personal computers[J]. Science, 1986, 231(4741): 935-943.

[33] RITCHIE D M, THOMPSON K. The UNIX time-sharing system[J]. ACM Sigops Operating Systems Review, 1973, 7(4): 27.

[34] RITCHIE D M. The development of the C Language[J]. ACM SIGPLAN Notices, 1993, 28(3): 201-208.

[35] The Story of the Intel 4004. Intel's First Microprocessor [EB/OL]. https://www.intel.com/content/www/us/en/history/museum-story-of-intel-4004.html.

[36] BELLIS M. A short history of Microsoft [EB/OL]. https://www.thoughtco.com/microsoft-history-of-a-computing-giant-1991140

[37] O'REGAN G . Gary Kildall [M]. Springer, 2013.

[38] RODENGEN J L. The spirit of AMD: advanced micro devices[M]. 1998.

[39] ZEIDMAN R. A code correlation comparison of the DOS and CP/M operating systems[J]. Journal of Software Engineering and Applications, 2014.

[40] HEERING J. The Intel 8086, the Zilog Z8000, and the motorola MC68000 microprocessors[J]. Euromicro Newsletter, 1980, 6(3): 135-143.

[41] CUSUMANO M A, SELBY R W. Microsoft secrets: how the world's most powerful software company creates technology, shapes markets, and manages people[M]. The Free Press, 1995.

[42] Joachim Kempin's December 16, 1997 Memo on MS OS pricing [OL/EB]. https://www.justice.gov/sites/default/files/atr/legacy/2006/03/03/365.pdf.

[43] TEDLOW R S. Andy grove: the life and times of an American[J]. Newsweek, 2007.

[44] TANG G. Intel and the x86 Architecture: A Legal Perspective[EB/OL]. https://jolt.law.harvard.edu/digest/intel-and-the-x86-architecture-a-legal-perspective.

[45] Intel Corp. Advanced Micro Devices, Inc., 542 U.S. 241 (2004)[J]. United States Court of Appeals for the Ninth Circuit.1993.

[46] Victor John Yannacone, jr. AMD-Intel Litigation History[EB/OL]. https://yannalaw.com/services/trials-litigation/litigation-cottage-industry/amd-intel-litigation/

[47] TOMASULO R M. An Efficient Algorithm for Exploiting Multiple Arithmetic Units[J]. IBM Journal of Research and Development, 1967, 11(1): 25-33.

[48] [EB/OL]. https://www.cnet.com/tech/tech-industry/intel-sells-off-communications-chip-unit/.

[49] CALUDE C S. Advances in computer science and engineering: texts[J]. The Human Face of Computer, 2015: 225-251.

[50] FURBER S. ARM System-on-Chip Architecture[M]. 2nd Edition. Addison-Wesley, 2001.

[51] WILSON R. Some facts about the Acorn RISC Machine[J].1988.

[52] Oral History of Hermann Hauser.[EB/OL]. https://archive.computerhistory.org/resources/access/text/2015/04/102739951-05-01-acc.pdf.

[53] New York Times. Olivetti Sells Shares in Acorn Computer [EB/OL]. https://www.nytimes.com/1996/07/02/business/international-briefs-olivetti-sells-shares-in-acorn-computer.html?scp=1&sq=acorn+computer&st=nyt.

[54] LEVY M, PROMOTIONS C. The history of the ARM architecture: from inception to IPO[J]. Arm IQ, 2005.

[55] Acorn Group and Apple Computer Dedicate Joint Venture to Transform IT in UK Education[J]. Acorn Computers, 1996.

[56] NENNI D. A detailed history of Samsung semiconductor [EB/OL]. https: //semiwiki. com/semiconductor-manufacturers/samsung-foundry/7994-a-detailed-history-of-samsung-semiconductor.

[57] GARNSEY E, LORENZONI G, FERRIANI S . Speciation through entrepreneurial spin-off: The Acorn-ARM story[J]. Research Policy, 2008, 37(2): 210-224.

[58] The Wall Street Journal. SoftBank to Buy ARM Holdings for $32 Billion [EB/OL]. https://www.wsj.com/articles/softbank-agrees-to-buy-arm-holdings-for-more-than-32-billion-1468808434.

[59] NAGEL L W. The origins of SPICE [EB/OL]. http://www.omega-enterprises.net/The%20Origins%20of%20SPICE.html.

[60] KOFORD J S, SPORZYNSKI G A, STRICKLAND P R. Using a Graphic Data Processing System to Design Artwork for Manufacturing Hybrid Integrated Circuits[C]// Proceedings of the Fall Joint Computer Conference.1966: 229-246.

[61] PEDERSON D. A historical review of circuit simulation[J]. Solid-State Circuits Magazine, 1984, 3(2): 43-54.

[62] NAGEL L W. SPICE_2: a computer program to simulate semiconductor circuits [D]. University of California at Berkeley, 1975.

[63] Andreas G. Introduction to VLSI systems[J].Electrical and Computer Engnieering, 2002,49(2): 1-12.

[64] Semiconductor market size worldwide from 1987 to 2022 [EB/OL]. https://www. statista.com/statistics/266973/global-semiconductor-sales-since-1988.

[65] NVIDIA A100 Tensor Core GPU Architecture [EB/OL]. https://images.nvidia.com/ aem-dam/en-zz/Solutions/data-center/nvidia-ampere-architecture-whitepaper.pdf

第 3 章　計算的世界

第 4 章　製造之王

英國前首相布萊爾（Anthony Blair）曾經請教德國前總理梅克爾（Angela Dorothea Merkel），德國經濟何以長盛不衰？梅克爾簡單回應道：「至少我們還在動手做東西」。在兩次世界大戰中，德國都是最大的戰敗國。1990 年之前，柏林圍牆依然聳立，國家尚未統一，外憂內患下的德國人何嘗敢忘記努力。

英國地處歐洲邊緣，很久以前地位也很邊緣。在這邊緣中，卑微而貧窮的英國人選擇了勤奮。在歐洲工業處於人力工場階段時，英國發展起來的辦法是男人冒死挖礦，女人玩命織布。當時，英國人挖出的煤，比歐洲大陸所有人加在一起還要多；飛梭的發明使英國的紡織品遍布世界。

西元 1760 年代，瓦特（James Watt）改良蒸汽機，工業革命從這個國家開始。從織布到冶煉，從火車到輪船，從陸地到海洋，機器無處不在。這場革命使英國擁有了世界上最堅固的船與最猛烈的炮，使這個國家的旗幟從歐洲、美洲、非洲、亞洲，飄揚在世界的每一個角落。此時，這個國家被稱為「日不落帝國」。

在全民動手的基礎上，若還有一些人負責動腦便可以活得更好。在科技領域，這個曾經被視為歐洲鄉巴佬的英國，誕生了幾位舉世聞名的科學家。如果說牛頓的出現是上天賜予英國的一個禮物，法拉第與馬克士威取得的成就，便是英國幾代人努力所應得的結果。

在美國成立後很長一段時間裡，因為貧窮落後也被稱為鄉巴佬的美國人，是世界上最努力的一群人。勤勞、勇敢、自信、自強。

美國人是基礎建設狂人，他們用一年時間建成帝國大廈，震撼整個歐洲。美國人大規模煉製鋼鐵、拚命耕種、瘋狂挖礦。一戰前夕，美國

第 4 章　製造之王

的工業生產總額躍居世界第一，鋼、煤、石油與糧食產量居世界之首。依靠強大的工業底蘊，美國贏得了兩次世界大戰的勝利。富裕也許是勤奮最大的敵人。1970 年代，歐美國家打算做更少的活，賺更多的錢，將中低階製造業紛紛向亞洲轉移。製造業枯燥乏味，多數人領低微的薪酬，進行著重複性勞動，生產著普通商品。傳統製造業的工人們，平凡得可以讓人輕易忽略他們的存在。這種平凡卻是整個製造業最為關鍵的底層基礎。

製造業呈金字塔結構，最下游貼近老百姓的衣食住行，最上游是設備與材料。在多數情況下，科技進步從解決下游問題開始，將需求逐層抽象化傳遞給上游。上游是制高點也是產業界的兵家必爭之地。

占據這個高點並不代表可以獨步天下。脫離了中低階產業，高階製造業將成為無源之水；脫離了中低層的勞動，其上的高科技與商業模式，終為水中之月。即便在上游這個最需要動腦的領域，核心工作依然以動手為本。

半導體製造上游領域建立在物理、化學與數學等學科的基礎之上。這些學科共同組成一個木桶，統整融合後，將有機會產生一次微小突破。這些突破，在逐層放大至下游產業時，將形成更大的波瀾。在這波瀾之中，最上游的基礎學科持續而緩慢地向前推進，孕育著下一次突破的土壤。

在人類數千年的歷史中，重大的材料突破屈指可數。生活在今天的人類非常幸運，20 世紀初開始的量子力學，促進了材料科學的進步，金屬、絕緣體與半導體材料的進展一日千里。電晶體誕生之後，積體電路隨之而來，半導體產業逐步成形。

在半導體產業中，積體電路是最重要的組成部分。積體電路從誕生之後，迅速成為半導體產業的主角，從某種意義上來說，積體電路的製造幾乎代表了半導體製造業的所有內容。積體電路的發展史幾乎包含了半導體發展史的一切內容。積體電路的生態，幾乎涵蓋了半導體生態的全部內容。

積體電路由若干電晶體與連接這些電晶體的網路拓撲組成。一個積體電路，無論功能如何複雜，依然以單個電晶體的製作為本。積體電路在摩爾定律的驅使下，對單個電晶體的需求始終為更小的體積與更低的功率。

　　電晶體有許多種類型，分別用於計算、記憶體、通訊與其他領域。不同領域對單一電晶體提出不同需求，使其製作方法大有差異。但在本質上，任何一種電晶體的製作，依然由材料、電晶體結構與製作工藝組成。

　　半導體材料從化合物開始，逐步演進至鍺與矽。矽材料一經認可，便立刻成為舞臺主角。不久之後，平面製程出現並成為主流。

　　在矽與平面工藝的基礎上，電晶體的結構始終在調整改良，最初積體電路基於接面電晶體構成，而後嘗試使用場效電晶體MOSFET（Metal-Oxide-Semiconductor Field-Effect Transistor），最後演進為由兩個不同類型MOSFET組成的互補場效應電晶體，即CMOS（Complementary MOS）。

　　至此，積體電路製作方法基本成形，以矽為主材料，CMOS電晶體為基本結構，使用平面工藝的製作生態完全成形，這個生態也被稱為CMOS生態。這一生態建立於製造業的上游，與大型主機時代、PC時代和智慧型手機時代所形成的應用層級生態相比，並不引人注目，卻更加難以突破。

　　在CMOS生態確立之後，對矽材料最大的改良來自應變矽技術；平面工藝最大的改良，在於圍繞曝光機展開的各類設備與材料的持續進步；CMOS電晶體結構的不斷調整，則貫穿於摩爾定律一路前行的始末，最初基於二維平面持續縮短尺寸，而後陸續出現了FinFET（Fin Field-Effect Transistor）、GAA（Gate-All-Around）這些三維電晶體結構。

　　在積體電路製造奮戰向前的歷史演進中，IBM、Intel與台積電先後接力，以CMOS生態為基礎，以材料、電晶體結構和製作工藝為核心，不斷改良，不斷創新，推動半導體工藝到達3nm的境界，逐步逼近矽的極限。

第 4 章　製造之王

　　溯本求源，矽限制著積體電路的發展上限。若沒有能夠有效替換矽的新材料出現，半導體與積體電路產業的未來，將乏善可陳，波瀾不驚。

4.1　萬能的生態

　　半導體產業起源於通訊領域。在 20 世紀初，通訊領域使用的礦石檢波器是一種半導體二極體。1947 年 12 月，貝爾實驗室發明的電晶體，開創出半導體材料的應用情境。這個電晶體所解決的第一個問題，是將接收到的無線訊號進行放大。

　　通訊領域使用的單個二極體與電晶體，在今天稱為離散裝置。通訊領域之外，電源是離散裝置更廣闊的應用場景。電源系統的核心 IGBT（Insulated Gate Bipolar Transistor）與 MOSFET 屬於離散裝置，應用在從玩具車、高鐵到任何具有電源的系統中。

　　與離散裝置相對的是由多個電晶體、二極體、電阻與電容所組成的積體電路。積體電路分為類比與數位兩大類，其中數位積體電路的產值最大，而計算與記憶體又在數位積體電路中占據絕大多數比例。

　　今天的數位積體電路可以容納幾十億甚至數百億顆電晶體。規模如此龐大的積體電路，其製作難度沒有想像中那麼巨大，其中最今天的數位積體電路可以容納幾十億甚至數百億顆電晶體。規模如此龐大的積體電路，其製作難度沒有想像中那麼艱深，其中最本質與最複雜的一步，是製作受摩爾定律指引而對縮小尺寸有著無限追求的電晶體。積體電路不過是將其複製為數億萬個，然後進行連接而已。

　　不同的積體電路功能不同，但均由電晶體組合而成。從這個角度來

看，積體電路製作，依然是基於**半導體材料**，採用不同的**電晶體結構**與**製作工藝**建構而成的。

赫爾尼發明平面型電晶體之後，積體電路的製作逐步向平面工藝靠攏，半導體設備與材料的研發也圍繞著平面工藝展開。迄今為止，平面製程的地位，在積體電路的製作領域中有著不可動搖的地位。

化合物半導體材料最先應用於半導體產業。第一個商用二極體，礦石檢波器是以化合物半導體製作的。但在電晶體領域，科學家的研究從元素半導體開始。電晶體的製作材料，始於鍺而興於矽。第一個點接接面與雙極性電晶體使用鍺晶體製作，此後的半導體世界以矽晶體為主體展開。

矽與鍺同為 14 族元素，是比較常使用的半導體材料，化學性質相近。鍺元素是一種金屬，也有非常明顯的非金屬特性，被門得列夫稱為「類矽」。鍺的熔點為 938°C，而矽的熔點高達 1,410°C。在二戰期間，半導體材料的純化技術迅速發展，但依然採用加熱與電離等方法，熔點較低使鍺晶體更容易純化，令其能夠在諸多半導體材料中率先突破重圍，成為製作電晶體的重要選擇。

與矽相比，鍺晶體除了熔點較低，電洞和電子載流子遷移速度也比較快。遷移速度可以理解為兩種載流子的奔跑速度。在外加電場的作用下，鍺的電子比矽快兩倍，電洞比矽快四倍。「跑得快」為鍺帶來一系列優點，比如更低的導通電阻，更低的功率與更高的開關頻率。在多數情況下，「跑得快」比「跑得慢」具有更大的優勢。

在理論層面，鍺與矽的差異完全展現在能帶色散結構之中。最直觀的數據是能帶間隙，鍺為 0.67eV，而矽為 1.12eV。在鍺與矽的能帶色散關係圖中，還有更多的差別，顯示出鍺與矽間更多的材料特性差異。在

第 4 章　製造之王

半導體產業發展初期，科學家沒有完全掌握矽與鍺的能帶色散關係，但是卻發現了鍺材料的一項致命弱點，即不耐高溫。

德州儀器的 Teal，在發明矽電晶體的 1954 年，便向世人演示過鍺電晶體不耐高溫的實驗。1955 年，Motorola 製作出一款鍺電晶體，用於汽車收音機。產品上市後，許多使用者投訴這種收音機在中午被陽光曝晒後，便不能正常運作，進一步暴露了鍺電晶體的這個致命弱點。

矽能夠取代鍺成為半導體製造業的主要材料，不完全是因為鍺不耐熱這個弱點。鍺屬於稀有材料，在地殼與大氣層中的含量遠低於矽，混雜在鉛、銅、銀礦中，純粹的鍺礦並不存在，大規模開採鍺的成本遠高於矽。這些理由已經足夠使矽取代鍺，成為半導體製作的天選之子。

上帝垂青於矽。也許矽晶體的某個單一特點不如鍺、不如碳、不如化合物半導體，綜合特性卻無人能敵。上帝賦予矽作為半導體元素的特權，還給予矽幾個好兄弟，一個叫做「氧」，另一個叫做「氮」。地殼與大氣層富含這三種元素，在冥冥中注定了這些元素必將大有可為。在半導體製作中，矽與「氮氧」的組合堪稱完美。

半導體製作除了需要矽與鍺這些半導體材料之外，還需要絕緣體的配合。二氧化矽是非常好的絕緣體，不溶於水也不溶於多數酸，在有氧環境下加熱即可獲得，適合製作電晶體的氧化層和阻擋層。

鍺晶體與化合物半導體的出現均早於矽，但是兩者僅因為缺少不溶於酸與水的氧化層，便敗給了矽。在地殼中，排名第一與第二多的兩個元素氧與矽的完美組合，使半導體產業蓬勃發展。

氮元素在地殼中的含量極少，在大氣層中占比卻高達 78% 左右，便於人類發現與利用，矽與氮結合而成的氮化矽更是半導體製作的神來之筆。氮化矽的介電常數較高，適合製作電容器，廣泛應用於半導體記憶體領域。

氮化矽的晶體結構，如晶格常數、熱膨脹係數與矽晶體的差異較大，如果與矽直接接觸，將因為晶格失配而在接觸面上產生缺陷。因此需要使用二氧化矽包裹其兩邊，形成 ONO（Oxide-Nitride-Oxide）結構，這個做法在先進半導體製作工藝中得到廣泛應用。

半導體材料的良好特性以高純度為基礎。二戰期間建立起來的半導體純化方法，在戰後取得根本突破。1950 年代，工程人員將沙子提煉為三氯矽烷，在高溫高壓下與氫氣產生化學反應，生成氣態多晶矽，之後透過化學氣相沉積法獲得高純度多晶矽。這種方法被稱為西門子法，在經過多次改良後，在今天依然廣泛應用於多晶矽的純化。

不久之後，貝爾實驗室發明區熔與直拉兩種方法，將多晶鍺提煉為單晶鍺錠。相較於直拉法，區熔法在製作過程中氧與碳不易摻入，能夠獲得更高的純度。但是這種製作方法的成本較高，而且不易製作大尺寸晶圓，目前多用於高功率電源領域。

與區熔法相比，直拉法製作工藝簡單，製作成本更低，生產效率高，更加成熟，製作出的單晶機械強度更高，便於獲得大尺寸晶圓，廣泛應用於大規模數位積體電路。以矽為例，其製作流程為：首先將多晶矽溶解，之後與其接觸的純度極高籽晶生長，並經過旋轉提拉後，生成單晶矽錠，如圖 4-1 所示。

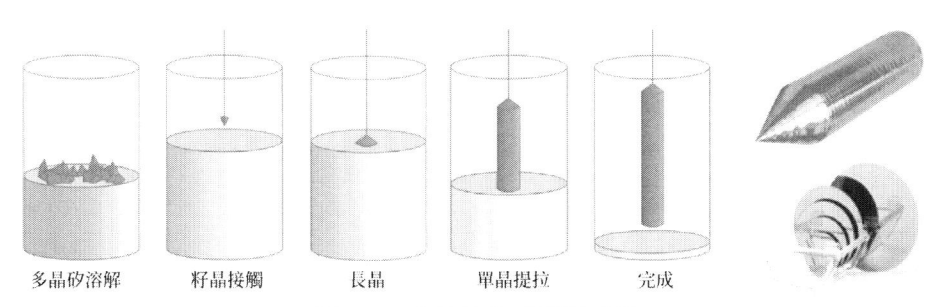

圖 4-1　直拉法生成單晶矽錠

第 4 章　製造之王

　　使用直拉法製作而成的單晶矽，整體呈柱狀，頭部為圓錐形，被稱為矽錠（Silicon Ingot）。單晶矽錠經過切片、倒角、拋光等多個環節後，形成具有一定厚度、呈圓盤狀的基礎矽晶圓，英文為 Wafer。

　　積體電路對矽晶圓的需求為更大的尺寸與更高的純度，但在綜合考慮效能價格比等因素後，今天積體電路產業使用的矽晶圓，其尺寸為 12 in，其純度為 99.999999999%，即 11 個 9 的精準度。

　　歷史上，正是由於半導體晶體的純度提升，蕭克利構思的接面電晶體才得以問世。接面電晶體，因為使用電洞與電子兩種載流子參與導電，被稱為雙極接面電晶體（Bipolar Junction Transistor，BJT）。這種電晶體可以製作離散裝置，也可以作為積體電路的基礎單元。在積體電路出現後 30 餘年的時間裡，BJT 電晶體始終是製作數位積體電路的首選。

　　當時的數位積體電路較為簡單，由「與」、「或」、「非」與「正反器」這些門級電路組合而成，被稱為邏輯閘積體電路。邏輯閘最初由二極體與 BJT 電晶體組合而成，被稱為（Diode-Transistor Logic，DTL）電路，之後演進為全部由電晶體建構的（Transistor-Transistor Logic，TTL）電路[1]。基於 DTL 與 TTL 電路，可輕易組成積體電路最基本的邏輯元件「反及閘」，如圖 4-2 所示。

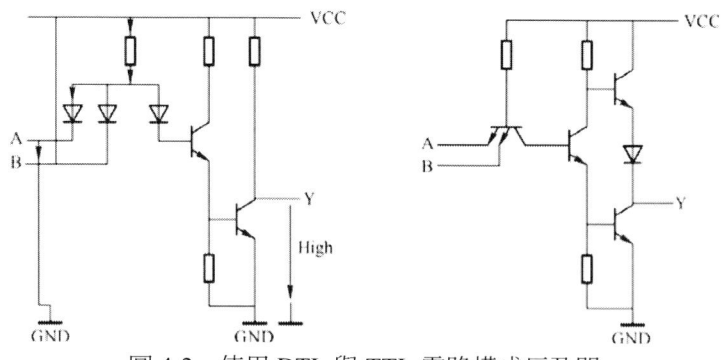

圖 4-2　使用 DTL 與 TTL 電路構成反及閘

這兩種積體電路的優點源於 BJT 電晶體，如運作頻率較高、驅動能力強等等；其缺點也源於 BJT 電晶體，如整合度低、功率較高。

BJT 電晶體由兩個 PN 接面，三個層次組成。使用平面工藝製作時，如果將三層橫向放置，就會因為 BJT 電晶體的基極非常薄，難以確保證製作精準度；而如果採用三層縱向排列，製作工藝更為複雜，而且需要占用較大的晶圓面積。

BJT 電晶體更大的弱點，同時也是其運作不可或缺的環節，即基極在 BJT 電晶體導通時始終具有電流，總會有一部分功率浪費於此。在積體電路沿著摩爾定律發展的過程中，這一弱點更加突顯，使得場效應電晶體（Field Effect Transistor，FET）最終勝出，今天的積體電路就是以此為基礎構成。

場效應設想由蕭克利提出，其運作原理與電子管有幾分相似，而將理論轉變為現實的是日本的半導體之父西澤潤一（Jun-ichi Nishizawa）。1950 年，西澤潤一發明基於碳化矽的電晶體（Static Induction Transistor，SIT）[2,3]，這種電晶體是接面場效電晶體（Junction Field Effect Transistor，JFET）的前身，曾經大規模應用於高階音響領域。

1953 年，貝爾實驗室的 Ian Ross 與 George Dacey 製作出第一個 JFET 電晶體原型[4]，其結構如圖 4-3 所示。其中 Ross 是由蕭克利應徵到貝爾實驗室的，他還發明出用於半導體製作的外延設備，並於 1979 年成為貝爾實驗室的第 6 任總裁。

JFET 與 BJT 電晶體的運作原理差異頗大。BJT 電晶體運作時，需要電子與電洞同時參與；JFET 電晶體運作時，僅需要一種載流子，電子或者電洞，因此被稱為單極型電晶體。圖 4-3 中的 JFET 電晶體，電子為載流子，稱為 N 通道 JFET；電洞為載流子的，被稱為 P 通道 JFET。在 JFET 具有優勢的功率領域，N 通道為主流。

第 4 章 製造之王

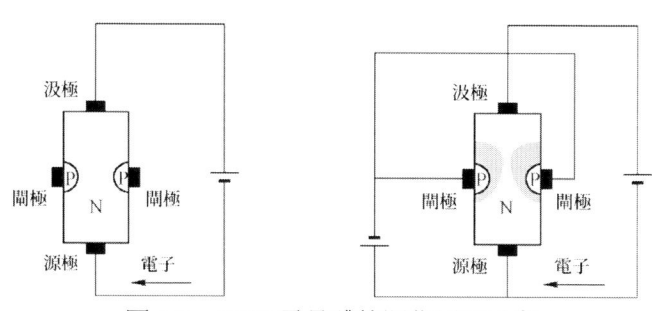

圖 4-3 JFET 電晶體的運作原理示意

　　N 通道 JFET 電晶體由 2 個 PN 接面與 3 個接腳組成，運作原理以電子為核心展開，在正常運作時，電子從源極（Source）進入，從汲極（Drain）流出；閘極（Gate）用於控制電子從源極流向汲極的數量。當閘極、源極之間沒有壓差時，電子將通過源極到達汲極。閘極、源極之間施加反向電壓時，電壓越大 PN 接面的空乏層越寬，電壓越小則越窄，因此調節閘極電壓便可控制電子流動數目，進而調整源汲極之間的電流，達到放大功能。

　　JFET 電晶體誕生後不久，貝爾實驗室製作出一種在今天依然廣泛使用的場效應電晶體。1959 年，從埃及與韓國分別移民到美國的 Mohamed Atalla 與 Dawon Kahng，發明出 MOSFET 電晶體[5]。MOSFET 也是一種單極型電晶體，其運作時僅使用一種載流子，並同樣由源極、汲極與閘極組成，其閘極最初使用金屬製成，這是「M」的來源；閘極與襯底使用氧化物（Oxide）隔離，這是「O」的來源。MOSFET 整體由半導體製成，這是「S」的來源。MOSFET 電晶體可以作為離散裝置應用於功率領域，也可以應用於積體電路領域，其組成結構如圖 4-4 所示。

　　與 JFET 電晶體類似，MOSFET 分為 N 通道與 P 通道，下文將其簡稱為 nMOS 與 pMOS 電晶體。圖 4-4 所示的 MOSFET 為 nMOS 電晶體。在 nMOS 電晶體中，閘極居於正中間，源汲二極分布在閘極左右的兩側

N+ 阱之中。

　　圖 4-4 最下方的灰色部分為襯底，襯底的厚度大約為 1mm，圖中省略了用於支撐的絕大部分襯底。製作 MOSFET 電晶體時，需要在襯底之上外延幾百奈米的矽晶體，即圖中的 P 型外延層。

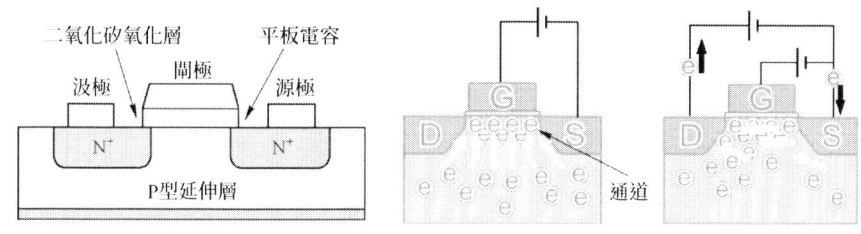

圖 4-4　MOSFET 的運作原理

　　二氧化矽氧化層對於 MOSFET 性能至關重要，閘極與襯底透過氧化層形成一個電容。在閘極施加相對於源極的正向電壓時，這個電容吸附電子至底部，形成一個臨時通道，導通源極與汲極；移除正電壓後，通道便會消失，源極與汲極處於截止狀態。

　　二氧化矽具有較好的絕緣性與較高的介電常數，便於製造大容量電容；而且材料容易取得，在有氧環境加熱矽襯底即可。這些優勢使二氧化矽在半導體製作初期，成為 MOSFET 氧化層的不二之選，也使矽的地位更加不可動搖。

　　貝爾實驗室在發明 MOSFET 之後，沒有特別留意這種新型的電晶體，依然繼續使用 BJT 製作積體電路。當時，BJT 電晶體的開關速度遠遠超過 MOSFET。美國的半導體廠商只有快捷半導體與 RCA 對 MOSFET 產生過少許興趣。

　　1963 年，來自快捷半導體的 Chih-Tang Sah（薩支唐，華裔工程師）和 Frank Wanlass 將 pMOS 與 nMOS 電晶體組合在一起，製作出 CMOS 電晶體[6,7]。兩年之後，RCA 公司基於 CMOS 電晶體，成功研製出功率

第 4 章 製造之王

極低的 SRAM 晶片 [8,9]。

　　CMOS 電晶體的最大優點是功率遠低於其他類型的電晶體，在理想情況下，靜態功率約為零。使用這種電晶體可以簡便地製作反及閘。反及閘是一切數位積體電路的基礎，使用多個反及閘排列組合，就可以組成所有數位電路，因此數位邏輯閘電路的編號將反及閘排在「00」的首位，如圖 4-5 所示。

　　CMOS 反及閘由 pMOS 電晶體 T1、T2 與 nMOS 電晶體 T3、T4 組成。當輸入 A 或者 B 為 0 時，T3 或者 T4 截止，T1 或者 T2 導通，此時輸出 Y 為 1；A、B 全為 1 時，nMOS 管全部導通，pMOS 管全部截止，輸出 Y 為 0。反及閘運作時，pMOS 與 nMOS 管互為負載、互補運作，這就是 CMOS 電晶體的「Complementary」的由來。

　　互補運作方式是 CMOS 電晶體的顯著優點，使得 CMOS 電晶體在正常區域內運作時功率極低，而且具有較強的抗外部干擾能力。CMOS 電晶體的弱點是 pMOS 不易改良。pMOS 的載流子為電洞，電洞的移動速度低於電子，在同等製作條件下，pMOS 的效能低於 nMOS 電晶體。CMOS 電晶體由 pMOS 與 nMOS 電晶體成對組成，只有兩者效能匹配時，方可獲得最佳效能。

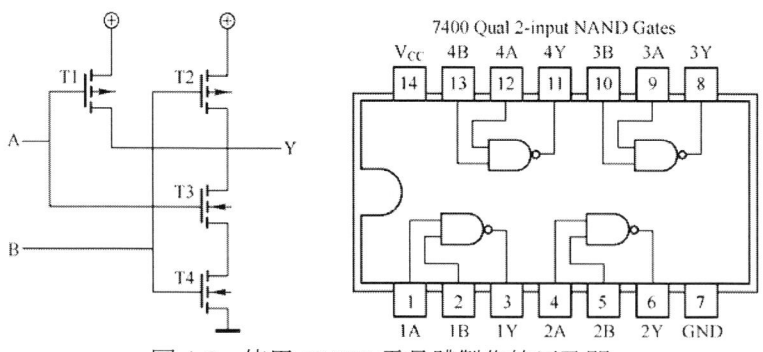

圖 4-5　使用 CMOS 電晶體製作的反及閘

在 CMOS 電晶體出現後很長一段時間裡，因為受制於 pMOS 電晶體的效能，CMOS 電晶體的效能低於單獨的 nMOS 電晶體，也低於 BJT 電晶體，使得 CMOS 電晶體的其他優點被美國廠商所忽略，也為日本半導體產業在未來強勢崛起埋下了伏筆。

從 1970 年代開始，日本半導體產業界深度研究了 CMOS 技術，並將其應用於功率敏感，卻不在意效能的電子手錶與計算機領域。以這兩個應用場景為依託，日本廠商在持續改良 CMOS 技術的過程中，取得重大突破。1978 年，日立的 Toshiaki Masuhara 提出「雙阱工藝」，使用這種工藝可以單獨改良 pMOS 電晶體的製作，使其與 nMOS 電晶體的效能匹配，極大提升了 CMOS 電晶體的效能。這種電晶體在積體電路中的組成結構如圖 4-6 所示。

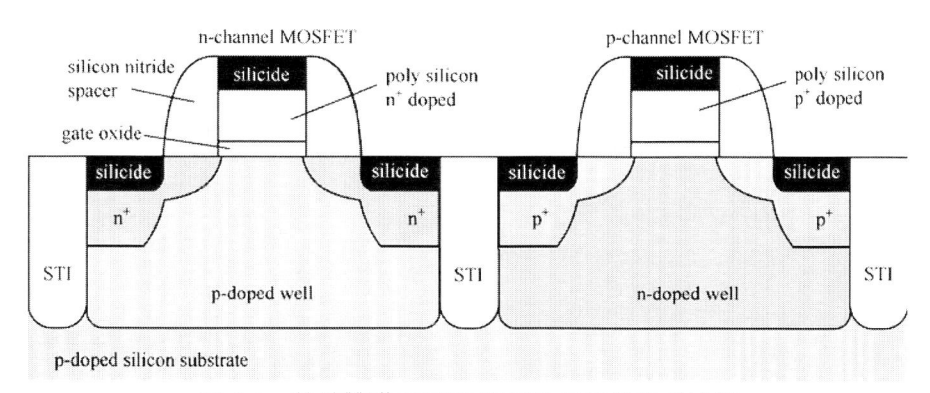

圖 4-6 基於雙阱工藝的 CMOS 電晶體組成結構

不久之後，日立使用雙阱工藝製作出一顆 4kbit 的 SRAM 晶片[10]，其效能與 Intel 採用 nMOS 工藝製作的 SRAM 相當，卻僅需使用 15mA 電流；以 nMOS 工藝製成、同樣大小的 SRAM 需要 110mA 電流[11]。這一明顯優勢使 CMOS 電晶體站穩腳跟。

伴隨摩爾定律的推進，積體電路容納的電晶體數目呈指數成長，

第 4 章　製造之王

CMOS 電晶體低功率與整合度的優勢突顯出來。不久之後，這種電晶體完全確立了其在大型積體電路中的地位，成為現今唯一的選擇。

　　CMOS 電晶體是繼矽與平面工藝之後，製作大型積體電路的最後一塊拼圖。至此，「矽」、平面工藝與 CMOS 電晶體完美組合在一起，演進為 CMOS 工藝。這種工藝也是「矽 +CMOS 電晶體 + 平面製程」生態的別稱。

　　CMOS 工藝的三大組成部分，矽、CMOS 電晶體與平面製程呈三角結構，相互支撐、相互依賴，形成龐大的製作生態。半導體產業的設備與材料圍繞這個生態展開，積體電路製作以此為核心。其他領域的半導體晶片也紛紛向這個生態靠攏。

　　CMOS 工藝最初用於數位積體電路。這個領域龐大的產值，推動 CMOS 工藝持續進步；CMOS 工藝的進步使製作成本逐步下降，並擴展到更多領域。CMOS 工藝在這種良性循環中持續前進，不斷擴張其應用邊界，迅速席捲了整個半導體製造業。

　　CMOS 工藝不僅可以製作電晶體，而且可以整合被動元件，包括電阻、電容與電感，這些不足一分錢的被動元件，經 CMOS 工藝整合後，製作成本幾乎可被忽略。

　　CMOS 工藝無孔不入，在影像感測器領域，基於 CMOS 工藝的 CIS（CMOS Image Sensor）已經成為主流。高功率半導體，這個原本屬於化合物半導體的陣地，也被逐步滲透，許多廠商研究如何藉助 CMOS 工藝，製作出更為廉價的裝置。

　　甚至在「發光」這個從能帶散射關係上來看，矽最不具有優勢的領域，依然有許多人在研究如何使用「矽 +CMOS+ 平面製程」這一組合。在更多的半導體製造領域中，工程人員研究的重點不是「矽 +CMOS+ 平

314

面製程」這一組合是否合適，而是如何找到巧妙的方法使這一組合能夠適用。

持續改良 CMOS 工藝，擁抱由「矽 +CMOS+ 平面製程」所組成的生態，製作出效能更高，尺寸更小的 CMOS 電晶體，使其應用至更多領域，至今依然是半導體製造業的核心，也是驅使摩爾定律持續前行的源動力。

「矽 +CMOS 電晶體 + 平面製程」生態建立於上游的設備與材料，僅在半導體工廠中完整呈現，而且這個生態呈鬆耦合狀態連繫在一起，沒有「x86 與 Windows」、「ARM 與 Android」這類應用層級生態那麼受到關注，卻更加緊密地耦合在一起。

半導體的設備與材料相互之間、與矽之間、與平面製程之間，在多年的發展過程中水乳交融。CMOS 電晶體與平面製程以矽為基石；矽與 CMOS 電晶體以平面製程為基礎；平面製程與矽在電晶體領域最成功的結合是 CMOS 電晶體。

打破三者之間的耦合關係，將面臨積體電路製造過程中，漫長的試錯週期。若提出一個新材料、新結構與新工藝，從實驗室階段，到小試、中試到大規模量產中任何一個環節出現紕漏，都可能折戟沉沙。這使得「矽 +CMOS+ 平面製程」生態，在大型積體電路中占據不可撼動的地位，使 CMOS 工藝更加萬能。

CMOS 工藝的上限受制於矽的材料特性，使得在積體電路領域，替換矽的嘗試始終沒有停止過，但至今仍難見曙光，而人類尋找新材料的努力未曾停歇。

碳基材料始終被寄予厚望。人類對鑽石的渴望，對石油的依賴，植物、動物與礦物質對碳的追逐，在地球上形成龐大的循環。這個由大自

第 4 章　製造之王

然鬼斧神工所創造的奇觀，強烈暗示人類需要再次發現這個為世界帶來生命的元素——碳。

我們或許還可以利用無處不在的光，凝態物質除了固體還有許多選擇，也許我們窮極一生也無法獲得新發現，也或許明天就會有嶄新曙光。

4.2　從矽到晶片

摩爾定律提出之後，積體電路產業飛速前行，從 1970 年代中期的 6μm 製程節點推進至 2022 年的 3nm。期間，全球所有企業相互配合、相互競爭，確立了設備與材料為上游，半導體設計廠商為下游，半導體工廠在其中承上啟下的產業分工。

在這一分工中，上游產業通常掌控技術制高點，但產值較小；下游圍繞周邊生態展開，具有較高的產值；位於其中的積體電路製造業，在整合上下游產業的過程中，不知不覺間成為中心。今天，典型的積體電路製作過程如圖 4-7 所示。

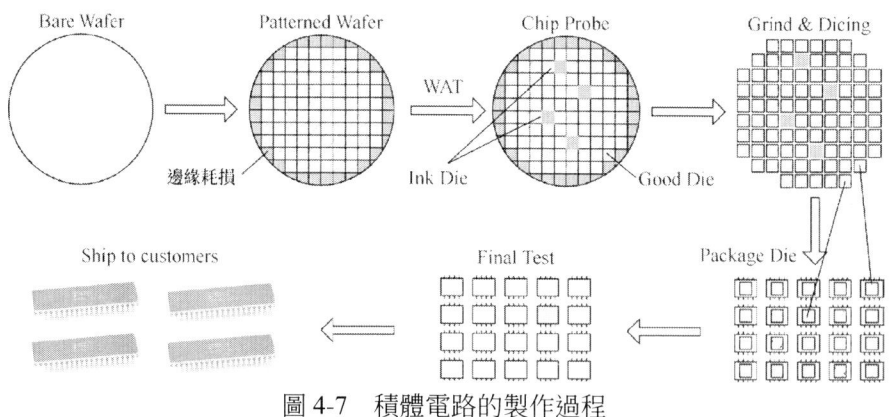

圖 4-7　積體電路的製作過程

4.2 從矽到晶片

　　積體電路的製作以晶圓（Wafer）為核心展開，加工晶圓的工廠也被稱為晶圓廠，其主要任務是將設計階段產生的積體電路布局，逐層轉移到原始晶圓（Bare Wafer），這個環節被稱為「Patterned Wafer」，是積體電路製作中最關鍵的環節。此後的環節雖然在圖 4-7 中占據更多位置，但重要性不及前者的十分之一。

　　積體電路的製作通常以製程節點進行分類，從高階的 5nm、7nm 直到幾十 μm 等級。晶圓廠一般需要同時維護多個不同的製程節點，例如擁有 5nm 製程節點的台積電，依然需要保留 0.25μm+ 節點以滿足不同客戶的需求。

　　每一個製程節點均由數百道工序，配合對應設備與材料製成。以台積電的 7nm 工藝為例，僅微影製程便接近 80 道，圍繞每道微影階段的還有蝕刻、離子植入、清洗等工序。其中，每個工序皆由諸多步驟組成，每個步驟還可以繼續分解為若干操作。一個指定的製程節點，如台積電的 7nm，如果按照工序、步驟一直分解到操作層級，將由數萬個步驟組成，其中任何一步操作失敗，都有可能導致返工，甚至報廢整個晶圓。這種層級的複雜程度，使「Patterned Wafer」環節成為積體電路製作中技術含量最高、執行難度最高的環節。

　　「Patterned Wafer」的最後一個步驟，將進行晶圓驗收測試（Wafer Acceptance Test，WAT），檢驗電晶體、電阻與電容等裝置的電氣特性。通過 WAT 的晶圓接著送入封測廠，完成最後的生產。

　　封測廠獲得加工過的晶圓後，將進行 CP（Chip Probe）測試，檢查晶圓的邏輯功能、接腳電氣特性等參數，挑揀出生產過程中出現的瑕疵品。此時晶圓未被切割，依然為一個整體。CP 測試未通過的 Die 將被統一標記，這些 Die 也被稱為「Ink Die」。

第 4 章　製造之王

　　Die 指在晶圓中未經封裝的積體電路本體，也稱為裸晶，但即便在華語圈的半導體產業界，也大多使用英文 Die 這個稱呼，很少使用中文，因此本書將使用 Die 這個英文稱呼。

　　CP 測試之後，完整的晶圓被切割成一個個 Die，之後進行封裝。封裝完畢的晶片將進行最後一次測試，即 FT（Final Test），通過後即可出售給客戶。

　　大型積體電路由多層組成，底部為電晶體層，其上是若干金屬層。電晶體層包含門級電路與正反器等邏輯單元，這些單元由多個電晶體建築而成。金屬層將這些單元按照一定的拓撲結構連接在一起，在圖 4-8 中使用了 4 層金屬，分別為 M1 ～ M4。

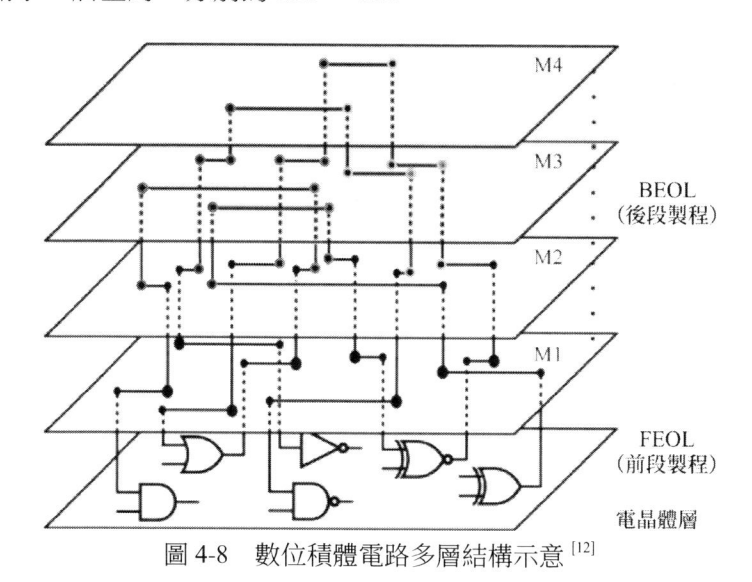

圖 4-8　數位積體電路多層結構示意[12]

　　電晶體層是積體電路製作的核心，由電晶體、電阻、電容等裝置組成。電晶體層含有多個子層，最底層為矽襯底，其上各個子層包含電晶體的各個組成模組，包括電晶體的源極、閘極、汲極及其之間的隔離結構等。

4.2 從矽到晶片

在先進工藝製程下，如 7nm 製程節點，電晶體層包含近 50 多個子層，由當前工藝下精準度最高的設備，歷經幾百道工序製作而成，是積體電路製作過程中技術含量最高、加工難度最大的環節。晶圓廠將這一系列工序統稱為前段製程（Front End of Line，FEOL）。

前段製程以如何製作合格的電晶體為中心。積體電路的每一代新製程節點研發，均從如何製作出尺寸更小，且能滿足基本電氣特性的第一個合格電晶體開始。製作出這第一個電晶體也是一代製程節點研發中最為核心的工作。

使用平面工藝製作幾個與幾十億個電晶體所組成的積體電路，製作方式幾乎完全一致，區別僅在於所使用的光罩組不同，一個包含幾個電晶體，另一個包含幾十億個電晶體而已。

積體電路涵蓋的設計，有處理器、記憶體晶片，也有類比裝置，由若干電晶體以及連接這些電晶體的網路拓撲組成。今天的積體電路可以輕易容納幾十億個電晶體，導致連接這些電晶體的網路拓撲極為複雜，這些網路拓撲主要由金屬層構成。

在晶圓廠中，前段製程之後的剩餘過程，統稱為後段製程（Back End of Line，BEOL），主要任務為製作電晶體層之上的金屬層。僅從圖案特徵方面來看，金屬層由數以億計的線段組成，其中越靠近電晶體層連接密度越高。

以圖 4-8 為例，電晶體層製作完畢後，將在其上覆蓋絕緣體填充物；並在填充物中蝕刻出連接孔；最後在連接孔中填充導體，將金屬層 M1 中的引線與電晶體的源極、閘極或者汲極連接在一起。M2～M4 層的製作與 M1 層類似，依然為填充絕緣層，製作連接孔並填充金屬導體，連接其下的金屬層。

第 4 章 製造之王

現代積體電路的製作過程中，無論前道還是後段製程均基於平面工藝，晶圓廠拿到的原始矽晶圓是一個平面，交付給封裝測試廠的依然是一個平面。

積體電路的製作有個重要參數，即良率（Yield）。良率與積體電路的設計、晶圓廠與封裝測試廠的製程有直接關聯。其中，晶圓廠對良率的影響最為關鍵。

今天，晶圓廠製作一個並非先進製程的積體電路，也通常需要百餘道工序，任何一道工序發生錯誤，都會影響良率。改良工序的工作異常瑣碎，沒有絲毫樂趣。這些缺乏樂趣的工作，是一項工藝從實驗室走向小試、中試與大規模量產的關鍵。

目前 22nm、32nm 及以上的 CMOS 工藝，已經相對成熟，晶圓廠的良率較為合理，改良空間不大。但在高階工藝，特別是 7nm 工藝之下，基於 FinFET 電晶體與 GAA 電晶體的製作工藝，良率依然有很大的提升空間。

晶圓廠不一定會告知使用者「Patterned Wafer」階段的良率，即便積體電路的設計與製造都在同一個公司，有些細節依然在部門間相互獨立。

通常積體電路的良率取決於晶圓尺寸、Die 的尺寸與測試的嚴格程度。

1. 使用更大的晶圓尺寸

在晶圓中，能夠切割出的有效 Die 越多，積體電路晶片的製作成本越低。一片晶圓能夠切割出 Die 的數目，被稱為「*Die Per Wafer*」，其計算如式 (4-1) 所示。

4.2 從矽到晶片

$$Die\,Per\,Wafer = d \times \pi \left(\frac{d}{4 \times S} - \frac{1}{\sqrt{2 \times S}} \right) \quad (4-1)$$

其中，d 值約為晶圓直徑，S 值約為 Die 的面積。因為晶圓邊緣處不能製作 Die，d 值比起晶圓直徑需要略微小 2～3mm；Die 和 Die 之間需要為切割晶圓留出劃線位置，因此 S 值也略比 Die 面積高一些。

相同尺寸的 Die，使用的晶圓越大損耗越小，切割出的 Die 也越多。對於 Die 尺寸為 10×10mm 的積體電路，考慮晶圓邊沿處必要的預留空間，Die 與 Die 間的預留間隙，使用 12in 晶圓大約可以製作出 600 個 Die，8in 可以獲得約 247 個 Die。選用更大的晶圓，如 18in，會進一步減少邊角處的損耗。

晶圓尺寸越大，越有利於切割出更多 Die。但晶圓缺陷也會隨晶圓尺寸的擴大而增加，從而影響良率。擴大晶圓尺寸還需要調整製作設備，增加了相應費用。這些因素使得 20 世紀末期出現的 12in 晶圓，在今天依然占據主流，18in 晶圓尚未大規模商用。

2. 盡可能減小 Die 尺寸

減小 Die 的尺寸，要求在設計階段生成更小的布局。減少布局尺寸又關乎到晶片設計師對馮·諾伊曼架構與圖靈狀態機的理解。對於兩個實力相當的競爭對手，完成功能相近的設計，選用相同的工藝製程時，最後完成的布局尺寸相差無幾。

晶圓的良率與積體電路的設計相關。設計的複雜度事先決定了良率的高低，一個包含大量 SRAM、布線密度較高的積體電路，如高階處理器晶片，在採用相同的製作工藝時，即便布局面積與低階晶片相同，其良率也必然更低。積體電路在設計初期就會確定所使用的製作工藝。

第 4 章　製造之王

高階的工藝能夠縮減布局尺寸，但會提升光罩組與圖案化晶圓的製作成本，其製作的複雜度也將導致良率下降。

Die 的尺寸與良率有直接關聯。通常在相同工藝製程下，Die 尺寸越大良率越低。2019 年，在台積電的 5nm 製程節點中，Die 尺寸為 17.92mm2 時，良率大於 90％；Die 尺寸為 100mm2 時，良率驟降為 32.0％[13]。

3. 測試標準

測試標準是決定晶片良率的重要因素。標準越嚴，品質越高，良率越低。在某種程度上，測試標準極大幅影響一個產品的成敗。在大型主機時代，日本廠商憑藉嚴苛的品質標準橫掃天下；而在 PC 時代，同樣的標準使其折戟沉沙。不同的應用情境對品質有不同需求，也對測試標準的制定提出不同要求。

在測試階段，提升良率的常用策略之一是分級篩選。在處理器廠商向客戶提供的不同類型的晶片中，有些型號之間的差異僅是時脈頻率高低或者 Cache 容量大小。在這種情況下，不同型號產品延用相同的設計和製作流程，只是因為有些 Die 在測試中沒有達到最高設計要求，而被降格為中低階產品。

在晶圓廠中，良率的重要性幾乎僅次於製作工藝。晶圓廠優劣的評價標準簡單粗暴，首先比較所能達到的最高製程節點，如 5nm、7nm 或者 10nm，然後比較在相同工藝下的效能與功率，同時需要比較採用相同的製程節點時，誰的良率更高。

對製程節點與良率的追求，貫穿晶圓廠的完整作業過程，是摩爾定律對積體電路產業所提出的最根本要求。

4.3 摩爾定律

摩爾定律並非自然法則。相信這個定律的正確性,並付諸行動,是推動這個定律持續向行的源動力。某種程度上,摩爾定律已超出文字層面的描述,是幾代半導體人為了心中的使命,奮然前行的縮影。

1965 年 4 月,在快捷半導體工作的高登・摩爾撰寫了一篇名為〈Cramming more components onto integrated circuits〉的文章。文章中,摩爾認為積體電路是電子技術的未來,預言至 1975 年,在面積僅為四分之一平方英寸的矽晶片上,能夠整合 65,000 個元件。一個積體電路可容納的電晶體數目,大約每年增加一倍[14],如圖 4-9 所示。

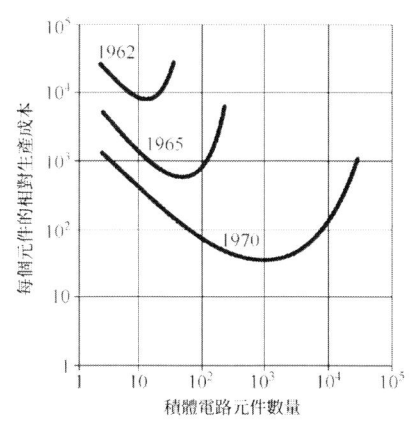

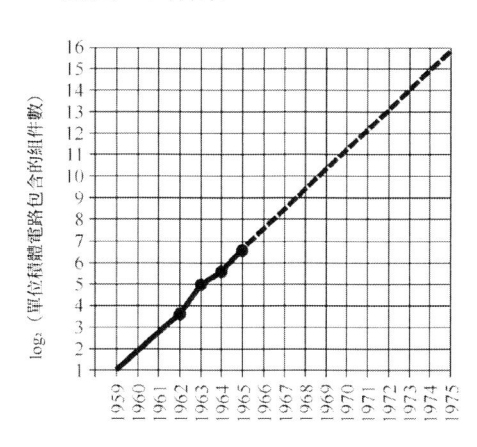

圖 4-9 摩爾定律的雛形[14]

此時,摩爾默默無聞,文章編輯將他稱為新一代電子工程師,順便還提了句「摩爾的專業是化學而不是電子學」。這篇文章並無神奇之處,摩爾用實線將 1959 ~ 1965 年積體電路容納的電晶體數目連接起來,之後依照線性關係,在實線後增加一段虛線,並將其延伸至 1975 年。

1965 年,積體電路製造業初露頭角,工藝水準大約相當於 50μm 節點。矽的純化方法與赫爾尼發明的平面工藝已經出現,但是在積體電路

第 4 章 製造之王

製造領域，尚未形成有效的社會分工。半導體公司開門的第一件事情，是從頭開始研製生產設備。其中曝光機是最核心的設備，也是推動摩爾定律前行的關鍵。

在半導體產業的發展初期，其製作工藝較為簡單，類似於在矽晶圓之上進行平面製圖，而微影相當於其中的尺規，其重要性不言而喻。當時微影技術並不成熟，甚至談不上具有專門的微影設備，現代微影的一切概念停留在原始階段，今天曝光機的幾大部件，如光源系統、照明系統、光學系統與工件臺等基礎部件尚未出現雛形。

在基爾比與諾伊斯發明第一個積體電路的時代，所謂的微影設備由工程師純手工打造。光源與照明系統使用可見光，光學系統是從攝影機中拆卸的鏡頭。光罩則是以玻璃板搭配今天用於裝修的膠帶製作。進行微影時，光罩與矽晶圓靜止不動，自然也不會有運動工件臺的概念。

1960、70 年代，出現一批公司，製作出一系列與微影相關的設備，如表 4-1 所示。在這些設備的基礎上，微影技術的發展一日千里。此後，積體電路的製作逐漸以微影技術為中心展開，摩爾定律在微影設備開關的道路上穩定推進。

表 4-1　1950～1970 年間出現的微影設備 [15]

時間	簡要描述
1958 年	快捷半導體的 Jay Last 與諾伊斯發明 Step-and-Repeat 照相機
1961 年	GCA（Geophysical Corporation of America）公司於 1959 年收購 David W. Mann 公司，並在兩年之後釋出 Photo-Repeater 照相機
1965 年	Kulick & Soffa 推出接觸式對準器（Contact Aligner）
1969 年	Nikon 製作出日本第一臺 Photo-Repeater
1970 年	Canon 推出日本第一臺微影設備 PPC-1
1973 年	Kasper 公司推出非接觸式對準器（Proximity Aligner）

時間	簡要描述
1973 年	Canon 製作出日本第一臺接觸式對準器
1973 年	Perkin-Elmer 製作投影式對準器（Projection Aligner），這臺設備的出現是微影領域的重大里程碑

在這段時間，微影設備從快捷半導體時代的 Jay Last 與諾伊斯發明的 Step-and-Repeat 照相機起步，歷經 Photo-Repeater 設備、接觸式對準器、非接觸式對準器，一直發展到投影式對準器。

這些微影設備，解決的關鍵問題與今天一致，將光罩中的原始圖案轉移到塗敷在矽晶圓表面的光阻劑上。在當時，產業界所關注的焦點是如何將光罩與晶圓好好對齊，以確保證將光罩圖案轉移到光阻劑時的精準度，這類設備也因此被統稱為光罩對準器（Mask Aligner），簡稱為「對準器」。

在對準器時代，接觸式微影設備最早出現，採用這種方式，光罩與光阻劑直接接觸，晶圓獲得的圖形與光罩完全一致；非接觸式微影是在光罩與光阻劑之間留出極小縫隙。兩種方式的實行原理如圖 4-10 所示。

接觸式微影的解析度較高，價格低廉，最大的缺點是因為光罩與光阻劑之間直接接觸，容易損壞光罩並汙染光阻劑；採用非接觸式微影時，光罩與光阻劑沒有直接接觸，因此有效克服了接觸式微影的缺點，最大的問題是因為光的繞射導致光罩投影到光阻劑上的圖形解析度下降。

1970 年代初，半導體工藝進入 10μm 節點，現有微影設備無法滿足必要的精準度，摩爾的預言即將落空。Perkin-Elmer 公司及時出現，製作出名為 Micralign 100 的投影式對準器，拯救了這個預言，也拯救了摩爾身後的 Intel[16]。

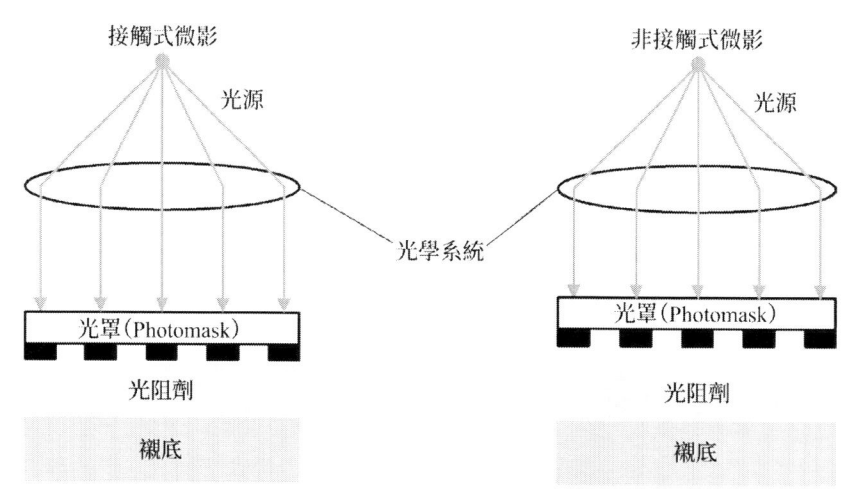

圖 4-10 接觸與非接觸式微影的實行原理

Micralign 100 在光阻劑與光罩間增添了一套基於反射的光學系統，如圖 4-11 所示，將光罩圖案以投影方式轉移到光阻劑上，不僅避免光罩與光阻劑接觸，同時解決了光罩和晶圓的對齊問題，製作精準度可以與接觸式微影相媲美。

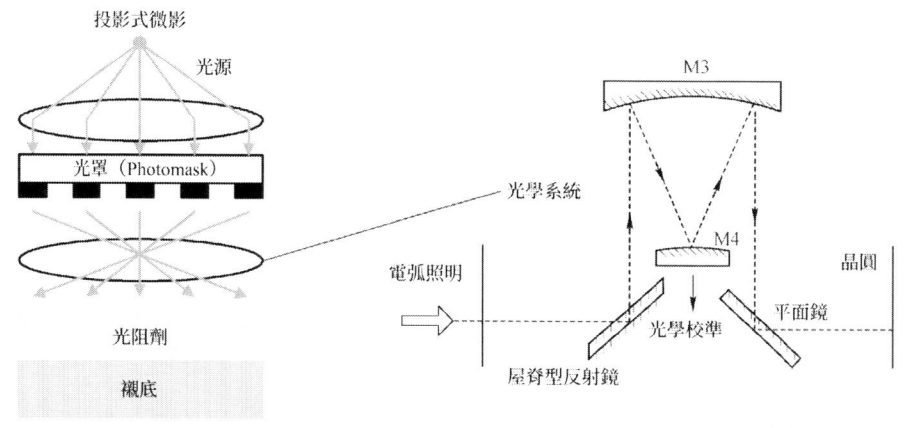

圖 4-11 投影式微影原理與 Micralign 100 使用的光學系統 [17]

這種曝光機不僅提升了微影精準度，尤為重要的是將積體電路製作的良率，提升到前所未有的高度。在此之前，接觸或者非接觸式對準器

製作的積體電路良率僅為 10%～20%，有時甚至趨近於零。1974 年，Micralign 100 設備開始正式對外販售，單臺設備的售價比當時其他高端微影設備高出 3 倍有餘，卻在整個生命週期中，銷售了 2,000 多臺，這一數字對於微影設備而言相當驚人，2020 年，全球半導體曝光機的總銷售量也不過 413 臺。至此，Perkin-Elmer 公司站上微影之巔。

Micralign 100 推出後不久，Intel 購買了這種微影設備，並在與Perkin-Elmer 公司的緊密合作中，發現正光阻劑的製作精準度高於負光阻劑。在兩間公司的共同努力下，Micralign 100 與正光阻劑的組合，使積體電路的良率達到驚人的 70%[18]。這種良率提升程度，已經不能稱之為量變引起質變，而是採用全新的方法，進而開始新一輪的量變累積。

依靠 Micralign 100 與正光阻劑這對在當時無敵的組合，Intel 取得巨大的商業成功。半導體產業界都驚嘆著這間公司新產品所擁有的無人匹敵的低價，特別是記憶體。1976 年，Intel 的銷售額高達 2.26 億美元，比起 1975 年提升了 65.2%[19,20]。

此後的每一年，Intel 均保持高速成長，直到在積體電路領域完全站穩腳跟。Intel 能夠採用這個低價的祕密，直到幾個員工離職後，才被外界知曉。Micralign 系列的微影設備因此名聲大噪，引發美國、歐洲與日本從事微影的廠商群起仿效。

投影式微影設備的製作困難之處在於光學系統，這正是照相機廠商的優勢所在。日本相機廠商 Canon 與 Nikon 因此切入這個市場，從接觸與非接觸式對準器，一直發展到投影式對準器，使微影設備在充分競爭的環境下，越來越成熟。

微影設備的成熟與 Intel 的光輝前景，使摩爾的信心大增。在與Perkin-Elmer 公司合作期間，摩爾整理了 1959～1975 年以來，積體電路容

第 4 章 製造之王

納的電晶體數目，並根據微影技術的演進，預判 1975 年之後積體電路所能容納的電晶體數目。

1975 年，摩爾在國際電子裝置年會上，以「Progress in digital integrated electronics」為題進行報告，並修訂他在 1965 年提出的預言，將積體電路可容納的電晶體數目，更改為從 1975 年起至 1985 年，每兩年增加一倍，如圖 4-12 所示。

此時，摩爾已經不是 1965 年提出預言的那個新人。這一年，摩爾成為 Intel 的第二任 CEO。Intel 已經擁有 4,600 多名員工、1.37 億美元的銷售額、推出第一顆微處理器，在半導體世界聲名顯赫。

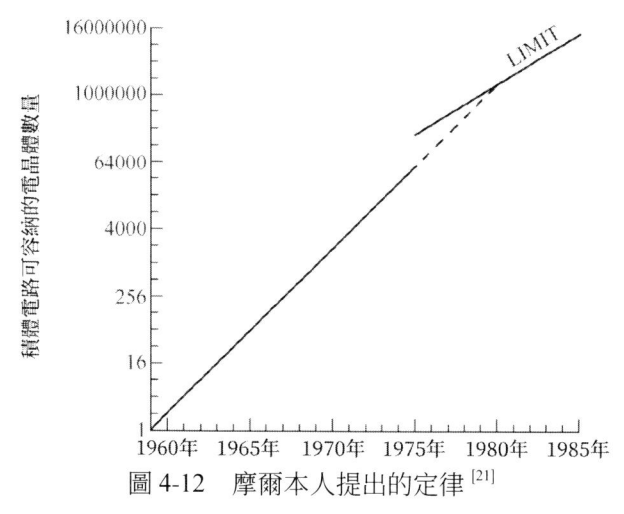

圖 4-12　摩爾本人提出的定律 [21]

這一次，再也沒有人輕視摩爾提出的這個新預言。產業界很快便將這個預言修訂為每 18 個月增加一倍。不久之後，提出 EDA 概念的米德教授，將摩爾預言正式稱為「摩爾定律」，並流傳至今。從那個時代開始算起，摩爾定律保持了近 40 餘年的正確性。

1975 年之後，半導體製作工藝迅速發展，對準器設備逐步出現不足之處。這類微影設備需要光罩與積體電路圖案完全相同，光罩與矽晶圓

的大小完全一致。光罩與晶圓的圖案與尺寸的這種對應關係，限制了微影技術的發展。

摩爾定律要求面積相同的積體電路，每 18 個月增加一倍數量的電晶體，代表著電晶體尺寸需要持續縮小。在對準器微影設備中，光罩圖案與矽晶圓圖案完全一致，電晶體尺寸的縮小，需要對應光罩圖案等比縮小，這對光罩製作精準度提出了過高的要求。

對準器微影設備的不足，使另外一種微影設備勝出。1978 年，GCA 公司發表 DSW 4800 微影設備。這臺設備結合了 Photo-Repeater 與投影式對準器的優點，被稱為步進式（Step-and-Repeat）微影設備，簡稱為 Stepper。Stepper 解除了光罩與晶圓尺寸需要「完全一致」的耦合關係，運作原理如圖 4-13 所示。

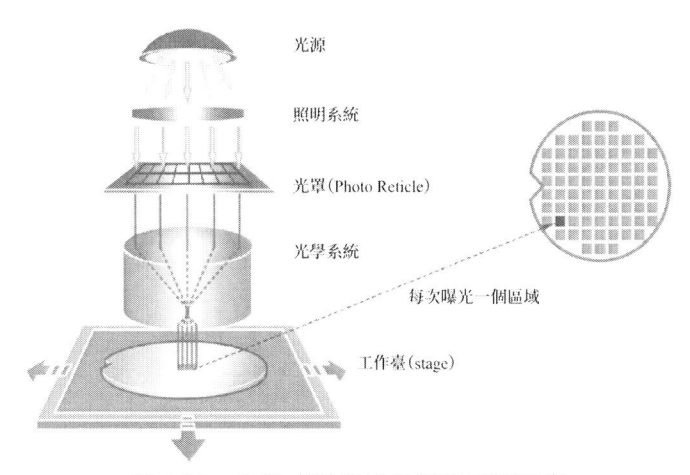

圖 4-13 步進式微影設備運作原理示意

Stepper 運作時，每次僅曝光晶圓的單一區域，並逐區步進，直到覆蓋整個晶圓。對每個區域進行處理時，光罩圖案透過光學系統等比縮小，之後投影到晶圓上。Stepper 設備最初使用的光罩尺寸與投影區域之比為 10：1，後來縮小為 5：1，今天先進曝光機的比例為 4：1。為了與

之前的光罩區分，英文將數倍於積體電路圖案的光罩稱為 Photo Reticle 或者 Reticle，與積體電路圖案大小相同的光罩稱為 Photomask。

Stepper 問世之後，遭遇投影式對準器的頑強抵抗，雖然這種微影設備能夠提供更高的精準度與良率，但處理量不高，使得投影式對準器在相當長的一段時間裡，依然是微影設備的主流，也使得 Perkin-Elmer 輕視了這一技術。

Perkin-Elmer 為此付出巨大代價。這個曾經的微影霸主，在錯失 Stepper 微影技術之後，被對手競相超越，最後將微影業務出售給 SVG (Silicon Valley Group)。2000 年，一間歐洲廠商收購了 SVG，就是今天在微影領域無出其右的 ASML[22]。

Stepper 奠定了現代曝光機的基礎。此後，微影光源從可見光逐步過渡到近紫外線 (Near Ultravoilet，NUV)，NUV 從 g-line (436nm)、h-line (405nm) 縮短至 i-line (365nm)。光源的波長越短，微影的精確度越高。

1982 年，IBM 將準分子雷射技術應用於半導體微影[23]，此後波長為 248nm 與 192nm 深紫外線的 (Deep Ultraviolet，DUV) 取代了近紫外線光源。半導體產業界也逐漸將對準器與 Stepper 微影設備統稱為曝光機 (Lithography Equipment)。

步進掃描曝光機 Step-and-Scan 伴隨雷射光源同步出現，在 1990 年代由 Perkin-Elmer 率先推出，簡稱為 Scanner，是繼對準器、Stepper 之後的重大里程碑。ASML 在 Scanner 時代初露鋒芒，於 1997 年發布 PAS 5500 系列曝光機，並逐步站穩腳跟[24]。2010 年，ASML 製作出極紫外線 (Extreme Ultraviolet，EUV) 曝光機樣機，將光源波長縮短到驚人的 13.5nm。曝光機使用的光源、波長與大規模量產晶片的時間如表 4-2 所示。

表 4-2　曝光機使用的光源、波長與大規模量產晶片的時間

光源類型		光源波長／nm	製程節點／nm	晶片量產
深紫外線 DUV	KrF	248	250～130	1996 年[25]
	ArF	193	130～90	2000 年[25]
深紫外線 DUV	F2	157	—	未量產晶片
	ArF+Immersion	等效於 134	90～7	2004 年
極紫外線 EUV		13.5	TSMC n5	2020 年

其中 157nm 的 DUV 微影並未量產，「ArF+Immersion」的組合，即浸潤式微影很快成為積體電路製作的主流，而後出現了 EUV 微影。EUV 曝光機是至今為止微影領域最重大的突破，Scanner 與 EUV 微影將在本書的後續章節中詳細描述。

從 1970 年代開始的對準器，80 年代發明的 Stepper，90 年代出現的 Scanner，直到今天的浸潤式曝光機和 EUV 曝光機，維護著摩爾定律持續保持正確。

在微影技術後顧無憂的基礎上，半導體設備、材料與製作工藝齊頭並進。在此期間，IBM 主導積體電路技術發展方向，提出化學放大光阻劑（Chemically-Amplified Resist，CAR），引入 CMP（Chemical-Mechanical Polishing）技術，發明銅互連、大馬士革鑲嵌與 Low-K 介質填充等一系列技術，將積體電路的製作推向高潮。

在這些技術的推動下，半導體製程節點從 1970 年代的 10μm，發展到 21 世紀初的 90nm。積體電路容納電晶體的數目呈指數成長，電晶體尺寸呈指數縮短，電晶體間的線寬與線距，與其他一系列與電晶體結構相關的尺寸同步減少。

其中，線寬及線距與電晶體的結構相關，電晶體的每一層均由數以

億計的線段組成，線寬與線距分別指金屬層中線段的寬度和線段之間的距離，如圖 4-14 所示。

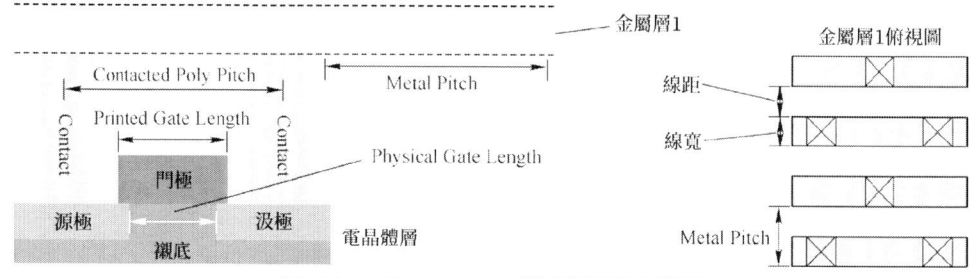

圖 4-14　Gate Length 與半間距示意圖

在積體電路中，金屬層 M1 連接密度最大。M1 的線寬與線距之和為 Metal Pitch，其最小值被稱為 MMP（Minimum Metal Pitch），MMP 的一半被稱為 M1 的最小半間距，簡稱為半節距（Half Pitch），在低階工藝中其值近似於 CMOS 電晶體的物理閘極長度（Physical Gate Length）。CPP（Contacted Poly Pitch）是 CMOS 電晶體與 M1 的接觸間距，也被稱為 Contacted Gate Pitch。

MMP、CCP 與半間距這些參數，決定了 CMOS 電晶體的尺寸，但並不是摩爾定律關注的重點。這個定律以簡單粗暴聞名於世，僅要求每 18 個月積體電路容納的電晶體數目增加一倍，不在乎 CMOS 電晶體是東西方還是南北向哪邊縮得更短，只關注能夠增加一倍這個最終結果。

半導體製程節點的命名僅與這個「一倍」相關。在電晶體的製作處於平面時代時，假設電晶體近似於正方形，那麼這個正方形的邊長只需縮短至 0.7 倍，面積即可縮小一半。0.7 這個神奇的數字定下了半導體的製程節點，從 0.35μm、0.25μm、0.18μm、0.13μm 直到 90nm。這幾個數值之間，後一個數的數值約為前一個數的 0.7 倍。在很長一段時間裡，DRAM 器件金屬層 M1 的半間距長度與半導體製程節點恰好相等。

1992～1997 年，DRAM 器件金屬層 M1 的半間距、物理閘極長度與半導體製程節點之間的對應關係如表 4-3 所示。

表 4-3　1992～1997 年半導體製程節點、半間距與閘極長度之間的關係[26]

年 （大規模生產）	製程節點／nm	金屬層 M1 半間距／nm	閘極長度（Physical）／nm
1992	500	500	500
1995	350	350	350
1997	250	250	200

長久以來，因為充分競爭而腥風血雨的 DRAM 產業，也最有動力維護摩爾定律的正確性。DRAM 的基本單元由一個 MOSFET 和電容組成，提升整合度需要兼顧半間距與閘極寬度，平衡兩者的尺寸，以獲得最高的整合度。

在這段時間裡，評估摩爾定律是否成立的標準，主要參考 DRAM 器件的半間距長度。每過 18 個月，產業界測試兩代 DRAM 產品的半間距是否能夠縮短一半，即可判定摩爾定律是否成立。

1997 年之後，DRAM 半間距不能繼續作為評估摩爾定律的唯一標準。此時，大型主機時代逐漸落幕，PC 時代進入高潮。與 Perkin-Elmer 的合作中，Intel 體會到設備與材料對於半導體製造的價值，廣泛布局於此。科林研發與 Applied Materials 這兩個排名前 3 的半導體設備公司，與 Intel 有著千絲萬縷的連繫。1980 年，科林研發在諾伊斯的資助下成立。Applied Materials 的前任 CEO Michael Splinter 就是來自 Intel。

在設備與材料廠商的密切配合之下，Intel 從 IBM 手中接過半導體技術創新的接力棒，逐步打通半導體完整產業鏈，將這種能力用於處理器的製作，並以此為基石，橫掃處理器世界。在當時，處理器效能依賴時脈頻率的提升，時脈頻率的提升基於 CMOS 電晶體的開關效能，開關效

能的提升需要更短的閘極寬度。

1999～2009 年，處理器製作的製程節點從 0.18μm 前進至 32nm 節點，閘極寬度和 M1 層半間距逐漸縮短，滿足了摩爾定律的「一倍」要求，但是製程節點、半間距與物理閘極寬度之間，不存在直接對應關係。Intel 推動摩爾定律前行的過程中，閘極寬度的縮短速度，超過半間距的壓縮，如表 4-4 所示。

表 4-4　1999～2009 年處理器產品製程節點、半間距與閘極長度之間的關係[26]

年（大規模量產）	製程節點/nm	M1 層半間距/nm	物理閘極長度/nm
1999	180	230	140
2001	130	150	65
2004	90	90	37
2005	65	90	32
2007	45	68	25
2009	32	54	20

21 世紀初，半導體工藝製程進入 90nm 節點時，摩爾定律遭遇挑戰。電晶體尺寸等比縮小時，開關速度無法進一步提升，短通道效應突然加劇，功率不再等比縮小，這使得 IBM 的 Robert Dennard 提出之縮放定律完全失效。摩爾定律因此陷入危機。

在 1974 年，IBM 的 Robert Dennard 預測電晶體尺寸縮短時，功率將等比降低[27]。此時，縮短電晶體尺寸，可以使積體電路容納更多的電晶體，而且功率維持不變。這個規律在 90nm 製程節點之前萬無一失，確保摩爾定律不受到功率問題困擾。這是一段屬於「摩爾定律能夠輕易成立」的美好時光。

在 90nm 節點處，功率成為制約摩爾定律推進的最大障礙，半導體

製造業進入「摩爾定律逐漸失效」的階段。此時，摩爾定律的成立不僅需要縮小 CMOS 電晶體尺寸，滿足整合度的要求，而且需要縮小後的電晶體將功率控制在合理範圍內。

此時，Intel 依靠之前數十年的累積，全力專注於半導體工藝製程。在這段時間裡，Intel 的歷史就是半導體工藝製程發展的歷史；在這段時間裡，事後被證明是正確的方向，均由 Intel 提出並產業化；在這段時間裡，Intel 對半導體材料科學的貢獻，使其在科技史冊中留下深深的足跡，而不僅限於 IT 史冊。

Intel 使應變矽技術從實驗室走向商用；發明 High-K 材料使金屬閘極回歸，這兩個技術合稱為 HKMG（High-K Metal-Gate）；使 Gate-Last 工藝再次成為半導體製作標準。High-K 材料取代二氧化矽之後，引發異質接面與化合物半導體研發的熱潮。Intel 在應變矽、HKMG 與 Gate-Last 製作工藝的成功，使其大幅領先其他半導體廠商。

2007 年，其他廠商還在為 65nm 製程節點如何量產焦頭爛額時，Intel 開始銷售 45nm 製程節點的處理器。許多廠商甚至想直接越過 65nm 節點，直接著手 45nm，以追趕 Intel 的步伐，卻事與願違。2010 年 1 月，Intel 開始銷售 32nm 節點的產品時，主流半導體廠商依然在 45nm 節點處掙扎。

在 45nm 製程節點之後，產業界出現了如 40nm、28nm、20nm 與 16nm 製程節點。這些節點處於兩個標準的半導體製程節點之間，被稱為「半」節點，例如「40nm」半節點，在 45nm 與 32nm 這兩個製程節點之間。Intel 沒有使用過這種半節點命名。半節點的出現，某種程度上是出於商業考量，此時半導體代工廠逐步崛起，半節點可以提供更好的 CP 值；另一方面也是其他半導體廠商難以追趕 Intel 的真實寫照。

第 4 章　製造之王

　　順利突破 32nm 之後，Intel 再接再厲，將半導體製作從二維結構轉向三維空間，發明了 Tri-Gate 電晶體。這種電晶體呈立體結構，但以其為基礎建構的積體電路，依然基於「矽+CMOS 結構+平面製程」製作[28]。2012 年 4 月，Intel 基於 Tri-Gate 電晶體，釋出基於 22nm 製程節點的處理器。2014 年 9 月，Intel 發布基於 14nm 製程節點的處理器。這一系列由 Intel 引領的半導體技術進展，維繫著摩爾定律的正確性。

　　在 45nm、32nm 與 22nm 節點時，產業界使摩爾定律持續保持正確性。但在 14nm 節點時，摩爾定律的正確性再次受到挑戰。此時，電晶體的靜態功率居高不下，使得積體電路中的近百億顆電晶體，因為功率因素，無法同時運作。這些在某個時間段內無法運作的電晶體被稱為暗矽（Dark Silicon）。

　　手機處理器廣泛採用的 big.LITTLE 技術便是基於暗矽技術。以此技術為基礎的處理器，內部有兩組效能不同的 CPU，分別被稱為「Big」和「Little」。瀏覽網頁時使用高效能的「Big」；聽音樂時僅使用低效能的「Little」，而關閉「Big」，以節約功率。暗矽的出現，使產業界質疑 14nm 製程節點是否滿足摩爾定律，因為在積體電路中的電晶體數目雖然倍數提升，但是不能同時運作。這個質疑聲因為 FinFET 電晶體的大規模流行而銷聲匿跡，因為這種呈三維結構的電晶體，徹底打亂了製程節點的命名。此後，製程節點與電晶體的物理尺寸，再也不具備數字層面的對應關係。

　　14nm 製程節點之後，陸續出現了 10nm 與 7nm。7nm 製程節點之後，有些廠商提出了 5nm、3nm 的製程節點。但是這些稱呼不能改變摩爾定律逐漸失效的事實。

　　摩爾定律評價標準並未改變，按照這個定律的要求，製程節點的命

名，10nm、7nm 或者 5nm，不需要與 CMOS 電晶體的任何一個尺寸有關聯，只需要保證每 18 個月，尺寸相同的積體電路多容納一倍左右的電晶體數目即可。

Intel 提出過一種演算法，以導正半導體製程節點命名的混亂，認為所有數位電路都由一定數量的「反及閘」與「正反器」組成，其比例大約為 6：4，只需要比較前後兩代工藝中反及閘與正反器的數目是否翻倍，即可判定摩爾定律是否延續[29]。依照這種說法，一些廠商提出的 5nm、3nm 工藝，儘管在技術層面上依然勝過上一代，卻無法滿足摩爾定律的要求。嚴格意義上的摩爾定律，在 10nm 製程節點前後，便已失效。

在記憶體領域，製程節點的命名依然按照摩爾定律，卻無法保證「每 18 個月增加一倍」。這個產業的製程節點，在 20nm 之後，便採用不同的命名方法，如表 4-5 所示。

表 4-5　半導體記憶體領域的製程節點命名

年（大規模量產）	製程節點	對應節點
2016 年	1x	19～17nm
2018 年	1y	16～14nm
2020 年	1z	13～11nm
2022 年 +	1α	10nm

2021 年 1 月，美光宣布具有交付 1α 製程節點 DRAM 晶片的能力[30]，但是距離大規模量產仍然需要等待一段時間。在半導體記憶體領域，1α 節點之後，還有 1β 與 1γ 兩大指標。這兩大指標在今天尚無討論的價值與意義。

因為各種原因，譬如成本、矽的極限，記憶體領域完全突破 10nm 製程節點之路依然尚需時日。另外一個更為重要的原因是，記憶體領域

第 4 章　製造之王

（特別是 DRAM 產業）無法對摩爾定律說謊。

　　這個產業的評價指標非常簡單。每一次製程節點的進步，代表著產品容量成倍提升。在一代製程節點中，如果能夠製作出 8Gbit 單顆裸晶，那麼在 Die 尺寸不變的前提下，升級之後的製程節點需要製作出 16Gbit 的單顆裸晶。在記憶體產業，摩爾定律許久之前便不再成立。記憶體產品的晶片布局異常有序，在如此有序的領域中，摩爾定律依然不能成立，在其他領域中只會更難以成立。

　　產業界圍繞摩爾定律，還提出過一些方法，例如延續摩爾（More Moore）、擴展摩爾（More than Moore）、超越摩爾（Beyond Moore）與豐富摩爾（Much Moore）。所有這些方法都不能改變摩爾定律的極限正在日益接近的事實。

　　採用先進的封裝技術，如 SiP（System in a Package）不能算作延續摩爾定律，因為這種技術的本質是將多個積體電路放入一個封裝之內，不能算是在相同的面積中，容納更多的電晶體。

　　目前產業界延續摩爾定律的有效方法，依然是調整「矽 +CMOS 結構 + 平面製程」生態，持續進行微創新。

　　在這個生態中，矽的極限已經來臨，使用化合物半導體取代矽也許是能夠延續摩爾定律的方法之一，目前這類積體電路並沒有量產。產業界依然在持續改良 CMOS 結構，FinFET 之後出現了 iFinFET、GAA 等電晶體結構。而最大的創新依然是如何使用 ASML 的 EUV 曝光機改良平面製程。

　　這些創新無法阻止摩爾定律已經完全放緩的事實。在積體電路領域，已經無法做到每 18 個月，整合度提升一倍。在不遠的將來，即便將這個期限提升 2 年、3 年，或者更長的時間，也很難保證其能夠保持正確。

摩爾定律並非自然法則。從 1975 年至今，這個定律在歷經 40 餘年後，正在離我們遠去。在這段時間裡，無數人前仆後繼，在維護這個定律保持正確的過程中，推進著積體電路產業持續向前。

這個定律不會因為結束而失去光芒。科技史冊將牢記曾經有過這樣一群人，他們在面對未來的不確定時，選擇了相信，選擇了守護。

4.4 藍色巨人

藍色巨人開創的大型主機時代，不是 IBM 對人類的最大貢獻。System/360 大型主機對於野心澎湃的小沃森，不過是一個可以集中天下資源的載體。小沃森甚至在這臺大型主機還未取得成功之前，便開始憧憬著電子資訊產業的美好未來。在此之前，小沃森集中 IBM 所有資源，耐心等待著機會降臨。貝爾實驗室公開電晶體專利之後，小沃森第一時間做出決定，準備從貝爾實驗室手中，接過推動半導體科技持續發展的接力棒，並以電晶體為基石製作出被稱為 SMS（Standard Modular System）的電子模組。這一模組由幾個電晶體、二極體與若干個電阻和電容連接在一起，其寒酸的組成結構見圖 4-15。

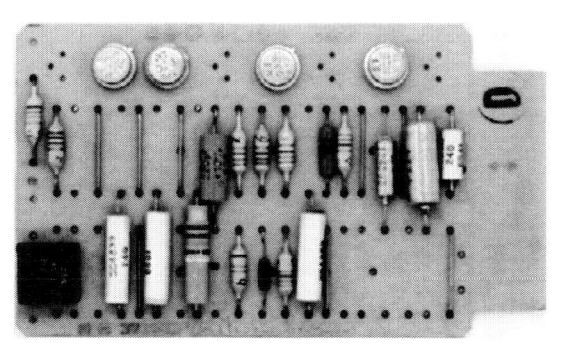

圖 4-15　7000 系列大型主機使用的 SMS 模組

第 4 章　製造之王

　　SMS 模組的複雜程度，甚至不如今天中小學生電子製作競賽使用的實驗裝備，卻是 IBM 在 1950 年代，建造 7000 系列大型主機使用的主要電子線路模組。

　　與電子管相比，這種模組可以算得上是巨大突破。但是小沃森明白，如果 System/360 大型主機以此為基石，不僅對不起自己的孤注一擲，而且也無法戰勝 CDC 與 DEC 公司這樣的競爭對手。小沃森已經把整個 IBM 壓上賭桌，怎麼輸也不過是賠光罷了，不如再多加點籌碼。

　　此時，電晶體已經成熟，積體電路誕生，半導體產業發展迅速。

　　小沃森決定完全拋棄電子管方向，在積體電路中投入重本。積體電路製作成本較高，除了用於軍方，剩餘需求集中在尚未成形的計算領域，整體規模不大，小沃森卻認為 System/360 將製造出大量需求，並相信透過大規模生產，能夠有效控制成本。

　　小沃森準備重新設計一種電子模組，用來製作 System/360 大型主機。一個年輕的工程師，Erich Bloch 為小沃森獻出上中下三策，用以改造 SMS 模組。下策是保持 SMS 模組整體不變，使用積體電路替換其中的二極體與電晶體；中策採用固態邏輯技術（Solid Logic Technology，SLT），如圖 4-16 所示；上策是單晶積體電路（Monolithic Circuits），將 SMS 模組的所有組成元件製作在同一片積體電路中[31]。

　　Bloch 提出三種策略的原因，無非是讓管理層比較三者優缺點時使中策突顯出來，這也是大公司向上彙報工作的常用方式。管理層很快就得出結論，繼續使用 SMS 模組跟不上時代腳步，單晶積體電路方案過於超前，SLT 成為建造 System/360 大型主機的必然選擇。

　　SLT 的效能顯然不如單晶積體電路，但與 SMS 模組相比，至少與初期模組劃清了界限。SLT 相當於今天的厚膜積體電路，由積體電路、電

阻、電容等各種微型元件，裝在同一個基板上製作而成。這個在今天看起來非常容易運用的技術，當時卻需要踮起腳尖才能勉強搆到。

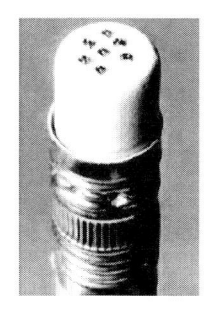

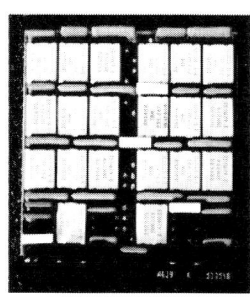

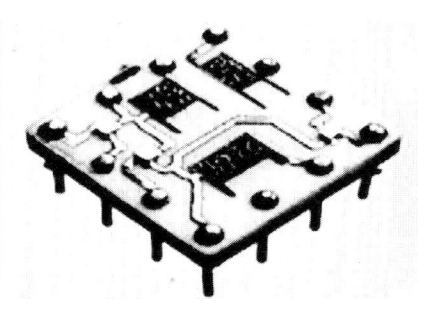

圖 4-16　SLT 模組的示意圖

小沃森異常重視 SLT 技術。1961 年，IBM 在制訂 System/360 大型主機的開發計畫時，列出一系列設計目標，SLT 是第一項設計目標中第一個需要實現的技術[32]。在 IBM 研製 System/360 大型主機高達 50 億美元的總預算中，有 45 億美元用於生產各種模組電路並搭載硬體系統，這些電路以 SLT 為基礎[33]。

SLT 模組是 IBM 有史以來，首次採用全球合作方式製作的電子元件。1964 年，IBM 正式推出 SLT 模組[34]。1965 年，IBM 生產的 SLT 數量高達 100 萬片，1966 年為 600 萬片，並於 1967～1969 年將年產量提升到了 1,100 萬片[35]。

半導體產業因為 IBM 這次的強勢出擊而翻天覆地。在此期間，半導體產業陸續出現一些零星的技術進步，但與 SLT 技術的推出與大規模量產所帶來的震撼相比，不過是一些微不足道的瑣事。

SLT 技術奠定了 System/360 大型主機成功的基礎。System/360 大型主機的成功，使 IBM 有能力向半導體製造業的最尖端產生衝擊。在 SLT 模組的研製過程中，無塵室、平面工藝等現代半導體工藝中的常見流程逐漸確立。

第 4 章　製造之王

在此期間，獨立的半導體設備供應商開始出現。這些廠商的出現，化解了半導體設備與製造之間的緊耦合關係。合理的產業分工，極大促進了半導體產業的發展。

最早出現的商用半導體設備，不是在 4.2 節介紹的微影設備，而是半導體測試設備。在 1960 年代初期，快捷半導體、Signetics 與德州儀器開始對外出售這類儀器給其他半導體廠商，甚至包括自己的競爭對手。

1961 年，Teradyne 公司在波士頓成立後不久，推出一款採用電腦的自動測試設備（Automatic Test Equipment，ATE）。直到今日，Teradyne 依然是 ATE 設備的主要供應商。1967 年，Applied Materials 成立，開始為半導體製造廠提供設備。當 System/360 大型主機大行其道時，半導體製造設備與材料已經逐步成形。IBM 不必如貝爾實驗室那樣，為了生產一個電晶體，需要準備從矽晶圓開始到設備與材料的物品。IBM 只需要建設晶圓工廠，然後購買相應設備與材料即可。

藉著大型主機產業的成功，IBM 累積足夠的能量，使得 Bloch 提出的上策，以單晶積體電路為基礎建造大型主機的構想得以實現。積體電路最早出現於德州儀器與快捷半導體，但積體電路之所以成為大型產業，是因為大型主機的需求，更因為 IBM 這個既有能力，也有追求的藍色巨人。

伴隨大型主機產業的發展，IBM 成為電子資訊產業中最大的公司，開始整合半導體設備、材料與製作工藝，大規模建設半導體工廠生產積體電路，以滿足自身需求。IBM 沒有揭露過其半導體工廠的產值。但在大型主機如日中天的年代，藍色巨人毫無疑問擁有世界上規模最大的半導體晶圓廠。

在大型主機時代初期，「矽 +CMOS+ 平面製程」生態已具備雛形。在美國出現了一連串從事積體電路製造的廠商，包括快捷半導體、德州儀

器、Motorola、RCA、Signetics 等公司，但這些公司的背後都沒有龐大的產業作為依靠，使得積體電路製作生態始終由貝爾實驗室所掌握。

站在貝爾實驗室背後的是通訊巨人 AT&T。1984 年，在美國反壟斷法干涉下，貝爾實驗室迅速從巔峰滑落，無力再維護龐大的半導體製造生態。IBM 同樣屢遭美國司法部的官司所擾，但終歸全身而退。貝爾實驗室與 IBM 的此消彼長，使得 IBM 擁有半導體世界最為強大的力量，具備執掌半導體製造業「牛耳」的必要條件。

IBM 在大型主機時代獲得的巨大成功，確保了其在電子資訊產業中的地位。IBM 為了 SLT 技術一擲千金，使其具備龐大的電子製造業與工廠。1945 年成立的沃森研究院，在歷經 20 餘年的沉澱後逐步發揮，在物理、化學與數學等基礎學科領域，為 IBM 提供足夠的底蘊，為藍色巨人掌控半導體完整產業鏈，打下了深厚的基礎。

藉助這些有利條件，藍色巨人緩慢地切入半導體領域，規範積體電路製造業的每一處細節，利用這間公司在基礎學科的雄厚底蘊，在矽材料、CMOS 電晶體結構與平面工藝上做出一連串重大突破，將積體電路製作工藝從蠻荒之地，一直推進到 90nm 製程節點，最終使「矽 +CMOS+ 平面製程」生態得以成形。

此後，IBM 在積體電路製造業中，始終維持著大規模的資本支出。這種投入使 IBM 的科學家不斷提出可大規模量產的新工藝。僅從積體電路這個部分來看，IBM 的投入與實際產出並不成正比；但從整體來看，這種投入事半功倍。

率先研製出的新工藝，使 IBM 有條件製作出效能更高的積體電路。效能更高的積體電路，進一步維繫 IBM 在大型主機產業中的霸主地位。這個霸主地位使 IBM 能夠在積體電路製造產業中注入更多資金。IBM 在

第 4 章　製造之王

這種良性循環中欣欣向榮。

　　IBM 率先提出無塵工廠的概念，制定出多如牛毛般的管理與製作標準，規範了積體電路製作的主要流程，並整合半導體上游的設備與材料，將半導體製造業推向階段性的顛峰。此後，晶圓廠的布局、實作流程與各類規範，逐步建立。今天，一個簡單的晶圓廠布局如圖 4-17 所示。

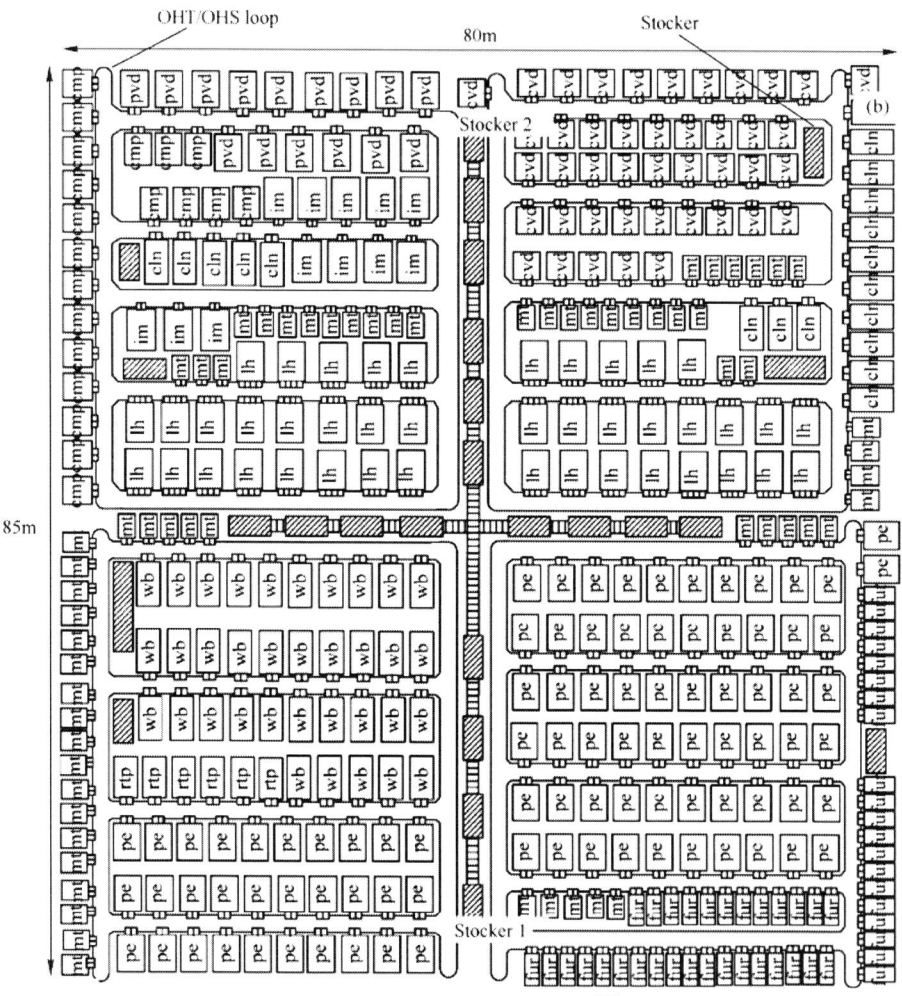

圖 4-17　晶圓廠布局示意圖 [36]

晶圓廠除了需要防塵、防靜電、防有機物汙染與各種小顆粒之外，半導體設備的布局也頗有學問。晶圓廠以效率為第一要務，所有設備需要依照「產能利用最大化」的原則，建構出若干條生產線配合運作。

制定流程、使各類設備配合運作，並不是藍色巨人的最終目標。IBM 對半導體產業的貢獻，涵蓋了從基礎科學至設備與材料，從製作到應用的完整產業鏈。其中最大的貢獻在於以半導體工廠為核心，整合設備與材料，推動半導體製造業全面進步。

半導體設備、材料與製作工藝之間存在的緊耦合關係，使得獨立研究某一種設備與材料並不可行。設備與材料廠商並不具備晶圓廠的生產環境與全套設備，在其實驗室中只能開發出半成品，最終的整合需要在晶圓廠內完成。

在積體電路的製作中，每一次新工藝的誕生，一系列的新設備與材料便會隨之出現。這些新工藝、新設備與材料由晶圓廠配合不同的設備與材料供應商共同完成，最終誕生於晶圓廠。這些本為競爭關係的設備與材料廠商在相互合作的過程中，不自覺地以晶圓廠為核心，緊密聯合在一起。

有資格成為這個核心的第一間工廠，必須有能力提出、研製新工藝並大規模量產。其他晶圓廠繼而複製「第一個」，地位遠遠不能與其相提並論。在積體電路製造業中，成為核心並掌握新工藝的開發權，代表著將有機會掌控整個產業界的上游。

以史觀之，無論是在軟體、硬體，甚至網際網路領域，一個有志於偉大的公司，其演進路線必定是一路向上，中游奮力向前，並成就於下游。

在半導體製造業，上游以科技為本，是兵家必爭之地，比的是十年磨一劍的底蘊。貝爾實驗室式微之後，全世界只有 IBM 具備這種底蘊。

第 4 章　製造之王

占領上游制高點，使 IBM 有機會致力於中游的製造業，不斷提出受到業界認可的新工藝，並將其大規模量產。

在中上游確立領袖地位的 IBM，輕而易舉地在產業下游獲得巨大利益。在半導體記憶體領域，IBM 的 Robert Dennard 發明了 DRAM。在半導體計算領域，John Cocke 製成出第一個 RISC 處理器。IBM 後來還推出 Power 處理器架構，並在相當長一段時間裡，成為蘋果筆記型電腦的首選。在光通訊領域，IBM 也有顯著貢獻。

從 1970 年代開始，直到 21 世紀初，IBM 在半導體領域取得一連串重大突破，如表 4-6 所示，推動著整體產業的健康發展。這是一段屬於半導體世界的黃金時代。

表 4-6　IBM 在半導體設備與材料領域的貢獻

名稱	簡要描述	時間
半導體超晶格	江崎玲於奈發現化合物半導體組成的薄膜多層結構，可以產生不同的量子效應。1958 年，他發現電子的量子穿隧效應，並因此獲得諾貝爾獎。1960 年他加入 IBM，進一步提出半導體超晶格的概念	1970 年
掃描穿隧顯微鏡	IBM 的 Binnig 和 Rohrer 發明掃描穿隧顯微鏡	1981 年
DUV 雷射	IBM 的 Kanti Jain 引進 DUV（Deep Ultraviolet）的準分子雷射，積體電路微影從高壓汞燈進入雷射時代 [37]	1982 年
化學放大光阻劑	IBM 的 Hiroshi Ito 等人發明了化學放大光阻劑（Chemically-Amplified Photoresist，CAR）[38]。DUV 與 CAR 的組合將半導體製作工藝從 1980 年代的 1.5μm，一直推進到 14nm 節點	1983 年
CMP 技術	IBM 將 CMP 技術引入積體電路的製作	1988 年
銅互連技術	銅互連是半導體製作的重大里程碑	1997 年

名稱	簡要描述	時間
Low-K 介質填充	IBM 最初提出 Low-K 材料填充，以解決電路之間的串擾問題，後來 Intel 使用這項技術減少了銅互連導線之間的電容	1997 年
SOI 矽晶圓	IBM 提出 SOI 矽晶圓（Silicon On Insulator），這種矽晶圓可以擁有更高的效能和更低的功率	1998 年
應變矽	現代應變矽（Strained Silicon）技術最早於 1980 年代由貝爾實驗室、IBM 等公司提出；90 年代 IBM 取得實驗室突破；Intel 在 21 世紀初將其大規模商用	1990 年代

1997 年，IBM 提出銅互連技術[39]。此前，積體電路的金屬層使用鋁金屬互連，並逐步演進為以摻雜銅金屬的鋁合金進行互連，其製作過程是沉積鋁合金，之後蝕刻金屬，最後在金屬連接周邊填充絕緣體，完成金屬層的製作。

銅和鋁同為金屬晶體材料。在宏觀世界中，以銅製作金屬層的優勢遠遠超過鋁。與鋁相比，銅的電阻率更低、連接功率更低、傳輸延遲更短、分布電容更小、電遷移特性更高。

但在半導體材料所處的微觀世界中，銅不容易被蝕刻，其價電子在矽與大多數介質材料中，具有極高的擴散速度，容易進入二氧化矽層與矽晶體中。銅與鋁在常溫下都容易氧化，但是鋁被氧化後，將形成細緻的保護層防止進一步被氧化，而銅無法形成這個保護層。這些原因使得在半導體製作初期，互連的首選始終為鋁而不是效能更好的銅。

IBM 引入大馬士革鑲嵌工藝，解決了銅的蝕刻問題。採用這種工藝時，不直接蝕刻銅金屬，而是在絕緣體之上蝕刻溝槽，形成銅導線圖形，之後將銅沉積於溝槽，最後使用 CMP 技術去除槽外多餘的銅，並將其平坦化。

第 4 章　製造之王

在銅互連技術中，最困難的一步是限制銅的價電子不在電晶體中隨意擴散。

IBM 的思路是使用其他金屬或者材料，將銅連接包裹起來。IBM 嘗試過許多材料，最後發現氮化鉭（TaN）可以作為銅金屬的阻擋層，使得銅互連技術得以實現。大自然有 118 種元素，可以組合成 3,000 多萬種物質，在這些物質中，有條件成為銅金屬阻擋層的有幾百種材料。IBM 的工程人員在多如牛毛的材料中，不斷尋求合適的組合，最終使銅互連技術得以成功，如圖 4-18 所示。

圖 4-18　IBM 與銅互連 [40]

銅互連技術是半導體材料科學一次重要的微創新。在材料領域，任何一項微不足道的創新，均需要經歷漫長的過程。實驗室的偶然成功僅僅是第一步，之後還有小試、中試與大規模生產，在其中任何一個環節出現問題，都需要回溯至上一個階段，甚至回歸到實驗室階段。

今天，許多軟體可以輔助材料科學的研究，成熟的檢測設備加快了材料科學的研發進度，卻沒有改變材料科學依然發展得極為緩慢的現實，這依然是限制人類進步的重要因素。一種新材料，從實驗室階段到大規模生產的時間，有時甚至需要十年、數十年，甚至百年的努力。在多數情況下，一些新材料還沒有達到大規模生產的階段，便中途夭折。

4.5　加減法設備

　　銅互連技術非常幸運，順利通過了實驗室、小試、中試與大規模生產這些必經環節，成為迄今為止半導體金屬層連接的不二之選。

　　從材料科學的角度來看，使用銅替換鋁似乎微不足道，但這個技術在經過積體電路與電子產品逐層放大之後，成為一個里程碑。

　　在銅互連技術出現之前，積體電路的金屬層最多只能做到 6 層；銅互連技術發展至今，金屬層已經可以做到 16 層。更多的金屬層使得 Intel 的高階處理器、輝達的高端 GPU 得以實現，這些高階處理器的出現，改變了今天的一切。IBM 推出銅互連技術的同時，提出 Low-K 材料填充技術。金屬層數不斷增加，使得層間電容持續提升。降低電容的有效方法是選擇介電常數低的填充材料，一般稱為 Low-K 材料。這種材料需要具備足夠的機械強度、高崩潰電壓、低漏電等一系列特性。這種材料最後能夠應用，依然需要歷經實驗室、小試、中試與大規模生產。在 Low-K 材料之後，IBM 率先提出應變矽的完整理論，並最早製作出實驗室產品。

　　IBM 在半導體製作領域取得的這些成就，持續推動著積體電路沿著摩爾定律的道路前行。在那個年代，地球因為有 IBM 而自豪。

4.5　加減法設備

　　經過 IBM 系統性的整合，積體電路製造正式成為一個產業，此後確立了基於「矽 +CMOS+ 平面製程」生態的製作流程，該流程以微影為中心，加減法設備為協助，並有檢測設備全程參與，形成周而復始、循環交替的流程，如圖 4-19 所示。

第 4 章 製造之王

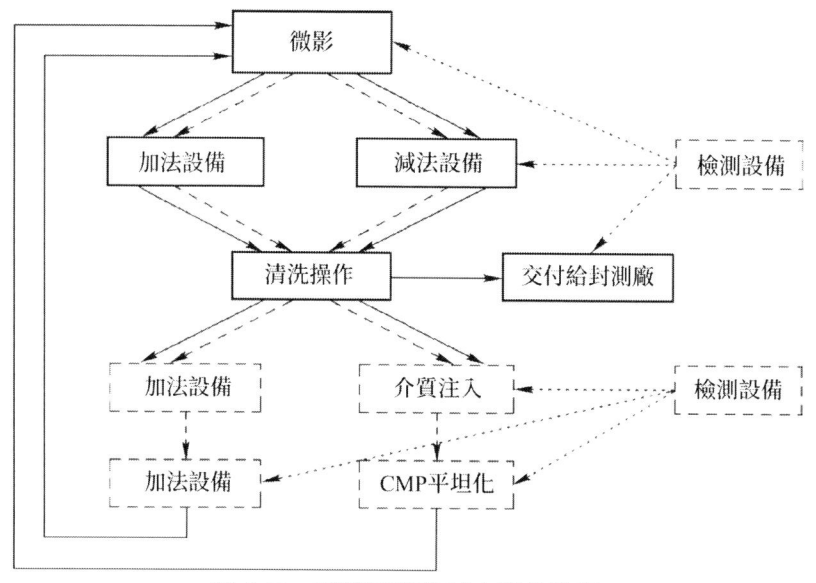

圖 4-19　積體電路的基本製作流程

積體電路的製作，需要眾多設備共同參與，協力完成。這些設備整體分為兩類，一類是生產設備，另一類是檢測設備。

生產設備以微影為中心，在積體電路製作過程中，微影占據 40%～50% 的時間，其他製程圍繞微影進行。因此半導體的生產設備可以分為兩類：微影與輔助微影的設備。輔助微影的設備由加法設備、減法設備與其他設備組成。積體電路製作的每道工序需要不斷增加與去除材料。增加材料的設備為加法設備；去除材料的設備為減法設備。

不同設備的處理量不同，目前主流的 193nm 曝光機，每小時加工晶圓數量約為 200 多片，而其他設備每小時加工片數從幾片到百片不等。

在晶圓廠中，處理量不同的設備組成若干條生產線，其中處理量越高的設備所占比例越少，反之越多。這些設備將並行運作，完成積體電路的製作。積體電路製作常用的生產設備如表 4-7 所示。

表 4-7　積體電路製作中使用的生產設備

設備	種類	說明
微影設備	曝光機	微影製程分為光阻劑塗敷、紫外線曝光，之後透過顯影和蝕刻工序，將一套光罩組中所有光罩的影像逐層轉換到晶圓襯底
減法設備	蝕刻設備	分為溼法與乾法兩種方式，溼法蝕刻使用腐蝕性液體，乾法蝕刻使用電漿。乾法蝕刻的精準度高於溼法，成本也高於溼法。乾法蝕刻是最為重要的減法設備
	拋光設備	化學機械拋光（Chemical-Mechanical Polishing，CMP）是摩擦學、流體力學與化學的結合，由 IBM 引入半導體製作工藝，起初用於金屬層的平坦化，而後逐步進入電晶體層的製作
加法設備	沉積與外延設備	沉積與外延設備是重要的加法設備，主要作用是在晶圓的表面，沉積矽、氮化矽、多晶矽、金屬等薄膜。積體電路製作使用的沉積類設備的種類最多，包括氧化爐、CVD、PVD 與 ALE 等，還外延包括 MBE、ALE 與 MOCVD 等設備
	摻雜設備	摻雜的主要作用是將硼、磷與砷等元素添加至矽晶體中。常用的摻雜方法為擴散與離子植入，對應的設備為擴散爐、離子植入機。離子植入完成後，晶體結構將受到不同程度的破壞，需要快速退火（Rapid Thermal Annealing，RTA）修復，此時需要使用快速退火爐設備
其他設備	—	包括一系列輔助自動化設備、清洗設備，與積體電路封測環節所使用的切割、鍵合等設備

　　在積體電路的生產設備中，加減法設備的技術含量相對較高，其中減法設備主要由蝕刻與拋光設備組成；加法設備主要由沉積、外延與摻雜設備組成。

　　蝕刻設備是最重要的減法設備，分為溼法與乾法兩類，其中溼法蝕刻採用酸性溶劑進行減法，例如磷酸和氫氟酸可以分別溶解氮化矽與二

第 4 章　製造之王

氧化矽層。溼法蝕刻的精準度不高，溶解時會因各向同性，而朝四個方向擴散，造成預期之外的損壞。

1968 年，美國 Signetics 公司的 Stephen Irving 發明乾法蝕刻[42]，用於去除光阻劑。1960 年代，Signetics 公司非常有名。這間公司發明了著名的 555 計時器，在微處理器尚未誕生的年代，這顆晶片就是智慧的代名詞。Signetics 公司後來被飛利浦半導體收購，成為今天恩智浦半導體的一部分。

Irving 發明的乾法蝕刻依然為各向同性。1973 年，美國惠普公司的 Steven Muto 發明各向異性的乾法蝕刻[43]，此後，乾法蝕刻真正有別於溼法蝕刻，進而廣泛應用在積體電路製造領域，各向異性與各向同性蝕刻的區別如圖 4-20 所示。

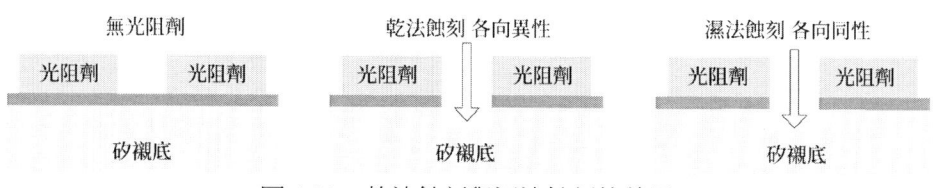

圖 4-20　乾法蝕刻與溼法蝕刻的差異

各向異性乾法蝕刻的優勢是「指哪打哪」，容易控制，相較於溼法蝕刻來說，不會造成額外的破壞，其優勢主要來自於使用電漿（Plasma）。

物質常見的三種狀態是固、液與氣態，電漿是物質的第 4 種狀態。1920 年，諾貝爾化學獎得主，美國科學家歐文·朗謬爾（Irving Langmuir），在研究燈絲中帶電粒子的發射過程中，第一次觀測到這個變幻莫測的電漿世界[44]。

1950 年之後，美國、蘇聯與英國在研究受控熱核反應的過程中，大幅促進了電漿物理學的發展。隨後，低溫電漿技術興起，用於電漿切割、焊接與半導體工業。至今為止，人類對電漿世界進行了百餘年的探

索，獲得許多發現，但或許對其認知依然不足萬一。

在人類能夠生存的優越環境中，不存在電漿。在這種環境中，物質由微觀粒子構成，這些粒子由分子或者原子組成，分子或者原子中的電子呈原子雲狀瀰漫在原子核周圍，並優先占據距離原子核最近的運行軌域。

但在浩瀚的宇宙中，超過99%的可見物質處於電漿態，地球不過是一個非常另類的存在。天然電漿存在於太陽核心、日冕、太陽風，以及自然界中的閃電、火焰與極光等環境中。在電漿環境中，物質結構與地球大不相同。

在溫度高達15,000,000K的太陽核心，物質的外層電子很容易脫離原子核的束縛成為自由電子，失去電子的原子成為離子，從而形成帶正電、負電的離子，以及沒有失去電子的粒子。電漿由正負離子與沒有失去電子的粒子組成。

透過加熱可以在固、液、氣與電漿態之間轉換。以水為例，水由分子構成，在大氣壓的環境下，溫度低於0°C時凝結為固體，在0～100°C之間融化為液體，100°C以上蒸發為氣體。溫度持續升高時，氣體分子可以分裂為原子，並產生電離，此時整體的組成為陽離子、電子，以及一定數目的中性原子與分子。

在電離過程中，原子不斷失去電子而形成陽離子，當電子與陽離子達到一定濃度時，物質形態將發生根本性變化，此時電子與陽離子間的長程電磁力發揮作用，維持整個系統的穩定，表現出不同於固、液、氣態的運動特性，即電漿態。

並不是所有由正離子、負離子與中性粒子組成的系統，都是電漿態。生理食鹽水為0.9%的氯化鈉溶液，其中氯化鈉溶液由鈉離子與氯離子組成，而食鹽水很顯然不是電漿態。

第 4 章 製造之王

電漿具有嚴格的判斷標準，包括「電漿近似」、「多粒子參與的群體相互作用」等條件，而且在理想的電漿中，帶電粒子與中性粒子的相互作用，與其與帶電粒子的作用相比可以忽略。

這些判斷依據較難用科普用語完整描述，卻不影響電漿在許多領域受到極為廣泛的應用。在積體電路的製作過程中，電漿因為其中粒子能量大、化學性質活潑，而被應用於乾法蝕刻。

電漿可分為高溫電漿和低溫電漿兩大類。高溫電漿的溫度，甚至可以高達 1 億°C；低溫電漿的溫度可以等同於室溫。

在積體電路的製作過程中，不會製造一個「人工小太陽」使物質進入電漿態，而是使用低溫電漿。在低溫電漿中，電子溫度可以高達上萬°C，但是離子溫度並不高，從而使整個系統的溫度較低。

在積體電路製作中，反應離子蝕刻法（Reactive Ion Etching，RIE）使用低溫電漿進行蝕刻。採用這種方法時，需要蝕刻機源源不斷地產生高速電子撞擊中性粒子，使其不斷分裂，以維持穩定的電漿態。

以乾法蝕刻常用的 CF_4 材料為例，當高速電子撞擊 CF_4 分子時，將發生電離（Ionization）、分裂（Dissociation）、激發（Excitation）與鬆弛（Relaxation）這 4 個主要過程，以形成穩定的電漿，如圖 4-21 右側所示。

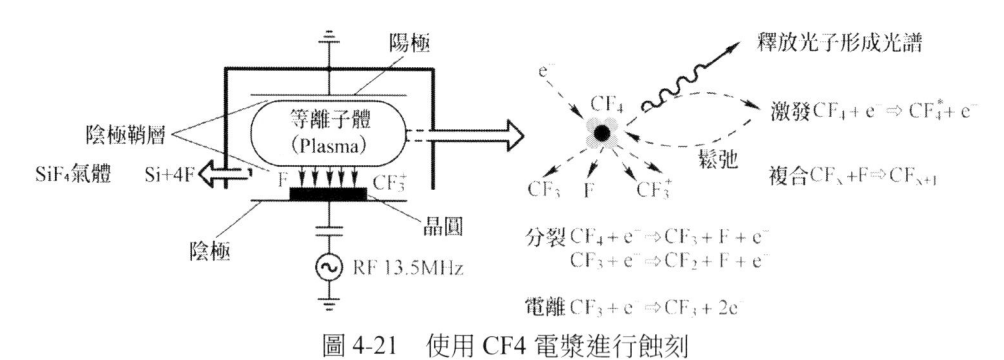

圖 4-21　使用 CF4 電漿進行蝕刻

中性粒子 CF_4 被高速電子撞擊後，其分子鍵被打斷，形成自由基 F、CF_3、CF_2 與 CF，這個過程稱之為分裂。自由基包含至少一個不成對電子的分子碎片，具有搶奪其他原子或者分子之電子的傾向，以形成穩定分子，化學特性較為活潑。

分裂而得的自由基，例如 CF_3，被高速電子再次撞擊後，有可能損失一個電子成為離子 CF_3^+，這個過程被稱為電離。

中性粒子 CF_4 被高速電子撞擊後，還可以進入能階更高的激發態，處於激發態的粒子躍遷至初始狀態時對外輻射光子，這些光子組成的光譜可以查看控制蝕刻過程。

乾法蝕刻中，電漿中的電子容易吸附在蝕刻機中的陰極與陽極上，並使其帶負電，從而使兩個電極附近的電漿呈正電。如果在兩個電極之間施加電壓，並維持電流平衡時，兩個電極將吸引電流，從而在陰極附近形成一個非電中性的薄層區域，這個薄層區域也被稱為陰極鞘層（Dark Sheath）。

在乾法蝕刻過程中，陰極鞘層至關重要。當射頻電壓加到陰極時，電場將電子從鞘層驅離，僅留下離子密度均勻的鞘層。此時，在陰極上放置晶圓，進入鞘層的離子將在電場的作用下，加速垂直撞擊晶圓，以達成各向異性蝕刻。

乾法蝕刻除了可以採用 CF_3^+ 離子垂直撞擊這種物理蝕刻方法，還可以藉由特性活潑的自由基 F 與矽晶圓之間產生化學反應，生成 SiF_4 氣體後排放到外部。

單獨使用離子撞擊與化學反應，蝕刻速度並不快，而物理與化學方法在乾法蝕刻中結合之後，可以使蝕刻速度提升 10 倍左右[47]。

CF_4 之外，許多種腐蝕性氣體也可用於乾法蝕刻，如 SF_6、C_4F_8、C_{l2}

第 4 章　製造之王

等。使用這些腐蝕性氣體進行乾法蝕刻時，可以借用 O_2、H_2 等輔助氣體控制蝕刻的速度、選擇比、均勻度等參數。基於 RIE 的乾法蝕刻還有許多種類，用於半導體製作過程中的不同製程，提升了完全掌握乾法蝕刻的難度。在乾法蝕刻領域居世界之巔的科林研發，其「林」字源自出生於廣州的林傑屏；曾經在 Applied Materials 工作的王寧國博士，也對這個領域具有顯著貢獻。

乾法蝕刻之外，低溫電漿還是電漿增強化學氣相沉積（Plasma-Enhanced Chemical Vapor Deposition，PECVD）的製作基礎。

在半導體製作過程中，化學氣相沉積（Chemical Vapor Deposition，CVD）是常用的半導體加法設備，其原理是使用幾種氣相化合物或者氣體單質，與半導體襯底表面進行化學反應，在其上生成薄膜的製作方法。

化學氣相沉積在執行時需要較高的溫度，通常超過 750℃，PECVD 的優點是在相對低的溫度便可形成沉積，通常為 300 ～ 450℃。

與化學氣相沉積對應的還有一種重要的加法設備，即物理氣相沉積（Physical Vapor Deposition，PVD）。這種方法可以將金屬、金屬合金或化合物蒸發為氣體，並沉積在基板表面。在半導體製作中，這種方法多用於製作金屬層。

外延與沉積功能較為類似，同樣是在半導體襯底之上進行加法操作，與沉積的區別在於，外延增加的是單晶層，並對襯底晶格進行外延。外延層與襯底材料一致時被稱為同質外延；如果不一致則稱為異質外延。

外延技術在半導體製作中用途廣泛，同質外延可以在低（高）阻襯底上外延高（低）阻外延層，可以在 P（N）型襯底上外延 N（P）層；異質外延可以在某種襯底之上，外延出其他晶體材料，例如可從碳化矽襯底外延出氮化鎵。

離子植入與擴散是另一種重要的加法方式，多用於摻雜。平面工藝發明初期，赫爾尼使用擴散法進行摻雜。與擴散法相比，使用離子植入進行摻雜，可以精確控制投射深度，具有各向異性，不會擴散到其他區域。

離子植入的缺點是在摻雜過程中，會造成晶格的表面損傷。為此在離子植入之後，需要進行退火、活化植入雜質、還原載流子電氣特性並修復晶格。退火設備使用雷射束、電子束等方式執行。積體電路製作多使用快速退火法，將溫度瞬間升高到 1,000°C，並在 0.01s 左右完成退火。

在積體電路的製作過程中，加減法設備與微影一同構成半導體製造設備的主體。其中還有一種特殊的設備，即 CMP 設備，這種設備的主要功能不是對積體電路進行減法操作，而是執行平坦化，如圖 4-22 所示。

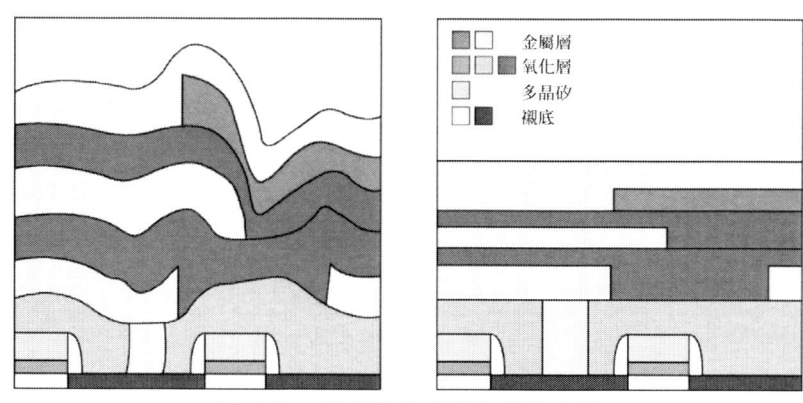

圖 4-22　平坦化之前與之後的效果

積體電路的製作，需要不斷增加或者去除材料。每次沉積或者外延新的薄膜層時，晶圓表面總會出現各種高低起伏。這種起伏的累積，將引發許多潛在問題，導致裝置失效。一個未經 CMP 打磨的 CMOS 電晶體如圖 4-22 左側所示，CMP 後可以使晶圓表面起伏變得平整，形成理想形狀，如圖 4-22 右側所示，從而有效克服裝置失效這一問題。

第 4 章　製造之王

　　CMP 技術最先用於鏡頭製作，包括顯微鏡頭、軍事望遠鏡等領域。1983 年，IBM 引入 CMP 技術，改良積體電路後段製程中金屬層的製作。1990 年代，CMP 設備開始普及，並在前段製程中受到大規模應用，用於拋光淺溝槽隔離、介電層、多晶矽等多個環節。

　　CMP 技術是實現銅互連技術的重要基礎，其構成原理基於化學反應和機械動力，並由研磨機、研磨液、研磨墊、拋光終點量測、CMP 後清洗等一系列輔助設備搭配構成。直到今天，該技術依然是對晶圓表面進行平坦化的唯一有效方法。在 CMP 技術中，CMP 機臺最為關鍵，其結構如圖 4-23 所示。

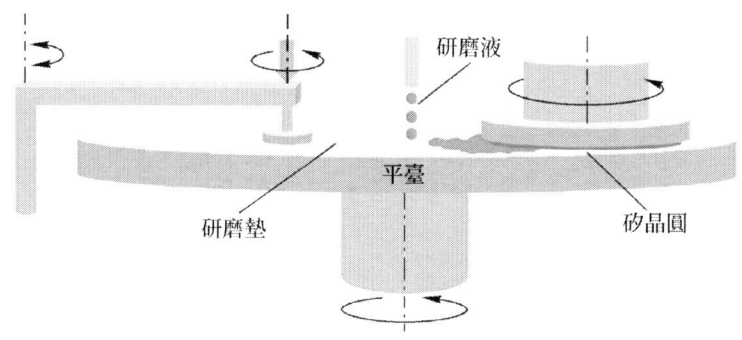

圖 4-23　CMP 機臺的基本組成結構

　　在研磨過程中，矽晶圓與研磨墊 (Pad) 直接接觸，研磨液 (Slurry) 在矽晶圓與研磨墊之間流動，形成一層均勻的薄膜。研磨液由亞微米或者奈米等級的磨粒與化學溶劑組成，與需要去除的材料產生化學反應，將難以溶解的物質轉變為易溶或者軟化，最後透過物理摩擦去除。

　　在積體電路的製作中，除了上述生產設備之外，還有一類重要設備，即檢測設備。檢測設備的重要性不亞於生產設備，由三大類組成，分別為量測 (Metrology)、缺陷檢查 (Defect Inspection) 和測試 (Test) 設備，分別簡稱為「量」、「檢」與「測」。

4.5 加減法設備

在「量、檢、測」設備中,「量」與「檢」設備具有最高的技術成分,其應用貫穿於晶圓廠生產線的各個環節,監控積體電路製作的完整流程。與「測」相關的設備用於晶圓製作後期與封裝測試廠,檢查生產出的積體電路是否滿足設計需求。

本章 4.2 節中提及的 WAT、CP 與 FT 環節中使用的檢測設備,與「測」相關,這些測試設備的架構原理相當於示波器、邏輯分析儀與軟體的組合,與「量、檢」設備相比,技術實作難度相對較低。

在積體電路的製作過程中,微影套刻、離子植入、CMP、蝕刻等環節都可能形成缺陷,需要於生產線上檢測生產過程。不能精準發現這些缺陷,就無法糾正已知錯誤,這就是「檢」存在的價值。

「量」相關設備與半導體材料的計量學相關,用於測量製作過程的各種參數,包括電阻率、應力、摻雜濃度、膜厚度、關鍵尺寸與套刻精準度等。不能準確量測各類參數,就無法控制每道工序的執行結果,這就是「量」存在的意義。

在現代積體電路的製作中,「量、檢」設備的重要性容易遭到忽略,甚至與測試設備混淆。「量、檢」設備基於量子力學的光譜分析與穿隧效應原理,實現難度遠超過測試設備。

在積體電路的製作過程中,最重要的設備無疑是曝光機,「量、檢」設備在重要程度上可以排在第二位。在晶圓廠中,積體電路的製作以曝光機為大腦,加減法設備為四肢,檢測設備作為雙眼,最終實現。

第 4 章 製造之王

4.6 製作之旅

21 世紀初,「矽 +CMOS+ 平面製程」生態完全成形。以矽為主材料,基於 CMOS 電晶體的平面工藝具有不可撼動的地位。這個生態以如何製作出第一顆 CMOS 電晶體為起點展開。在積體電路中,基於「銅互連」技術的 CMOS 電晶體,其組成結構如圖 4-24 所示。

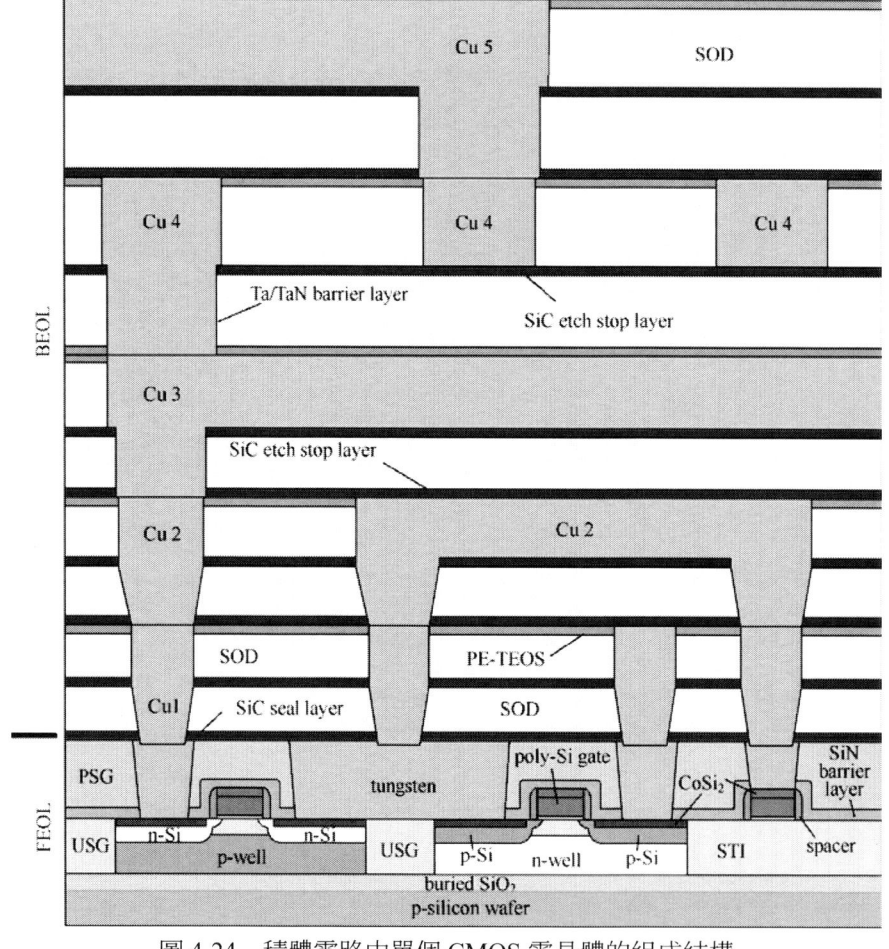

圖 4-24　積體電路中單個 CMOS 電晶體的組成結構

4.6 製作之旅

　　一個積體電路，即便僅包含這一個 CMOS 電晶體，依然以微影為中心，反覆使用蝕刻、研磨、擴散、沉積、清洗等工序，在一個平面之上完成。這些工序除了需要使用對應的半導體設備之外，還需要光阻劑、各類氣體、酸鹼物質、金屬化合物、有機溶液等材料的通力合作，經過近萬個步驟製作而成。

　　1980 年代，雙阱工藝成為數位積體電路的主流，完成「矽 +CMOS+ 平面製程」生態的最後一塊拼圖。使用該工藝製作 CMOS 電晶體的主要過程如下。

　　選擇 P 型矽晶圓作為襯底，這是雙阱工藝最常用的選擇。CMOS 電晶體由 nMOS 與 pMOS 對偶組成，決定其效率的 nMOS 需要製作在 P 阱中。相對於 N 型襯底外延低電阻率的 P 型阱，P 型襯底外延高電阻率的 N 型阱，製作的 nMOS 性能更好。

　　在其上外延摻雜濃度較低的 P- 型矽層。

　　在 P- 外延層中製作 N 阱和 P 阱。

　　在 N 阱中製作 pMOS 電晶體。

　　與 P 阱中製作 nMOS 電晶體。

　　使用金屬層將 pMOS 和 nMOS 電晶體連接在一起，組成 CMOS 電晶體。

　　採用雙阱工藝可以分別對 CMOS 電晶體中的 nMOS 和 pMOS 電晶體單獨進行改良，使兩者效能匹配，在相當程度上遏制 CMOS 電晶體的閂鎖效應（Latch-up）。

　　基於雙阱工藝製作積體電路，需要經過若干道工序，以微影為中心，使用加減法設備增加或者去除材料，最終製作完畢。其中各道工序

之間相互依賴，相互配合，上一道工序為下一道工序做必要的準備，環環相扣，每道完整製程結束後，晶圓均為平面結構，其完整過程與搭建一棟大廈有異曲同工之妙。

1. 襯底準備

本製作環節主要由外延與沉積工序組成，其步驟如圖 4-25 所示。

圖 4-25　襯底準備

使用 12in P+ 型矽晶圓為襯底，襯底厚度約為 0.775mm。

在襯底之上外延摻雜濃度更低的，約 2μm 厚度的高純 P- 層。

在有氧環境下使用氧化爐加熱晶圓，在 P- 外延層之上形成約 20nm 厚度的二氧化矽（SiO_2）層。

以矽烷和氨氣作為原料，採用 CVD 設備沉積 250nm 厚的氮化矽（Si_3N_4）層。本道工序製作的 SiO_2 層，用於包裹後續生成的氮化矽，避免其與矽直接接觸產生應力。應力會影響半導體材料的表面結構，有時需要避免應力帶來的不良影響；有時需要利用應力，提升 CMOS 電晶體的效能，比如應變矽技術。

2. 第 1 道微影製作淺溝槽隔離

淺溝槽隔離（Shallow Trench Isolation，STI）將電晶體分隔為一個個獨立區域，避免相互干擾，極大提升了晶片的整合度與效能，是製作積體電路的關鍵步驟。

在積體電路這棟大廈中，STI 相當於最基礎的地基，預先決定了積體電路的良率與效能。不同的大廈需要不同的地基，不同的積體電路，

如邏輯類或儲存類，具有不同的 STI 製作方法。

　　本製作環節的第一步為「光阻劑成型」工序，將 STI 光罩中的圖形轉移到光阻劑之上。在積體電路的製作中，許多製作環節的第一步均為光阻劑成型，該步驟之後通常緊接離子植入或者蝕刻這兩道工序。該步驟曾在第 2 章第 2.5 節中簡要介紹，本節在此基礎上，詳細介紹這一關鍵步驟，具體如圖 4-26 所示。

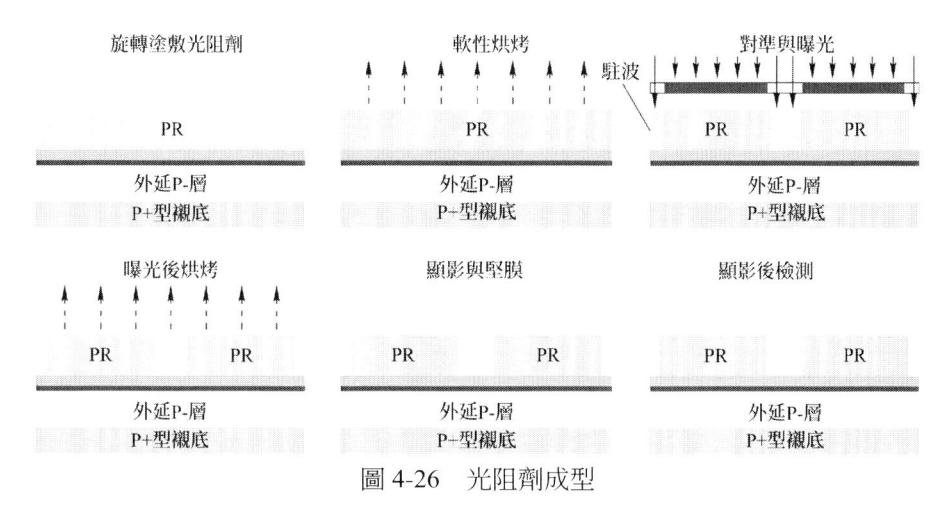

圖 4-26　光阻劑成型

　　光阻劑成型的第一步為旋轉塗敷光阻劑（Spin Coat），將光阻劑塗敷在襯底之上。

　　軟性烘烤（Soft Bake）。蒸發光阻劑中的溶劑，降低灰塵汙染，提升光阻劑附著力。

　　對準與曝光（Align and Exposure）。確保證光罩圖案對準晶圓，之後進行曝光，此時 DUV 將通過光罩，正性光阻劑中的感光劑將與之發生光化學反應。

　　曝光後烘烤 PEB（Post Exposure Bake）。在上一步驟結束後，光阻劑與襯底交介面的反射光與入射的 DUV 將產生干涉，在曝光與未曝光邊界

第 4 章 製造之王

較容易出現駐波效應，即圖 4-26 中的鋸齒波。因此光阻劑常添加抗反射塗層減緩駐波。PEB 步驟有助於進一步消除駐波，此外光阻劑在曝光結束後，光化學反應尚未完全結束，需要在一定溫度下加熱一段時間，使其反應完畢。

顯影與堅膜（Develop and Hard Bake）。曝光結束後，加入顯影液，溶解正光阻劑中的感光區，溶解操作結束後，將在光阻劑上形成光罩圖形。堅膜的作用是透過高溫去除光阻劑中的剩餘溶液，提升光阻劑在後續步驟的抗蝕能力。

顯影後檢測（After Develop Inspection，ADI）。顯影後，使用量測工具檢測光阻劑成型圖案是否通過標準，否則就需要返工。該步驟完成後，光阻劑成型工序結束，光罩中的圖案已經轉移到光阻劑上，之後進行蝕刻或者離子植入。

STI 光阻劑成型後，將進入製作 STI 環節（見圖 4-27），步驟如下。

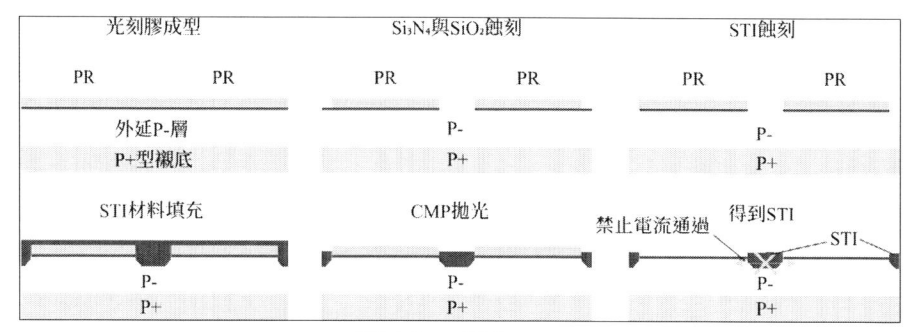

圖 4-27　製作 STI

使用乾法或者溼法蝕刻氮化矽與二氧化矽層，此時光阻劑作為阻擋層，保護其下的氮化矽與二氧化矽層不被蝕刻，沒有受到保護的氮化矽與二氧化矽層將被去除。

使用乾法進行 STI 蝕刻，製作 STI 溝槽。

去除光阻劑，並將特定材料依序填充進 STI 溝槽中。這個填充過程是本製作環節的關鍵。填充材料多使用二氧化矽為主體的疊層結構[41]。

溝槽填充完畢後，使用 CMP 設備將 STI 溝槽之上的多餘物質去除。氮化矽層為 CMP 環節的阻擋層，CMP 拋光抵達氮化矽層後將停止。

使用磷酸去除氮化矽層，得到 STI。

3. 第 2～3 道微影　製作雙阱

本製作環節將向 STI 隔離區域植入磷離子生成 N 阱，用於製作 pMOS 電晶體；植入硼離子生成 P 阱，用於製作 nMOS 電晶體。主要步驟如圖 4-28 所示。

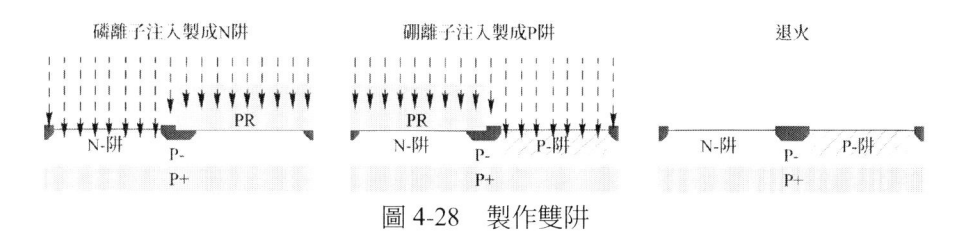

圖 4-28　製作雙阱

使用 N 阱光罩進行光阻劑成型，即進行第 2 道微影。此工序在光阻劑中製成的圖案需要與前一步驟 STI 光罩製成的圖案對齊。一個積體電路的全套光罩組由多種不同的光罩組成，每一次微影都需要與之前的圖案完全對齊。

將磷離子植入外延層，形成 N 阱。在這一工序中，離子無法穿過被光阻劑所遮蓋的晶圓，可以順利進入 N 阱。該工序完成後去除光阻劑。

使用 P 阱光罩進行第 3 道微影，並重複以上步驟植入硼離子，形成 P 阱。

進行快速退火，活化植入的雜質，還原載流子電氣特性並修復晶格。

4. 第 4～6 道微影使用多晶矽製作閘極

從本環節起，正式開始製作 pMOS 與 nMOS 電晶體。在積體電路的製作工藝中，可以先做閘極也可以後做閘極，先做閘極的工藝稱為 Gate-First，後做閘極的稱為 Gate-Last。閘極採用多晶矽時，通常使用 Gate-First 工藝，使用金屬時，採用 Gate-Last 方式。本製作環節，使用 Gate-First 工藝製作閘極，其主要步驟如圖 4-29 所示。

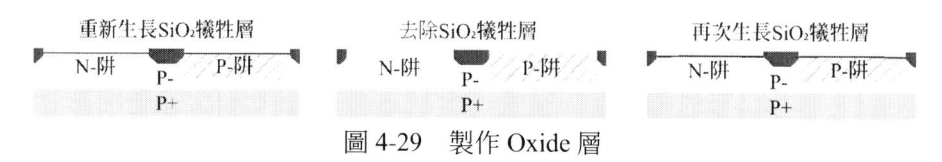

圖 4-29　製作 Oxide 層

首先使用氫氟酸腐蝕掉原有的 SiO_2 層，之後重新生長 SiO_2 層，然後再次去除。這樣反覆操作的目的是使用 SiO_2 改善矽晶圓的表面缺損，以得到完好的表面。

本製作環節生成的 SiO_2 層被稱為 Oxide 層，是製作 CMOS 電晶體的關鍵。Oxide 層厚度需要在 1～10 奈米之間，精準度在 ±1 埃米左右，Oxide 層可以使用多種方式製作，以傳統工藝來說，使用的高溫溼氧法；先進製程中，則使用的 ALD（Atomic Layer Deposition）設備。

隨後向 N 阱與 P 阱進行較淺的離子植入，之後快速退火，調整 nMOS 與 pMOS 的臨界電壓，此時需要進行第 4～5 道微影。為節省篇幅，在圖 4-29 中沒有標明這兩道微影工序。Oxide 層生成後，將進行多晶矽沉積，準備製作閘極，其詳細過程如圖 4-30 所示。

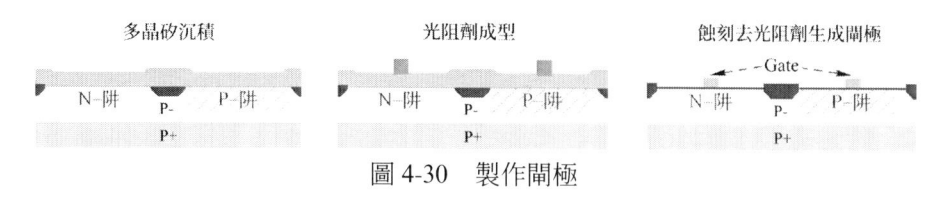

圖 4-30　製作閘極

多晶矽沉積。在矽氧化層（Oxide）之上沉積多晶矽（Poly），之後進行摻雜工序。多晶矽最終需要與金屬連接，這道摻雜工序能夠確保多晶矽與金屬在連接時，形成歐姆接觸，而不是蕭特基接觸。

光阻劑成型。在多晶矽之上，使用閘極光罩令光阻劑成型，即進行第 6 道微影操作。閘極長度是 CMOS 電晶體的重要指標之一，這個步驟所需要的精準度很高，一般情況下需要使用晶圓廠中最高階的曝光機製作。

對多晶矽進行乾法蝕刻，去除光阻劑並清洗後，得到垂直於剖面的多晶矽閘極。在電晶體製作的歷史中，最初閘極使用金屬製作，隨後使用多晶矽，之後金屬閘極在高階半導體製程中再次回歸。

至此，CMOS 電晶體的閘極與 Oxide 層製作完畢。閘極與襯底透過 Oxide 層組成電容，也被稱為 CMOS 電容，是 CMOS 電晶體高效運作的關鍵。

5. 第 7～8 道微影輕摻雜汲極植入

摩爾定律的推進使閘極長度不斷縮小，其下的通道長度也隨之不斷縮減，更短的通道增加了載流子的碰撞機率，有可能使載流子獲得更多的能量，與晶格之間不再維持平衡狀態。這些具有更多能量的載流子被稱為熱載流子，有一定機率穿越 Oxide 層，並造成 CMOS 電晶體的效能下降。這種因為熱載流子造成的不良影響，統稱為熱載流子效應。

為了防止熱載流子效應，積體電路製作引入輕摻雜汲極植入（Lightly Doped Drain，LDD）技術，在 pMOS 與 nMOS 汲極靠近通道之處，植入輕度摻雜的離子，其具有能量低、深度淺、摻雜低的特性，即製作圖 4-31 中的 N Tip 與 T Tip。本製作環節的主要步驟如圖 4-31 所示。

第 4 章 製造之王

沉積二氧化矽薄膜 SiO_2 包裹閘極，避免後續製作的氮化矽 Si_4N_3 層直接接觸多晶矽閘極。在積體電路製作中，氮化矽材料出場之前，大多需要二氧化矽做鋪陳，將其完全包裹，防止氮化矽與矽直接接觸而產生應力。

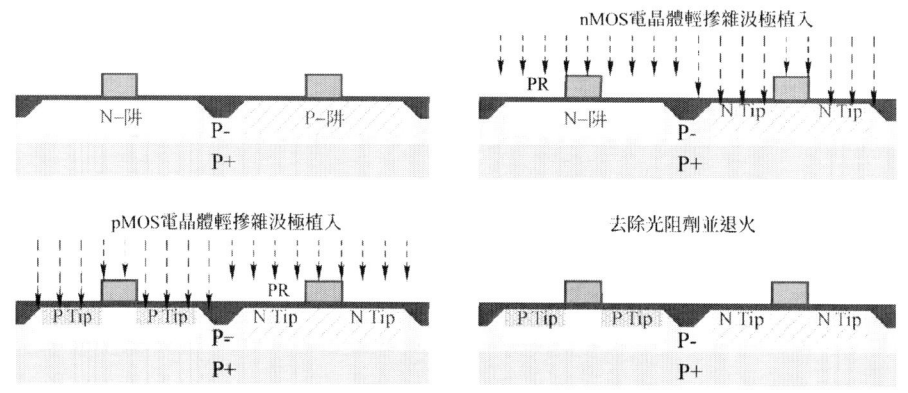

圖 4-31　輕摻雜汲極植入

分別使用 nMOS 與 pMOS 輕摻雜汲極光罩，使光阻劑成型，即進行第 7～8 道微影工序，並分別植入砷離子與 BF_2^+ 離子。

離子植入之後，需要去除光阻劑，並快速退火。

從原理來說，輕摻雜植入僅需對汲區進行，但本製作環節也對源區進行植入。這是因為在積體電路的製作中，同時對兩個區域進行 LDD 植入的難度更低。

6. 第 9～10 道微影源區與汲區的植入

本環節是製作 CMOS 電晶體的最後一步。採用這種方式製作的 CMOS 電晶體中，閘極由沉積多晶矽構成，源區、汲區所在區域由離子植入產生。

首先生成氮化矽側牆，用於保護 LDD 植入的成果，並防止源區與汲

區進行離子植入時，不會過於接近通道而造成通道過短，同時阻止重摻雜的離子進入通道。在一個 CMOS 電晶體中，最後生成的 LDD 的寬度大約等於圖 4-32 右邊中側牆的寬度。

之後透過離子植入工序生成 nMOS 與 pMOS 源極與汲區，並與之前製作的閘極一同形成 CMOS 電晶體。其主要步驟如圖 4-32 所示。

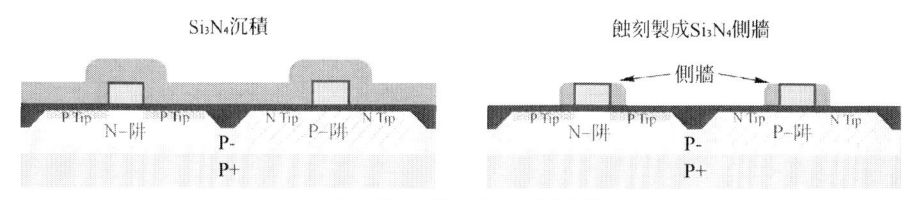

圖 4-32 製作氮化矽側牆

製作氮化矽側牆的第一步為沉積氮化矽層，使其完全覆蓋晶圓表面。

使用各向異性乾法蝕刻，將氮化矽層整體削薄至閘極，此時將恰好在閘極的兩邊留下氮化矽側牆。

如圖 4-33 所示，側牆生成後，進行 nMOS 與 pMOS 電晶體源區與汲區的離子植入，步驟如下。

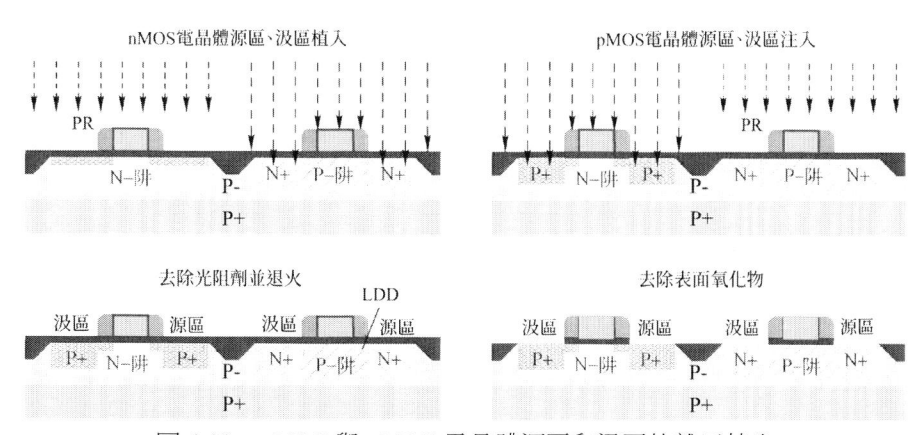

圖 4-33 nMOS 與 pMOS 電晶體源區和汲區的離子植入

第 4 章　製造之王

　　第 9 道微影工序，在 pMOS 電晶體區域的上方進行光阻劑成型，將重摻雜的砷離子植入 nMOS 的源區與汲區。重摻雜離子植入的深度需要比之前的 LDD 結更深。

　　第 10 道微影工序，在 nMOS 電晶體區域的上方進行光阻劑成型，將重摻雜的 BF_2+ 離子植入 pMOS 的源區與汲區，其深度同樣需要比之前的 LDD 結更深。

　　離子植入之後，需要進行例行的快速退火。

　　去除二氧化矽層，電晶體的源、汲與極區表面暴露，得到 CMOS 電晶體。

　　本製作環節使用「自對準」技術，利用閘極本身作為阻擋層，進行源區和汲區的離子植入。在積體電路製作中，通常將不使用微影，而是利用之前製作的結構，再次進行下一個步驟的方法，稱為「自對準」。本環節完成之後，開始製作金屬接腳，連接 CMOS 電晶體的源、閘、汲三極，晶圓製作進入以金屬與絕緣體材料為主的環節。

7. 歐姆接觸的製作

　　金屬在半導體製作中具有重要地位。金屬在與半導體接觸時，可以產生蕭特基接觸，用於製作整流二極體；也可以形成歐姆接觸。電晶體的源、汲極由半導體材料構成，只有金屬與半導體材料能夠形成歐姆接觸，進而將電晶體的源極、汲極與金屬連接成為導電整體。

　　蕭特基和莫特勢壘理論可以解釋蕭特基接觸，即勢壘的高度為金屬功函數與半導體電子親合勢之差，卻沒有清楚解釋金屬與半導體產生歐姆接觸的真正原因。

　　金屬與半導體接觸後，產生歐姆接觸還是蕭特基接觸，理論計算與

4.6 製作之旅

實踐結果並不吻合。解釋歐姆接觸的終極理論是量子穿隧效應，即無論金屬與半導體接觸時如何產生勢壘，電子具有機率穿越這個勢壘，從而經由金屬與半導體的接觸面傳導電流。

在實際製作中，將重度摻雜的矽晶體表面盡量做到清潔，再與某種金屬（例如鈷）接觸之後，便能產生歐姆接觸而不是蕭特基接觸。歐姆接觸的製作如圖 4-34 所示。

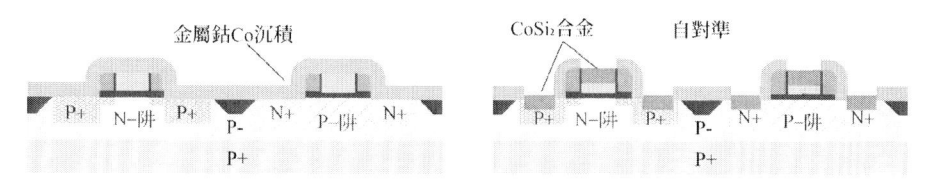

圖 4-34　製作歐姆接觸

使用 PVD 設備沉積金屬鈷 Co。此階段也可以使用金屬鎳 (Ni)。在低階製程中，也可以使用金屬鈦 (Ti)。

進行兩次快速退火，之後金屬鈷 (Co) 與矽接觸的區域將形成 $CoSi_2$ 合金，非接觸部分保持不變。使用這種方法製作歐姆接觸面時，不需要使用微影，因此被稱為自對準矽化 (Self-aligned Silicide)。

之後使用溼法蝕刻去除多餘的金屬鈷 (Co)，保留與矽維持歐姆接觸的 $CoSi_2$ 合金，其製作過程如圖 4-35 所示。

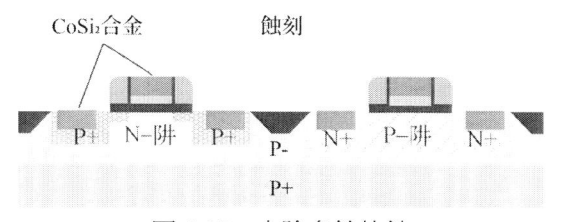

圖 4-35　去除多餘的鈷

至此，CMOS 電晶體的主體部分製作完畢。晶圓的前段製程 FEOL 全部完成，之後進入後段製程 BEOL。後段製程的製作過程，是金屬與

第 4 章　製造之王

絕緣體的天下，包括連接孔、金屬層、絕緣介質層以及通孔的製作。整體而言，後段製程製作難度低於前段製程。

8. 連接孔的製作

本製作環節的主要目的是在 CMOS 電晶體的源、閘、汲極所在區域的上方打孔，並用金屬填充以連接金屬層 M1 與電晶體層，主要步驟如下。

沉積硼磷矽玻璃並拋光。

使用連接孔光罩進行光阻劑成型，之後蝕刻硼磷矽玻璃，抵達接腳處形成連接孔，如圖 4-36 所示。

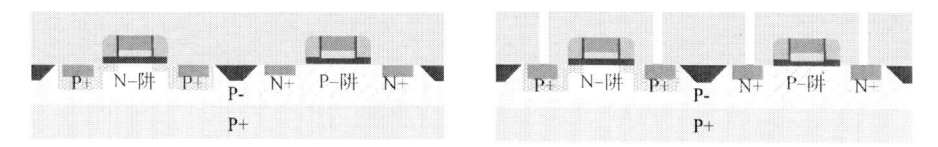

圖 4-36　連接孔蝕刻工序

硼磷矽玻璃是一種絕緣體，為摻雜硼、磷的二氧化矽。透過添加硼與磷，使這種玻璃在高溫條件下，可以像液體一般流動，具有非常強的填充能力，可作為金屬與矽之間的介質材料，也可以在後段製程中，作為金屬層之間的填充材料。

在這個製作環節中，可以進一步地體會到矽元素的神奇之處，矽除了可以用於製作電晶體，還可以運用在絕緣體與金屬層的製作，在積體電路的製作中幾乎無處不在。

連接孔蝕刻工序結束後，將進行金屬填充，與 CMOS 電晶體的源極、汲極形成歐姆接觸，如圖 4-37 所示。金屬離子具有較強的擴散能

力，容易擴散到硼磷矽玻璃介質中，因此需要阻擋層防止擴散，之後才能填充金屬。阻擋層通常為金屬與金屬化合物合成的多層結構。

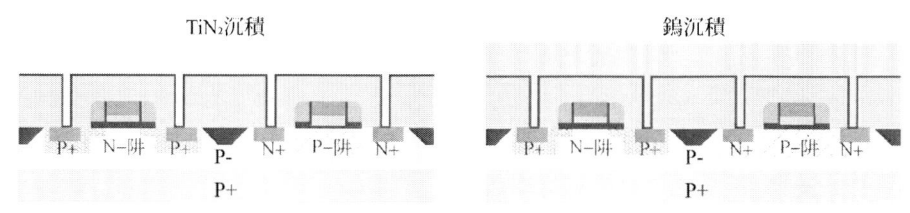

圖 4-37　沉積操作

沉積金屬阻擋層，如 TiN_2 或者 TaN 等。作為阻擋層的金屬，需要具有較低的歐姆接觸電阻，對金屬與半導體都有非常強的附著力，具有抗電遷移、高溫下具備穩定性、抗腐蝕氧化等特性。常用的阻擋層包括高熔點的金屬鈦、鉭、鉬、鈷、鎢、鉑、TiN_2 與 TaN 等。

沉積鎢金屬（Tungsten），填充連接孔。鎢的導電率不高，但是比銅與鋁更加適合填充這種高深寬比的連接孔。

最後進行拋光工序，露出接腳接觸點，如圖 4-38 所示。

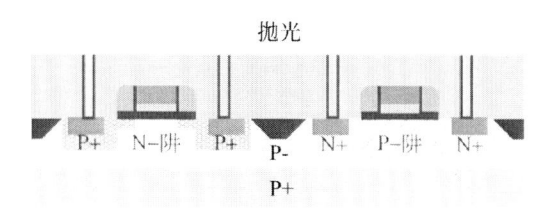

圖 4-38　拋光露出接腳接觸點

9. 金屬層與穿孔的製作

連接孔的製作完成後，便在拋光平面中沉積金屬，之後圍繞微影，並使用加減法設備與輔助設備製作金屬層圖案。之後在金屬層之上製作穿孔，在晶圓製作中，連接孔用於連接電晶體層與金屬層，而各個金屬層之間的孔被稱為穿孔。

第 4 章　製造之王

　　穿孔的製作過程與連接孔類似，依然透過「沉積硼磷矽玻璃並拋光」、「金屬阻擋層沉積」、「金屬沉積與拋光」這些環節製作。在一般情況下，每個金屬層與穿孔的製作，各需要一次微影即可。

　　積體電路通常由一個電晶體層與多個金屬層組成，在製作這些層次時，需要經歷多道微影工序，每道微影使用不同的光罩。

　　以 28nm 工藝的 1P8M⊠ 工藝為例，製作一個電晶體所使用的一套光罩組大約由 45 片的光罩組成。15 片用於金屬層，其中包括 8 片金屬圖案光罩、7 片穿孔圖案光罩，剩餘 30 多片用於製作電晶體。

　　對於採用 16 層金屬的 7nm 工藝，一套光罩組由接近 80 片的光罩組成，其中 31 片用於金屬層，其中包括 16 片金屬圖案光罩，15 片穿孔圖案光罩，剩餘 40 多片則用於製作電晶體。

　　從一套光罩組中的光罩數量比例，也可以推斷出積體電路後段製程的製作難度低於前道。後段製程的製作過程依然基於平面工藝，製作流程與前段製程類似，只是使用的設備相對低階。

　　當所有金屬層製作完畢後，後段製程結束，電晶體在晶圓廠的製程即將完成，之後經過晶圓驗收測試後，進入封測環節。

　　至今要使單個積體電路容納更多的電晶體越來越困難。使用先進封裝技術，將多個積體電路高效連接，逐步成為熱點。先進封裝包括晶圓級封裝技術、系統封裝技術（System in a Package，SiP）、矽穿孔（Through Silicon Via，TSV）與 Chiplet 技術。晶圓級封裝與 SiP 技術已經應用在智慧型手機處理器的製作中。TSV 技術則在 NAND 記憶體產業占據主流，採用這種技術可以將多達 256 層的 NAND Die 縱向連接，從而在相同體積上容納更多電晶體。

　　近期，Chiplet 技術盛行，其主要設計理念是將原本一顆較大的處理

器晶片，分解為更小的組成模組，之後利用封裝技術再將其連接為統一整體。更小的組成模組代表更小的 Die 尺寸，也代表更高的良率。

無論是晶圓級封裝、SiP、TSV 還是 Chiplet 技術，一言以蔽之是將原本應用在積體電路製作中的技術下移到封測環節。本書對此不做進一步描述。

4.7 奔騰的芯

1968 年，諾伊斯與摩爾成立了一家半導體公司，想依照矽谷的流行慣例，以他們的姓氏「Moore Noyce」命名。兩位自信滿滿的創辦人，毫不在意「More Noise」這個諧音，卻發現已經有人使用過這個名字，無奈之下選擇 Integrated Electronics 的縮寫 Intel 作為公司名稱[48]。

此時，諾伊斯和摩爾已名滿天下，諾伊斯是積體電路的發明者，摩爾是快捷半導體的中流砥柱。在這些光環的籠罩下，兩個人的運氣好得驚人。Intel 在成立初期，被天上掉下來的餡餅砸中了一次又一次。

諾伊斯與摩爾在幾分鐘之內獲得了鉅額融資，開門的第一天，迎來的居然是安迪・葛洛夫這位員工。如果說諾伊斯是一位實驗流派的科學家，摩爾有預料星辰之外的神奇能力，這第三位才是一位偉大的 CEO。

老安迪抵達美國之前的經歷，書寫在《游向彼岸》(Swimming Across: A Memoir) 一書中。幼時，他在二戰中的獨特經歷造就其獨特的性格，隨後的經歷在 Intel 乃至矽谷廣為流傳。老安迪的決斷使 Intel 從記憶體的泥潭中全身而退；他堅信「只有偏執狂才能生存」；更為重要的是，他具有洞悉時空的洞察力。

老安迪成功地將 Intel 引領到計算領域，美國的半導體產業因此復

第 4 章　製造之王

甦。也許老安迪帶領 Intel 走向處理器產業，只是基於如何活下去這一質樸的想法，卻使得電腦從科技的金字塔尖飛入尋常百姓家。

PC 的足跡沿著摩爾定律、沿著 Intel 指引的路標一路向前，從 8086 到奔騰（Pentium），從奔騰到酷睿（Core），電晶體的數目翻倍成長。即便到了現今，在處理器中使用的電晶體數目，依然在穩步增加。蘋果發布的 A12x 處理器已經整合了 100 億個電晶體[49]，有些公司甚至推出具有幾百億個電晶體的處理器。

Intel 從未參與過整合電晶體數目的軍備競賽。處理器優劣的評價指標，不完全依靠所整合的電晶體數目，Intel 的 PC 與伺服器，始終以「每秒鐘資料交換次數」為核心，並不是「每資料執行指令的數目」。

這類處理器發展過程中遭遇的關鍵限制，是馮・諾伊曼架構引發的記憶體瓶頸，在今日這個瓶頸逐步演化為絕症，使得傳統處理器的進展徘徊不前。現在，隨著人工智慧興起，計算能力重回計算領域的中心，使得以「每秒鐘資料交換次數」為核心的處理器宛如落日餘暉。

今天，摩爾定律放慢了腳步，矽積體電路的雙翼盡斷，x86 處理器輝煌不再，卻無法遮掩 Intel 在半導體產業中的光芒。與多數人所知的事實有不小的差異，Intel 最大的成就不是在一個晶片中整合更多的電晶體，不是與 x86 處理器相關的輝煌，而是持續推動著半導體整體產業鏈的進步。

2000 年之後，半導體製程節點進入 90nm 後停滯不前，大型主機時代的 IBM 遺憾錯失電子資訊產業的 PC 時代。藍色巨人缺少龐大下游產業的支撐，而無力推動半導體製作工藝繼續前行。

此後，IBM 再也沒有率先提出能夠大規模量產的半導體工藝，正式將推動半導體科技前行的接力棒，交接給 Intel。半導體製作能力的提

升，建立在大量試錯的基礎上，代表著大量的時間、人力、財務成本，從某種程度來看，在這個尖端科技領域，投入與回報不成比例。但在西方世界，所有掌握最核心應用場景的公司，都會義無反顧地選擇向尖端科技進軍。這些處於領袖地位的公司，很容易將公司發展與產業使命連結在一起。這種產業使命感能夠使公司匯聚更為頂尖的人才，進一步維繫公司的領袖地位。

2000 年之後，經過泡沫洗禮的網路產業走出谷底，更加輝煌的行動網路時代誕生。兩大網路產業吸納了更多的新生力量。在這段時間裡，半導體產業跌入谷底，處於自 1947 年電晶體誕生以來最黑暗的時刻。

在歷經貝爾實驗室與 IBM 兩個輝煌的製造期之後，所有半導體行業展開大規模的合併重組，在秋風席捲的一地枯葉中，Intel 對半導體工藝的貢獻被許多人忽略。

在這段時間，每個事後被證明是正確的半導體技術方向，都是由 Intel 率先提出並產品化；這段時間，Intel 沒有處於電子資訊產業的巔峰，卻依然以一己之力推動半導體科技持續前行，維護著摩爾定律的正確性；在這段時間，Intel 對半導體材料科學的貢獻，將使其在科技史冊中留下深深的足跡，不再限於 IT 史冊。

2000 年之後，Dennard 縮放定律在維繫摩爾定律長達 30 年的正確性之後，在 90nm 製程節點處失效。電晶體尺寸縮短時，功率不會等比變小，短通道效應進一步加劇，開關速度無法進一步提升。

摩爾定律自 1975 年正式確立以來，面臨到最嚴峻的一場挑戰。此時，Intel 利用在 PC 時代累積的財富與科技底蘊，在矽材料與 CMOS 電晶體結構層面取得巨大突破，促使「矽 +CMOS+ 平面製程」生態持續向前。

1. 可拉伸的矽

2003 年左右，半導體工藝進入 90nm 節點。因為 Dennard 縮放定律失效，因為傳統矽材料即將抵達極限，CMOS 電晶體的尺寸難以縮短，效能無法提升。在一片黑暗之中，應變矽技術閃耀登場。

1990 年代，IBM 已在實驗室環境，使用鍺矽晶體實現應變矽技術。簡要來說，應變矽可以理解為，當矽與其他材料接觸時，如果該材料的晶格尺寸大於矽，其原子滲入矽晶體時，矽晶體間距將被拉大；若小於矽，該材料的原子滲入矽晶體時，矽晶體間距將被縮小。這種方法可以將矽拉伸或者壓縮，這也是 Strained 的由來。

研究人員發現拉伸後的矽晶體，載流子速度明顯提升，CMOS 電晶體的電流速度與開關頻率隨之提升，功率進一步下降。應變矽技術的原理如圖 4-39 所示。

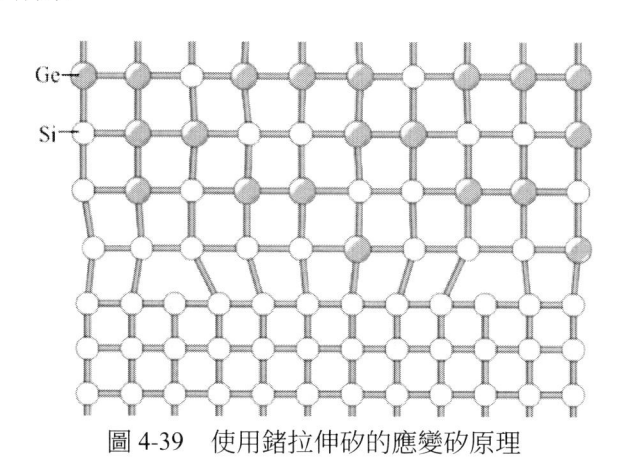

圖 4-39　使用鍺拉伸矽的應變矽原理

應變矽技術是對矽的基礎材料特性進行系統性改良，拓展「矽+CMOS+ 平面製程」生態的成長空間，從根本提升了 CMOS 電晶體的效能。但是應變矽技術並沒有走出 IBM 的實驗室。

提升 CMOS 電晶體效能最直接的方法，是加快導電通道的載流子速

度。IBM 提出應變矽技術之後，率先將其用於改良導電通道。工程人員在矽襯底之上外延一層鍺矽，雖然鍺矽的載流子速度較快，但是在其上生長的二氧化矽 Oxide 層品質較差，因此需要再次外延一層單晶矽層，形成 Si/SiGe/Si 結構，構成應變矽技術。

鍺矽層之上外延的單晶矽層，被稱為應變矽層，最終作為 CMOS 電晶體的導電通道。這個單晶矽層被其下的鍺矽層拉伸，載流子的速度明顯加快，使 CMOS 電晶體效能大幅提升，其形成方式如圖 4-40 所示。

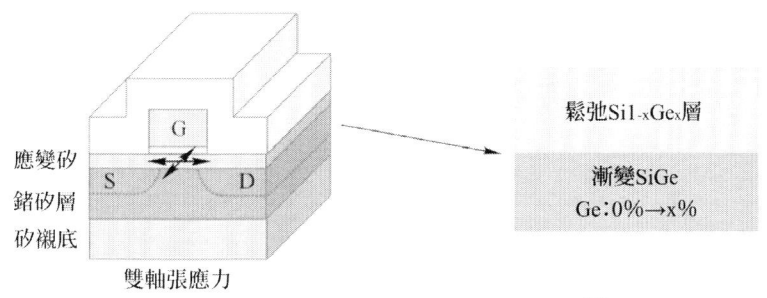

圖 4-40　雙軸應變矽技術的形成方法 [50]

鍺矽晶體與矽晶體之間存在晶格失配，在兩者的介面處容易出現畸變而導致差排，因此鍺矽層由多層結構組成。首先在矽襯底之上，逐層外延漸變的 SiGe 多層結構，之後外延鬆弛 Si1-xGex 多層結構。在漸變與鬆弛這兩層的鋪陳下，矽襯底、鍺矽層與應變矽層最終融合在一起。

基於這種技術製成的應變矽層，將在平行襯底的 X、Y 兩個方向產生全域性「張應力」，因此被稱為雙軸應變矽技術。這種技術很快就取得實驗室中的初步勝利。科學研究人員卻很快地發現雙軸應變矽技術可以提升 nMOS 性能，但是對 pMOS 性能的提升非常有限，導致最終無法有效改善 CMOS 電晶體的效能。

CMOS 電晶體由 pMOS 與 nMOS 互補構成，兩者效能需要調整一致，才能提升電晶體的整體效能。pMOS 與 nMOS 的運作原理接近，但

第 4 章 製造之王

是在通道中使用的載流子不同，pMOS 使用電洞作為載流子，而 nMOS 使用電子。

電洞並不存在，電洞移動相當於大量電子移動的反運動，顯然電洞的移動難於電子，在改良條件相同的情況下，其速度遠低於電子，因此 pMOS 性能低於 nMOS。

提升 pMOS 性能，需要向應變矽層提供「壓應力」，不是雙軸應變提供的「張應力」，因此雙軸應變矽技術無法有效提升 pMOS 性能，故而無法徹底改善 CMOS 電晶體的效能。與雙阱技術類似，應變矽技術應該分別對 nMOS 與 pMOS 電晶體進行改良，而不是採取相同策略。

Intel 的研究人員發現，在 CMOS 電晶體頂部生長一層氮化矽膜之後，不僅可以對導電通道產生張應力，在不同生長環境下還可以提供壓應力，僅需將原有製作工藝略做調整，便可分別改良 nMOS 與 pMOS 電晶體，同時提升兩者的執行效率[51]。Intel 將這種技術稱為單軸應變矽技術（Uniaxial Strained Silicon）[50]，其原理如圖 4-41 所示。

應變矽技術除了可以改良 CMOS 電晶體的導電通道之外，還有更大的潛力。CMOS 電晶體渾身上下都是矽，許多位置都可以進行有效拉伸，如圖 4-42 所示。基於這一思路，產業界提出一連串改良應變矽的策略。

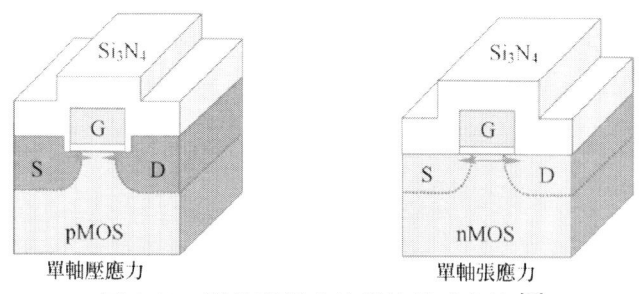

圖 4-41　單軸應變矽技術的構成方法[50]

4.7 奔騰的芯

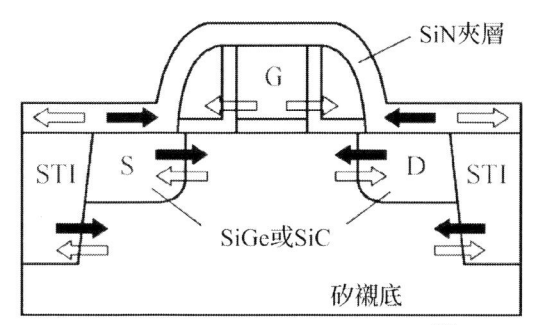

圖 4-42 局部應變矽改良策略[52]

常用的應變矽技術包括嵌入式源汲技術、基於氮化矽膜的應力襯墊（Dual Stress Liner，DSL）技術、借用淺溝槽隔離結構 STI 與金屬矽化物 Silicide 的改良技術，這些技術統稱為局部應變矽改良策略。

2003 年，Intel 推出可用於大規模生產的應變矽技術，宣稱只需要將矽原子的晶格拉伸 1%，便可將導電通道的電流速度提升 10%～20%，成本僅增加 2%左右[50]。

2004 年，Intel 借助這一技術成功突破 65nm 製程節點，並推出基於該技術的處理器晶片[53]。在隨後的時間，Intel 一步一腳印改良應變矽技術，將其成功應用於 45nm、32nm、22nm 與 14nm 製程節點[54]。

藉助應變矽技術，Intel 在半導體工藝製程方面反超了 IBM。隨後，Intel 於 45nm 製程節點處，取得另外一項重大突破，將產業界之前製作 MOSFET 使用的「矽閘」升級為「金屬閘極」。

2. 矽閘技術

MOSFET 電晶體從誕生之日起，長期使用二氧化矽作為 Oxide 層。鋁與二氧化矽的接觸介面良好且容易加工，適合用來製作閘極。因為鋁金屬的熔點較低，使得電晶體的製作長期使用 Gate-Last 工藝，即首先用擴散法製作出源級與汲極，最後蒸鍍鋁金屬作為閘極。

381

第 4 章　製造之王

1967 年，貝爾實驗室發現使用多晶矽替換鋁作為閘極的可能性[55]，將其稱為矽閘技術（Silicon Gate Technology，SGT）。一年之後，快捷半導體的 Federico Faggin 將這種技術應用於商業領域[56]。Intel 的諾伊斯敏銳地抓住了這個機會，並於 1969 年，在公司成立一年之後，推出一款基於矽閘技術的 SRAM，這款 SRAM 產品與基於鋁閘技術的同類產品相比，面積縮小了一半，效能提升了 3～5 倍[57]。

不久之後，諾伊斯邀請 Faggin 加盟 Intel，繼續改良矽閘技術。藉助這一利器，Faggin 成功將處理器製作在單晶積體電路中。這顆處理器便是聞名於後世的 Intel 4004，Faggin 因此被稱為微處理器之父。

多晶矽的熔點遠高於鋁，這一特性為離子植入技術大規模應用於積體電路製造中奠定了基礎。離子植入完成後，會對矽晶體結構造成一定破壞，因此操作完畢後，需要進行快速退火。而鋁金屬在這一溫度之下已經融化，不適合搭配離子植入方式。

此外，多晶矽與矽襯底的能帶結構一致，透過摻雜 N 型或者 P 型雜質可方便地改變其功函數，以調整 MOSFET 電晶體的臨界電壓。與金屬相比，矽與二氧化矽的接觸面缺損更少。因為上述因素，多晶矽最終取代鋁作為閘極，成為製作 MOSFET 電晶體的首選，也在很長一段時間裡，成為製作 CMOS 電晶體的標準。

多晶矽閘極替換鋁閘極，解決了鋁不耐高溫這個問題之後，進行摻雜時，離子植入逐步取代擴散法，極大促進了半導體工藝製程的發展。

此後，產業界迅速將「Gate-Last」改為「Gate-First」工藝，即先製作閘極，並使用「多晶矽閘極 + 二氧化矽 Oxide」製作積體電路。本書 4.6 節中描述的 CMOS 電晶體製作過程便基於「Gate-First」工藝，其簡要製作流程如下。

製作閘極（即 Gate）。

使用離子植入的方式製作源、汲二極。

離子植入後快速退火，修復晶格損傷並活化植入雜質，還原載流子的電氣特性。

此後很長的一段時間內，產業界以「Gate-First」工藝為基石，持續改良積體電路的製作。CMOS 電晶體沿著摩爾定律前進，每 18 個月對應尺寸縮小 70%，閘極長度與源汲之間寬度逐年縮減，CMOS 電容的面積也在等比縮小。

在中低階製程中，CMOS 電容等效於平板電容。平板電容計算公式為 $C=\varepsilon S/d$，其中 ε 為介電常數，S 為其面積，d 為其厚度，由此可見，平板電容的大小與介電常數和平板面積成正比，與厚度成反比。

為了確保 CMOS 電晶體正常運作，CMOS 電容需要具備足夠的容量。在 CMOS 電晶體尺寸持續縮減、平板電容面積 S 隨之縮小的前提下，需要進一步縮小電容的厚度 d，或者使用介電常數 ε 更高的材料。

在 45nm 製程節點附近時，二氧化矽 Oxide 層的厚度壓縮至 1.1nm 左右，與貝爾實驗室製作出的第一個 MOSFET 相比，僅為之前的 1/100。而矽的晶格常數為 5.43 埃米，即 0.543nm，此時 Oxide 層的厚度僅為兩個晶格常數，接近矽的物理極限。

研究人員發現 Oxide 層厚度在接近這個極限後，每降低 1 埃米，漏電流增加 5 倍，導致 CMOS 電晶體的功率增加，可靠性急遽下降[59]；Oxide 層縮減到一定程度後，將出現多晶矽閘耗盡效應：Oxide 層過薄，多晶矽閘極中摻雜的硼元素可以穿越 Oxide 層進入襯底與導電通道，引發硼穿越[60]。

第 4 章　製造之王

　　這些因素使得 Oxide 層的厚度很難繼續降低，基於「多晶矽閘極 + 二氧化矽 Oxide」的 CMOS 電容，很難控制在合理區間。

　　在 Oxide 層厚度無法繼續縮減，而面積逐步縮小的前提下，為了維持 CMOS 電容的容量在合理範圍內，一條可行之路是使用高介電常數的絕緣材料替換二氧化矽來製作 CMOS 電晶體的 Oxide 層[61]。這類材料簡稱為 High-K 材料。這個貌似順理成章的替換行為，在產業界引發一連串的連鎖反應。

3. 金屬閘極的回歸

　　藉助應變矽技術的突破，Intel 確立了在積體電路製造業中的地位，成為引領積體電路工藝創新的核心工廠，具備整合天下半導體設備與材料廠商的能力。Intel 需要不斷推出新工藝並率先量產，鞏固其在積體電路製造業的領袖地位。

　　在 45nm 製程節點處，Intel 選擇 High-K 材料製作 Oxide 層，替換掉二氧化矽。這一選擇打開了潘朵拉的盒子，引發自 CMOS 電晶體誕生以來的最大變革。

　　與二氧化矽製作的 Oxide 層相比，High-K 材料面臨一連串挑戰。Oxide 層的製作不僅需要高介電常數材料，而且要求這種材料必須具備高絕緣性，這兩個要求在某種程度上相互矛盾。High-K 材料與矽襯底接觸的穩定性不如二氧化矽，快速退火時與矽襯底間容易產生嚴重的介面反應。

　　這一連串問題使以 High-K 材料取代二氧化矽製作 Oxide 層的難度提升，令 High-K 材料的問世過程一波三折。半導體製作工藝從 90nm 到 14nm 製程節點的演進過程中，最艱難的一步就是使用 High-K 材料製作 Oxide 層。

此時，產業界已經計算出許多可以替換二氧化矽 Oxide 層的 High-K 材料，包括 ZrO_2、HfO_2、Al_2O_3、$ZrSiO_4$ 與 $HfSiO_4$ 等材料，幾乎所有過渡金屬的氧化物都可以成為選擇，也初步確定了可以與這些 High-K 材料搭配的閘極材料[62-64]。Intel 要找到合適的 High-K 材料也許並不困難。

在 High-K 材料的研製過程中，Intel 的工程師發現多晶矽閘極與其配合的弊端。在 CMOS 電晶體中，臨界電壓決定裝置的開關速度，是電晶體效能的重要評價指標。臨界電壓的絕對值越低，開關速度越快。

以 pMOS 電晶體為例，其臨界電壓 V_{TP} 的計算如式 (4-2) 所示。

臨界電壓的計算[65]
$$V_{TP} = (|Q'_{SD}(\max)| - Q'_{SS})\left(\frac{t_{ox}}{\varepsilon_{ox}}\right) - 2\phi_{fp} + \phi_{ms} \qquad (4\text{-}2)$$

其中 $Q'_{SD}(\max)$ 與 Q'_{SS} 分別為最大空乏層電荷與單位面積電荷；t_{ox} 為 Oxide 層厚度；ε_{ox} 為 Oxide 層介電常數；φ_{fp} 為襯底的本徵費米能階與費米能階的差值；φ_{ms} 為閘極與襯底間的功函數之差。

在這個公式中，一些參數很難調整。在積體電路的製作中，襯底的選擇是不可動搖的矽，Oxide 層厚度 t_{ox} 已趨於極限無法繼續縮小。剩餘的參數只有 ε_{ox} 與 φ_{ms} 具有調整空間，分別與二氧化矽 Oxide 層和閘極材料有關。長久以來，多晶矽與二氧化矽，一個作為閘極，另一個作為 Oxide 層，配合得天衣無縫，很好地滿足了式 (4-2) 的要求。

替換二氧化矽 Oxide 層，Intel 不僅需要找到合適的 High-K 材料，而且需要同時確定合適的閘極材料。High-K 材料使用的過渡元素對電子的束縛不夠緊密，與多晶矽之間存在介面態，較易引發費米釘扎效應，此時，費米能階將不再隨摻雜濃度的提升而產生位置變化。

金屬的功函數 φ_{ms} 與費米能階有直接對應關係。費米能階無法調整，代表著功函數也無法調整。如果繼續使用多晶矽作為閘極，High-K 材料

作為 Oxide 層,兩者的功函數之差,無法保證 V_{TP} 的值可以保持在合理的範圍內。

High-K 材料由許多對距離很近且符號相反的粒子,即偶極組成,High-K 材料的高極化特徵,是其擁有高介電常數的源頭。

高極化材料的晶格振動強烈。在晶體內,除了呈自由運動狀態的價電子之外,還有許多原子實。這些原子實可以近似理解為由若干個彈簧連接在一起。這些原子實並非靜止不動,其中任何一個原子實的振動都會以彈性波的方式向四周傳遞,從而引發週期性振動。對於一個指定的原子實,受到與位移成正比的恢復力作用時,將在平衡位置按照正弦定理往返運動。這種運動被稱為簡諧振動。

凝態理論引入聲子 Phonon 描述這種簡諧振動。聲子不是真正的粒子,而是描述原子實運動規律的能量量子。因為 High-K 材料的高極化程度,載流子通過時,受到聲子散射而引發的撞擊程度遠高於二氧化矽,因而降低了載流子的遷移率[66]。

與多晶矽相比,金屬閘極的自由電子濃度遠大於通道,能夠有效抑制偶極的晶格振動,可以降低甚至阻止聲子散射,從而提升載流子的遷移率。

綜合這些因素,Intel 最終放棄使用多晶矽作為閘極,選擇金屬閘極與 High-K 材料製作的 Oxide 層配合,而找到合適的金屬閘極材料,保證 V_{TP} 值維持在合理區間的過程並非一帆風順。

如式 (4-2) 所示,V_{TP} 的值與 Oxide 層介電常數 ε_{ox} 成反比,而與金屬閘極的 φ_{ms} 成正比,兩者相互影響,相互制約。Intel 使用 High-K 材料替換二氧化矽製作 Oxide 層時,需要同時確定能與 High-K 材料配合得天衣無縫的金屬閘極。

尋找合適的 High-K 材料與金屬閘極,並與現有半導體製作工藝相容,最後將其大規模量產,這一切的難度超乎想像。以 Mark Bohr 為首的 Intel 研發團隊,採用窮舉法幾乎找出所有可能的組合,憑藉大量實驗,最後選擇以鉿基材料為基礎製作 Oxide 層[66]。

研發團隊很快就發現在使用鉿基材料時,電子容易被困在閘極與 Oxide 層組成的量子阱中,最後確定這是因為 MOCVD 設備無法製作只有幾個原子厚度的 Oxide 層導致。之後,Intel 使用更精細的原子層沉積 ALD 設備,成功製作出基於 High-K 材料的 Oxide 層[66]。這種設備可以將物質以單原子膜方式逐層沉積,與普通的化學沉積法相比,精準度提升許多。

引入 High-K 材料的另一個難題,在於這種材料需要與金屬閘極同時決定,以確保 CMOS 電晶體的臨界電壓能夠控制在合理區間。金屬閘極具備許多優點,但是不容易做到與 High-K 材料完全匹配。

而且研發團隊需要找到兩種不同的金屬,以分別搭配 pMOS 與 nMOS 電晶體。其中,nMOS 所需金屬閘極的功函數在 4.1eV 左右,pMOS 電晶體為 5.0～5.2eV。相對於 nMOS、pMOS 電晶體,金屬閘極的選擇範圍更小[67]。

金屬單質很難滿足閘極所需要的功函數指標,二元合金難以滿足 pMOS 器件的需求,還有一個選擇是使用金屬、金屬氧化物與氮化物組成的疊層結構。

因為工業界的競爭,Intel 沒有公開金屬閘極的製作材料。但是學術界依然使用 HfN-Ti-TaN 組成的疊層結構,獲得功函數為 5.1eV 的 pMOS 閘極材料,而且可以對這個參數進行微調,進一步滿足製作需求[68]。

金屬閘極的回歸,引發 Gate-First 與 Gate-Last 製作工藝之爭。金屬

第 4 章　製造之王

閘極無法忍受離子植入後的快速退火，因此需要源、汲二極製作完畢後才能製作，需要採用「Gate-Last」製作工藝，即後做閘極。

多晶矽閘極替換鋁閘之後，「Gate-First」製程已經使用近 30 年，在這 30 年中，產業界累積了大量的經驗。如果使用金屬閘極，「Gate-First」製程必須要調整為「Gate-Last」，之前基於「Gate-First」製程的累積將前功盡棄。

這種製程調整在產業界引發巨大的爭議。在爭議開始時，以 IBM 公司為首，TSMC、英飛凌、三星等幾乎所有半導體公司都支持 Gate-First 這種 CP 值更高，而且不需要對之前製程進行重大調整的路線。只有 Intel 獨自堅守著 Gate-Last 陣地，堅持認為金屬閘極必將回歸。Gate-First 陣營提出與「金屬閘極 +Gate-Last」工藝抗衡的技術路線，使用金屬矽化物 Silicide，如 $MoSi_2$ 與 Ni_2Si 等材料製作閘極。金屬矽化物的功函數可以略微調整，將 nMOS 電晶體 V_{TP} 的值控制在合理範圍，卻極難滿足 pMOS 電晶體的製作需求，最終無法製作出合適的 CMOS 電晶體。

以金屬矽化物 Silicide 製作閘極的路線最終被拋棄。此後 Gate-Last 工藝成為產業界的唯一選擇，剩餘的工作是逢山開路、遇水搭橋，使 Gate-Last 得以實現。

Intel 最終實現了 High-K 材料與金屬閘極這一組合，並融合應變矽技術，率先突破 45nm 製程節點[69]。High-K、金屬閘極與 Gate-Last 的成功，使得先進半導體工藝製程放棄二氧化矽與多晶矽這對組合，金屬閘極再次回歸。

High-K 材料取代二氧化矽，引發化合物半導體研發的熱潮。二氧化矽可以不再作為 Oxide 層，使得化合物半導體與矽相比的重大劣勢隨之消失。從這時起，Intel 開始致力於化合物半導體，嘗試多種化合物半導體作

為 nMOS 與 pMOS 的導電通道，並取得一些進展[70,71]，如圖 4-43 所示。

n++-In₀.₅₃Ga₀.₄₇ As contact	:20nm
InP etch stop	:6nm
In₀.₅₂Al₀.₄₈ As top barrier	:8nm
Si delta-doped layer	
In₀.₅₂Al₀.₄₈ As spacer layer	:5nm
In₀.₇Ga₀.₃ As channel	:13nm
In₀.₅₂Al₀.₄₈ As bottom barrier	:100nm
InₓAl₁₋ₓ As graded buffer (x=0-0.52)	:0.7~11μm
GaAs nucleation and buffer layer: 0.5~2.0μm	
4°(100) Offcut p-type Si subatrate	

n++-InGaAs	:20nm
InP etch stop	:6nm
In₀.₅₂Al₀.₄₈ As	:3nm
In₀.₅₂Al₀.₄₈ As	:3nm
InP layer	:2nm
In₀.₇Ga₀.₃ As QW channel	:10nm
In₀.₅₂Al₀.₄₈ As bottom barrier	:100nm
InₓAl₁₋ₓ As buffer (x=0~0.52) (overshoot of In (0.52···0.7))	:0.7μm
GaAs nucleation and buffer layer	:0.7μm
4°(100) Offcut Si substrate	

圖 4-43　Intel 嘗試以化合物半導體製作積體電路[70,71]

此前，化合物半導體的應用領域集中在功率類裝置。如果這種半導體能夠作為導電通道，成為製作積體電路的基礎，將是「矽+CMOS+平面製程」生態的較大微創新，將推進摩爾定律繼續向前。

4. 電晶體的三維結構

借助 High K 材料與金屬閘極的組合，Intel 順利突破45nm 製程節點，並於 2007 年銷售基於這一工藝的處理器；2010 年 1 月，Intel 再次突破 32nm 製程節點。此時，Intel 在半導體製作領域，已經領先其他半導體廠商一到兩代。

當半導體製作工藝行進到 22nm 節點時，CMOS 電晶體尺寸進一步縮小，使用 High-K 材料也無法確保 CMOS 電容具有足夠的容量，進一步改良 CMOS 電容的方法已幾乎用盡。導電通道持續縮短，使 CMOS 電容的計算模型發生變化，此時 CMOS 電容不等同於平板電容，但其值依

第 4 章　製造之王

然與「閘極包圍通道」的面積成正比。

產業界祭出最後一招，使用不同方式包圍這個通道，平面型 CMOS 電晶體使用閘極與襯底兩面包圍這個通道，如果採用立體結構，那麼可以使用三面，甚至四面結構包圍通道。產業界回顧所有「包圍通道」的製作方法，包括 UTB（Ultra-Thin Body）與雙閘極（Double Gate，DG），其結構如圖 4-44 所示。

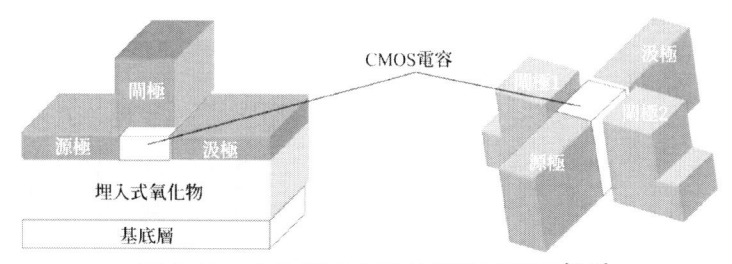

圖 4-44　UTB 與 DG 電晶體的示意圖 [72,73]

UTB 電晶體由胡正明教授提出 [28,74]，也被稱為 FD-SOI（Fully Depleted Silicon On Insulator）電晶體。UTB 電晶體使用 IBM 提出的 SOI 矽晶圓技術，可以不對 CMOS 電晶體結構進行調整，便能在尺寸縮小的前提下，維持 CMOS 電容的容量。

UTB 電晶體基於 SOI 晶圓製成。與傳統矽晶圓相比，這種製作方式並沒有大幅增加 CMOS 電容的容量，卻可以有效抑制汲極引發勢壘降低（Drain Induced Barrier Lowering，DIBL）效應、減少寄生電容，消除 CMOS 電晶體中的閂鎖效應。

理解這些術語需要一些必備基礎，對於多數讀者僅需理解這一系列技術有利於縮小電晶體尺寸即可。

Intel 在研發 22nm 工藝時，沒有選用 SOI 晶圓。當時，SOI 晶圓比傳統矽晶圓（Bulk Silicon Wafer）貴 3 倍左右。這不是 Intel 棄用 SOI 晶

4.7 奔騰的芯

圓的主要原因，也許 Intel 更在乎的是 SOI 晶圓的主要專利集中在法國的 Soitech 手中。與許多大公司類似，Intel 無法容忍關鍵技術掌握在單一一個小公司手中，更不情願為 Soitech 做嫁衣。

雙閘極 DG 電晶體因為其製作難度，也沒有成為 Intel 的選擇。Intel 最終基於傳統矽晶圓，採用 3D 電晶體結構，突破 22nm 製程節點。Intel 將這種 3D 電晶體稱為 Tri-Gate。2012 年，Intel 正式銷售基於 Tri-Gate 電晶體之 22nm 工藝的處理器[75]，其結構如圖 4-45 所示。至此，積體電路製作從平面 2D 結構轉為立體 3D 空間。

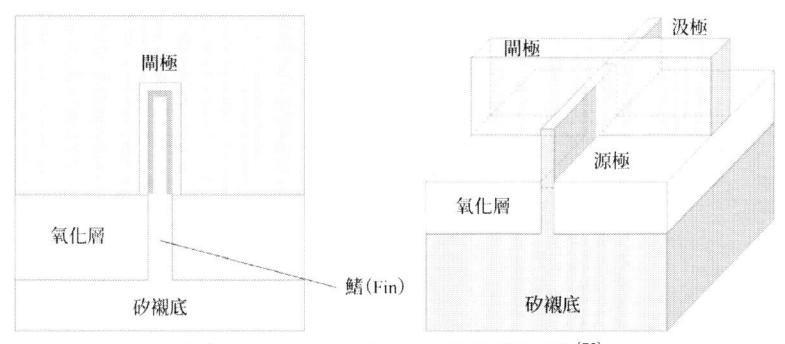

圖 4-45　Intel Tri-Gate 電晶體結構[75]

產業界對 3D 電晶體的研究始於 1980 年代。90 年代初期，Hisamoto 等人提出的 DELTA（A fully depleted lean channel transistor）奠定了 3D 電晶體的基礎[76]。

90 年代末期，加州大學柏克萊分校的胡正明教授提出並製作出 FinFET 電晶體的雛形[28,74]，這是 3D 電晶體領域的里程碑。

Tri-Gate 電晶體的製成原理與 FinFET 電晶體較為類似，也是 3D 結構。這種電晶體的源極、汲極與通道從晶圓中豎起，這個豎狀結構與鯊魚鰭相似，也被稱為 Fin。閘極依然在頂部並從三面包圍 Fin，並形成導電通道，如圖 4-45 所示。

第 4 章 製造之王

　　三維立體結構有助於縮小電晶體的尺寸，同時導電通道被閘極三面包圍的結構，在電晶體尺寸縮小的情況下，可以將 CMOS 電容的容量維持在合理區間。

　　Tri-Gate 電晶體的最狹窄處僅有 8nm。當時，EUV 微影尚未出現，只有等效波長為 134nm 的浸入式 DUV 曝光機，直接使用微影與蝕刻技術的組合無法獲得這種程度的精準度。工程人員製作這種電晶體時，引入多重圖形技術 (Multi-Patterning)[77]，這種技術可以借助 Spacer Lithography 製成，如圖 4-46 所示。

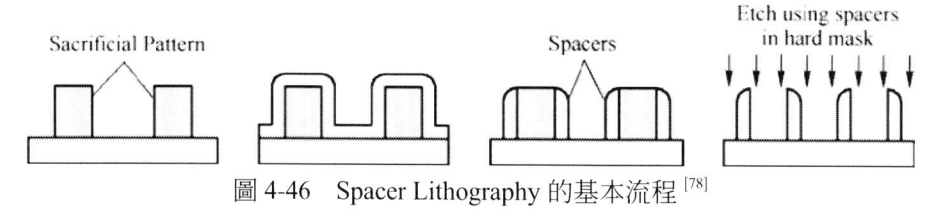

圖 4-46　Spacer Lithography 的基本流程[78]

　　Spacer Lithography 首先使用微影與蝕刻技術製作犧牲圖案 (Sacrificial Pattern)，隨後在其四周與襯底沉積一層硬光罩組再進行蝕刻，僅保留沿著犧牲圖案側壁生長的硬光罩，並去除犧牲圖案得到 Spacers，這種沿著側壁生長出的 Spacer 具有極窄的寬度。最後使用 Spacers 作為硬光罩，再次進行蝕刻，得到更窄的寬度。

　　Spacer Lithography 還有一種反向製作流程，如圖 4-47 所示。

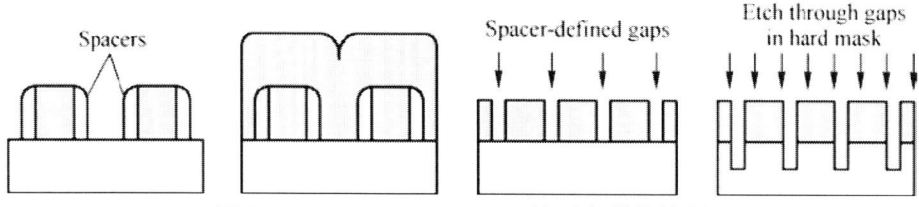

圖 4-47　Spacer Lithography 的反向製作流程

反向製作流程是以 Spacer Lithography 基本流程的第三步為基礎。在第二步的蝕刻操作完畢後，並不去除犧牲圖案，而是沿著四周繼續沉積犧牲物質，並完全包圍 Spacers；然後使用 CMP 使其平坦化，直到 Spacers 浮出水面；之後去除 Spacers，並使用犧牲圖案作為光罩組再次蝕刻，也可以得到更窄的寬度。

多次使用正反兩種 Spacer Lithography 方案，可以進行三重、四重與多重圖形，獲得更窄的寬度。多層圖形的技術本質是藉由沿著側壁生長出的更薄物體作為光罩，在晶圓上製作出尺寸更小的圖形。

從 2003 年開始至 2012 年，Intel 在長達近 10 年的時間內，幾乎以一己之力，將半導體製程節點從 90nm 推進至 14nm，極大促進了「矽 +CMOS 電晶體 + 平面製作」生態的全面提升。

其中，經過改良的應變矽技術使矽材料的基礎特性得到提升；HKMG 在材料層面對 CMOS 電晶體進行了全面改造；3D 電晶體將 CMOS 電晶體結構從平面升級為立體。這些創新在推進摩爾定律緩慢前行時，也使積體電路的製作進入深水區。

在這個深水區中，EUV 微影技術、以化合物半導體替換矽作為導電通道，與 GAA 電晶體採用的 4 面包圍結構，是積體電路製作近期主要的改良方法。但這些改良方法，也無法改變矽即將正式抵達物理極限的事實。

此時，在積體電路製造業中，工程創新能力的重要性顯而易見，使得更加專注的東亞人逐步占據了這個產業的制高點。

第 4 章　製造之王

4.8　篳路藍縷

1960、70 年代，日本製造輸出全球，歐美世界面臨鉅額貿易逆差，至 1980 年代美國不堪其重。

1972～1982 年，中美簽署三個聯合公報，兩國關係全面回暖。1985 年，戈巴契夫當選蘇聯總書記，冷戰終於將要結束。

美國騰出手來，不再忍受日本這個亞洲工廠的持續滲透，對日本工業的態度從扶持轉為遏制，進而發起影響至今的貿易戰，於 1985 年簽訂了著名的廣場協議。

這場貿易戰重創日本，重創亞洲四小龍，重創東南亞。短短兩年時間，美元對日元匯率從 240 驟降為 120。為了降低成本，日本的傳統製造業開始向海外轉移。此後，來自歐美、日本、東南亞和臺灣的中低階製造業湧入中國大陸。

在這個政治與經濟的大動盪時代，臺灣受到很大的衝擊。日元升值帶動新臺幣對美元匯率從 40 攀升到 25。此時的臺灣，機遇與挑戰並存。

1970、80 年代，臺灣是「雨傘王國」、「玩具王國」、「聖誕燈王國」。一方面，低階製造業紛紛移往中國大陸，臺灣幾十年以來建構的產業結構面臨巨大考驗；另一方面，逐步增值的貨幣吸納了巨額資金，這些熱錢在衝擊臺灣的股市與房地產的同時，帶來新的機遇。

廣場協議之前，有識之士已經察覺到，由於資源匱乏，臺灣想要片面發展低階製造業斷不可行，提出以科技帶動工業升級。臺灣開始進入「策略性工業發展階段」，半導體產業成為重要一環[79]。知易行難。當時臺灣的半導體產業，僅有在 1974 年成立的工研院電子所，而這個工研院的全部家當是從美國 RCA 公司引進的一條 7μm 生產線；還有一個是由

工研院電子所剛剛孵化的聯華電子。

在臺灣半導體產業發展初期，工研院是產業技術路線的引導者與組織者。臺灣半導體產業初具規模時，工研院逐步演變為產業研究與開發中心，成為將技術轉化為生產力的搖籃，同時也是大規模風險投資的引導與組織者[79]。1980 年代，這種公共資本與政府干涉被西方世界視為洪水猛獸，工研院面臨到巨大壓力。

時至今日，臺灣半導體產業所向披靡，工研院模式已被神化，事實上幾乎完全相同的產業政策，也應用於臺灣目前為止並不成功的汽車、船舶等產業[80]。工研院具有「神」一般的幸運，他們在最恰當的時間找到最合適的人，幫助臺灣半導體產業在最艱難的時刻突破重圍。

1980 年代，日本半導體產業成為全球霸主；韓國三星完成半導體產業的布局，全力進軍記憶體市場；以 Intel 為首的美國矽谷企業，把持著半導體高階製造與設計的「牛耳」。

在這一背景下，張忠謀隻身來臺。1987 年，忠謀先生建立台積電。台積電的起步並不順利，這家公司經歷了一間偉大公司在初期所必須經歷的所有磨難。創業之初的台積電總是處於最好的時刻，也處於最壞的時刻，無所不有也一無所有。

忠謀先生出身於德州儀器，這家美國公司為半導體產業輸出了一大批人才，在半導體世界赫赫有名，卻始終安逸地生活在世人的忽略之中。德州儀器這家公司最平易近人的產品，是至今還在亞馬遜上銷售的科學計算機。

德州儀器從不放棄兩個接腳、三個接腳的小裝置，敝帚自珍著半導體世界的一切「庸俗」。這種幾十年不間斷擁抱「庸俗」的務實，使得這棵近百年的老樹常青，也使得這家公司的產品鱗次櫛比。德州儀器卻總

第 4 章　製造之王

能將這些錯綜複雜的產品線，梳理得井然有序。

德州儀器的半導體產品種類繁多，不同產品隸屬於不同部門。為此德州儀器專門設立了積體電路部門，由忠謀先生擔任總經理，專為其他部門製造積體電路，這與台積電從事的代工業務極為相近。忠謀先生的這段經歷，為台積電展翅翱翔打下扎實的基礎。

台積電成立時，半導體的三大領域，計算、記憶體與通訊的產業格局已確立。通訊的產值不大而且較為分散。記憶體領域，美國選擇以三星對抗日本。計算領域需要深厚的技術底蘊與建構生態的能力，並不適合台積電，Intel 正在強勢進入這個領域。

台積電肩負振興臺灣半導體產業的使命，致使這家公司不能選擇發展空間狹小的子行業作為突破口。在半導體三大行業並無機會的無奈中，台積電選擇了晶圓代工。在當時，所謂代工不過是承認自己弱小，願意代替別人做苦工的簡稱。

1980 年代，半導體公司多數集設計、製作與銷售於一身，其中晶圓廠不可或缺。整個矽谷流傳著 AMD 創辦人 Jerry Sanders 的名言「Real men have fabs」，即真男人都得有工廠。在那個年代，擁有半導體工廠是一家公司能夠被稱為半導體公司的重要象徵。按照今天的說法，當時幾乎所有半導體公司都叫作 IDM（Integrated Device Manufacture）。

在這種背景之下，台積電從事半導體代工業，不做設計僅負責製造，在大家都有工廠的前提之下，首先要面對的問題就是客戶從何而來。一切如產業界所料，台積電在成立後的很長一段時間裡，幾乎沒有客戶，訂單異常稀少，勉強維持生計。

這段後來被忠謀先生稱為「篳路藍縷」的創業時光，多可喜亦多可悲。「篳路藍縷，以啟山林」出自《左傳》，意思是衣衫襤褸駕著柴車，

去開山闢林。這個成語用於形容台積電創業時的艱辛最為合適。

在台積電建立之前，陸續出現一些 Fabless 公司，即僅從事半導體設計，而將半導體製作外包的公司。Fabless 公司的雛形出現在 1969 年，當時一家名為 LSI/CSI 的公司為 CDC 大型主機設計 CPU，並由其他廠商完成製作。

1984 年，Bernard Vonderschmitt、James Barnett 與 Ross Freeman 成立了 Xilinx 公司，製作現場可程式設計閘電路（Field Programmable Gate Array，FPGA）晶片。

其中，出身於 RCA 公司的 Vonderschmitt，非常厭惡晶圓廠高昂的建廠成本、維護成本與積體電路瑣碎的製作環節。他與 Sanders 的理念完全不同，準備將 Xilinx 打造成為沒有製造工廠的半導體公司[81]。

1985 年 4 月，Xilinx 設計出第一款產品。日本 Seiko 公司，因為與 Vonderschmitt 在 RCA 公司時代建立的友誼，花費了兩個月的時間，為 Xilinx 加工好 25 片晶圓。Freeman 花了三個月除錯，終於使其中幾片得以正常運作。

1985 年 11 月 1 日，Xilinx 發布世界上第一顆 FPGA 晶片，也是半導體史冊上，第一顆採用 Fabless 模式生產出的晶片。晶片的設計者 Freeman 被後人稱為 FPGA 之父，而 Vonderschmitt 則開創了基於 Fabless 的商業模式。Xilinx 之後，矽谷陸續出現許多 Fabless 公司。這些 Fabless 公司遇到的難題是當時沒有獨立的晶圓廠，與現有晶圓廠合作更似與虎謀皮，因為這些晶圓廠都有自己的設計部門。Fabless 公司在成長過程中所面臨的難題，給予獨立晶圓廠生存的土壤。聯華電子的創辦人曹興誠發現這個機會，而台積電的張忠謀抓住了這個機會。

台積電今天的輝煌，掩去了其昔日的平凡。這個公司從成立的 1987

第 4 章 製造之王

年至 2000 年,每一年考慮的不過是如何活下去罷了。在台積電苦苦掙扎的 13 餘年裡,半導體產業的關注焦點不是 Fabless 公司,不是代工廠,更加不是台積電。

在 1985～2000 年這段時間,半導體排名前十的廠商無一採用 Fabless 模式,如表 4-8 所示。沒有強大的客戶支持,晶圓代工廠商不具備與大型 IDM 抗衡的能力,更加談不上整合半導體產業上游,研發先進的半導體製程。

表 4-8 半導體廠商前十名[82]

排名	1985 年 廠商	銷售額／億美元	1990 年 廠商	銷售額／億美元	1995 年 廠商	銷售額／億美元	2000 年 廠商	銷售額／億美元
1	NEC（日）	21	NEC（日）	48	Intel	136	Intel	297
2	德州儀器	18	東芝（日）	48	NEC（日）	122	東芝（日）	110
3	Motorola	18	日立（日）	39	東芝（日）	106	NEC（日）	109
4	日立（日）	17	Intel	37	日立（日）	98	三星（韓）	106
5	東芝（日）	15	Motorola	30	Motorola	86	德州儀器	96
6	富士通（日）	11	富士通（日）	28	三星	84	Motorola	79
7	飛利浦	10	三菱（日）	26	德州儀器	79	意法	79
8	Intel	10	德州儀器	25	IBM	57	日立（日）	74

398

排名	1985年 廠商	銷售額/億美元	1990年 廠商	銷售額/億美元	1995年 廠商	銷售額/億美元	2000年 廠商	銷售額/億美元
9	國半	10	飛利浦	19	三星（韓）	51	英飛凌	68
10	松下（日）	9	松下（日）	18	現代（韓）	44	飛利浦	63

在這段時間，半導體產業發生許多重大事件。美日貿易戰重創日本半導體產業。1985年，日系半導體廠商在全球半導體前十名單中有5個席位，1990年依靠之前的慣性，反而上升到6個，但在1995年與2000年只剩下3個。20年後的今天，日本僅有鎧俠，即前東芝半導體在這個前十名的名單中。

在美國，PC產業逐步興起，Intel從1985年的第8位，躍升至首位。在韓國，半導體記憶體產業在美國的扶植下嶄露頭角。這一切與台積電、晶圓代工廠都沒有絲毫關係。此時，半導體產業界所賦予台積電的關鍵詞叫做潛伏。

1994年，台積電在證券交易所上市，如果此時買入這隻股票，並一路持有到2000年，將是一次非常糟糕的投資經歷。在此期間，台積電的股價此起彼落，產生出一大批割肉離場與被深度套牢的股民。

在這段時期，台積電的主要競爭對手是同處臺灣的聯華電子。兩個公司的較量沒有引發半導體產業界的關注，有誰會去留意兩隻螞蟻之間的戰鬥呢？兩個公司誰勝誰負，都無法改變晶圓代工與Fabless產業整體式微的格局。

1995年，FSA協會（Fabless Semiconductor Association）正式成立。

第 4 章　製造之王

在這個協會的章程上有若干條使命，其中有一條沒有被寫入卻相當關鍵，如何解決 Fabless 公司與代工廠之間的「信任」。成就「信任」二字，別無他法，唯有經歷時間的滄桑。

2000 年，晶圓代工產業初見曙光。這一年，通訊大廠高通放棄手機與通訊設備相關的下游業務，進軍半導體產業。高通選擇了 Fabless 道路，將持有的無線通訊專利以晶片的方式固化。另外一間 Fabless 公司博通，已經在半導體通訊領域嶄露頭角。高通與博通的加入，使 Fabless 產業煥然一新，使晶圓代工產業煥然一新。

世界半導體格局在此時悄然發生變化。許多代表性事件是在這些事件發生的很久之後，絕大多數人才會真正意識到。事實上，從台積電成立的那一刻起，半導體產業已經進入了一個全新週期。

Fabless 公司與代工廠緩慢同步前行，相互依靠、相互促進，打破了半導體設計與製造之間的緊耦合。在此期間，擁有大型工廠的公司採用的 IDM 模式的弊端逐漸暴露。大公司內部合作的寒冰壁壘與工廠嚴苛的管理體系，限制了設計師們散漫與創意的靈魂。在 IDM 廠商中，設計師希望自立門戶，已是山雨欲來風滿樓。

不久之後，優秀的半導體設計公司如雨後春筍般湧現，輝達、MTK 與 Marvell 在這段時間創立，並藉助代工模式逐步興起，為半導體代工廠的發展提供了肥沃的土壤。

2001 年，網路泡沫崩潰重創半導體產業。這一年，台積電的營收僅為 36 億美元，相較於 2000 年下降了 24％，工廠開工率最低時僅有 41％。傳統 IDM 廠商傷得更重，在資本的驅使下，半導體廠商之間展開了大規模的併購重組，晶圓廠成為不良資產被競相拋售。

在這次衰退中，IDM、Fabless 公司與代工廠之間能夠比較的是誰比

較不慘。忠謀先生此時已屆 70 歲高齡，他先在美國結婚，之後在台積電進行大規模人事調整，任命新的總裁和代理 CEO，同時請來胡正明教授擔任 CTO，準備致力於半導體高階製程，布局完畢後，忠謀先生耐心等待著半導體產業反轉。2001 年 8 月，台積電的第一個 12in 工廠，FAB12 開始投入執行；三個月後，台積電觀察到半導體產業復甦的跡象，宣布投資 202 億美元建立 6 個晶圓廠；至 2002 年初，台積電的工廠開工率逐步恢復到 60% 左右。

IDM 廠商之間的重組在此時步入熱潮，許多晶圓廠永久地消失，IDM 的產能急遽下降。而半導體產業在 2001 年逐步恢復並屢創新高，對代工廠的產能需求不斷提升，代工廠的產能逐步提升。伴隨代工廠的產能成長，IDM 的產能進一步遭到削減。IDM 廠商與代工廠產能之間的此消彼長，越來越不可逆轉。

IDM 廠商在無奈中接受了晶圓代工模式並開始分化。絕大多數 IDM 廠商，包括恩智浦、英飛凌、德州儀器、瑞薩等公司，最終選擇了 Fab-Lite 模式，將部分產品交給代工廠，部分產品由自有晶圓廠生產。最後形成今日以 IDM、Fabless 公司與晶圓代工廠為主體的產業格局，如圖 4-48 所示。

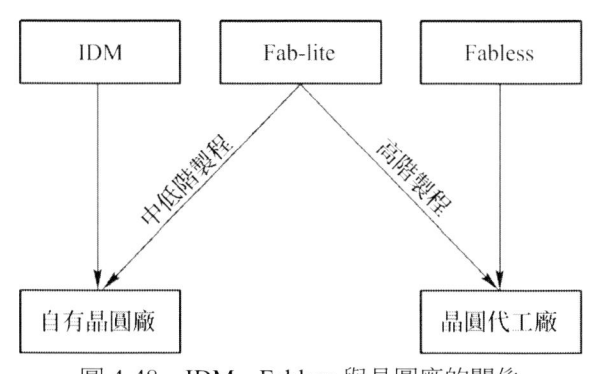

圖 4-48　IDM、Fabless 與晶圓廠的關係

第 4 章　製造之王

至今，只有半導體記憶體廠商，如三星、海力士與美光保持 IDM 模式。即便 Intel 這種以自有晶圓廠為主的公司，目前也使用晶圓代工廠的資源製作晶片。

2003 年，半導體製程來到 90nm 製程節點時，台積電迎來了能夠掌握自身命運的時刻。90nm 製程節點之後，積體電路的製作越來越艱難，此前 IDM 與代工廠之間還能上演群雄逐鹿，其後已是全球通力合作才能支撐幾家具有高階工藝的晶圓廠。

當時，Intel 的半導體製作工藝異軍突起。全天下半導體廠商聯合，依然無法與之抗衡，而被迫聚在一起取暖。Intel 自成一派，IBM、三星與從 AMD 獨立的格羅方德組成另外一個陣營。

2004 年，台積電取得一定程度的成就，完全掌握了 IBM 提出的銅互連、Low-K 等技術，具備大規模量產 90nm 積體電路的能力，卻依然沒有足夠的實力主導一個陣營。在支撐高階半導體製程方面，與 IBM、Intel 這類廠商相比，台積電所欠缺的，是基礎學科的底蘊；而在晶圓代工方面，台積電已經無人能出其右。

2006 年，台積電在晶圓代工產業繼續領頭，營收達到 97 億美元，市場占有率為 45.2％，比排在第二位的聯華電子高出 3 倍。忠謀先生決定退居二線，僅擔任董事長一職。此時台積電卻迎來一個遠比聯華電子更強大的對手。

2005 年，三星在成長為半導體記憶體產業的霸主之後，逐步切入晶圓代工產業，憑藉其在半導體產業中的深厚累積，從代工高通的 CDMA 手機晶片開始，強勢進軍高階晶圓代工領域。在此期間，三星充分發掘自身潛力，同時對台積電展開瘋狂的人才掠奪，很快便具備與台積電在代工行業競爭的能力。

2008 年的金融危機對半導體產業帶來不小的衝擊，2009 年初台積電業績大幅下滑，面對這般內憂外患，高齡 78 歲的忠謀先生再度出山，重新擔任台積電的 CEO。

華人歷經五千年文明磨礪而出的天性、矢志不渝的幹勁，與面對強敵時的勇氣，在這一刻加倍突顯出來。

在這段艱難歲月中，台積電無勇功、無智謀，只是在最艱難的時刻，咬緊牙關堅持了下來。台積電非常幸運。此時一間異常強勢的公司──蘋果加入 Fabless 陣營，半導體設計領域發生重大轉折。掌握應用情境的終端客戶，憑藉著強大的財力和對終端產品的充分認知，紛紛進入半導體設計領域，帶給晶圓代工產業極大助力。

2010 年，晶圓代工產業的總產值成長 34%。晶圓代工廠第一次具備與 Intel 在最高階工藝製程競爭的能力。此時，半導體製造來到 32nm 製程節點，台積電與三星逐步掌握應變矽與 High-K 技術。

2013 年，台積電開始量產基於 FinFET 的 16nm 晶片，追上 Intel 的步伐。

2017 年 6 月與 9 月，蘋果釋出第二代 iPad 與 iPhone8，這兩個產品搭載的處理器採用台積電的 10nm 工藝，台積電開始反超 Intel。

2017 年，ASML 發布第一款可用於量產的 EUV 曝光機 NXE: 3400B 後，台積電牢牢抓住了這次機會，向這個在積體電路製造領域中的第一利器下了豪賭。第二年，台積電共安裝了 8 臺 EUV 設備，僅為偵錯這臺設備，便報廢了一百多萬片晶圓。截至 2021 年第二季度，在 ASML 售出的百臺 EUV 曝光機中，有 70% 的比例為台積電所購置。

台積電的努力獲得了回報。2020 年 9 月，蘋果發布 Apple A14 處理器，使用台積電基於 EUV 微影的 5nm 製程。雖然產業界認為台積電的

5nm 僅相當於摩爾定律規定的 7nm，但台積電在製作工藝方面，已經領先包括三星與 Intel 在內的所有晶圓廠，仍是毋庸置疑的事實。

透過引進 EUV，大幅簡化了 FinFET 電晶體的製作流程，將之前基於多重圖形技術，歷經多道微影才能獲得的高解析度圖形縮減到只需一道；將之前需要四、五十道微影才能製作出的 FinFET，減少為二十餘道。台積電在採用 EUV 製作出 FinFET 電晶體之後，下一步是製作 GAA（Gate-All-Around）電晶體，突破 3nm 製程節點。

GAA 結構電晶體的構想最早出現於 1988 年。日本東芝半導體的 Fujio Masuoka，也是被稱為「快閃記憶體」之父的科學家，提出這種電晶體的製作方法與思路，將其稱為 SGT（Surrounding Gate Transistor）電晶體[83]，但當時並不具備製作這種電晶體的條件。

從組成結構來看，GAA 電晶體是改良 CMOS 電容的方式，比 FinFET 更具優勢[84]。FinFET 是閘極從三個方向包圍通道，而 GAA 電晶體採用四面包圍結構。

GAA 電晶體僅是調整 CMOS 電晶體的結構，與之前 IBM 與 Intel 時代的突破相比，算不上是重大創新。積體電路的製作，在 Intel 引入 High-K 工藝之後的 15 年時間裡，不斷逼近矽材料的極限，產業界一直在呼喚新的材料，能夠有效替代矽。

在此期間，化合物半導體再次被提及。GAA 電晶體除了採用全面包圍通道的方式，以獲得最大的 CMOS 電容之外，還可以與奈米線（Nanowire）技術結合，IBM 沃森研究院在 2009 年實現了這一技術[85]。

2015 年，IBM 將奈米線升級為奈米片（Nanosheet）技術[86]。奈米線與奈米片的技術創新，在於藉助化合物半導體提升通道中的載流子速度。

4.8 篳路藍縷

　　2021 年 5 月，IBM 推出採用 GAA 與奈米片技術、使用 2nm 製程節點的晶片。這種目前停留在 IBM 實驗室中的技術，可以將 500 億個電晶體整合在指甲大小的晶片中[87]，雖然距離大規模量產遙遙無期，但是依然為半導體產業帶來新希望。

　　GAA 電晶體有多種製作方式，2019 年，中國中科院微電子所製作出一種垂直結構的 VSAFET（Vertical Sandwich gate-all-Around FET），其組成結構如圖 4-49 所示。

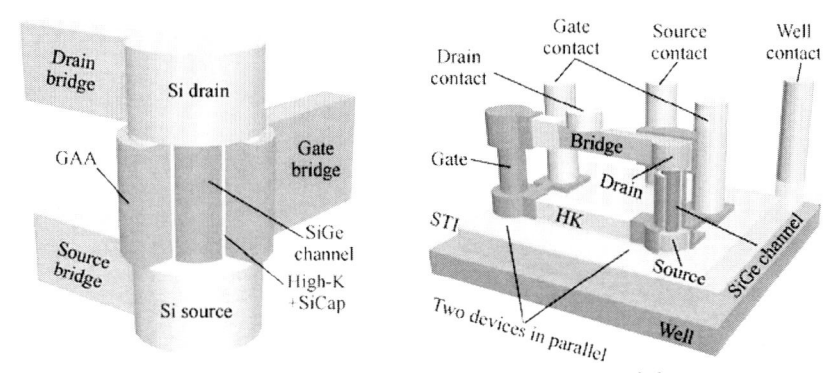

圖 4-49　VSAFETs 電晶體的結構示意圖[88]

　　從效能參數的角度來看，VSAFET 電晶體屬於世界先進水準。雖然微電子所製作這種電晶體時使用的是電子束微影技術，製作效率無法與 EUV 曝光機相比，不具備將這種電晶體大規模生產的能力，但已經成功掌握製作這種電晶體的必要工序。

　　GAA 電晶體是目前「矽 +CMOS+ 平面製程」生態的重要微創新，引領這個微創新的公司，不是 IBM 與 Intel 這類掌握強大應用場景的公司，而是兩個代工廠——台積電與三星。其中台積電大規模量產新技術的能力更強。這一現狀卻使得半導體產業的發展更加舉步維艱。

　　台積電從誕生的第一天起，決定了自己的代工基因，這種基因使台

第 4 章 製造之王

積電獲得強大的半導體製作能力，也注定這家公司很難在應用領域有所作為。缺乏應用場景的公司，很難如 IBM 與 Intel 般引領一個時代。這還不是台積電所面臨的最大難題。

2021 年 4 月，三星宣布將在五年內對 EUV 的投入從 1,000 億美元，提升至 1,514 億美元。ASML 決定與三星加強合作，並準備在韓國設立 EUV 曝光機的維護工廠。IBM 也有可能將最新的 2nm 技術授權給三星。Intel 在 Pat 回歸後，啟動 IDM 2.0 計畫，與台積電爭奪半導體製造工藝的最高點。

台積電在其最輝煌的時刻，再次面臨危機。

參考文獻

[1] SEETHARAMAN S. Treatise on Process Metallurgy, Volume 3: Industrial Processes, Chapter 2.6 - Silicon Production [J]. Elsevier Ltd Oxford, 2013.

[2] NAKAMURA K, NISHIZAWA J.Static induction thyristor[J]. Physical Review Applied, 1978.

[3] NISHIZAWA J I. Junction Field-Effect Devices[M]. Springer, 1982.

[4] BRINKMAN WF, HAGGAN DE, TROUTMANWW. A history of the invention of the transistor and where it will lead us[J]. IEEE Journal of Solid-State Circuits, 1991,32(2): 1858-1865.

[5] LOJEK B. History of semiconductor engineering[M]. Springer, 2007.

[6] WANLASSFM, SAH C T. Nanowatt logic using field-effect met-

al-oxide semiconductor triodes[J]. International Solid State Circuits Conference Digest of Technical Papers,1963: 32-33.

[7] WANLASS F M. Low stand-by power complementary field effect circuitry: US Patent 3,356,858[P].

[8] AHRONS R, MITCHELL M, BURNS J. MOS micropower complementary transistor logic[C]//IEEE International Solid-State Circuits Conference. 1965: 80-81.

[9] HANCHETT C, KATZ S, YUNG A K. Complementary MOS memory arrays[C]//Government Microcircuits Applications Conference. 1968.

[10] MASUHARA T, MINATO O, SASAKI T, et al. A high-speed, low-power Hi-CMOS 4K static RAM[C]// Solid-State Circuits Conference. 1978.

[11] Double-well fast CMOS SRAM (Hitachi)[EB/OL]. https: //www.shmj.or.jp/english/ pdf/ic/ exhibi727E.pdf.

[12] PATNAIK S, ASHRAF M, KNECHTEL J, et al. Raise your game for split manufacturing: restoring the true functionality through BEOL[C]//Design Automation Conference. ACM, 2018.

[13] YEAP G, LIN S S, CHEN YM, et al. 5nm CMOS Production Technology Platform featuring full-fledged EUV, and High Mobility Channel FinFETs with densest 0.021μm2 SRAM cells for Mobile SoC and High-Performance Computing Applications[C]//International Electron Devices Meeting (IEDM). 2019.

[14] MOORE G E. Cramming more components onto integrated circuits[J]. Reprinted from Electronics, 1965,38(8): 114.

[15] ATSUHIKO K. Chronology of Lithography Milestones[EB/OL]. http://www.lithoguru.com/scientist/litho_history/Kato_Litho_History.pdf.

[16] KIDWELL P A. The near impossibility of making a microchip [Reviews][J]. IEEE Annals of the History of Computing, 2000, 22(2): 80.

[17] BRUNING J H. Optical lithography: 40 years and holding[J]. Proceedings of Spie the International Society for Optical Engineering, 2007, 6520: 4-13.

[18] Perkin Elmer - Micralign Projection Mask Alignment System [EB/OL]. https://www.chiphistory.org/154-perkin-elmer-micralign-projection-mask-alignment-system.

[19] Intel Corporation Annual Report 1976 [EB/OL]. https://www.intel.cn/content/www/cn/zh/history/history-1976-annual-report.html.

[20] Intel website: Intel corporation annual report [EB/OL]. https://www.intel.com/content/www/us/en/history/history-1975-annual-report.html.

[21] MOORE G E. Progress in digital integrated electronics[C]//IEEE International Electronic Devices Meeting. 1975.

[22] ASML Press. ASM Lithography Holding NV to acquire Silicon Valley Group Inc. in an all-stock transaction valued at EUR 1.8 billion (US$1.6 billion)[EB/OL]. https://www.asml.com/en/news/press-releases/2000/asm-lithography-holding-nv-to-acquire-silicon-valley-group-inc-in-an-all-stock-transaction.

[23] JAIN K, WILLSON C G, LIN B J, et al. Ultrafast high-resolution contact lithography with excimer lasers[J]. IBM Journal of Research and Development, 1982, 26(2): 151-159.

[24] ASML - PAS 5500/400, Step & Scan System [EB/OL]. https://www.chiphistory.org/ 163-asml-pas-5500-400-step-scan-system.

[25] BARASH E, SEISYAN R P. Practical limits of excimer laser lithography[C]//The 16th International Conference "Laser Optics 2014".

[26] International Technology Roadmap for Semiconducto[EB/OL]. https://wikimili.com/en/ International_Technology_Roadmap_for_Semiconductors.

[27] DENNARD R H. Design of ion-implanted MOSFET's with very small physical dimensions[J]. Journal ofSolid State Circuist, 1974.

[28] HISAMOTO D, LEE W C, KEDZIERSKI J, et al. A folded-channel MOSFET for deep-sub-tenth micron era[C]// International Electron Devices Meeting. 1998.

[29] BOHR M. Let's Clear Up the Node Naming Mess[EB/OL]. https://newsroom.intel.com/editorials/lets-clear-up-node-naming-mess/#gs.i0nx4n.

[30] Inside 1α —— the World's Most Advanced DRAM Process Technology [EB/OL]. https://www.micron.com/about/blog/2021/january/inside-1a-the-worlds-most-advanced-dram-process-technology.

[31] BOYER C. The 360 Revolution [EB/OL]. https://www.computer-museum.ru/books/archiv/ibm36040.pdf.

[32] HAANSTRA J, EVANS B, ARON J, et al. Processor Products-final report of the SPREAD task group, December 28, 1961[J]. Annals of the History of Computing, 2007, 5(1): 6-26.

[33] WISE T A. IBM's $ 5,000,000,000 Gamble[R]. 1966.

[34] DAVIS E M, HARDING W E, SCHWARTZ R S, et al. Solid logic technology: versatile, high-performance microelectronics[J]. IBM Journal of Research & Development, 1964, 8(2): 102-114.

[35] PUGH E W. STARS: IBM SYSTEM/360[J]. Proceedings of the IEEE, 2013, 101(11): 2450-2457.

[36] CHUNG J, JANG J. The integrated room layout for a semiconductor facility plan[J]. IEEE Transactions on Semiconductor Manufacturing, 2007, 20(4): 517-527.

[37] JAIN K, WILLSON C G, LIN B J. Ultrafast deep UV Lithography with excimer lasers [J]. IEEE Electron Device Letters, 2016, 3(3): 53-55.

[38] ITO H, WILLSON C G, FRECHET J H J. New UV resists with negative or positive tone[C]// VLSI Technology, 1982.

[39] ANDRICACOS P C, UZOH C, DUKOVIC J O, et al. Damascene copper electroplating for chip interconnections[J]. IBM Journal of Research & Development, 1998, 42(5): 567-574.

[40] IBM website. Copper Interconnects the Evolution of Microprocessors[EB/OL].https://www.ibm.com/ibm/history/ibm100/us/en/icons/copper-chip/.

[41] DANDU P V. Shallow trench isolation chemical mechanical pla-

narization: a review[J]. ECS Journal of Solid-State Science & Technology, 2015.

[42] IRVING SM. A dry photoresist removal method[J]. Journal of the Electrochemical Society.

[43] MUTO S Y. Etching thin film circuits and semiconductor chips: US-03971684A[P]. 1976-07-27.

[44] SMITH M, HAROLD M. History of "Plasmas" [J]. Nature, 1971, 233(5316): 219.

[45] 張海洋。電漿蝕刻及其在大規模積體電路製造中的應用 [M]。北京：清華大學出版社，2018。

[46] SUGAWARA M. Plasma etching: fundamentals and applications[J]. Series on Semicon-ductor Science & Technology, 1998.

[47] COBURN J W, WINTERS H F. Plasma etching —— a discussion of mechanisms[J]. C R C Critical Reviews in Solid State Sciences, 1979, 10(2): 119-141.

[48] Secret of Intel's name revealed [EB/OL]. https://www.theinquirer.net/inquirer/news/1031210/secret-intel-revealed.

[49] RAMISH Z. Apple's A12X Has 10 billion Transistors, 90% Performance Boost & 7-Core GPU [EB/OL]. https://wccftech.com/apple-a12x-10-billion-transistors-performance.

[50] MARK B. The invention of Uniaxial strained silicon transistors at Intel [EB/OL]. https://download.intel.com/pressroom/kits/advancedtech/pdfs/Mark_Bohr_story_on_strained_silicon.pdf.

[51] YANG H S, MALIK R, NARASIMHA S, et al. Dual stress liner for high performance sub-45nm gate length SOI CMOS manufacturing [C]// Electron Devices Meeting, 2004.

[52] TAKAGI S. Strained-Si CMOS technology [M]// Advanced Gate Stacks for High-Mobility Semiconductors. Berlin: Springer, 2007: 1-19.

[53] JAMES D. Intel Ivy Bridge unveiled —— The first commercial tri-gate, high-k, metal-gate CPU[C]// Custom Integrated Circuits Conference. IEEE, 2012.

[54] NATARAJAN S, AGOSTINELLI M, AKBAR S,et al. A 14nm logic technology featuring 2nd-generation FinFET, air-gapped interconnects, self-aligned double patterning and a 0.0588 μm2 SRAM cell size[C]// IEEE International Electron Devices Meeting (IEDM). IEEE, 2015.

[55] KERWIN R E, KLEIN D L, SARACE J C. Method for making MIS structures: US Patent, 3,475,234 A[P]. 1969.

[56] FAGGIN F, KLEIN T. A faster generation of MOS devices with low thresholds is riding the crest of the new wave, silicon-gate ICs[J]. Microelectronics Reliability, 1970, 9(5): 390.

[57] Intel Press. Intel at 50: Intel's 1101 [EB/OL]. https://newsroom.intel.com/news/intel-50-intels-1101.

[58] GALLON C, REIMBOLD G, GHIBAUDO G, et al. Electrical analysis of mechanical stress induced by STI in short MOSFETs using externally applied stress [J]. IEEE Electron Devices, 2004, 51(8): 1254-1261.

[59] LO S H, BUCHANAN D A, TAUR Y, et al. Quantum-mechan-

ical modeling of electron tunneling current from the inversion layer of ultra-thin-oxide nMOSFET's [J]. IEEE Trans Electron Device Lett, 1997, 18(5): 209-211.

[60] CAO M, VANDE V P, COX M, et al. Boron diffusion and penetration in ultrathin oxide with poly-Si gate [J]. IEEE Electron Device Letters, 1998, 19(8): 291-293.

[61] FRANK M M, KIM S B, BROWN S L, et al. Scaling the MOSFET gate dielectric: From high- k, to higher- k? (Invited Paper) [J]. Microelectronic Engineering, 2009, 86(7): 1603-1608.

[62] YEO Y C, LU Q, RANADE P, et al. Dual-metal gate CMOS technology with ultrathin silicon nitride gate dielectric [J]. IEEE Electron Device Letters, 2001, 22(5): 227-229.

[63] YEO Y C, KING T J, HU C. Metal-dielectric band alignment and its implications for metal gate complementary metal-oxide-semiconductor technology [J]. Journal of Applied Physics, 2002, 92(12): 7266-7271.

[64] ROBERTSON J. Band offsets of wide-band-gap oxides and implications for future electronic devices [J]. Journal of Vacuum Science & Technology B Microelectronics & Nanometer Structures, 2000, 18(3): 1785-1791.

[65] NEAMEN D A. Semiconductor physics and devices: basic principles [M].Fourth Edition.Semiconductor physics and devices. 北京：電子工業出版社，2018。

[66] BOHR M T, CHAU R S, GHANI T, et al. The High-k Solution [J]. Spectrum, 2007, 44(10): 29-35.

[67] MAITI B, TOBIN P J. Metal gates for advanced CMOS technology [J]. Proceedings of SPIE - The International Society for Optical Engineering, 1999.

[68] LEE J, PARK H, CHOI H, et al. Modulation of TiSiN effective work function using high-pressure post metallization annealing in dilute oxygen ambient [J]. Applied Physics Letters, 2008, 92(26): 043508.

[69] MISTRY K, ALLEN C, AUTH C, et al. A 45nm Logic Technology with High-k+Metal Gate Transistors, Strained Silicon, 9 Cu Interconnect Layers, 193nm Dry Patterning, and 100% Pb-free Packaging [C]//International Electron Devices Meetingl. IEEE, 2008: 247-250.

[70] HUDAIT M K, DEWEY G, DATTA S, et al. Heterogeneous integration of enhancement mode In0.7Ga0.3As quantum well transistor on silicon substrate using thin ($\leq$ 2 μm) composite buffer architecture for high-speed and lowvoltage (0.5 V) logic applications[C]//International Electron Devices Meetingl. IEEE, 2007: 625-628.

[71] RADOSAVLJEVIC M, CHU-KUNG B, CORCORAN S, et al. Advanced high-K gate dielectric for high-performance short-channel in 0.7 Ga 0.3 As quantum well field effect transistors on silicon substrate for low power logic applications [C]//International Electron Devices Meeting. IEEE, 2009: 1-4.

[72] JAYSON M, KUMAR A S. FinFET technology and its advancements- A survey [J]. International Journal of Scientific & Engineering Research,2017, 8(6): 13-18.

[73] LIU T J K. FinFET history, fundamentals and future [EB/OL]. https://people.eecs.berkeley.edu/~tking/presentations/KingLiu_2012VLSI-Tshort-

course.

[74] XUAN P, KEDZIERSKI J, SUBRANMANIAN V, et al. 60 nm planarized ultra-thin body solid phase epitaxy MOSFETs[C]// Device Research Conference. IEEE, 2000.

[75] Intel Press. Intel Announces New 22nm 3D Tri-gate Transistors [EB/OL]. http://download.intel.com/newsroom/kits/22nm/pdfs/22nm-Announcement_Presentation.pdf.

[76] HISAMOTO D, KAGA T, TAKEDA E. Impact of the vertical SOI 'DELTA' structure on planar device technology [J]. IEEE Transactions on Electron Devices, 1991, 38(6): 1419-1424.

[77] BOHR M. 14 nm Process Technology: Opening New Horizons[EB/OL]. https://www.intel.com/content/dam/www/public/us/en/documents/pdf/foundry/mark-bohr-2014-idf-presentation.pdf.

[78] CARLSON A. Negative and iterated spacer lithography processes for low variability and ultra-dense integration [J]. Proc Spie, 2008, 6924: 125-126.

[79] 傅如榮。工研院電子所模式和臺灣半導體工業的發展 [J]. 亞太經濟，2009(1): 104-107。

[80] 董安琪。全球化下臺灣的產業發展與產業政策 [EB/OL]. http://www.econ.sinica.edu.tw/mobile/webtools/thumbnail/download/20130902151533456544/?fd=Conferences_NFlies&Pname=1129_1.pdf.

[81] NENNI D. Fabless: The Transformation of the Semiconductor Industry[J]. Fertility & Sterility, 2003, 80(3): 153-154.

[82] Tracking the top 10 semiconductor sales leaders over 26 years [EB/OL]. https://www.icinsights.com/news/bulletins/Tracking-The-Top-10-Semiconductor-Sales-Leaders-Over-26-Years/.

[83] TAKATO H, SUNOUCHI K, OKABE N, et al. High-performance CMOS surrounding gate transistor (SGT) for ultra-high-density LSIs[J]. Iedm Tech.dig, 1988: 222-225.

[84] LOUBET N, HOOK T, MONTANINI P, et al. Stacked nanosheet gate-all-around transistor to enable scaling beyond FinFET [C]// VLSI Technology. IEEE, 2017: T230-T231.

[85] BANGSARUNTIP S, COHEN G M, MAJUMDAR A, et al. High performance and highly uniform gate-all-around silicon nanowire MOSFETs with wire size dependent scaling[C]// Electron Devices Meeting (IEDM). IEEE, 2009.

[86] KIM S D, GUILLORN M, LAUER I, et al. Performance trade-offs in FinFET and gate-all-around device architectures for 7nm-node and beyond[C]// Soi-3d-subthreshold Microelectronics Technology Unified Conference. IEEE, 2015.

[87] JOHNSON D. IBM Introduces the World's First 2-nm Node Chip[EB/OL]. http: //research.ibm.com/bloy/2-nm-chip.

[88] YIN X, XIE L, AI X Z, et al. Vertical sandwich gate-all-around field-effect transistors with self-aligned high-k metal gates and small effective-gate-length variation[J]. IEEE Electron Device Letters, 2019, 41(99): 8-11.

第 5 章　隨光而生

地球隨光而生，居住在這裡的人類依靠光來發現世界。

幾萬年以前，鑽木取火使人類能夠創造光，幾千年之前，銅鏡的發明使人類能夠控制光的走向。在隨後的千年之中，人類對光的思索從未停息。幾百年之前，科學家在爭論光的本源的過程中，產生出光的粒子說與波動說。

電的出現，拓展了人類對光的認知。在距離今天不到兩百年的某個時間點，人類無意中發現，光照射某些物質時可以產生電，電通過某些物質時可以發射光。光與電這兩個外表截然不同的現象，至此水乳交融。

電磁場理論的確立，使光是一種電磁波的理念深入人心。當科學家為最終揭曉光的奧祕而舉手相慶時，量子力學的出現顛覆了人類對光的認知。

一百多年以前，一位科學家重新思考什麼是「光」，並試圖在量子力學理論與實驗的基礎上，揭開「光」的奧祕。他的答案是光量子理論與光電效應方程式。至此，人類重新定義了光。

伴隨量子力學進一步成熟，半導體材料最終被人類發現，並與光結下不解奇緣。光可以藉助半導體材料生電，太陽能光電產業因此而生；電能夠經由半導體材料發光，將顯示照明領域推向巔峰。太陽能光電與顯示照明也是積體電路之外，半導體最大的兩個應用場景。

這位科學家還提出一種理論，奠定了「光放大」的基礎，使雷射的出現成為必然。雷射是半導體製作不可或缺的一環，半導體材料也是製作雷射最廉價的方法。

第 5 章　隨光而生

　　這位科學家或許從未因為這些成就而自豪，他發現在人類有能力探測的宇宙中，一切物質的移動都無法超越光。人類始終為光所困，生活在由光編織的牢獄之中。

　　老子說上善若水時，不知世界有光。

5.1　光學起源

　　一千多年以前，古人在觀測拂曉日出、黃昏日落這些質樸自然現象的過程中，形成了對光的基礎認知。春秋戰國時期，墨子發現針孔成像。在西方，歐幾里得確立了幾何光學的基礎。

　　17 世紀上半葉，光學正式成為一門科學。司乃耳與笛卡兒將光的反射與折射現象歸納為反射與折射定律。17 世紀下半葉，牛頓發明了反射式望遠鏡，並提出光的色散原理，他認為白光由彩虹中出現的所有顏色組合而成，並透過稜鏡實驗證明了這個原理，其過程如圖 5-1 所示。

圖 5-1　牛頓稜鏡實驗

在實驗中，牛頓使用兩個三稜鏡，一個將白光分解為七色光，另一個將七色光再次複合成白光。白光的分解和複合，類似於由七種顏色組成的微粒的分解與複合。牛頓由此認為光是由非常細小的微粒構成，這就是光的粒子說雛形。

此前，英國科學家虎克（Robert Hooke）已經提出光的波動說，認為光以波的方式傳播。牛頓的解釋引發虎克的不滿，也揭開光的波動說與粒子說長達幾個世紀的爭論。

荷蘭的惠更斯（Christiaan Huygens）將虎克理論推進一步，認為光是一種機械波，使用波動說證明光的反射定律和折射定律，解釋光的繞射與雙折射等光學現象。西元 1690 年，惠更斯提出光的波動原理，即惠更斯原理。惠更斯對「粒子說」提出質疑，他認為如果光由粒子構成，那麼在交叉傳播過程中，必然會發生碰撞而改變方向，而事實並非如此。

牛頓的精力原先集中在古典力學領域，並不關注光是波還是粒子。起初他與虎克的辯論僅在光學領域，是一場對事不對人的爭論，但這場爭論很快擴展到他們有交集的所有學科，演變為對人不對事的衝突。這場衝突因為虎克與惠更斯的離世而告一段落。在 18 世紀，牛頓的威望如日中天，粒子說無人挑戰，波動說逐漸被世人遺忘。19 世紀初，英國的湯瑪斯·楊格（Thomas Young）對粒子說產生懷疑。他進行了著名的雙縫實驗，發現光通過雙縫後產生干涉條紋。隨後他用波的疊加原理解釋

第 5 章　隨光而生

了這一現象，提出光是一種波，但這個實驗結果並未改變粒子說的主流地位。

惠更斯與楊格提出的波動說，在解釋光的干涉、繞射、折射、偏振等實驗現象時，在數學方面未臻於完美。粒子說卻始終伴隨著牛頓力學同步成長，在受到牛頓個人威望加持之後，得到更多人的認可。

西元 1815 年，法國一位科技愛好者菲涅耳（Augustin-Jean Fresnel），開始了光學之旅。西元 1827 年，他在窮困潦倒中病逝。在其短暫的 12 年光學生涯中，留下了一座座豐碑，被後世稱為物理光學的締造者。在菲涅耳的世界中，有對錯而無權威。西元 1818 年，菲涅耳以光的波動說為基礎，透過嚴謹的數學推理，解釋了光的偏振現象，推導得出光線通過圓孔後產生繞射圖案的精確規律。菲涅耳的理論推導與實驗數據十分吻合，光的波動說死灰復燃。

菲涅耳的觀點一經提出，立即遭到粒子說擁護者的反對。帕松根據菲涅耳的理論得出一個論點，如果將小圓盤放在一道光線中，其後的屏幕中心將會出現一個極小的光斑。這個光斑就是在光學領域中著名的帕松光斑，其產生過程如圖 5-2 所示。

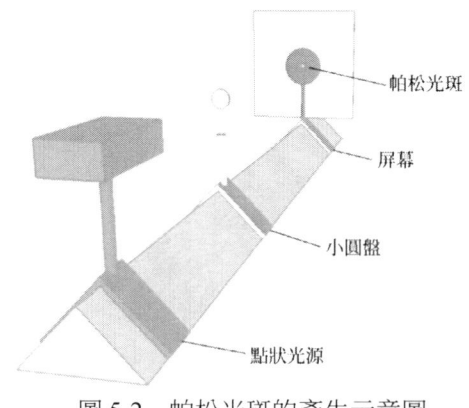

圖 5-2　帕松光斑的產生示意圖

作為粒子說的擁護者，帕松顯然認為這種光斑不可能存在。透過這個反例，他認為菲涅耳推導出的結論不值一駁，卻萬萬沒有想到這個後來以他的名字命名的光斑，成為擊敗自己的反例，而自己則成為菲涅耳一鳴驚人的基石。

菲涅耳與另外一位法國科學家阿拉戈（François Arago）合作，在很短的時間之內，透過精巧的實驗找到了帕松光斑。此後，菲涅耳提出的理論，即便在粒子說處於壓倒性優勢的年代，也逐漸被理智占上風的科學家所認可。

西元 1821 年，菲涅耳進一步提出光是一種橫波，並基於這個理論，圓滿解釋了光的偏振、反射、折射與雙折射，並提出菲涅耳公式。

菲涅耳將嚴謹的數學工具引入光學領域，並透過大量實驗完善了光的波動說。在光學領域，有一系列以「菲涅耳」為字首的術語與儀器，包括菲涅耳數、菲涅耳積分、菲涅耳透鏡、菲涅耳雙面鏡、菲涅耳雙稜鏡、菲涅耳繞射等。

菲涅耳的研究成果，使光學進入全新的階段。越來越多人開始接受光的波動說，勝利的天平漸漸向波動學說傾斜。

此時，電磁學在歐洲興起，奧斯特實驗建立了電與磁之間的連繫。在必歐、沙伐與安培的努力之下，變化的電場能夠產生磁場已經深入人心。不久之後，法拉第證實變化的磁場能夠產生電場。至 18 世紀下半葉，馬克士威以這些科學家的研究成果為基礎，建立起完整的電磁場理論，推測光是一種電磁波。

隨後赫茲驗證了馬克士威電磁場理論的正確性。此時光是一種電磁波的觀點已不可質疑。波動說完全壓倒粒子說，幾乎取得了決定性的勝利。赫茲卻畫蛇添足般地發現了光電效應，他在一次實驗中發現，當光

第 5 章　隨光而生

照射到金屬時將引發電產生性質變化，這表明光能可以轉換為電能[1]。

1902 年，Phillip Lenard 在赫茲實驗的基礎上更進一步。他發現當光線射入真空管之後，真空管的材料表面將溢出電子。他還發現隨著光的強度增強，所產生的光電子數目也會增加，但是光電子的動能卻與光的強度無關，只與入射光的頻率有關[2]。

無論是赫茲還是 Lenard 的實驗結果，都無法用光的波動說來解釋。至此光的波動說亦跌落神壇，與已陷入困境的粒子說成為一對難兄難弟。將光的波動說與粒子說這兩兄弟解救出來，是量子力學理論逐步成形之後的事情了。

與光的波動說與粒子說同步發展的，還有另外一個重要的光學領域，即光譜分析。光譜分析是研究原子結構的重要方法。牛頓在稜鏡實驗之後，便斷言想要了解一個物質的結構，僅需要了解這個物質的光譜即可。在牛頓時代，科學家對於光譜的理解停留在哲學層面。現代意義的光譜分析法，在 19 世紀中後期才逐步完善。

西元 1814 年，德國科學家夫朗和斐（Joseph von Fraunhofer）讓太陽光通過一道細縫進入一間黑屋，在細縫後他使用稜鏡重新進行牛頓的色散實驗，他發現由「紅橙黃綠藍靛紫」組成的彩虹，被 576 條暗線分割成若干段[3]，夫朗和斐將較為明顯的暗線標記為 A～K。這就是著名的夫朗和斐譜線，如圖 5-3 所示。

西元 1859 年，德國科學家本生（Robert Bunsen）和克希何夫（Gustav Kirchhoff）揭開太陽光譜蘊藏的部分祕密。克希何夫就是提出電流、電壓、電阻在穩態電路中相互關係的那位科學家。在電路設計中，無人不知的電流與電壓定律就是以克希何夫的名字命名。

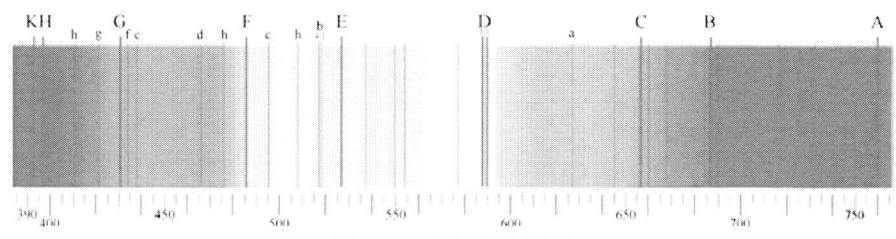

圖 5-3　夫朗和斐譜線

　　克希何夫與本生一同開創了光譜分析法。本生發明出一種無色高溫的燈，這種燈也被稱為本生燈。藉助這個利器，他與克希何夫透過大量的實驗，證實不同元素在火焰中加熱後，將發射出不同光譜，這也是高中時代便需要掌握的「焰色反應」原理。

　　兩人根據焰色反應原理，製作出第一臺光譜儀，並建立光譜分析法，又發現了兩種新元素銫與銣[4]。不久之後，克希何夫發現將鈉元素加熱至白熾後，所發射出的由兩道黃線組成的鈉光譜，恰好可以涵蓋太陽光譜 D 處的兩道暗線。

　　克希何夫進一步發現當光線通過鈉蒸氣時，將會出現與鈉元素發射光譜中兩道黃線位置完全對應的兩道暗線。而後經過大量實驗，他得出結論，一個元素能夠發射什麼樣的光譜，就能吸收什麼樣的光譜，兩者互補對應，分別被稱為「發射光譜」與「吸收光譜」，這也是克希何夫熱輻射定律的科普解釋。

　　這一定律直觀地解釋了太陽光譜產生的原因。以 D 線為例，克希何夫認為這是因為太陽光抵達地球之前，穿越太陽大氣層中的鈉蒸氣，也間接證明了太陽中含有鈉。根據這個定律，克希何夫還發現太陽中存在的多種元素。

　　從現代科技的角度來看，克希何夫對太陽光譜的理解依然停留在初步階段。他的這一理論無法透過精準計算，以推算太陽光譜的位置座

第 5 章　隨光而生

標,也無法解釋這些暗線出現的根本原因,卻奠定了現代光譜分析的基礎。

作為一名教授,克希何夫還有一項偉大的成就。他培養了兩名學生,一名是驗證電磁波存在的海因里希・赫茲;另外一名是開創量子力學的普朗克。作為一個物理學家,他在熱輻射領域也取得了巨大的成就,即提出黑體的概念。

克希何夫之後,現代光譜分析學發展迅速。

19 世紀中葉,瑞典物理學家埃斯特朗(Anders Jonas Ångström)在大量實驗的基礎上,繪製出一幅包含 1,000 多條譜線的巨幅太陽光譜圖,其中氫元素對應光譜中的 4 條暗線,分別位於 656nm、486nm、434nm 和 410nm 波長。埃斯特朗也是現代光譜學的奠基人之一,在微觀世界使用的埃米,就是為了紀念這位科學家[5]。

西元 1885 年,瑞士科學家巴耳末(Johann Balmer)發明出一道公式,可以精確計算出這 4 條氫原子譜線的位置,並預測出其他尚未發現的譜線位置,這個公式也被稱為巴耳末公式。這個根據已知 4 個結果湊出的公式原本並無過人之處,其神奇之處在於當更多的氫元素譜線被發現之後,這個公式依然精確無比。

19 世紀末期,塞曼在分析鈉元素光譜時,引入一個強烈磁場,之後他發現譜線發生過分裂,這就是塞曼效應。這個效應是研究原子結構和發光機制的重要工具。勞侖茲解釋了塞曼效應,並精準測量出電子所帶電荷與質量的比值,即荷質比。這個效應至今還是研究原子結構的重要方法。

這些與光譜相關的研究,在 19 世紀末期沒有引發太大的關注。在當時,塞曼和勞侖茲沒有找到這些發現的應用情境,埃斯特朗與巴耳末也

絕不會預料到他們的發現，在未來將會掀起軒然大波。多年以後，波耳根據巴耳末公式與氫原子光譜的實驗結果提出了波耳原子模型，正式開創屬於量子力學的時代。

1900 年，量子力學理論正式誕生，此後光譜分析方法更加成熟，逐步成為研究原子、分子、凝態等物質微觀結構與微觀粒子相關作用的主要方法。在量子力學領域，許多理論的提出與驗證建立在光譜分析的基礎上。光譜分析證實了量子態的存在與原子能階的概念。原子的能階分裂與躍遷現象也可以透過光譜分析實驗驗證。

1928 年，印度科學家拉曼 (Chandrasekhara Raman) 無意中發現當光線照射到物質時，除了能夠檢測到與入射光頻率相同的反射光之外，還發現與光源頻率不同的其他散射光所形成的光譜。

用現代量子力學觀點，拉曼散射可以簡單地理解為光粒子照射到物質的某個粒子後，該物質粒子的電子發生能階躍遷而發射出光的過程。拉曼在研究這些由「不同頻率」光線所組成的散射光譜時，發現散射光的頻率變化與物質的微觀特徵相關，而且不同物質所對應的散射光譜是唯一的，因此這種散射光譜也被稱為物質的指紋光譜[6]。後人將這種散射稱為拉曼散射，將散射光譜稱為拉曼光譜。拉曼光譜可以應用在許多領域，包括半導體材料。而拉曼也因此獲得 1930 年度的諾貝爾物理學獎。

隨後科學家發現，除了使用可見光之外，還可以使用雷射、X 射線等各種電磁波照射物質產生拉曼散射，進一步拓寬了光譜分析的應用情境。在半導體量測設備中，許多設備的製作原理基於光譜分析。「散布光子，捕獲光子，分析光子」也逐步成為探索物質微觀結構的通用方法，並延續至今，成為一門博大精深的學科。

光譜分析不僅是觀測微觀世界的眼睛，還可以用於宏觀世界。太陽

第 5 章　隨光而生

系與銀河系的物質組成、宇宙爆炸學說，也是基於光譜分析而提出的。在宇宙中，每一道光線所包含的資訊，超過多數人的想像。

量子力學的誕生與光譜分析密切相關。19 世紀末期，出現了幾個與光相關、無法解釋的實驗現象。物質在一定條件作用之下可以發光，其中最簡單的方法莫過於透過加熱為物質提供能量。19 世紀，工人們在冶煉鋼鐵時，因為沒有測量高溫的工具，通常依據熔爐的發光顏色判斷溫度。

依照人們當時的生活經驗，不同溫度的物體輻射出的光線並不相同，溫度高的物體發出的光線越偏近於黃色也越亮；溫度低的物體發出的光線越偏近於紅色也越暗。此時光譜分析法逐步成形，科學家以為精準計算出這個溫度並非難事。

量子力學興起前夕，電磁學逐漸被認可。科學家嘗試使用電磁學與熱力學理論，精確計算熔爐溫度。克希何夫建立的黑體模型在此時發揮了作用，黑體模型認為：「黑體是一種能夠完全吸收外部電磁輻射的理想化物體，進入黑體的輻射將完全轉化為熱輻射。黑體所產生的輻射光譜特徵只與其溫度有關，與其使用的材料無關。」

在當時，科學家們基於黑體模型推導出許多公式，但這些公式的計算結果與實驗檢測數據並不吻合。在眾多解釋均告失敗之後，這個問題成為籠罩在物理學上空的一朵烏雲。西方科學家在撥雲見日的過程中，揭開了量子力學的帷幕，現代知名的物理學家全部都參與了這段歷史。

此時，年事已高的克希何夫將這個問題留給普朗克。普朗克回顧了之前所有的公式之後，發現只要黑體輻射出連續能量，之前的公式沒有一個是正確的，一些公式在某種特定條件之下，所得出的結果甚至相當荒唐。

1900 年，普朗克放棄在物理世界中牢不可破的哲學思想 —— 物質無限可分，在這種哲學體系下，能量作為一種物質也無限可分。普朗克

認為能量並不連續，是由一份份不可分割的最小能量組成，這個最小能量被稱為「能量子」，大小等於 $h\nu$，其中 ν 為輻射電磁波的頻率，h 是普朗克常數[7]。

普朗克根據「最小能量子」理論得出全新的黑體輻射公式，也被稱為普朗克公式，合理解釋了黑體輻射問題。這個公式打開量子力學的大門，為華麗的 19 世紀畫上一個圓滿的句號，科技史冊即將進入波瀾壯闊的 20 世紀。在這個世紀中，湧現出一大批科學家，組成燦若銀河的艦隊，延續著人類的文明。在這個艦隊之中，最為重要的一個人出現在 1905 年。這一年並不平凡，26 歲的愛因斯坦在瑞士伯恩專利局，度過一生中最具創造力的歲月。這一年，他發表了整個 20 世紀最為重要的 5 篇文章。其中一篇關於光電效應的解釋[8]，使這位科學家獲得諾貝爾物理學獎。

在此之前，愛因斯坦發現光電之間的許多連繫，帶負電的鋅金屬被紫外線照射後，電子會迅速消失；電中性的金屬片被紫外線照射後帶正電。金屬能否產生光電效應與光的波長有關，與光照時間與強度無關。對於某些材料，再弱的紫外線即便是瞬間照射也會引發光電效應；很強的紅外光無論照射這些材料多長時間，也無法觀測到光電效應。

這些實驗為愛因斯坦提出光量子假說提供了必要的基礎。愛因斯坦的這個假說基於普朗克的量子理論。他假定光的能量分布於光量子之中，光量子也被稱為光子，能量等於頻率與普朗克常數的乘積，即 $h\nu$，其中 h 依然為普朗克常數，ν 為光子的頻率。愛因斯坦根據這個假說，提出了光電效應方程式，如式 (5-1) 所示。

光電效應方程式： $$E_k = h\nu - \phi \quad (5\text{-}1)$$

第 5 章　隨光而生

在這個公式中，φ 為功函數，表示電子從金屬表面溢出所需要的最小能量。E_k 是電子從金屬表面溢出時所獲得的動能。

愛因斯坦認為當光照射在金屬表面時，金屬將吸收光子的能量，如果光子能量超過金屬的功函數，便有機會將金屬中的電子擊出表面，之後原是電中性的金屬將帶正電；原本帶負電的金屬變為電中性。光電效應的示意如圖 5-4 所示。

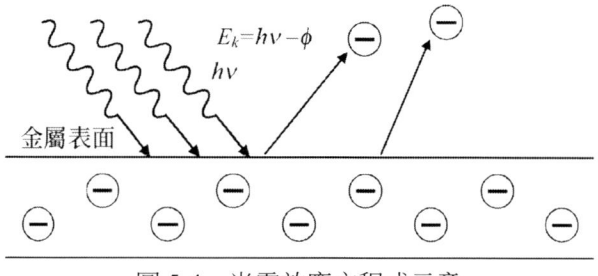

圖 5-4　光電效應方程式示意

在當時，這一理論受到無數人的挑戰，包括美國物理學家密立坎（Robert Millikan）。帶著質疑，密立坎在三年艱苦的證偽過程中，一步步成為光電效應學說最堅定的支持者。1914 年，他證實了愛因斯坦光電效應方程式的正確性，之後又測量出普朗克常數 h 的數值[9]。

1923 年，美國物理學家康普頓發現，X 射線與電子相遇發生散射時，在散射光中除了有原波長的 X 射線之外，還產生大於原波長的 X 射線。而且波長的增量隨著散射角的差異而變化，這種現象被稱為康普頓效應[10]。

康普頓藉助愛因斯坦的光量子理論，從光子與電子碰撞的角度，對這個效應進行解釋。對這個效應的解釋，需要藉助量子力學與相對論，我們可以將其簡單理解為光子把一個電子撞飛產生散射後，將部分能量傳遞給電子，自身能量因此變小，因為能量等於 hv，所以頻率 v 也將隨

之變小，波長因而變大。

　　光子與電子的相互作用遠比上面的描述複雜。光子沒有質量卻有能量與動量，能量 E 為 hv，動量可以透過能動量關係推導得出。至今，量子力學與相對論已歷經百餘年的發展，我們對電子和光子的認知也許依然處於初步階段，但卻並不影響愛因斯坦所創造的這一理論，可以完美地解釋光與電之間的連繫。

　　康普頓效應使愛因斯坦的光量子理論得到更加廣泛的認可。但是瑞典皇家科學院卻等不到 1923 年，再頒獎給愛因斯坦。為了避免他日被貽笑大方，這個科學院在密立坎驗證了光電效應之後，便慌忙於 1922 年將 1921 年度的諾貝爾物理學獎補頒發給愛因斯坦。

　　後人時常惋惜愛因斯坦是因為光電效應，而不是因為相對論獲得諾貝爾獎，但愛因斯坦因此獲得這個獎項依然實至名歸。

　　在愛因斯坦提出這些理論不到 50 年的時間裡，出現若干與光電相關、具有深遠影響的應用領域，包括太陽能光電、顯示與 LED（Light Emitting Diode）照明、雷射等。

5.2　從光到電

　　在墨如點漆的宇宙中，一切物質蘊含著能量，蘊含著光、電與熱。光、電與熱是能量的不同表現方式。在一定條件下，物質可以作為媒介進行光與電之間的轉換。在所有物質中，半導體材料做到這一切比其他材料方便許多。

　　半導體材料的應用包羅萬象。如果只列出一項半導體材料最為神奇的特性，許多人會選擇半導體與光的不解奇緣。半導體的製作與測試緊

第 5 章　隨光而生

密圍繞著光進行。在一定條件下，半導體材料可以吸收光並轉換為電，也可以將電轉換為光。

人類發現光電之間的連繫，經歷了漫長的歲月。西元 1839 年，法國人 Edmond Becquerel 無意中發現光伏效應，當光照射在蓄電池的金屬電極板時，電路中的伏特表發生微弱變化[11]。西元 1883 年，Charles Fritts 使用硒製作出第一塊太陽能電池，這種電池的光電轉換效率不足 1%，沒有任何實用價值。

現代意義的太陽能電池始於貝爾實驗室。1954 年，Daryl Chapin、Calvin Fuller 和 Gerald Pearson 發明出新型的太陽能電池。Pearson 是蕭克利半導體小組的成員，為發明第一顆電晶體立下不小的功勞，在蕭克利半導體小組的經歷，使他產生了使用矽替換硒元素，製作太陽能電池的靈感。

貝爾實驗室在矽晶體方面的知識基底雄厚。幾位科學家透過擴散爐，很快就製作出高品質、大面積的 PN 接面，並發現以此為基礎製作的太陽能電池，其光電轉換效率可達 4.5%。幾個月之後，他們將光電轉換效率提升到 6%[13]。

貝爾實驗室所發明的這種電池，不僅大幅提升了光電轉換效率，而且可以穩定輸出電能，使得太陽能電池走出了實驗室，在外太空衛星上找到其用武之地。在衛星的帆板上，始終陽光明媚，是太陽能電池最理想的運作環境。直到今天，太陽能電池依然廣泛應用於衛星領域。

1960 年，Pearson 從貝爾實驗室退休，在史丹佛大學創立了一間化合物半導體實驗室。幾年之後，他在這裡遇見一個名為 Richard Swanson 的學生。Swanson 獲得博士學位後，留校擔任教授，選擇研究太陽能光電而不是當時最熱門的積體電路。

5.2 從光到電

　　Swanson 並不聰明，他面前有一條非常好走的路。除了 Pearson 這位老師之外，Swanson 還有一個大名鼎鼎的師叔蕭克利，他全然可以複製同門師弟 T.J.Rodgers 的康莊大道，進入矽谷，進軍積體電路產業，甚至直接投奔這位師弟也不算太差的選擇。

　　當時，Rodgers 畢業後進入矽谷，並於 1982 年成立名為 Cypress 的半導體公司，在 Pearson 和蕭克利的幫助下，很快便取得成功。在史丹佛，這是一條絕大多數學生的最佳路線。也許 Swanson 認為好走之路都是下坡路，他選擇了太陽能光電。

　　太陽能光電的理論並不複雜。即便對於並不聰明的 Swanson 而言，完全掌握這些理論，也用不了幾天時間，如何使用矽材料 PN 接面製作太陽能電池，也已由他的老師 Pearson 分析得一清二楚，如圖 5-5 所示。

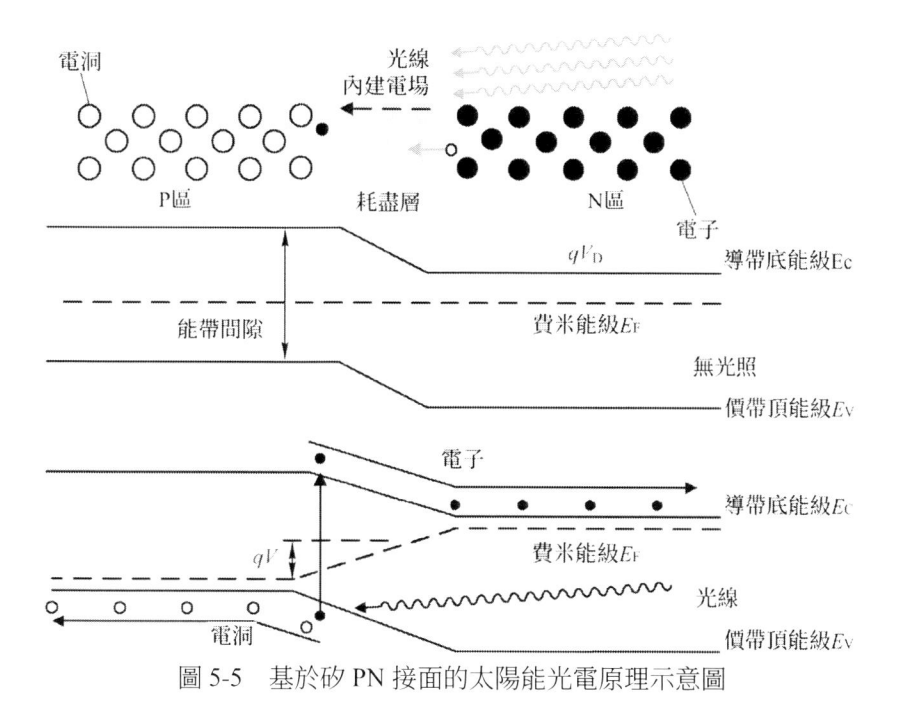

圖 5-5　基於矽 PN 接面的太陽能光電原理示意圖

第 5 章　隨光而生

　　光線照射到 PN 接面之後，如果能量大於太陽能光電材料的能帶間隙，在價帶頂部的電子將躍遷至導帶，此時導帶將多出一些電子，而價帶將因為缺少一些電子而多出一些電洞。電子將向 N 區擴散，而電洞將向 P 區擴散，從而在 PN 接面兩端形成光生電動勢。這就是基於 PN 接面的光伏效應原理。

　　Swanson 在 Pearson 身旁待了十幾年，這些道理已爛熟於心。他非常清楚推廣太陽能光電產業的最大障礙，並不是在理論上做出重大突破，而是如何平衡光電的轉換效率與盡可能控制製作成本。

　　光電轉換效率的提升空間並不大，基於單 PN 接面的太陽能光電轉換效率，受制於 Shockley-Queisser 極限，最高只能到達 33.7%[14]。太陽能光電的轉換效率與材料的能帶間隙有關。材料的能帶間隙越大，光照產生的電流越低，但是獲得的電壓越高；反之電流越高則電壓越低。功率等於電流乘以電壓，因此能帶間隙最合適的材料可以使轉換功率最大化。不同材料的光電轉換效率如圖 5-6 所示。

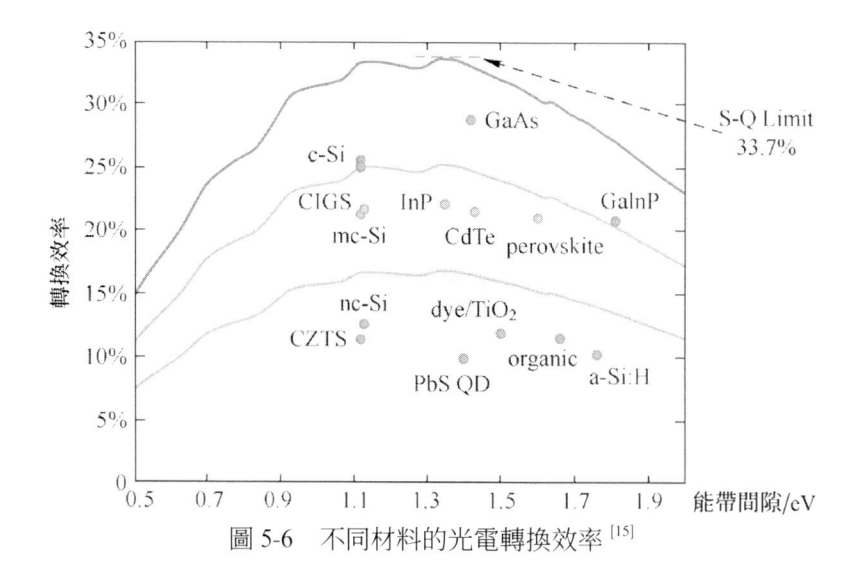

圖 5-6　不同材料的光電轉換效率[15]

理論上轉換效率最好的材料，其能帶間隙為 1.34eV。矽的能帶間隙為 1.12eV，接近 1.34eV，其最高轉換效率約為 30％。在目前所有已知材料中，基於單一 PN 接面的太陽能光電轉換效率，超過矽的材料並不多，能帶間隙為 1.42eV 的砷化鎵（GaAs）為其中之一[15]。但在綜合比較效率、成本與穩定性等因素後，矽仍占據優勢。

Swanson 選擇積體電路製作中也使用的矽材料進軍太陽能光電產業，卻無法延用在當時已經發展很多年的積體電路製作工藝。太陽能電池的主體由單一大型 PN 接面組成，關注光電的轉換效率與製作成本，以挑戰生物燃料與核能發電。而積體電路追求在一片矽晶圓中，盡可能容納更多的電晶體，製作過程中使用的材料與設備相對昂貴，將積體電路製作工藝引入太陽能光電領域，只會加重太陽能光電產業的成本噩夢。

經過長期努力，Swanson 發現矽 PN 接面的光電轉換效率距離理論值相差甚遠的主要原因，在於裝置設計和後端封裝工藝，在於對工程細節的精益求精。Swanson 明白史丹佛大學這種著重關注科學研究的象牙塔，並不擅長工程，更不懂得如何精打細算，製作出 CP 值最高的產品。

1985 年，Swanson 在獲得美國電力研究院與能源部的少許資助以及兩家風險投資的注資後，離開了史丹佛，創辦 Sunpower 公司。離別之時，Swanson 特地寫了一封信給 Pearson，提及「我要推動整個世界普及太陽光電發電」[16]。

太陽能電池的理論寫不滿幾頁報告，Swanson 念茲在茲的是如何提升太陽能電池的 CP 值。在創業初期，Swanson 申報了幾項關於太陽光電發電的專利，製作出幾塊太陽能板的樣品，並試圖以此為基礎建立太陽光電廠，從太陽能電池到太陽光電廠的流程如圖 5-7 所示。

一個太陽光電廠，無論規模多麼宏大，都是由單個太陽能電池組

第 5 章　隨光而生

成。太陽能電池的製作方式很多，包括薄膜型、基於單個與多個 PN 接面的太陽能電池等。不同類型的太陽能電池轉換效率也不同，目前為止採用多個 PN 接面構成的太陽能電池，可以輕易超過基於單個 PN 接面的 33.7% Shockley-Queisser 極限，但實現代價過高，至今為止，商業領域大規模使用的依然是基於單個 PN 接面的太陽能電池，如圖 5-7 左上所示。

在這種電池中，吸收層由 P 型矽材料構成；發射層由 N 型矽材料構成，吸收層與發射層之間的 PN 接面是太陽能電池的核心，太陽能電池在此處吸收光能，並將其轉換為電位。多層太陽能電池可以串聯為太陽光電模組，太陽光電模組再串聯為太陽能板。太陽能板與反相器、交流匯流系統、監控系統等共同組成太陽光電廠。

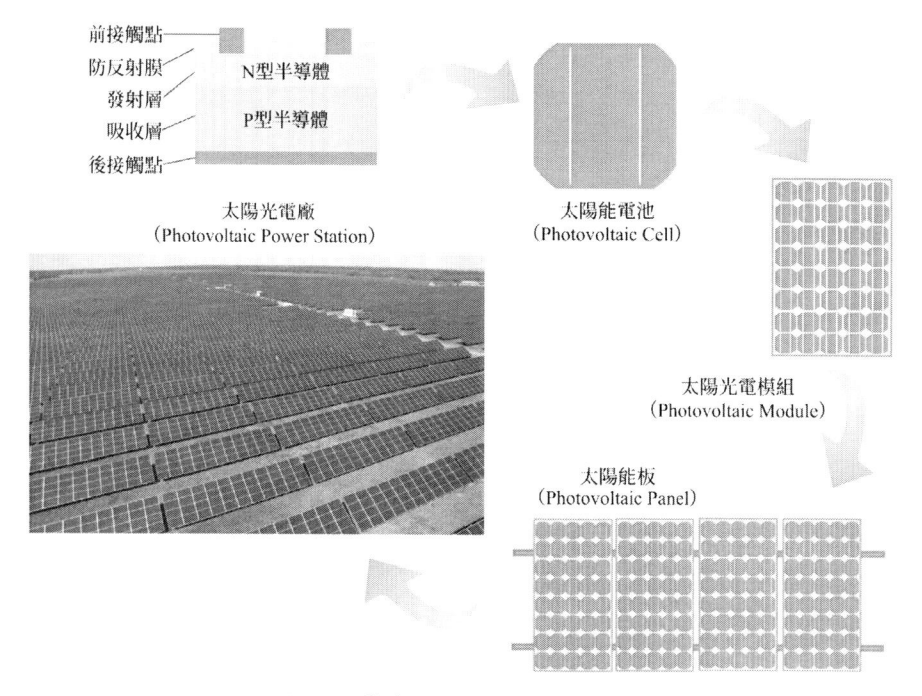

圖 5-7　從太陽能電池到太陽光電廠

Swanson 的理想便是在全世界，普及這種太陽光電廠。他的手中只有產業界眾所皆知的兩張明牌，左手這張是省錢，右手那張是提升太陽能光電轉換效率。

　　Swanson 認為太陽能電池必須具有足夠長的壽命，以均攤使用成本，在製作過程中盡可能不採用有毒物質，以降低回收成本 s。今天的太陽能電池可以連續使用 25 年之久，這一條設計原則主要就是為了省錢。在太陽能光電產業，如何省錢貫穿從上游的設備與材料，到最終的太陽光電廠設計與實施的每一處細節之中。

　　Swanson 的第二條原則是盡可能提升光電轉換效率。他設計的太陽能電池使用背電極，防止表面連接線擋住陽光，以提升單位吸光面積。Swanson 對太陽能電池的表面進行光學處理，在降低反射率的同時盡可能地提升吸光率，並使用抗反射塗層增加光的通過率，以進一步提升太陽能電池的轉化效率。

　　Swanson 的這些努力，與他在 Sunpower 公司建立初期的這段奮鬥歷程，足以譜寫成歌謠廣為流傳，卻改變不了在他所處的時代，太陽能光電產業生不逢時，也改變不了太陽能光電產業從頭至尾就不合時宜。Sunpower 公司在開門的第一天就不順利。1980 年代，共和黨的雷根（Ronald Reagan）當政，這位總統對石油之外的能源通通不感興趣。上有好者，下必甚焉。矽谷的風險投資人，甚至認為太陽能光電等同於免費洗熱水澡的技術。

　　在這種背景下，Sunpower 在成立後長達 15 年的時間裡，沒有取得太多成就。儘管 Swanson 竭盡全力，太陽光電發電的普及與 Sunpower 的前景依然並不樂觀。在這段時期，太陽能光電產業生活在寒冬之中，與生物燃料與核能相比，太陽光電發電只是虧多還是虧少的問題。此時，

第 5 章　隨光而生

Sunpower 關注的不是 Swanson 的理想，而是如何活下去。

2001 年，Sunpower 公司陷入困境，Swanson 求助在 Cypress 擔任 CEO 的 Rodgers。Rodgers 無法立即說服董事會投資這家公司，只能以個人名義借給 Sunpower 公司 75 萬美金，幫助這個公司暫時度過難關。在那個時代，沒有多少人看好太陽能光電產業和 Sunpower 公司，只有 Swanson 堅定地認為，太陽能光電必將在新能源領域占有一席之地。

2002 年，Sunpower 獲得轉機，Rodgers 終於說服 Cypress 董事會，向這家公司注資八百萬美金[17]。2000 年，德國頒布「可再生能源法」[18]，大力推行可再生能源，西班牙、義大利等歐洲國家也開始扶持太陽能光電產業。2006 年，特斯拉的 Elon Musk 建議他的表兄弟 Peter Rive 和 Lyndon Rive 成立 Solar City 公司，進軍城市太陽能光電服務業務。

太陽能光電產業同時獲得了政策與資金層面的支持，這個產業逐步走出寒冬，這是太陽能光電產業最為美好的一段時光。危機沒有遠離這個產業，一個產業能夠存活並逐步發展的前提在於這個產業到底賺不賺錢，依靠政策的財政補貼而獲得的盈利並不持久。

在我們有限的生命或者更長的一段時間裡，太陽光確實是可再生的潔淨能源，而太陽能電池並不是。在太陽能電池的製作過程中，會消耗大量能量，在生命終結時也會帶來一定的汙染。在地球表面，太陽能電池無法全天候運行，併網供電時也有許多問題。這些不利因素是太陽能光電產業能否持續發展的挑戰。

中國太陽能光電產業的興起，大幅降低了太陽能光電整體產業鏈的成本，使這個產業在脫離政策補貼後依然盈利。2000 年前後，中國太陽能光電產業從零開始起步，屢遭磨難，至今尚存的幾家公司均歷經過多次產業週期，並從絕境中一步步爬了出來。

在中國，成功的太陽能光電公司大多數是民間企業，這些企業在艱難的生存條件之下，始終進行著微創新。鑽石線最初用於切割藍寶石，2010 年左右用於切割矽片，並大規模應用於太陽能光電產業。與混凝土切割機相比，這種切割技術，具有「細」、「韌」、「鋒」三個特點。「細」使得切割過程中損耗低，得以節約成本；「韌」和「鋒」使得切割速度更快，以提升效率。

2017 年，鑽石線切割技術開始在所有領域推廣，一舉將切割線的直徑從 140μm 以上降到 65μm 以下，每公斤矽料的出片量直接提升 25%，最新的鑽石線直徑已降到 40μm 以下；多晶矽片切割效率從之前的 4～6h 一刀，最後降低到 1～2h。這些改良使得矽片的非矽成本從 2 元／片以上降低到 0.7 元／片以下（人民幣），使得太陽能光電企業，每年能夠省下約 300 億元人民幣的成本。

在持續努力之下，大規模、低成本拉製單晶的技術亦取得突破。多晶矽片逐步退出太陽能光電產業的歷史舞臺，「單晶矽片」成為太陽能光電產業的標準。在今天的太陽能光電產業中，矽片就是指單晶矽片，與多晶矽片再無關聯。

中國太陽能光電產業還有許多類似的公司。他們沒有 Sunpower 這樣的名氣，他們從使用太陽能光電、製作太陽能光電，逐步過渡到製作太陽能光電設備與材料領域。在與其他國家廠商的競爭中，在成本端與技術端占有巨大優勢。

與其他國家類似，中國也有新能源補貼，最終也取消了這些補貼。中國太陽能光電企業再次面臨嚴峻挑戰，許多太陽能光電企業九死一生。大浪淘沙之中，倖存下來的企業百尺竿頭、更進一步，掌控住太陽能光電領域的整體產業鏈，掌控「從光到電」的一切，在太陽能光電領域獨占鰲頭。

第 5 章 隨光而生

5.3　從電到光

　　1915～1917 年是愛因斯坦的第二個科學創作高峰。在此期間，愛因斯坦提出了廣義相對論。1916 年，他還在〈關於輻射的量子理論〉(*On the Quantum Theory of Radiation*) 一文中[19]，提出自發輻射的概念。這個概念與他之前提出的光量子理論，將光與電徹底連繫在一起。

　　物質發光大致由生物發光、化學發光、聲致發光、機械應力發光、電致發光、熱致發光、電子束發光、光致發光等一系列方法產生。愛因斯坦的自發輻射理論，可以完整解釋所有發光形式，探究這些發光的成因是因為電子的能階躍遷。

　　在微觀世界中，目前的理論認為，電子呈雲狀瀰漫在原子周圍，以較大的機率出現在自身所屬的能階中。當一個電子吸收到足夠的電能、熱能或者光能時，將從低能階的基態 E_1 躍遷至高能階 E_2。這個過程也稱為受激吸收。

　　基態是電子能量最穩定的狀態，被激發到高能階後的電子，總會試圖回到基態。電子從高能階狀態 E_2 返回到基態時，將釋放出「被激發到高能階 E_2」時所吸收的能量。釋放能量的方式主要有兩種，一種是將能量轉換為熱運動，另一種是將能量轉換為光，也被稱為自發輻射，其過程如圖 5-8 所示。

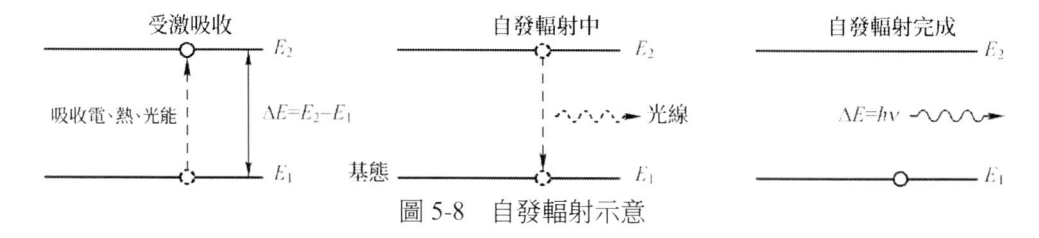

圖 5-8　自發輻射示意

5.3 從電到光

在圖 5-8 中，h 為普朗克常數，v 為自發輻射時所釋放光子的頻率。自發輻射發出的光線頻率由躍遷的能階差，即 $\Delta E=E_2-E_1$ 確定，且滿足方程式 $\Delta E=E_2-E_1=hv$。其中 E_2 與 E_1 的值由材料的能帶色散關係決定。這表示不同材料，所能夠發出的光線頻率也是固定的，光的顏色與頻率直接相關，因此所發出光的顏色也是固定的。

物質的普通發光形式，無論是熱致發光、電子束發光、光致發光還是電致發光等方式，遵循的原理均為「受激吸收」與「自發輻射」。這些由自發輻射獲得的光線，彼此獨立，頻率、振動方向與相位不盡相同，最後形成普通光源。

普通光源，如白熾燈、螢光燈、LED 燈，均基於自發輻射原理，主要應用領域為照明與顯示，如表 5-1 所示。

表 5-1　普通光源的應用場景

發光類型	典型應用場景	轉換效率
熱致發光	白熾燈。將電能轉換為熱能，並產生光輻射	低
電子束發光	陰極射線管。電子束撞擊螢幕上的螢光粉發光。陰極射線管曾經廣泛應用於顯示器領域，如電視和 PC 顯示器	較低
光致發光	量子點發光、螢光燈、緊急逃生指示牌等	中
電致發光	包括 LED、OLED、Micro LED 與量子點發光，利用有機與無機半導體材料在電場作用下主動發光的原理實現	高

這些發光類型中，採用熱致發光的白熾燈將電能轉換為可見光的效率不到 3%，絕大多數能量以紅外線的形式輻射，發光效率最低。電子束與光致發光的原理，為電子束與高能階光束照射螢光物質，並激發該物質的電子進行能階躍遷，之後自發輻射發光，本質上為將電子束與高能階光束的能量轉換為螢光物質所發出之可見光的能量，其能量轉換效

第 5 章　隨光而生

率較低。在這幾種發光形式中，電致發光的效率最高，也最受關注。

電致發光最典型的應用之一為用於照明的發光二極體（LED）。從製作出 LED 的雛形到今天，已過去近百年時間。這百年 LED 史冊是一部勵志史。

1907 年，Henry Round 在馬可尼公司工作時，發現在碳化矽晶體的兩邊通電後，會發出微光。Round 並不理解這種材料能夠發光的原理，只是發表了一篇文章，簡要羅列他的觀察過程及結果[20]。

1927 年前後，蘇聯技術專家 Oleg Vladimirovich Losev 觀察到氧化鋅與碳化矽二極體除了具有整流功能之外，還能夠發光。他發表了一系列文章，試圖說明其背後的運作原理[21]，或許他是做出第一顆 LED 的人，但他的這些成果很快便被世人遺忘。1942 年，這位天才餓死於列寧格勒保衛戰。

1936 年，法國科學家 Destriau 發現將 ZnS 粉末放入油性溶液，並施加電場後，這種粉末就會發光。這是人類歷史上的第一次 LED 發光實驗。他在隨後發表的文章中，首次提出「電致發光」這個術語，為了表達對 Losev 的敬意，將這種光稱為「Losev-Light」[22]。

但是 Destriau 進行的 LED 發光實驗，條件較為嚴苛。不久二戰爆發，LED 相關的研究工作被淹沒在戰火中。直到 1950 年代，科學家才開始使用化合物半導體，如 SiC、GaSb、GaAs 與 InP 製作出一系列「電致發光」的實驗品，可以發出頻率較高的「紅外光」。1962 年 10 月，德州儀器使用 GaAs 晶體，製作出第一個可商用的紅外光 LED，距離可商用的紅光 LED 僅一步之遙。這一步留給了美國的 Nick Holonyak。Holonyak 在伊利諾大學厄巴納－香檳分校（UIUC）獲得博士學位。他的博士導師非常有名，就是發明第一個電晶體的巴丁。巴丁從貝爾實驗室離開後，

來到 UIUC 大學，Holonyak 是他指導的第一位博士。1962 年 10 月，在奇異工作的 Holonyak 製作出夠發出紅光的 LED，Holonyak 因此被稱為「可見光 LED 之父」[23]。

此時量子力學已經成熟，半導體 PN 接面植入發光的原理逐步成形，如圖 5-9 所示。N 與 P 型半導體的交界可形成 PN 接面，其形成原理與第 2.1 節中圖 2-5 的描述完全一致。PN 接面被植入電子後，在一定條件下，可以對外輻射光子，即發光。

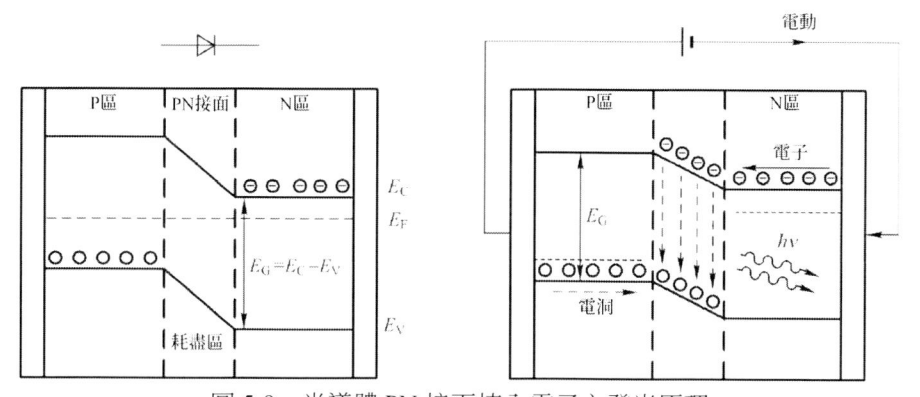

圖 5-9 半導體 PN 接面植入電子之發光原理

在 LED 兩端施加正向電場時，電子從 N 區向 P 區漂移，電洞從 P 區向 N 區漂移，並在 PN 接面所在區域複合發光。電子與電洞複合是形容式的說法，本質上電洞並不存在，這種複合過程依然為電子從高能階躍遷至低能階。

LED 的發光原理，可以完全由愛因斯坦的自發輻射理論解釋，即 $\Delta E = E_G = h\nu$，其中 E_G 為發光材料的能帶間隙；h 為普朗克常數，ν 為所發出光的頻率。而 $\nu = c/\lambda$，c 為光速、λ（nm）為所發出光的波長。透過簡單推導，可以得出一道公式，用來計算 LED 所發出的光之波長，如式 (5-2) 所示。

第 5 章　隨光而生

計算LED所發出的光之波長：$\lambda = \dfrac{hc}{E_G} = \dfrac{1242}{E_G}$ （5-2）

由以上公式可以發現，LED 能夠發出何種波長的光，單純由材料的能帶間隙 E_G，即價帶底與導帶頂的差值決定，與材料的能帶色散關係相關。

並不是所有半導體材料都能發光。科學家經過嚴謹的理論推導，並根據大量實驗結果發現，半導體材料分為直接帶隙與間接帶隙材料，其中直接帶隙材料更加容易發光，而間接帶隙材料不易發光。直接帶隙材料，指在材料的能帶色散圖中，價帶頂與導帶底在波向量 k 空間的橫座標一致，而間接帶隙材料不一致，如圖 5-10 所示。

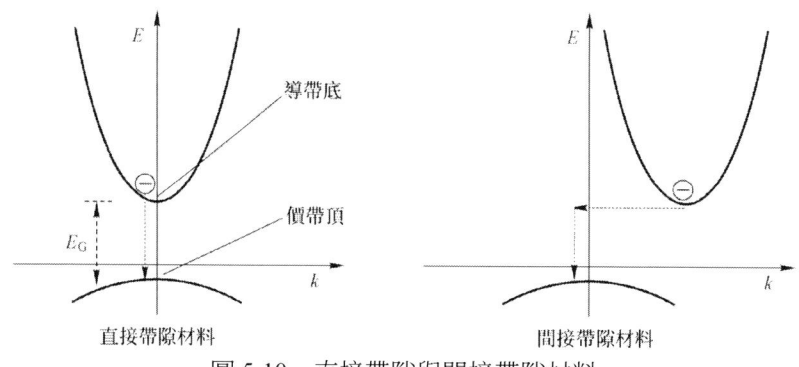

圖 5-10　直接帶隙與間接帶隙材料

在直接帶隙材料中，導帶中的電子僅需要釋放能量即可完成自發輻射，並釋放出光子，受激吸收與自發輻射不需要改變動量。間接帶隙材料不易發光，是因為電子躍遷時，除了能量之外，還需要調整動量，發光機率因此降低。

常見的元素半導體，如矽與鍺為間接帶隙材料不易發光，這並不代表著這些材料無法發光。有些間接帶隙材料如磷化鎵（GaP），在摻雜與磷元素同族的氮元素後，形成雜質能階，電子從導帶躍遷到雜質能階，或者在雜質能階之間躍遷時，也可以發光。

5.3 從電到光

在 LED 產業發展初期，磷化鎵是製作 LED 的常用材料，其與砷化鎵（GaAs）按照一定比例摻雜後，可獲得磷砷化鎵（$G_aAs_{1-x}P_x$）晶體。改變兩者摻雜比例，可調整 x 參數，以影響磷砷化鎵晶體材料的能帶間隙，製作從紅光到綠光的 LED，例如當 x 為 0.4、0.75、0.85 與 1 時，磷砷化鎵晶體可以分別對外發射紅、黃、橙、綠光。使用這種方式，可以僅使用兩種材料涵蓋多種光源，相當有利於商業化大規模生產。

目前，LED 產業最為常用的材料為氮化銦鎵（$In_xGa_{1-x}N$），透過調整其 x 參數，可以製作紫、藍、綠光 LED；另一個材料為磷化鋁鎵銦 ($Al_xGa_{1-x})_yIn_{1-y}P$，透過調整其 x 與 y 參數，可以製作黃、橙與紅光 LED。

此外，還有一種較為特殊的氮化鋁鎵銦 $(Al_xGa_{1-x})_yIn_{1-y}N$ 材料，透過調節 x 與 y 參數，該材料可涵蓋所有可見光與部分紫外線的光譜，該材料主要用於高亮度藍光 LED，大功率與高頻電子裝置。

在 LED 產業中，不同顏色光源所使用的半導體材料，如圖 5-11 所示。

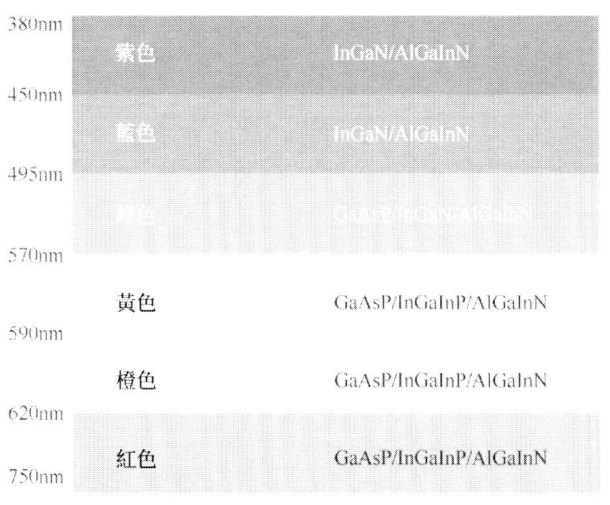

380nm	紫色	InGaN/AlGaInN
450nm	藍色	InGaN/AlGaInN
495nm	綠色	GaAsP/InGaN/AlGaInN
570nm	黃色	GaAsP/InGaInP/AlGaInN
590nm	橙色	GaAsP/InGaInP/AlGaInN
620nm	紅色	GaAsP/InGaInP/AlGaInN
750nm		

圖 5-11　製作不同 LED 光源所需要的材料

第 5 章　隨光而生

　　電致發光除了可以應用於照明，更龐大的需求為顯示。顯示與照明的發光原理一致。照明系統由單個或者多個點光源組成。顯示由大量點光源有序排列組合而成，其中的一個點光源就稱為一個像素。顯示器由橫向與縱向排列的若干個像素組成。

　　每一個像素通常由三個子像素組成，分別對應 RGB（紅綠藍）三種原色，絕大多數可見光都可以用三原色混合而成。顯示器的製成原理為每一個像素均可發出不同顏色與強度的光線，這些光線的組合進入雙眼後，將形成不同的圖案。

　　電子束發光、光致發光與電致發光，均可用於製作顯示器。其中，基於電子束發光的 CRT 顯示器最先出現，其體積龐大、能源消耗高。

　　CRT 顯示器後來被液晶顯示器（Liquid Crystal Display，LCD）取代。LCD 採用轉換效率更高的背光源，如冷陰極螢光燈與 LED，替換 CRT 顯示器的電子束，解決了 CRT 體積大的缺點，占用空間不到 CRT 顯示器的 1/3。

　　LCD 顯示器的背光源通過液晶與偏振片後，形成不同灰階的亮度，接著抵達 RGB 三原色濾光片並形成像素。在初期，LCD 顯示器的延遲較多，在執行具有高即時性的遊戲時感覺更明顯；這種顯示器的可視角度較窄，特別是在幾個人圍觀一個人玩遊戲時更加明顯。LCD 顯示器逐步克服這些缺點，成為顯示領域的主流，大規模普及到電視、PC 與手機上。此時 LCD 顯示器迎來強大的競爭對手，即電致發光顯示器（Electroluminescent Display，ELD）。其中，基於有機材料的顯示器，被稱為有機電致發光顯示器（Organic ELD，OELD），後來改名為有機發光二極體 OLED 顯示器。

　　成功製成 OLED 顯示器的關鍵在於有機半導體材料發光層。有機材

料主要由碳原子和氫原子組成，與積體電路中使用的矽、鍺這些無機半導體有顯著區別。1960 年代，科學家發現，有機半導體材料可以在外加電場的作用下發光[24]。

長久以來，科學家認為有機材料是絕緣體。直到 1963 年，Pope 等人發現蒽晶體，分子式為 $C_{14}H_{10}$，對該晶體外加電場時，其表現出半導體材料的特性，並具有發光屬性。在當時，使用這種有機材料發光時，需要 400V 左右的偏置電壓，而且這種裝置的穩定性極差，並沒有引起太多人的關注[24]。

與無機半導體類似，有機半導體也可以進行「摻雜」，形成 P 型與 N 型。P 型與 N 型有機半導體的多數載流子也分別是電洞和電子。有機半導體的摻雜透過「氧化還原反應」完成，而不是積體電路使用的擴散與離子植入等方法，其 PN 層的電子與電洞複合時，也能產生能階躍遷而對外輻射光子，即發光。

與無機半導體相比，有機半導體具有許多奇妙的特性，包括較輕的質量、柔和的機械特性、可以在低溫環境下加工等。更為重要的是，有機半導體可以使用非常廉價的技術方法製作，如噴墨列印、旋轉塗布與蒸鍍等，這些特性使得有機半導體獲得更多關注，最終在智慧型手機的顯示器中，找到一展長才的舞臺。

在發展初期，有機半導體進行電致發光時，需要較高的驅動電壓，並不節能也不實用。1987 年，伊士曼柯達的鄧青雲與 Steven Van Slyke 在 10V 的偏置電壓下，使有機半導體獲得了 1% 的量子效率，1.5lm/W 的光通量與 $1,000cd/m^2$ 的發光強度，打開了有機半導體的應用之門[25]。鄧青雲來自香港，被後人稱為 OLED 之父。

此後，與 OLED 相關的材料研究、製作方法迅速發展，形成全新的

第 5 章　隨光而生

產業。OLED 可以在玻璃、矽晶圓、塑膠薄膜、金屬箔，甚至紡織品等多種襯底之上製作。襯底材料選擇的高度自由性，使其在光電領域中具有非常多的應用機會。

本節僅介紹常用於智慧型手機領域、採用頂部發光、主動矩陣的 OLED 顯示器，即 AMOLED（Active-Matrix OLED），其結構與原理如圖 5-12 所示。

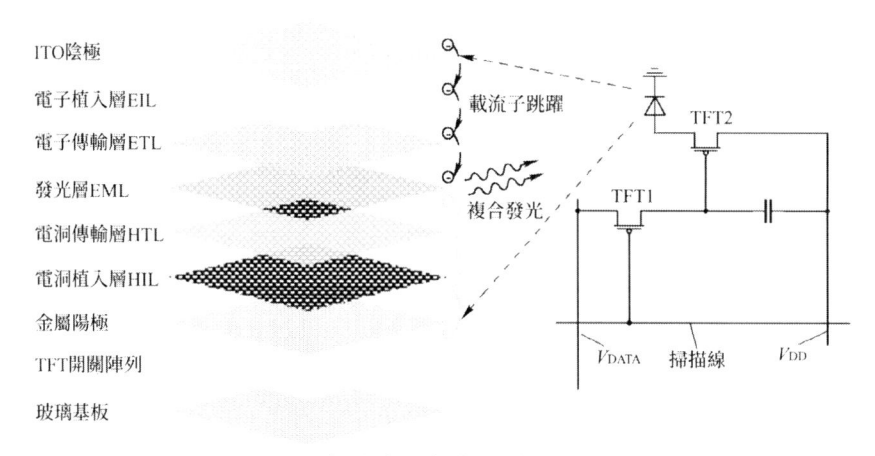

圖 5-12　頂部發光、主動矩陣的 OLED 結構

在 AMOLED 中，最底層是玻璃基板，其上是薄膜電晶體（Thin Film Transistor，TFT）開關陣列，這個陣列由大量 TFT 電晶體組成。TFT 的製作難度低於 CMOS 電晶體。但是顯示領域的特點是一個「大」字，一個手機螢幕也比最大的積體電路大出許多倍。

這個「大」字決定了其與積體電路製作之間的差異，決定了顯示領域對精準度的要求更低。但這並不代表顯示領域的綜合製作難度更低。

TFT 開關陣列的製作方法與積體電路製程類似，依然圍繞微影，使用加減法設備逐層製作，是顯示領域製作中，投入最多資金的部分。TFT 開關陣列與積體電路的不同之處在於，製作設備的精準度較低，在

玻璃基板上而不是矽晶圓上製作。

TFT 的運作原理與 MOSFET 電晶體類似，在 OLED 顯示螢幕中作為點陣開關，決定某個像素點是否發光。TFT 電晶體導通時，電洞將沿著金屬陽極、電洞植入層、電洞傳輸層由下而上跳躍傳遞；而電子將沿著 ITO 陰極、電子植入層、電子傳輸層由上而下跳躍傳遞。兩者最終在發光層相遇複合，發出不同顏色的光源。

OLED 的發光顏色依然由頻率 v 決定，這個頻率完全由發光層材料的能帶間隙 ΔE 決定，依然是 $v=\Delta E/h$，與愛因斯坦的自發輻射理論一致。

TFT 層製作完畢後，將在其上逐層蒸鍍金屬陽極、電洞植入層直到電子植入層。蒸鍍環節需要使用光罩，原理與積體電路中的微影製程類似。在電子植入層之上是作為陰極的 ITO（氧化銦錫）導電膜，ITO 膜除了導電還具有透明屬性，廣泛應用於顯示領域。

ITO 層製作完畢後，將與驅動電路結合形成發光裝置，最後進行偏光片貼附、封裝測試等操作，完成整個 OLED 螢幕的製作流程。

OLED 的運作原理並不複雜，最難實行的環節依然在於製作設備與材料。其中，技術難度最高的設備是真空蒸鍍機，這種蒸鍍機的製造由日本一間小公司 Tokki 所壟斷，這種蒸鍍機也被稱為 OLED 領域的曝光機。

另外一個困難點在於製作種類繁多的 OLED 各層材料，包括電子與電洞的植入與傳輸層材料，「紅綠藍」三種原色發光層的主體與摻雜材料。這些材料從種類繁多的有機材料中篩選而出。

有機材料是化學的天堂。目前人類已經發現並合成出大約 3 千多萬種有機物。這些有機物的結構式由上下左右若干個基團糅合在一起，這些基團還會相互影響，導致有機分子具有不同的化學性質。

第 5 章　隨光而生

　　OLED 顯示器使用的有機材料由化學公司提供，化學公司與化工廠不同，其尖端產品建立在量子力學的基礎上，美、日、德、韓企業在這個領域的累積相對雄厚，例如美國的 UDC 公司在 OLED 磷光材料方面，始終持有一系列壟斷專利。

　　除了設備與材料之外，更重要的是能將其整合在一起、製作出 OLED 螢幕並用於智慧型手機的工廠。在這些工廠中，最核心的公司當屬三星電子。三星電子不僅有製造業，在基礎物理與化學領域擁有更加卓越的實力。

　　至今，OLED 顯示器已經廣泛應用於中高階智慧型手機，但製作尺寸較大的螢幕時，其良率明顯低於傳統的 LCD 顯示器，這導致大尺寸 OLED 的 CP 值較低，難以被對價格敏感的消費者接受。

　　此外，OLED 材料（特別是藍光材料）在受到光、熱、電、射線等一系列物理與化學作用後，容易發生劣化，導致壽命較短。這使得採用傳統 LED 作為像素點的顯示器，始終具有較高的呼聲。傳統 LED 基於無機半導體材料製成，與基於有機物的 OLED 製作方式不同，其顯示延遲與功率也更低，但是直接作為發光源，製作成顯示器的難度卻非常高。

　　目前的「LED 顯示器」基於 LCD 螢幕，只是背光光源使用 LED。在這種顯示器中，LED 背光依然通過液晶與彩色濾光片，最後形成不同顏色與強度的光，達成顯示功能。即便是 Mini LED 顯示器，也只是使用密度更高的 LED 作為背光光源而已。

　　完全使用 LED 作為發光源的是 Micro LED 顯示器。這種顯示器至今尚有一些難以解決的問題，比如業界經常提及的「巨量轉移」問題。典型的 Micro LED 顯示器如圖 5-13 所示意。

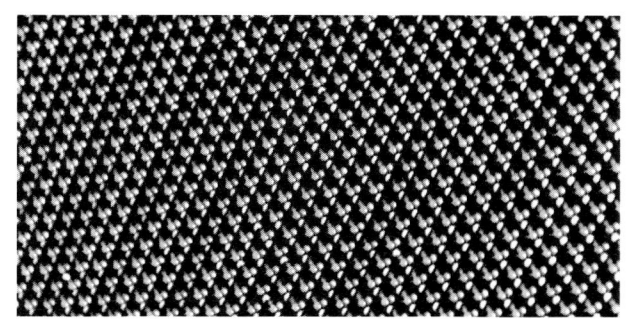

圖 5-13　Micro LED 顯示器的示意圖

Micro LED 顯示器的每一個像素皆由「紅綠藍」三種 LED 組成。雖然 LED 與 OLED 的發光原理均基於愛因斯坦的自發輻射，但製作過程大有差異。

OLED 光源可以在玻璃襯底之上逐層蒸鍍有機物而成，而製作 LED 需要從半導體襯底中逐層外延無機物；即便是製作手機螢幕的 OLED，其使用的玻璃基板尺寸亦可達 1,500mm×1,850mm，LED 使用的襯底，其直徑僅為 150mm。兩者的巨大差異，使得 LED 無法利用顯示領域已有的設備與材料製作，為 LED 進入顯示領域造成不小的阻礙。

製作 Micro LED 顯示器，通常需要在其他襯底上製作出 LED，再將其逐一轉移到 TFT 開關陣列。將幾個 LED 轉移到這個開關陣列並不困難，問題是在解析度為「1,920×1,280」的 Micro LED 顯示器中，需要將 1,920×1,280×3=7,372,800 個 LED 轉移至此。

這個轉移過程也被稱為「巨量轉移」。巨量轉移的難處，首先是要求速度；另一個是將轉移良品率控制在 99.9999％之內。速度與良率的要求，大幅增加巨量轉移的難度。目前採用的方法，均處於摸索階段，Micro LED 全面應用於顯示領域尚需時日。

照明與顯示領域，圍繞「光」展開，使用的材料絕大多數為化合物半

第 5 章　隨光而生

導體。在積體電路中無所不能的元素半導體矽，是間接帶隙材料，不易發光。而科學家卻始終在嘗試讓矽材料發光，「矽光」產業由此產生。

「光」代表著通訊，「電」是積體電路的代名詞。如果矽能夠發光，代表著計算、記憶體與通訊這三大領域，可以在積體電路中完美地融合在一起。這種融合，如果能夠逐層放大到下游領域，將引發一場重大變革。

光電融合的另一種方案是使用「能發光」的化合物半導體製作積體電路。從工藝製程與原材料成熟度的角度來看，化合物半導體無法與矽比擬，但若我們將時光回退幾十年，會發現那時的矽也不成熟。矽可以一步一個腳印發展至今，化合物半導體也有相同的機會。如果製作積體電路時，能夠大規模引入化合物半導體，將有可能實現光電與積體電路的一體化，這也許會成為半導體領域未來的另一大微創新。

採用光子晶體技術也可以實現「光電融合」。1987 年，Eli Yablonovitch 和 Sajeev John 獨立提出光子晶體的概念[26]，並於兩年後製作出光子晶體。光子晶體最大的優點是傳播速度。半導體中呈自由運動狀態的電子的傳播速度約為 593km/s，而光子傳播速度可達 3×10^5km/s。電子只能透過金屬與半導體材料來傳導，即便在最佳情況下，電子在固體中的運行速度也遠遠不如光速。除此之外，光子之間也不會相互干擾。電子與光子的這些區別，使得光子晶體一旦成功，便必然會導致既有的產業基底翻天覆地。

還有一個能將光電融合的是量子運算、量子通訊與記憶體。這三種量子技術因為距離民用過於遙遠而飽受質疑。只是對於一個即將出生的孩子，能指望他們做些什麼呢？今天的許多技術不也是古人的千年一夢嗎？

5.4　藍光之魅

　　1963 年，Nick Holonyak 在發明紅光 LED 之後的第二年，離開了奇異，回到伊利諾大學香檳分校 (UIUC) 大學成為一名教授。Nick 似乎看淡了人世間的所有名利，打算安心地做一名教授。在 UIUC 大學，他的同事認為，瑞典皇家科學院欠紅光 LED 一個獎項，Nick 卻始終強調「認為有人欠你什麼東西是荒謬的」。

　　2014 年，3 個日本人因為在藍光 LED 領域的貢獻，獲得諾貝爾物理學獎。Nick 立即轉變了這個觀點，他開始經常談論這個話題，認為諾貝爾獎跳過紅光 LED，對他而言是一種侮辱。2013 年，Nick 退休之後，時常出現在 UIUC 校園裡，隨時提醒著瑞典皇家科學院，他依然活著。

　　天下所有獎項的評選都無法做到絕對意義上的公平，諾貝爾獎也不例外，但藍光能夠入選依然順理成章。Nick 是可見光 LED 之父，但是將這種可見光用於照明，替換白熾燈和螢光燈，進入千家萬戶，是藍光 LED 出現之後才可能達成的事情。

　　在紅綠藍三種原色中，藍光頻率最高，因此導致藍光 LED 的製作難度超過前兩種顏色的 LED。也許沒有那些日本人，藍光 LED 依然會隨著半導體產業的發展自然出現，但是任憑誰也沒有想到，藍光 LED 居然是日本工程師在這般艱難的環境下製作出來的。

　　藍光 LED 出現之前，業界已經確定能夠對外輻射藍光的半導體材料，分別是碳化矽 (SiC)、硒化鋅 (ZnSe) 與氮化鎵 (GaN)。在研製藍光 LED 的初期，碳化矽是唯一能夠製作出 PN 接面的半導體材料。但由於屬於間接帶隙材料，發光效率過低，碳化矽率先被排除，剩下的選擇是硒化鋅與氮化鎵。

第 5 章　隨光而生

　　硒化鋅是最有可能成功製作出藍光 LED 的材料，這是當時產業界的共識。絕大多數進軍藍光 LED 產業的公司，均對這種材料投下重本。硒化鋅具有很多優點，質地柔軟、容易加工，在低溫條件下使用砷化鎵襯底外延即可獲得。前景似乎一片光明的硒化鋅材料有幾個強烈的反對者。

　　首先是赤崎勇（Isamu Akasaki）和他的學生天野浩（Hiroshi Amano），他們認為硒化鋅的離子鍵很強，材料柔軟，製作 P 型晶體時生長溫度過低，不一定能形成整齊緊密的結晶。另外硒化鋅的能帶間隙只有 2.7eV，即能夠發出藍光的材料臨界點，是非常令人擔憂的材料。LED 需要在室溫下持續運作，必須選擇穩定可靠的材料[27]。

　　另一個反對者是中村修二（Shuji Nakamura）。與赤崎勇不同，他反對硒化鋅是因為他只能選擇反對。中村的氮化鎵之路是被逼出來的。他不僅要做出藍光 LED，還要在日亞完成這件事情。1979 年，中村修二加入在當時默默無聞的日亞化學工業公司。他在這裡取得過一些零星成就，但是日亞沒有能力將他的成就放大為商業上的成功。

　　這使得中村明白，沿著硒化鋅之路，即便他獲得成功，在推出產品時，日亞依然會輸給其他名氣更大、選用相同技術路線的公司。對於中村、對於日亞，只有獨創，才能獲得壓倒性的優勢[28]。中村選擇了一條絕大多數人眼中的不歸路，但他最終打通了這條路，絕大多數人錯了一回。

　　1988 年，中村在遠赴美國學習金屬有機化學氣相沉積（Metal Organic Chemical Vapor Deposition，MOCVD）磊晶技術時，萌生出製作藍光 LED 的想法。一年之後他回到日本，日亞花費兩百萬美金為他準備好一臺 MOCVD 設備。在當時，對於日亞這樣一間小公司，這是一筆鉅額開銷。中村沒有回頭路，只能使用這臺設備，開始了以氮化鎵材料為出發

點的藍光 LED 冒險之旅。

氮化鎵（GaN）屬於無機半導體，也是一種直接帶隙的半導體材料。氮化鎵晶體在高溫時很容易分解為氮氣與鎵，用氮氣與金屬鎵無法直接合成氮化鎵。

使用熔體生長、提拉等其他方法可以勉強獲得氮化鎵單晶，但所需成本巨大。日亞顯然沒有足夠的實力為中村提供直接製作氮化鎵晶體的環境。中村只能選擇在其他單晶襯底之上，外延一層氮化鎵膜的方法製作藍光 LED。

此時使用 MOCVD 設備，在襯底之上外延砷化鎵（GaAs）材料的製作方法已經非常成熟。中村也已掌握了這種技術，外延氮化鎵似乎是水到渠成。此時，基於半導體材料 PN 接面進行發光的理論已經非常成熟，紅、綠、橙等其他顏色的 LED 都已經製成，藍光 LED 的出現似乎只是時間問題。

藍光 LED 的發明之路卻一波三折。在當時有四種襯底，砷化鎵（GaAs）、碳化矽（SiC）、矽與藍寶石襯底，都可以作為外延氮化鎵膜的選擇。但是這些襯底與氮化鎵材料之間均具有不同程度的晶格失配，容易產生高密度差排，從而影響載流子的遷移率與材料的熱導率，降低了氮化鎵的發光效率。

中村首先排除砷化鎵襯底，因為這種材料與氮化鎵之間的晶格失配係數較大，更因為這種襯底對於中村過於昂貴。

碳化矽（SiC）與氮化鎵（GaN）的晶格結構與熱膨脹係數較為接近。碳化矽與氮化鎵的組合可以用於許多高階情境，在碳化矽襯底之上外延製作的氮化鎵，是通信領域功率放大器的重要選擇，也可以用於製作高品質 LED。

第 5 章　隨光而生

　　但是碳化矽晶體的硬度僅次於金剛石，對於中村所在的日亞而言，如何加工這種晶體是個巨大挑戰。中村連廉價的石英管都要將一根拆成兩根來用，對他而言，碳化矽襯底不菲的價格使其無法成為選項。

　　矽、藍寶石與氮化鎵之間的晶格失配係數也很大，相比之下，矽晶體的失配更高，價格也更加昂貴。更為重要的是，中村以往的技術背景與矽晶體沒有太多交集。這種材料自然不會成為中村的首選。

　　藍寶石這個名字聽起來非常昂貴，但其成分卻是平凡的氧化鋁（Al_2O_3）。在當時，藍寶石襯底的直徑僅為 2in 左右，純度只有 99.996％，但與其他襯底相比最為廉價，最適合貧窮的中村。

　　中村嘗試在藍寶石襯底之上外延氮化鎵，開始了製作藍光 LED 的第一步。在這種襯底上外延氮化鎵有許多方法可以選擇，如分子束磊晶（Molecular Beam Epitaxy，MBE）、氫化物氣相磊晶（Hydride Vapor Phase Epitaxy，HVPE）與金屬有機化學氣相沉積（MOCVD）。中村別無選擇，因為他只有 MOCVD 設備。

　　冥冥之中，幸運女神眷顧著貧窮的中村。藍寶石襯底、MOCVD 與氮化鎵的組合，恰巧能夠製作出合格的藍光 LED。日亞踮起腳尖為中村準備好這些基礎資源，剩下的時間是中村一個人的表演舞臺。在日亞工作的絕大多數員工，甚至不知道中村每天都在忙些什麼。

　　中村選擇好襯底之後，在第一關就被攔住去路，如何使用他手中這臺 MOCVD，於藍寶石襯底上外延出高品質的氮化鎵？在中村之前已有相關研究，因為藍寶石襯底與氮化鎵的晶格失配，以及兩者熱漲係數具有差異，因此難以在藍寶石襯底之上，使用 MOCVD 設備直接外延出平坦的氮化鎵薄膜，更不用說高品質。

　　中村手中的 MOCVD 設備，不是專門為外延氮化鎵準備的，中村別

5.4 藍光之魅

無他法,只能選擇自己研製。在實驗初期,中村只能將藍寶石襯底以一定的角度放在 MOCVD 爐管中,之後使用三甲基鎵 (TMG) 與氮氣 (N_2) 等原材料,外延出坑坑洞洞的氮化鎵薄膜。這種品質的薄膜無法用於製作藍光 LED。

藍寶石襯底與氮化鎵的晶格失配,帶來另外一個問題,那就是應力。在外延氮化鎵材料引入的應力,與應變矽技術類似,但是這種應力對於中村外延氮化鎵,有百害而無一利。應力的累加使得外延的氮化鎵薄膜不能過厚,否則將使薄膜龜裂。氮化鎵薄膜無法擁有足夠的厚度,也無法製作出高效的藍光 LED。中村所需要的是恰到好處而且平坦的氮化鎵薄膜。

中村深陷於這些難題之中,產業界所有人也同樣如此。中村與其他人的不同之處在於他選擇了堅持。在失敗了一千次之後,他終於獲得成功,發明出被稱為「雙氣流 MOCVD」的設備,如圖 5-14 所示,並在藍寶石襯底之上製作出平坦的氮化鎵薄膜。

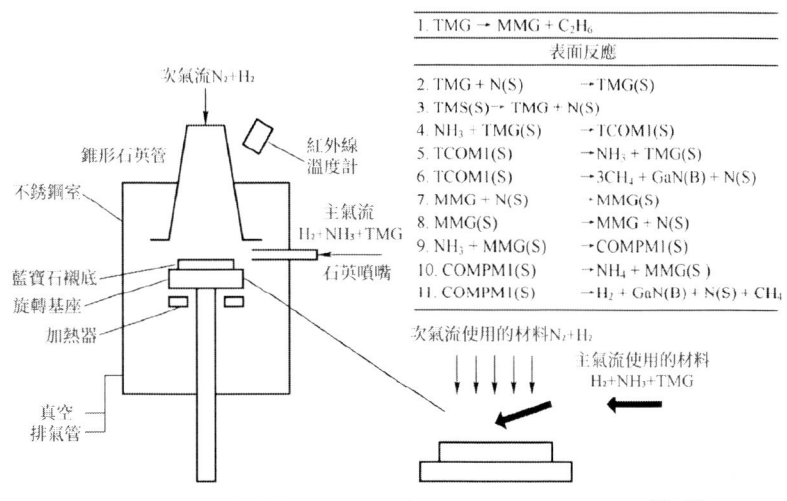

圖 5-14　中村修二發明的雙氣流 MOCVD 設備[29,30]

第 5 章　隨光而生

　　這一設備並無神奇之處，僅是使用到兩種不同方向的氣流。其中主氣流與襯底平行，攜帶「H_2+NH_3+TMG」材料；次氣流垂直於襯底，攜帶「N_2+H_2」材料。「次氣流」的作用是改變「主氣流」的方向，使其與襯底表面進行良好接觸。中村使用這種方法，終於製作出連續且均勻的氮化鎵薄膜，這只是漫漫長路的第一步。

　　中村面對的第二道難題，是解決襯底與氮化鎵因為晶格失配而產生的應力。在此之前，日本的田貞史（S. Yoshida）以高溫氮化鋁（AlN）材料作為緩衝層，在其上外延出較厚的氮化鎵層；名古屋大學的赤崎勇使用低溫氮化鋁也完成了這項工作。在此基礎之上，中村也成功外延出氮化鎵層，解決了晶格失配的問題。

　　中村面臨的最後一道難關，是製作 P 型氮化鎵層，進而製作 PN 接面，並發出藍光。氮化鎵幾乎天生就是 N 型，長期以來許多人都認為不可能製作出 P 型氮化鎵。1989 年，赤崎勇等人使用電子射線照射摻雜鎂的方法，達成 P 型氮化鎵的雛形成果。隨後，中村在氨氣環境下，採用快速退火的方法，製作出完美而實用的 P 型氮化鎵[31]。

　　此時硒化鋅材料已取得重大突破，基於這種材料製成的藍綠色雷射，已經有概念性產品問世，這使得在氮化鎵上孤注一擲的中村修二備受打擊。自從研究氮化鎵材料以來，他花費了日亞不菲的研發經費。在這段時間，中村在日亞一無所成，被同事當成瘋子。

　　一次會議中，中村發現基於硒化鋅的雷射在液氮環境下只能堅持 0.1s，LED 只能穩定執行 10s 左右。中村重獲信心，成功製作出氮化鎵 PN 接面與藍光 LED 雛形。這種藍光 LED 發出的光線較暗，但壽命在室溫下已達 1,000 小時之上，距離民用僅差一步。

　　經過艱苦的實驗，中村最後發現摻雜銦（In）的氮化鎵具有最高的發

光效率，進而製作出高效率發光的氮化銦鎵（InGaN）發射層，提升藍光 LED 的亮度。1993 年，藍光 LED 終於問世。中村發明的藍光 LED 結構如圖 5-15 所示。

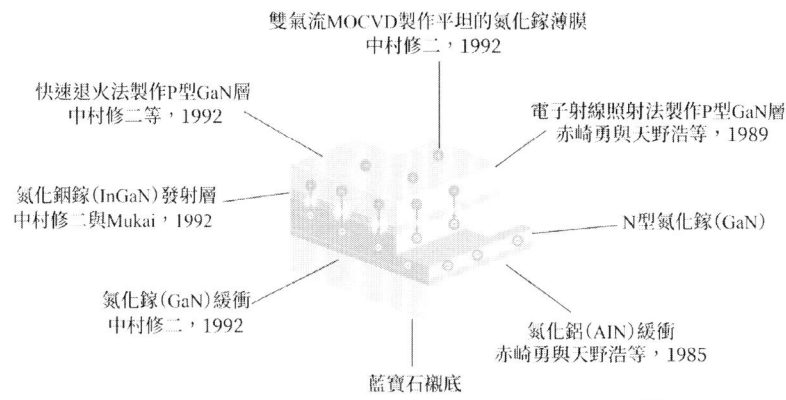

圖 5-15　藍光 LED 的基本結構與主要貢獻者 [29]

這種藍光 LED 採用異質接面技術製成。傳統 LED 的 PN 接面，由同一種半導體材料分別進行 P 型與 N 型摻雜製成。異質接面由不同半導體材料製作的 P 型與 N 型半導體材料組成。相較於傳統 PN 接面，異質接面中的電子與電洞複合效率更高，因此發光效率更高。

藍光 LED 實現後，人類湊齊了紅綠藍三種原色光源，使用這三種原色，可以組合出任何一種顏色的光。中村發明的這種藍色 LED 光源，亮度還是不高。對於中村而言，這不是什麼困難，藉助自己發明的雙氣流 MOCVD 設備，提升亮度只是時間問題。

中村的下一步計畫是使用量子阱結構製作出更加耀眼的藍光。中村之前使用的異質接面不是量子阱。製作量子阱可以使用能帶間隙較大的半導體材料 A，夾住能帶間隙較小的材料 B，當阱的厚度低於粒子的德布羅意波長時，才會被稱為量子阱。

在這種情況下，電子與電洞將被限制在「阱」中，只有二維自由度，

第 5 章　隨光而生

當符合條件時，電子與電洞可以在「阱」中複合發光，與直接在 PN 接面中複合相比，極大提升了發光效率。

藉助量子阱技術，中村很快便製作出可以與紅光二極體亮度媲美的藍光。藍光出現之後，製作白光已水到渠成。中村可以使用紅綠藍三原色 LED 直接混合成白光；也可以使用藍光或者紫光 LED 激發螢光粉產生黃光，之後黃光再與藍光或者紫光混合形成白光。照明因為藍光 LED 的出現進入新的篇章。

製成藍光之後，藍色雷射誕生只是時間問題，中村很快就完成了這件事情。因為基於半導體材料的高效藍光出現，許多照明光源被逐步取代。光纖、汽車、顯示以及更多領域受益於中村修二、赤崎勇和天野浩的努力，藍光之魅在應用領域中無限延伸。

在很長一段時間裡，我始終在努力覆盤著中村修二製作藍光 LED 的完整歷程。這個為藍光 LED 的最終出現，發揮決定性作用的中村修二，幾乎具備了所有不應該製作出藍光 LED 的環境。

也許執念與願力是中村為數不多的財富。他一定遇到過眾多常人無法忍受的挫折，也許在當時的中村心目中，做得出做不出藍光 LED 早已不再重要，重要的是他決心朝這個方向一直前進。最後他成功了。

再次回顧支持中村修二走完全程的日亞化工，可以清楚地梳理出中村的成功之處。中村不是除了決心之外一無所有，日亞也絕不是能夠被世人隨意評頭論足的民間企業。這間公司至少有一位胸襟異常寬大的社長，包容了中村的一切，允許他在磨成一劍之前，可以十年碌碌無為。

在這個社長的背後，是日本的產業環境。日本的民間力量異常強大，有許多類似中村這樣的人，在近似於作坊的小型家族企業裡工作，他們可能不善言辭也不會宣傳，但不要忽略他們的存在，他們不疾不

徐、堅定而執著地向前，孕育著微小的創新。這種企業文化與工匠精神，支撐著日本近年科技方面的創新。在半導體領域，日本的產業鏈渾然一體，包羅萬象。

從 1980 年代中期開始的「日美半導體之爭」，重創了日本半導體產業。曾幾何時，占據半導體前十大廠商半壁江山的日本企業，至 2020 年已全無蹤跡。但日本在半導體產業的基礎依然雄厚。

這個國家在材料、精密機械等基礎科學領域的底蘊仍在。在半導體產業的上游領域依然有著強大的累積。至今，日本廠商依然占據半導體上游產業一半以上的市場占有率。

在半導體製作材料中，矽晶圓排名前兩名的廠商，信越與勝高均來自日本；積體電路光阻劑幾乎被日本的 JSR、信越與 TOK 壟斷；還有更多關鍵的製作材料由日本廠商控制。此外，日本在半導體設備方面，也占有 30％左右的占比。

日本這個半導體產業上游的地位是被逼出來的。過往，日本半導體產業長期採取跟隨美國的策略。在日美貿易戰中，這個「跟隨」被翻譯為「抄襲」，而後被無限放大。日本為此喪失了許多東西。他們只能做些美國也不會的東西才不會受到指責。

日本半導體產業最後立足於上游，化解了與美國的衝突。在任何一個產業中，能夠在上游存活，總能等到時機捲土重來。半導體產業的上游是設備與材料，這些設備與材料依然有上游。在所有學科中，物理、化學與數學這些基礎學科才是最終的上游。

日本沒有失去貿易戰之後的 20 年，只是在艱難地向產業的上游、向基礎科學的方向前行。這些在 20 世紀的努力，使日本在 21 世紀獲得了十幾個諾貝爾獎。在日本，不僅大學教授能拿到這個獎項，中村修二這

第 5 章　隨光而生

樣的民間企業技術員也可以拿到。

日本半導體產業的發展歷程，是擺在眾多企業面前的教科書。日本半導體產業從卑微處起步，有過輝煌，亦有谷底，也曾經與美國殊死一搏。在此期間，成功與遺憾相伴，經驗與教訓共存。

5.5　最亮的光

1916 年，愛因斯坦在〈關於輻射的量子理論〉這篇文章中，回顧了自普朗克以來量子力學的成就，提出在微觀系統中，粒子進行狀態躍遷時能量交換的兩種方式，一種是「自發輻射」，另一種是「受激輻射」[19,32]。

如果以微觀系統中的電子為例，自發輻射是指電子從高能階態自然回落到低能階態時，釋放能量的過程；受激輻射是指在受到外界輻射影響的情況下，電子依然有機率從高能階態回落到低能階態的過程。

愛因斯坦在文章中論述「自發輻射」與「受激輻射」的出現機率。愛因斯坦不會想到，這個「受激輻射」可以用於光的放大，這篇文章與光線最相關的詞彙是出現一次的 γ 射線；愛因斯坦更不會想到，在這個理論提出之後的第 44 年，即 1960 年，世界上出現了雷射，此後的地球比歷史中的任何一刻都明亮許多。

愛因斯坦的「受激輻射」理論，後來被 Richard Tolman 進一步完善。1924 年，Tolman 根據在分子系統內處於激發態粒子數的分布，提出處於高能階態的粒子可以透過「負吸收」的方式，躍遷到低能階態，並有可能實現光的放大[33]。

此時，愛因斯坦正忙於那場與哥本哈根學派的世紀辯論，無暇顧及「受激輻射」這個細節。在很長一段時間裡，受激輻射沒有引起足夠的關

注，負吸收概念倒是時有人提及。

1939 年，蘇聯的法布里坎特（Fabrikant），在申請教授職位的〈氣體放電的發射機理〉論文中，進一步推展「負吸收」的概念，並取得開創性進展。他驗證「負吸收」的存在，並系統性地分析了使用「負吸收」進行光放大的可能性，明確提出「居量反轉」是達成「負吸收」的必要條件，即「受激輻射」的必要條件[34]。

在熱平衡狀態的微觀系統中，不同能階的微觀粒子整體符合波耳茲曼分布，處於低能階的粒子數目遠遠超過高能階的粒子，這種分布也是正常環境下的分布。此時無論這些粒子如何躍遷，如何進行「自發輻射」，得到的也只會是普通光源，只是發生「光致發光」或者「電致發光」等變化而已。

法布里坎特認為能夠將「光放大」的前提，是利用光電熱磁等方法，從外界獲得額外能量，使微觀系統進入居量反轉狀態，即處於高能階的粒子數遠高於處於低能階的粒子數。居量反轉是繼愛因斯坦受激輻射理論之後，製作雷射所需的一塊重大理論基石。

各國科學家還未來得及理解「負吸收」、「居量反轉」與「光放大」之間的連繫，二戰就爆發了。大多數與軍事無關的純科學研究工作被迫中斷，「光放大」卻因為各國對「電磁發射武器」的重視，加速了產出的步伐。

1947 年，蘭姆（Willis Lamb）和 Reherford 在氫原子光譜中發現受激輻射現象，這是愛因斯坦的受激輻射理論第一次在實驗中被發現[35]。此後蘭姆進一步提出，利用氣體放電中的電子碰撞，即可實現居量反轉。

不久後，法布里坎特再次登場。他在 1951 年申請的一個專利中，提出將電磁波放大的方法；提出在氣體介質中實現居量反轉的方法；提出

第 5 章　隨光而生

光學共振腔的雛形；並嘗試在氣體介質中進行「光放大」。

　　1950 年，法國科學家卡斯特勒（Alfred Kastler）提出光學泵浦源的觀點，並在兩年後實驗成功。泵浦源的作用是將電子從原子或者分子的較低能階，不斷抽運到較高能階，其運作方式與抽水馬達有類似之處。泵浦源的出現，使居量反轉由假設化為現實。居量反轉的成功，使得愛因斯坦提出的受激輻射從假設變為現實。

　　此時除了時間，沒有任何因素能夠阻止「光放大」的出現。但達成「光放大」的最後一步，卻一波三折。在「光放大」之前，科學家首先達成的是「微波放大」。

　　二戰期間，貝爾實驗室的湯斯（Charles Hard Townes）開始研究雷達的原理與設計。二戰結束後，湯斯回到哥倫比亞大學。1953 年，湯斯使用氨氣分子與微波共振腔，藉助「居量反轉」理論，成功製成世界上第一臺受激輻射式微波放大器（Microwave Amplification by Stimulated Emission of Radiation，MASER）[36]。

　　不久之後，蘇聯的科學家普羅霍洛夫（Aleksandr Prokhorov）與巴索夫（Nicolay Basov）進行同樣的實驗，並實現了 MASER，同時更加詳細地闡明實現 MASER 的理論依據。湯斯、普羅霍洛夫與巴索夫因為在 MASER 與雷射領域的成就，共享了 1964 年度的諾貝爾物理學獎。

　　既然微波訊號可以放大，比微波訊號更短的毫米波訊號、亞毫米波訊號、紅外光也會有機會。將這種放大原理延伸至可見光，直至產生雷射，已呼之欲出。至此，全世界的實驗室蜂擁而至，加入這場發明雷射的研發競賽，決定誰才是最後的雷射之父。

　　1958 年 12 月，湯斯與肖洛（Arthur Schawlow）發表了雷射領域的奠基之作〈紅外線與光雷射器〉（*Infrared and Optical Masers*），文中提出相

對完整的雷射原理[37]。在這篇文章中,肖洛率先提出使用「光腔」代替製作 MASER 的微波共振腔,肖洛後來也因此獲得了諾貝爾物理學獎。在兩人的努力之下,愛因斯坦「受激輻射」理論演進到「光放大」的路線越來越明確,其原理如圖 5-16 所示。

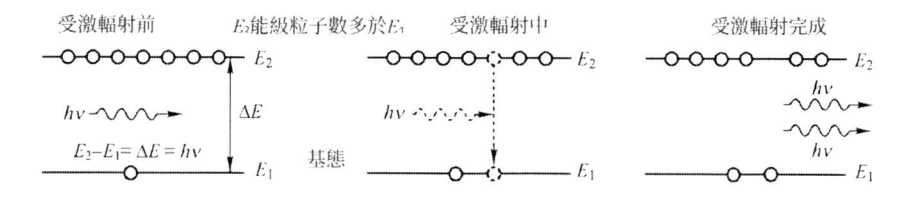

圖 5-16　受激輻射的形成原理

產生受激輻射的必要條件是有一部分電子利用泵浦源,提前從基態 E_1 躍遷到高能階的 E_2 狀態,而且處於 E_2 狀態的粒子數需要多於處於 E_1 狀態的粒子數,使這個系統處於「居量反轉」狀態。

處於這種狀態的高能階電子,除了「自發輻射」之外,還可以用另外一種方式躍遷到較低能階。當 E_2 狀態的電子,被能量為 $h\nu$ 的外來光子擊中,而且當「$h\nu=E_2-E_1$」時,一定機率下會從能階 E_2 躍遷到 E_1,同時輻射兩個頻率、相位、偏振態以及傳播方向相同的光子,即產生一個光子到兩個光子變化。這個過程就是「光放大」。

理論成形促使雷射終於降臨。1960 年 5 月,在加州休斯實驗室工作的 Mainman 使用紅寶石完成第一道雷射。人類從此擁有了最亮的光、最準的尺與最快的刀。

現代雷射多使用三能階系統(Energy Levels System,ELS)與四能階系統,兩者的能階定義有所差異。

在三能階系統中,E_0 為基態能階,E_1 為亞穩態能階,E_2 為泵浦源能階,雷射產生於 E_1 與 E_0 之間;在四能階系統中,E_0 為基態能階,E_1 為

第 5 章　隨光而生

激發態能階，E_2 為亞穩態能階，E_3 為泵浦源能階，雷射產生於 E_2 與 E_1 能階之間。

與三能階系統使用的 E_0 能階相比，四能階系統用於產生雷射的 E_1 能階，不是基態能階而是激發態能階，在正常環境下這個能階的粒子數幾乎為零，因此更容易達成居量反轉並產生雷射。

三能階與四能階系統產生雷射的示意如圖 5-17 所示。

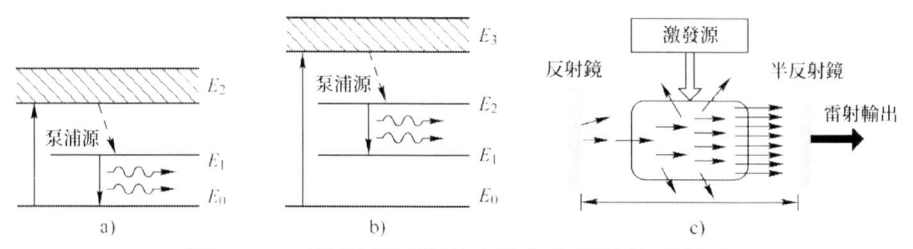

圖 5-17　三能階與四能階系統產生雷射的示意圖
a) 三能階系統　b) 四能階系統　c) 光學共振腔

無論是三能階還是四能階系統，產生雷射的第一步依然是達到居量反轉狀態。以三能階系統為例，在雷射的實際產生過程中，首先透過泵浦源將粒子的能階躍遷到 E_2 能階。提升至高能階 E_2 的粒子壽命極短，會迅速躍遷至壽命較長的亞穩態能階 E_1 處累積，使得處於 E_1 能階的粒子數超過 E_0 能階，形成居量反轉狀態，並產生「受激輻射」。

在作用物質兩端放置反射鏡，可以構成光學共振腔。作用物質在激發源的刺激下，自發輻射並產生光子，其中不與腔軸平行的光子將被反射出共振腔，沿著軸線運行的光子將在兩個反射鏡中往返運動。

這些光子將不斷地與高能階受激粒子相遇，並進行受激輻射，再次產生一個全同光子。因此沿軸線運行的光子將不斷增加，並在腔內形成傳播方向一致、頻率和相位相同的強烈光束，在達到一定強度後從半反射鏡一側輸出，形成雷射。

在基於固體材料的雷射出現之後，半導體作為雷射作用物質的研究迅速展開。此時基於半導體材料的電致發光已經成形，半導體 PN 接面的耗盡區，恰好可以作為雷射增益材料，PN 接面兩側的解理面可以構成共振腔，電流注入 PN 接面可以形成天然的泵浦源。

解理面是晶體在外力作用下沿結晶向破裂，而形成的光滑平面，這個平面是可用於製作共振腔的天然反光鏡。這種自然形成的泵浦源與共振腔，使得基於半導體材料的雷射器具有極低的製作成本。

最初製成的半導體雷射器，基於同質 PN 接面，且使用強電子束作為激勵源，這類雷射器只能在液氮溫度環境下以脈衝方式運作，沒有太大的實用價值。1963 年，克勒默（Herbert Kroemer）提出了異質接面雷射器的原理；與此同時阿爾費羅夫（Zhores Alferov）和 Kazarinov 也獨立描述了相同的原理。此後 IBM 的 Jerry Woodall 完善了液相磊晶技術（Liquid Phase Epitaxy，LPE），培育出異常純淨的 GaAs 晶體，並在這個晶體上進一步生長出化合物半導體材料 GaAlAs。

在成功研製出異質 PN 接面之後，室溫下可以連續運作的雷射二極體（Lazer Diode，LD）終告實現。雷射二極體的發明是光儲存與光通訊的重要里程碑，電子與通訊世界因此得以進一步融合。

雷射的出現打開了應用之門，在半導體製作、醫學、通訊、生物與軍事領域均獲得巨大成功。歷史上與雷射相關的諾貝爾獎多達十餘個，僅次於 20 世紀初由量子力學科學家組成的銀河艦隊。

雷射的出現大幅提升了半導體的製作能力。雷射可以用於晶圓量測、清洗與封裝，也是快速退火設備的重要組成部分。尤為重要的是，雷射一出現，便迅速取代了高壓汞燈，半導體微影也由此進入深紫外線（Deep Ultraviolet，DUV）時代。

第 5 章　隨光而生

5.6　阿貝成像

西元 1960 年代，微影開始用於半導體製作。在微影製程中，一個非常重要的指標是分辨極限。分辨極限受制於微影光源，由德國的恩斯特‧阿貝（Ernst Karl Abbe）於 1873 年率先發現[38]。

此時半導體產業尚未誕生，這個極限主要用於引導光學顯微鏡的設計。阿貝認為光學顯微鏡的分辨極限，大約為光波波長的一半，小於這個極限的兩個物點便會無法分辨。隨後，阿貝原理分析了這個極限的計算方法，如式 (5-3) 所示，並透過實驗進行驗證。

阿貝極限的計算：
$$d \approx \frac{\lambda_0}{2n\sin\theta} = \frac{\lambda_0}{2\mathrm{NA}} \qquad (5\text{-}3)$$

其中，d 為可準確觀測的兩個物點間的距離；λ_0 為真空中光源波長；n 為折射率；θ 為孔徑角；NA（Numerical Aperture）為鏡頭的數值孔徑，等於 $n\sin\theta$。如果兩個物點的距離小於 d 時，顯微鏡觀測到的是兩個連接在一起的物點，如圖 5-18 所示。

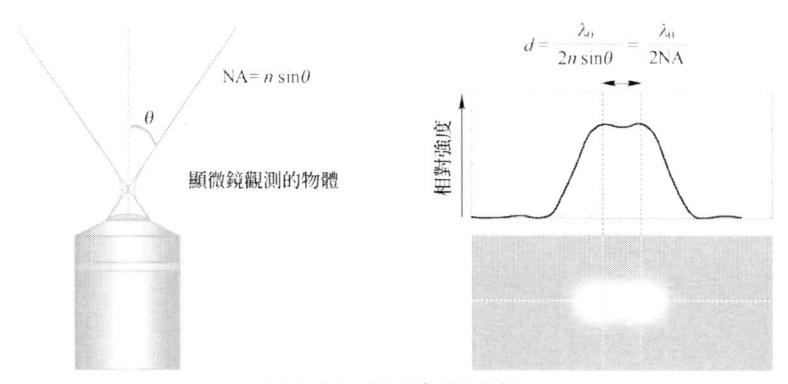

圖 5-18　阿貝極限示例

顯微鏡在真空環境中觀測物體時，折射率 n 為 1，孔徑角 θ 最大為 90°，因此 NA 的最大值為 1，此時可觀測物點間距 d 的最小值，即顯微

鏡的解析度大約為 $\lambda_0/2$。這就是阿貝極限所描述的主要內容。

阿貝在光學系統中的另外一項貢獻是西元 1874 年提出的阿貝二次成像原理。阿貝後來加入卡爾蔡司，成為這個公司的負責人。卡爾蔡司從這個時間點起，就開始磨鏡頭，一直持續到今天。光學系統的設計，因為阿貝與卡爾蔡司的努力而近乎完美。

光學系統可以使用透鏡或者反光鏡建構，而無論採用哪種方式，成像方式都基於二次成像原理。以透鏡為例，將光罩放在凸透鏡之前焦距處的物平面，當平行光源入射後，將在遠處的像平面對映出對應的影像，成像過程如圖 5-19 所示。

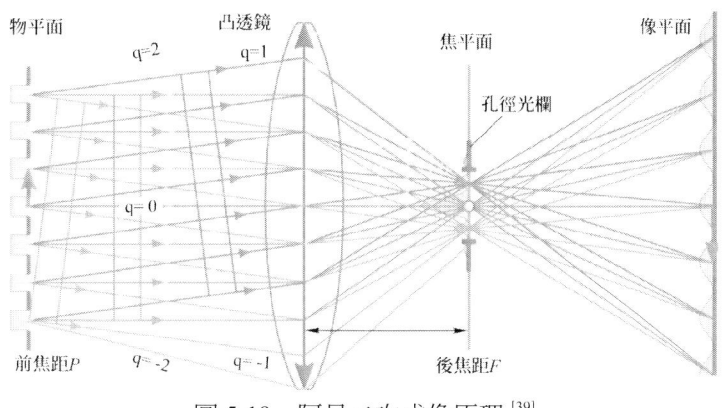

圖 5-19 阿貝二次成像原理[39]

阿貝認為透鏡成像分為兩步。當平行光源通過放置在前焦距 P 處的物體後，將繞射出不同方向的平行光束，並攜帶著物像訊號，即在圖中為「$q=0$、± 1、± 2」的平行光。這些平行光通過凸透鏡後，將在後焦距 F 處，第一次成像。此時，在後焦距 F 處得到的成像不是原始影像，而是原始影像的若干繞射斑。

人類最早觀測到繞射斑的歷史可追溯至西元前，那時的古人使用銅製凹面鏡或者冰製凸透鏡，聚焦太陽光點火。凹面反光鏡或者凸透鏡可

第 5 章　隨光而生

以將遠方的太陽，在其後焦距處匯聚為一個小點，這個小點相當於太陽的繞射斑。

因為光的繞射，物點在焦距處獲得的影像不是理想的幾何點，而是由明暗相間的圓環組成的繞射斑。這種環狀繞射斑，在西元 1820 年代，由英國科學家 John Herschel 所發現[40]。西元 1835 年，英國科學家 George Airy 合理解釋了這一現象[41]，之後這種繞射斑也稱為艾瑞盤（Airy Disc）。

阿貝認為第一次成像在焦平面所獲得的多個艾瑞盤，相當於點狀光源，其中未被孔徑光欄阻擋的光源，將繼續以球面波的形式向前推進，並經過相互擾疊加之後，在像平面進行第二次成像。孔徑光欄的主要作用為限制射出光束的有效孔徑。

這兩次成像的過程合稱為阿貝二次成像。

在平行光「$q=0$、± 1、± 2、⋯、$\pm n$」中，繞射角越大，繞射層次越高，由於透鏡的孔徑光欄長度有限，n 不可能為無窮大，因此必然會丟失一些繞射光，因此經過二次成像後獲得的影像與原始影像不會一致。如果原始影像中兩個物點過近時，就會無法分辨，其最小解析度大約為光波波長的一半。

1946 年，法國科學家 P. M. Duffieux 將傅立葉轉換的概念引入光學領域，發表「傅立葉轉換與光學中的應用」一文，資訊光學理論隨後誕生[42]。

Duffieux 提出的資訊光學，是以傅立葉轉換為基礎。在資訊光學中，傅立葉轉換的神奇之處在於將複雜的空間資訊轉換為頻譜分布資訊，以便進一步分析與處理。這與通訊領域透過傅立葉轉換，將時域轉換為頻域的道理一致。

將傅立葉轉換引入光學領域順理成章。光本質上是種電磁波，只是

頻率與波長不同。透過傅立葉轉換，光學系統中的現象可以使用通訊理論解釋。光學系統可以在頻譜面上設定空間濾波器，用於去除或者選擇通過某些空間頻率的訊號，或者改變振幅和相位，使二維物像得以按照需求改良。這也是資訊光學研究的重點內容。

基於資訊光學理論，阿貝二次成像原理可以藉助精準的數學用語描述。

在第一次成像中，透過繞射而得的「$q=0$、± 1、± 2」平行光束通過透鏡，在後焦距 F 形成的繞射斑相當於空間頻譜，透鏡相當於進行一次傅立葉轉換。第二次成像時，後焦距 F 處的空間頻譜相互干擾並疊加推進的過程，相當於進行一次傅立葉逆轉換。物體在經過傅立葉與傅立葉逆轉換之後，可以在像平面中獲得放大或者縮小的原物體。

光學理論沒有相當複雜，近期出現許多電腦輔助工具，使用滑鼠拖拽幾下，便可設計出一套光學系統。但是在該領域，設計並不是重點，重點在於工匠精神，在於動手製作。

在阿貝二次成像中，最為關鍵的是繞射斑的產生機制。這一機制在艾瑞盤被發現之後，隨著物理光學的進步，逐步揭祕。在阿貝二次成像中，艾瑞盤的產生是因為光的繞射。以圓孔繞射為例，當單色光波照射在圓孔繞射屏中，將產生兩種繞射，即菲涅耳繞射與夫朗和斐繞射。

其中，菲涅耳繞射發生在距離圓孔相對較近的位置，即近場；而夫朗和斐繞射被視為發生在距離圓孔非常遠的位置，即遠場。隨著距離改變，由菲涅耳繞射產生的圖案，其光強度分布的大小與形式均會發生變化；而夫朗和斐繞射圖案，只有大小變化而形式不變。在光學中，光強度指發光強度，其定義為單位面積的輻射功率。

大多數光學儀器，包括曝光機中使用的光學系統，更加關注夫朗和

第 5 章 隨光而生

斐繞射。光罩上的點、線與面通過光學系統之後，在晶圓光阻劑上所形成的圖案，就是夫朗和斐繞射圖案。該圖案的產生原理如圖 5-20 所示。

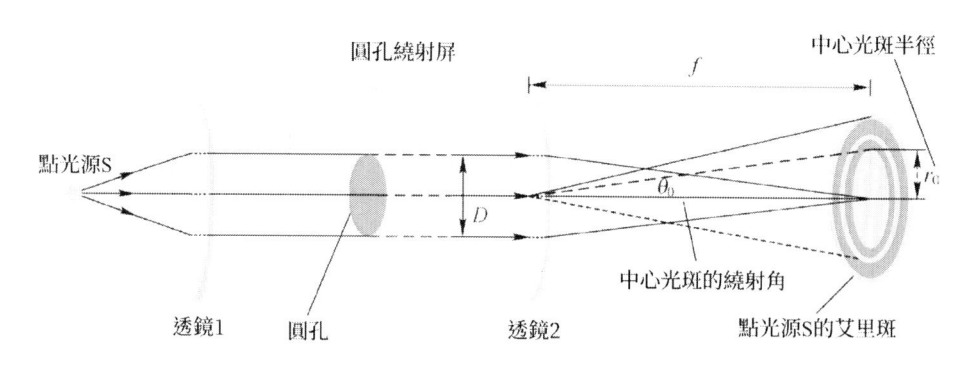

圖 5-20　圓孔夫朗和斐繞射圖案

點光源 S 經過透鏡 1 後轉變為平行光，之後通過直徑為 D 的圓孔後，將在距離圓孔較遠的位置發生夫朗和斐繞射。透鏡 2 的作用是將發生在遠場的繞射圖案，拉近至其焦距 f 處。雖然拉近後的圖案大小比例會發生變化，但光強度分布與形狀相似，如果僅關注繞射圖案的相對光強度分布時，與遠場觀察到的繞射圖案並無根本差異。

科學家經過大量實驗與理論推導，得出艾瑞盤中心光斑，與圍繞其展開的明環與暗環的繞射強度計算公式，並由此推算出艾瑞盤中心到每個環的半徑與其對應的繞射角的計算公式。其中最為重要的參數為中心光斑的半徑 $r_0=1.22\, f\lambda/D$，以及與其對應的繞射角 $\theta_0 \approx \sin\theta_0 \approx \tan\theta_0 = r_0/f = 1.22\,\lambda/D$。

英國著名物理學家瑞利（Lord Rayleigh）在觀測艾瑞盤時，提出一個有別於他人的問題──光學系統的極限解析度是多少？瑞利原名 John William Strutt，被尊稱為瑞利男爵三世，因為發現稀有氣體「氬」獲得 1904 年度的諾貝爾物理學獎。瑞利在光學上也有不俗的造詣，他提出了

5.6 阿貝成像

瑞利散射,認為在空氣中,光線波長越短散射強度越大,因此波長較短的藍色光,更容易被大氣散射,合理解釋了「天空為什麼是藍色」。

瑞利提出極限解析度這一問題後,以分析艾瑞盤產生機制與既往實驗為基礎,得出結論:當兩個物點成像時,其中一個物點的艾瑞盤中央極大值所在空間位置與另一個艾瑞盤的第一極小值所在空間位置重合,即一個艾瑞盤的中心光斑與另一個艾瑞盤的第一個暗環重合時,恰好可以被準確分辨。這就是瑞利準則的完整內容。

從本質上來說,瑞利準則不是一個公式,而是瑞利基於艾瑞盤,對光學系統如何才能獲得最小精準度的一段描述。瑞利在完成「提出問題」與「分析問題」這兩個關鍵步驟之後,如何解決這個問題已是水到渠成。

以圖 5-21a 所示的望遠鏡為例,物點 S1 與 S2 通過物鏡成像後,在焦距 f 處形成兩個艾瑞盤,當兩個物點逐步接近時,艾瑞盤將逐漸重合。當兩個物點與物鏡組成的張角 α 恰好等於圖 5-20 中繞射角 θ_0 時,一個物點的艾瑞盤中心將與另一個物點的第一個暗環重合,即滿足瑞利準則,此時恰好能夠分辨兩個物點,如圖 5-21 所示。

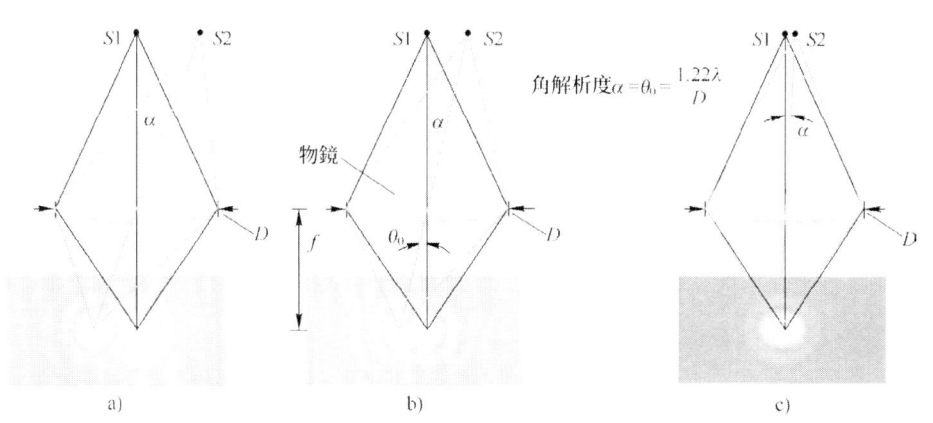

圖 5-21 望遠鏡的角解析度
a) 可分辨　b) 恰好可分辨　c) 不可分辨

角解析度 $\alpha = \theta_0 = \dfrac{1.22\lambda}{D}$

第 5 章 隨光而生

當 α 大於繞射角 θ_0 時，兩個物點更加容易分辨；而 α 小於繞射角 θ_0 時，兩個物點便不可分辨。此時，直接借用圖中繞射角 θ_0 的計算公式，即可得出望遠鏡的角解析度，即兩個物點恰好能夠被分辨的張角最小值 $α=\theta_0=1.22 \lambda/D$[43]。

瑞利準則不僅可以用於望遠鏡角解析度的計算，也可以用於其他光學儀器中。不同的光學儀器，所關注的解析度參數並不相同，例如照相物鏡關注每公厘能夠分辨的直線數目，而顯微鏡與半導體微影關注的是最小分辨距離。

顯微鏡成像與曝光機光學系統的成像原理類似。在這兩種情境中，將大小相同的兩個物點 S1 與 S2 設於物鏡的前焦距附近，使得 S1 和 S2 發出的光以很大的孔徑角入射到物鏡，並將像平面設定在與物鏡相距 l' 的位置，其 l' 大於前焦距，如圖 5-22 所示。

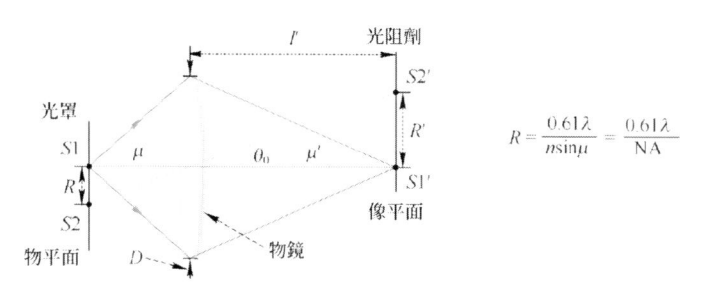

圖 5-22　顯微鏡與曝光機光學系統的成像原理與最小解析度

此時物點 S1 與 S2 通過物鏡後，將在像平面獲得兩個艾瑞盤，每個像點的艾瑞盤光斑的中心半徑 $r_0=l'\theta_0=1.22\ l'\lambda/D$，其中 λ 為所用光源的波長，D 為物鏡直徑，在單透鏡系統中等於數值孔徑 NA。依照瑞利準則，當兩個艾瑞盤的中心 S1' 與 S2' 之間的距離 $R'=r_0$ 時，恰好可以分辨繞射圖案[43]。

5.6 阿貝成像

物鏡成像滿足阿貝正弦條件 $nR\sin\mu=n'R'\sin\mu'$，其中 n 與 n' 為物點與像點所在介質的折射率[43]，由此推出顯微鏡與曝光機光學系統的解析度 $R=0.61\lambda/n\sin\mu=0.61\lambda/NA$。當光源波長 λ 與數值孔徑 NA 固定時，$R\times NA/\lambda$ 不超過 0.61。但是光罩圖案不是由獨立的點組成，其整體由線段組成，這一公式並不適合。例如 ASML 的兩種曝光機的 $R\times NA/\lambda$ 的比值接近 0.25，遠小於 0.61，如表 5-2 所示。

表 5-2　ASML 曝光機的最小解析度[44]

曝光機型號	類型	波長 λ	數值孔徑 NA	最小解析度 R	R×NA/λ
NXT：2050Di	DUV	193nm	1.35	38nm	0.266
NXE：3400C	EUV	13.5nm	0.33	13nm	0.318

由此可見，瑞利準則推導得出兩點間的最小解析度，大於 ASML 曝光機解析度。兩者間的差異，一方面源於積體電路製作中，所能獲得的最小解析度不是來自於兩「點」之間；另一方面源於 ASML 對最小解析度 R 的定義。

在微影製程中，光罩圖案訊號由光波攜帶，經由光學系統之後，在光阻劑上最終成像。光阻劑圖案與光罩圖案基本上是一致的，即由若干寬度不同、彼此間保持一定距離的線段組成，其中線寬與線距對被稱為 pitch（節距）。

pitch 解析度指在保證圖案品質的前提下，圖案之間能夠獲得的最短距離，在積體電路製作中，反映出電晶體排列的密集程度，其計算方法如式 (5-4) 所示，其中 λ 為使用的光波波長；NA 為光學系統的數值孔徑；k_{pitch} 為反映 pitch 解析度的常數。

第 5 章　隨光而生

pitch 解析度：
$$\text{Pitch Resolution} = k_{\text{pitch}} \frac{\lambda}{\text{NA}} \qquad (5\text{-}4)$$

光罩中的線段長短不齊、粗細不均，並不規則，將這些圖案成像至光阻劑上，很難取得最短 pitch。能夠取得最短 pitch 的光罩圖案是由「線寬與線距相等」的若干線段組成的矩陣，如圖 5-23 所示。

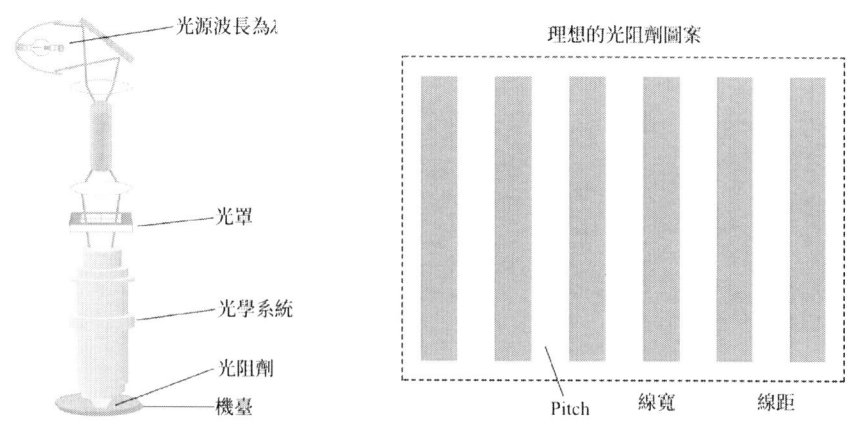

圖 5-23　微影製程中的線寬、線距與 pitch 的關係 [45, 46]

這種圖案不是能夠獲得最短 pitch 的唯一選擇，但呈現方式最為簡練。光線通過由矩陣圖案組成的光罩時，無法使用兩個物點的成像模型，而採用「繞射光柵」模型。其次在半導體製作中，可以使用雷射這類「相干」光源，而瑞利提出這個準則時，兩個物點成像使用普通光源。

使用相干光源，垂直照射呈「繞射光柵」狀的光罩時，也將產生繞射光譜。依照瑞利準則，當一條譜線的強度極大值與另一條譜線極大值邊上的極小值重合時，兩條譜線恰好可以被準確分辨，此時獲得的 pitch 精準度為 $R=\lambda/\text{NA}$，k_{pitch} 參數為 1。

ASML 在網站提供的數值接近 0.25，與這個精準度相差甚遠。其中一個重要原因是 ASML 網站所定義的精準度為 pitch 精準度的一半，即 Half Pitch 精準度，另一方面 k_{pitch} 的值可以透過若干解析度增強技術進一

步提升，使其逼近物理極限 0.5，使 Half Pitch 精準度逼近 0.25 λ/NA。常用的解析度提升技術如圖 5-24 所示。

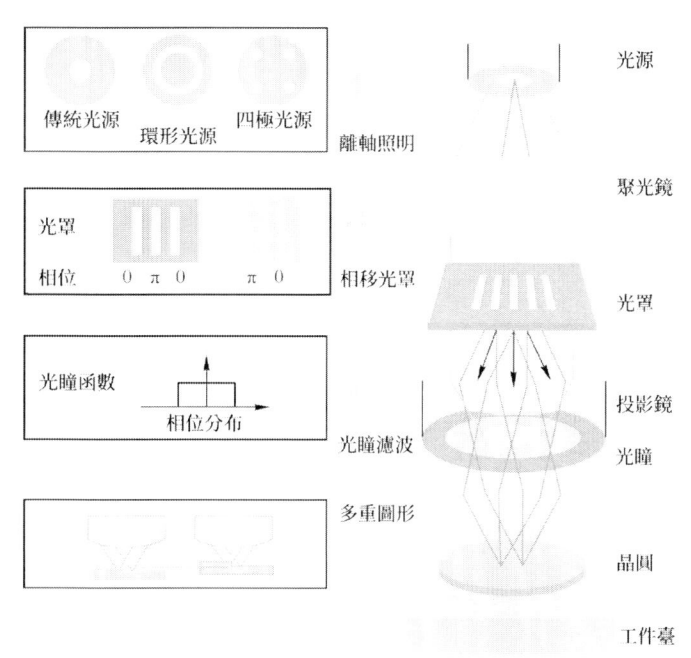

圖 5-24　常用的解析度提升技術 [47]

其中，降低 k$_{pitch}$ 參數最為有效的方法為偏軸照明技術 (Off-Axis Illumination，OAI) 與相移光罩 (Phase Shifting Mask，PSM) 技術。

採用偏軸照明技術時，光源通過聚光鏡抵達光罩後，與投影鏡的主光軸之間具有一定的夾角，而不是垂直照射光罩。此時，環繞在軸線上的多個光源，可以產生更多高頻空間訊號進行成像，以提升解析度。常用的偏軸照明模式採用環形、二極與四極光源。

相移光罩技術由 IBM 提出 [48]。實行方式是在光罩上有選擇地沉積相移層透明薄膜。同一光源發出的光束，分別經過與不經過相移層，其相位相差 180°，從而產生相消干涉，使得相鄰圖形邊緣之間的光強度減

第 5 章 隨光而生

小,從而提升影像解析度。

如圖 5-25 所示,偏軸照明與相移光罩技術相互配合,可以將 k_{pitch} 參數推向物理極限,即 0.5,折合 Half Pitch 的精準度精準度為 $0.25\lambda/NA$。

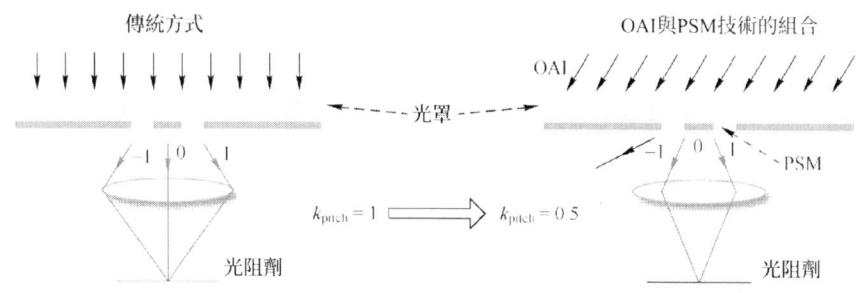

圖 5-25　偏軸照明與相移光罩技術將 k_{pitch} 參數推向極致 [49]

光瞳濾波(Pupil Filtering,PF)技術可以進一步提升影像解析度,在光學系統的射入或者射出光瞳中,可以增添由同心圓環組成的光瞳濾波器,其中每個圓環具有不同的振幅和相位通過率,採用這種方法可以將繞射中心的主斑盡量壓縮,以提升影像解析度 [50]。

除了以上改良方法之外,還有一個有效方法稱為光學鄰近修正(Optical Proximity Correction,OPC),用於提升影像邊角處的清晰度 [51]。從傅立葉轉換的角度來看,邊角處攜帶的高頻訊號更多,更不容易通過光學系統,在成像時容易出現鈍化。為此需要在原始光罩的邊角處流出冗餘,這些冗餘經過光學系統時,恰好被適當去除,最後得到期望中的原始圖案。

與 pitch 解析度相關的另一個參數是焦深(Depth of Focus,DOF)。光線經過凸透鏡後,將在焦點處聚焦,只有在焦點前後的一定範圍之內,影像才可以清晰地顯示出來,這一前一後的距離分別被稱為前後焦深,其計算方法為 $DOF=(k_2\times\lambda)/(2\times NA^2)$。其中 k_2 為製程因子,λ 與 NA 的定義與式 (5-4) 相同。

晶圓並不平整，因此要求焦深需要保持在一定範圍內，降低光源波長、提升 NA 都會降低焦深。但至今為止，焦深不是限制微影製程的關鍵因素。曝光機的發展依然是提升 NA，並使用更短的光波波長，改善 pitch 解析度至物理極限。

提升鏡頭的數值孔徑 NA 是提升 pitch 精準度的重要方法。因為 NA 等於 $n\sin\theta$，n 為鏡頭所處介質的折射率，θ 為孔徑角的一半。提升 NA 的方法之一是使 $\sin\theta$ 接近於 1，這對光學系統來說是非常高的要求。

第一臺投影式曝光機 Micralign 100，在設計之初使用基於透鏡的折射光學系統。此時，基於高壓汞燈的近紫外線 NUV 光源已廣泛普及，但是所產生的光源並不純淨，波長為 436nm 的紫外線周圍連續分布著其他光譜。這種光源通過折射光學系統後，色散嚴重，影響解析度。這種色散可以類比於白光通過稜鏡後分解為彩虹。

於是研究人員使用濾光片，將高壓汞燈的大部分光線拋棄，僅保留 436±20nm 這段近紫外線時，卻發現剩餘光源功率過低，導致曝光效率遠低於同時代的接觸式微影，並不實用。研究人員雖然知曉反射鏡成像的可用視場較小、NA 較低，也只能選用全反射光學系統製作 Micralign 100[52]。後來，單色且大功率光源逐漸成熟，特別是在雷射出現之後，產業界將全反射光學系統替換為成像更加穩定、NA 值更高的折射光學系統。

折射鏡結構簡單易於加工，但與反射鏡類似，都具有「像場彎曲」問題。報紙中的小字被凸透鏡放大時，並不是呈現為平面而是弧面，此時字的中心部分依然清晰，但是邊緣處會出現扭曲。這就是一種像場彎曲現象。1839 年，匈牙利的珀茲伐 (Joseph Petzval) 對這種現象進行詮釋，後人將其稱為「珀茲伐像場彎曲」。

第 5 章　隨光而生

在積體電路製作中，呈平面的光罩圖案成像至光阻劑後，需要保持為平面，避免像場彎曲。庫克三合透鏡是一種修正像場彎曲的方法，其形成方式如圖 5-26 所示。

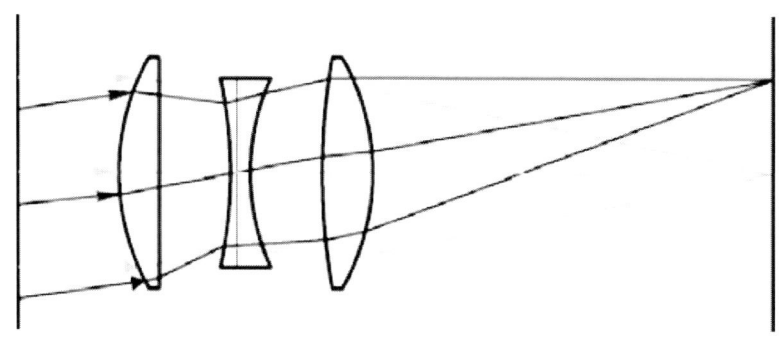

圖 5-26　庫克三合透鏡示意圖

同等度數的凸透鏡與凹透鏡緊密貼在一起時，像場彎曲與度數均為零，將凸透鏡與凹透鏡分開一段距離時，像場彎曲依然為零，但是度數為正。庫克的解決方法是將凸透鏡剖為兩半，分別放在凹透鏡兩邊，使得像場彎曲與度數均為零。

在曝光機的光學系統中，雙高斯透鏡受到更為廣泛的使用，這種透鏡由卡爾蔡司的 Paul Rudolph 於 1896 年所改良，也被稱為 Zeiss Planar。

在此後百年，這種結構被各路光學天才，特別是卡爾蔡司的設計師演繹到極致，效能抵達巔峰，在真空環境中 NA 值超過 0.9。其中，卡爾蔡司為浸潤式 DUV 曝光機所設計的高 NA 值光學系統，如圖 5-27 所示。

在這個由 25 個透鏡組成的光學系統中，透鏡製作材料的提煉、高精確度大尺寸鏡片的打磨，甚至連安裝配置均到達物理光學的巔峰。這些距今十幾年之前，用於 DUV 曝光機的光學系統，最大鏡片的直徑超過 3m，總長度超過 1m，其複雜程度至今依舊令人敬畏。

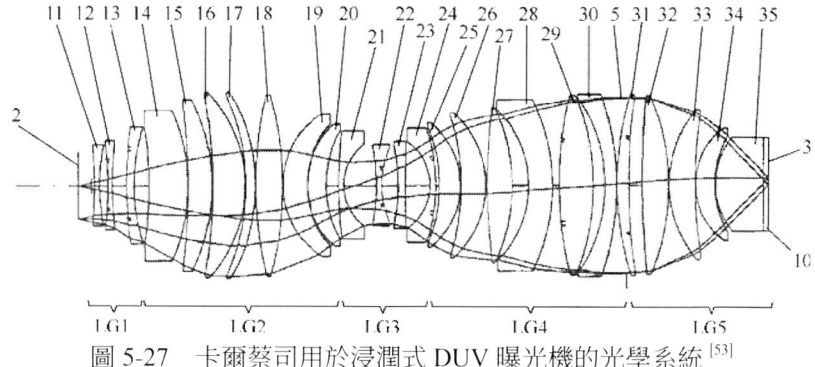

圖 5-27　卡爾蔡司用於浸潤式 DUV 曝光機的光學系統[53]

全折射光學系統之後，在曝光機中開始使用折反射光學系統。與前者相比，折反射光學系統引入屈光度為負的反射聚光鏡替換凹透鏡，在形成相同的 NA 時，可以採用直徑更小的鏡頭，而且幾乎沒有色差，成為今天浸潤式曝光機中的主流設備。

在光學系統中，提升 NA 的另一個有效方法是使用高折射率介質，浸潤式曝光機便採用了這種方式。使用這種介質，可以有效提升 NA，也相當於 NA 不變、縮小光源波長 λ，光源從真空射入折射率較大的介質時，頻率不變、速度變慢，從而波長縮小。

在光罩影像成像至光阻劑環節中，上述皆是目前改良 k_{pitch} 參數與 NA 的主要方法，產業界對這幾個參數的改良幾乎臻於極致。在表 5-2 中，DUV 曝光機所取得的最小解析度 38nm 幾乎是此類型曝光機的極限。

在積體電路製作中，還有一個與 pitch 解析度同等重要的參數，就是關鍵尺寸（Critical Dimension，CD）。CD 通常指半導體工藝製程中的最短線寬。在積體電路發展初期，關鍵尺寸等同於電晶體閘極的寬度，但隨著電晶體從二維結構切換至三維，以及多重圖形技術引入後，閘極寬度與 CD 便不具有對應關係。

第 5 章　隨光而生

　　即便在電晶體結構發生重大變化的今天，pitch 解析度依然能夠反映電晶體布局的密集程度，決定一個 Die 能夠整合多少電晶體；而電晶體閘極長度依然取決於 CD，CD 值越小越有利於製作出更短的閘極，從而影響單一電晶體的效能與功率。

　　這兩個參數在積體電路的整體產業鏈中同等重要，其中 pitch 解析度整體受瑞利準則制約，而 CD 還連結到半導體工藝製程。積體電路的製作更加關注 CD，其計算如式 (5-5) 所示，其中 λ 與 NA 的定義參見式 (5-4)，k_1 為製程因子。在微影製程中，k_1 受制於光罩圖案轉移到光阻劑時的精準度，其值不低於 0.25。

CD的計算：
$$CD = k_1 \frac{\lambda}{NA} \qquad (5\text{-}5)$$

　　在積體電路的製作中，微影製程透過顯影步驟將光罩圖案轉移，蝕刻將圖形最終定型。這兩個步驟完成後需要量測 CD，分別被稱為 ADI（After Development Inspection，顯影後關鍵尺寸）CD 與 AEI（After Etch Inspection，蝕刻後關鍵尺寸）CD。其中顯影若是失敗，可以返工；而蝕刻一旦失敗，結果便不可逆轉。半導體工藝製程，更加關注 ADI CD，其量測結果將作為正向回饋，在對下一組晶圓進行微影時使用。

　　在微影製程中，幾乎所有步驟，包括塗光阻劑、軟性烘烤、對準、曝光、顯影、堅膜等步驟，都將影響 k_1 參數。簡言之，k_1 參數與光阻劑如何在晶圓上成型有直接關係。

　　光阻劑在半導體製作的成本中占比不高，但是在整個半導體製作材料中，地位超然，屬於高分子化學領域。普通的光阻劑由有機化合物組成，受紫外線曝光後，曝光區域在顯影過程中去除或者保留，最後得到所需影像。

光阻劑分為負光阻劑與正光阻劑。以正光阻劑為例，在曝光階段，光阻劑將吸收光能，產生高分子降解，並在顯影階段去除。正光阻劑解析度高於負光阻劑，在追求精準度的半導體工藝中占主流。這種光阻劑後來被基於化學放大的 CAR 光阻劑所替代。

　　CAR 光阻劑使用光酸產生劑，原理與感光化合物不同。光照時光酸產生劑產生酸性物質，改變聚合物的溶解特性，同時重新釋放出酸，之後這些新產生的酸，再次改變聚合物的溶解特性，並再度釋放酸，而後依序循環。CAR 降低曝光所需要的能量，並提升光阻劑的光敏度，促進了微影的進步。除了微影以外，k_1 參數還與蝕刻製程相關。例如在本書第 4.7 節中提及的多重圖形技術，可以在晶圓上獲得更小的尺寸。這也是在 22nm 製程節點處，Intel 可以將 Fin 寬度限制在 8nm 之內的原因。

　　根據式 (5-5)，為了獲得更小的關鍵尺寸，除了增加 NA，並使 k_1 參數無限逼近物理極限之外，更加有效的方法是降低光源波長 λ。使用波長更短的光源，會受限於光源自身、光學系統、光阻劑與光罩，也受限於其後所有的半導體製作環節。任何一個環節遇到阻礙，光源波長也無法更進一步。

　　在半導體製作初期，曝光機使用近紫外線（Near Ultraviolet，NU）作為光源，波長分別為 436nm 的 g 線、405nm 的 h 線和 365nm 的 i 線。這些近紫外線可以用於微影，但是在 248nm 附近，因為汞燈的能量過低而無法更進一步，限制住摩爾定律前進的步伐。

　　1984 年，IBM 將準分子雷射技術引入微影領域。與高壓汞燈相比，雷射輸出波長的強度更大、單色性與準直性更好，收集效率更高，因此迅速在半導體製造領域中普及。

　　微影領域使用的準分子雷射利用惰性氣體與鹵素分子混合，由電子

第 5 章　隨光而生

束能量激發所產生的深紫外線（DUV）光源。起初，產業界利用氟化氪（KrF）分子產生 248nm 的 DUV，之後過渡到基於氟化氬（ArF）的 193nm 光源。

目前最先進的曝光機基於 13.5nm 的 EUV 光源，這種光源是普通光源，而非雷射。這種基於 EUV 光源的曝光機，是半導體產業界在近 30 年以來，在平面製程方面的重大突破，大力促使積體電路製作再向前邁進一步。

如果從 20 世紀初作為 EUV 時代的起點開始計算，產業界共花費了 17 年左右將 EUV 曝光機完善成型。在這段並不算過於漫長的時間裡，因為 EUV 曝光機在研製過程的跌宕起伏，對於產業界而言似乎歷經了整整一個世紀。

5.7　群戀之巔

1984 年，荷蘭的飛利浦與 ASMI（Advanced Semiconductor Materials International）聯合成立了一家專門製作曝光機的合資公司 ASML。飛利浦的歷史悠久，是世界 500 強企業的常客，ASMI 是當時荷蘭為數不多的半導體設備公司。

ASMI 的主業是半導體製作中的沉積設備，更有意願進軍微影業，而當時飛利浦在微影領域具有一定的技術儲備。這種背景下，兩家公司採取的合作模式，自然是飛利浦出人、出技術，而 ASMI 只能出錢了。

公司成立初期，美國的 GCA 公司占有曝光機市場的最大占比，日本的 Nikon 尾隨其後，ASML 在曝光機市場的占比是毫無懸念的零。ASML 採用的合資模式並不受到看好。在西方世界中，合資公司被稱為

Joint Venture 而不是 Joint Value，這個詞彙中，占據領導地位的始終是風險。1984 年成立的 ASML，沒有在產業界引起過多關注。

在並不算長的半導體史冊中，ASML 始終是一個另類。公司建立初期，管理層的存活之道是向兩個股東編織一個比一個更美麗的故事，向客戶做出一個比一個不切實際的承諾。此時的 ASML，外憂內患，豈是一個「亂」字可以概括。

ASML 的管理層需要協調來自兩大股東的不同需求，尤為重要的是如何安撫來自飛利浦的這些「天之驕子」們受傷的心靈。從這間公司成立以來，被飛利浦派到 ASML 工作的員工們的抱怨聲從來就沒有停止過。

1986 年，ASML 在飛利浦 SIRE III 曝光機的基礎上，推出一臺勉強能用的，但是屬於自己的曝光機 PAS2500/10[54]。這臺曝光機是 ASML 成立以來的重大里程碑，當然這也因為這個公司沒有其他產品值得誇耀。ASML 之前釋出的 PAS2000 和 PAS2400 曝光機，與飛利浦 SIRE 系列曝光機對比，最大的區別僅在於名字與商標不同。

PAS2500/10 沒有挽救 ASML。這個公司成立以來，虧損是每年財報必然會出現的關鍵詞。每個會計年度結束，ASML 都是一貧如洗，等待兩大股東輸血。從 1988 年起，作為發起股東的 ASMI 不再繼續向 ASML 注資。1990 年，自身難保的 ASMI 決定徹底拋棄 ASML，飛利浦被迫持有 ASML 約 60%的股份，其餘 40%的股份轉讓給荷蘭的兩家銀行。

1991 年，ASML 發布了第一臺基於 KrF 雷射的 Stepper PAS5000/70[54]，這臺曝光機沒有取得立竿見影的成功。1992 年，ASML 繼續虧損，飛利浦迫於無奈，繼續輸血維持這間公司的生存，這也是飛利浦對 ASML 的最後一次輸血。

1995 年，ASML 上市後，飛利浦果斷拋售了所持有的股份，至此，

第 5 章　隨光而生

ASML 成為一家公開發行公司。這正合了管理層的心意，長久以來，ASML 管理層與飛利浦的明爭暗鬥人盡皆知，以至於如何應對母公司的指手畫腳，成為了公司企業文化的重要組成部分。

此後不久，PAS5000 系列曝光機突出重圍，ASML 獲得獨立發展的基石，並在高階微影領域逐步擊敗了 Canon 與 Nikon，將半導體微影技術推向極致。ASML 的這段逆襲經歷，是天時、地利與人和共同作用的結果。

ASML 成功的背後，有美日半導體對抗的濃厚色彩。從 ASML 成立一直到 20 世紀末期，這家公司從未推出過頂尖產品，最大的成就是在美日半導體之戰打得如火如荼時，沒有被戰火牽連。當雙方陣地淪為一片廢墟時，這間公司完好無傷。

ASML 的成功最終源於自身的努力。長期以來，缺錢、虧損與被拋棄是 ASML 需要面對的主要挑戰。在這個主要挑戰之中，ASML 選擇了不放棄，在曠日持久的微影馬拉松賽跑中，突破重圍。

1997 年，ASML 在上市後的第三年，推出這間公司的第一臺基於「掃描」技術的曝光機 PAS5500/500[54]，與競爭對手的同類產品相比，這臺曝光機的最大優點是處理量。評斷曝光機優劣有三個重要的指標，解析度、套刻精準度與處理量。

其中，解析度的上限主要取決於微影使用的光源與光學系統。對於光源基本上是購入的、光學系統完全依賴卡爾蔡司的 ASML 而言，提升解析度的空間並不大；套刻精準度的提升更加複雜，涉及從光罩到半導體製作的許多細節，並非取決於單一指標，僅憑曝光機很難達成讓套刻更加精準。

處理量卻是可視度極高的指標，以每小時加工晶圓的片數衡量。

ASML 優先致力於此，並迅速獲得優勢，逐漸在高階曝光機領域站穩腳跟，具備向當時的頂尖曝光機製作廠商 GCA 與 Nikon 發起挑戰的能力。

此時，曝光機演進到掃描階段。現代曝光機起源於 Perkin-Elmer 的對準器，隨後是 GCA 的 Stepper。1989 年，Perkin-Elmer 推出 Micrascan 曝光機，這種曝光機以步進特性為基礎，增加了掃描功能，被稱為步進掃描曝光機（Step-and-Scan），簡稱為 Scanner[55]。

從 250nm 製程節點至今，積體電路的製作以 Scanner 曝光機為主體，其運作原理與掃描器類似。Scanner 曝光機運作時，光罩由右至左移動通過縫狀光源，而晶圓由左至右等比移動，並在光阻劑上逐段成像，其運作示意如圖 5-28 所示。

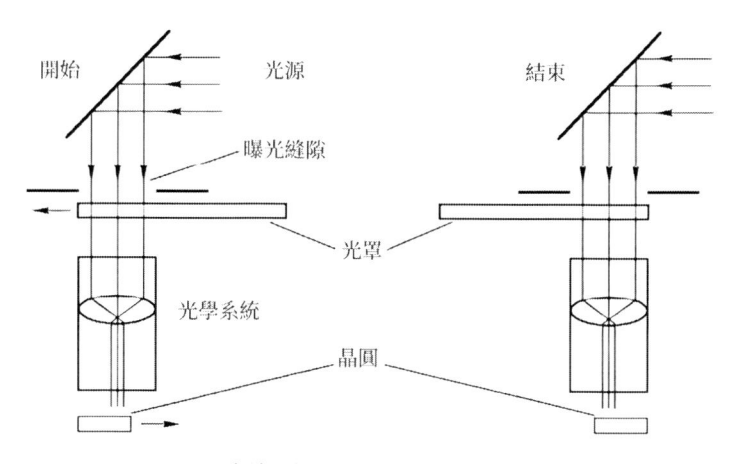

圖 5-28　掃描式曝光機 Scanner 的運作示意

光學系統的透鏡與反射鏡在中心處的質量最高，縫狀光源可以恰好利用這個質量最高的中心。與 Stepper 曝光機使用光線一次性通過光罩並成像的方式相比，Scanner 微影的精準度與一致性有了大幅提升。

此外，因為珀茲伐像場彎曲，光罩圖案經過單一透鏡後，圖案以弧

第 5 章　隨光而生

面而不是平面方式呈現。雖然光學系統可以使用多組透鏡將其修正為平面，但 Scanner 曝光機只需要處理縫狀光源，大幅降低了修正難度。

Scanner 的另一個優點是處理量超過 Stepper。如果僅憑直覺，很容易得出 Stepper 處理量更高的結論，Stepper 曝光時僅需要對整個光罩進行一次操作，Scanner 需要使用縫狀光源掃描整個光罩，一次曝光操作似乎肯定比移動掃描更快一點。

事實並非如此。光阻劑曝光速度與曝光劑量直接相關，曝光劑量可以理解為光阻劑吸收的光照度與時間的乘積。Scanner 曝光機的縫狀光源光照度更高，因此曝光的速度反而比 Stepper 曝光機更快。

從 1990 年代開始，Scanner 在高階製程中取代了 Stepper 曝光機，也正是在這個階段，曝光機領域發生幾次重大的併購重組。

1990 年，Perkin-Elmer 在日本廠商的競爭下，決定放棄曝光機業務，當時對這塊資產最有興趣的是日本的 Nikon，而 Nikon 更為關注的是 Perkin-Elmer 手中的幾個美國大客戶。然而在美國的強烈反對下，Nikon 只能放棄收購。Perkin-Elmer 的曝光機部門最後出售給 SVG。

SVG 非但沒有維護好 Perkin-Elmer 的資產，很快連自身都難保。2000 年，SVG 決定將自己連同收購的資產一併打包出售，ASML 把握住這次機會。2001 年，美國政府同意了這次收購。至此美國本土再也沒有曝光機製作廠商。

ASML 收購 SVG 的目的，與 Nikon 之於 Perkin-Elmer 並無區別，依然是為了獲得這個公司手中的客戶，特別是 Intel。ASML 並不在意 Perkin-Elmer 與 SVG 留下的技術遺產，完成收購不久，便徹底整合了這幾家公司之間重複的產品。

至此，整個半導體世界的曝光機廠商已所剩無幾。ASML 成為歐美

世界在曝光機領域的獨苗，歐美世界之外，僅剩 Nikon 與 Canon 具有製作高階曝光機的能力。這才是 ASML 最大的收穫。從這時起，沒有任何微影廠商能夠阻擋 ASML 的王者之路。

ASML 在占有微影領域優勢陣地的同時，並沒有放棄努力。2000 年，ASML 發表了世界上第一臺 Twin-Scan 曝光機，即雙工件臺曝光機[56]，這種工件臺並無神奇之處，其運作原理如圖 5-29 所示。

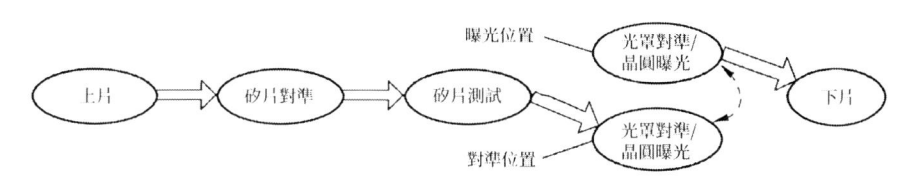

圖 5-29　雙工件臺運作原理

在此之前，所有曝光機都僅具有單個工件臺，按照上片、矽片對準、矽片測試、光罩對準、晶圓曝光與下片的步驟，依序加工矽晶圓，其中晶圓曝光耗時最長。

雙工件臺具有兩個獨立執行的工件臺，一個工件臺進行曝光操作時，另一個工件臺進行光罩對準等其他操作。其本質是單生產線運作，沒有設置多個並行運作的「晶圓曝光」子臺，故無法完全消除瓶頸，但與單工件臺曝光機相比，依然將處理量提升了 35%[57]。

2003 年，ASML 在發明 Twin-Scan 曝光機之後，製作出第一臺浸潤式曝光機[58]。1980 年代，IBM 的林本堅率先提出浸潤式微影的概念[59]。2000 年，林本堅加入台積電，並在 2004 年，幫助台積電將浸潤式技術應用於大規模生產。

浸潤式微影之後，ASML 開始挑戰製造 EUV 曝光機。這種曝光機使光源波長從 193nm 直接飛躍到 13.5nm。193nm ArF 光源之後，曾經出現

第 5 章　隨光而生

過 157nm F2 光源，但是這種光源因為眾多不利因素而被棄用。

對於 157nm 光源，空氣中的氧具有非常強的吸收能力，因此需要使用氮氣或者氫氣淨化光路。193nm 微影中使用的石英材料，因為對 157nm 光源具有較強的吸收能力而無法使用，氟化鈣（CaF_2）透鏡對 157nm 光源的吸收能力較弱，幾乎成為當時唯一的選擇。

氟化鈣只有晶體一種形態，具有晶體固有的雙折射問題，雖然這個問題可以透過光學系統進行補償，但是製作大尺寸的氟化鈣單晶依然相當困難而且價格昂貴[60]。這使得沒有合適的光學透鏡可以用於 157nm 光源。

全反射光學系統，因為當時不超過 0.3 的低 NA 值，亦無法成為搭配 157nm 光源的選項。事實上，157nm 光源與全反射光學系統的組合所獲得的解析度，甚至不如 192nm 光源採用的折射光學系統組合，該組合搭配了 NA 值高達 0.9 的光學透鏡。

在積體電路的製作過程中，採用 157nm 光源還有許多難以解決的問題，包括光罩、光阻劑、蝕刻等其他環節。給予 157nm 光源致命一擊的是浸潤式微影，這種技術依然使用 193nm 光源，但在折射率高達 1.44 的溶液的幫助下，最終所取得的微影解析度與等效波長為 134nm 的光源相當。不僅如此，此時波長為 13.5nm 的 EUV 微影也捷報頻傳。

這一連串原因使 157nm 光源最終被產業界放棄。2003 年，Intel 在綜合各類樂觀消息之後，判斷兩年之內 EUV 微影便可用於 45nm 製程節點，宣布放棄 157nm 光源[61]，直接使用 EUV 微影。

EUV 波長在 10～124nm 之間。按照常理，新事物的研究應該遵循由淺至深，EUV 原本應該從 124nm 開始並逐步向下，不會直接選擇從 EUV 光源的下限 10nm 附近開始。當時的情況卻恰好相反，20～124nm

波段範圍的 EUV 成為無人區；在 EUV 波長的下限 10～20nm 附近，反而有人在進行研究。

EUV 微影的雛形出現於 1980 年代中期，略晚於 DUV。在 DUV 尚未成熟時，學術界便未雨綢繆，思考著下一代微影技術，當時有三種選擇，分別為電子束、離子束與 X 射線微影。這三種射線的波長遠小於 DUV，能夠獲得更小的關鍵尺寸。

電子束微影至今還活躍在半導體舞臺，用於製作光罩；離子束微影停留在學術領域；X 射線微影的後繼者 EUV 微影卻站在今天先進積體電路製作領域的浪潮之巔。但在當時，這些微影技術只能生活在 DUV 微影的陰影之下。

1986 年，日本的 Hiroo Kinoshita 在一篇名為〈*Study on X-ray Reduction Projection Lithography*〉的文章中，介紹使用 11nm 波長的軟 X 射線進行微影的思路與實行方式，但當時沒有人相信這套裝置能夠在未來與 DUV 競爭[62]。按照今天的定義，X 射線的波長範圍為 0.01～10nm，波長在 0.1～10nm 間的射線被稱為軟 X 射線，波長在 10～124nm 之間的為 EUV。但在當時並沒有 EUV 這一稱呼，1～30nm 這段波長區間屬於軟 X 射線。

此時，投影式微影設備已大行其道，但是軟 X 射線的波長太短，無法通過當時的反射與折射光學系統，因此 Kinoshita 首先嘗試製作的是基於軟 X 射線的接觸式曝光機（Soft X-ray Proximity Lithography，SXPL）。這種曝光機具有顯而易見的問題，就是光罩與晶圓緊密貼合，不僅容易損壞光罩、汙染光阻劑、不利於製作大尺寸晶圓，而且製作效率遠不能與當時基於紫外線的曝光機相比。

此時，拯救了處於襁褓之中的軟 X 射線微影的，不是半導體產業，

第 5 章　隨光而生

而是天文學。1960 年代開始，人類不再安於僅觀測宇宙中的可見光，而將目光投向高能射線，包括 X 射線與 γ 射線。製作這種高能射線望遠鏡有一連串阻礙，首先是這些高能射線無法穿越大氣層，因此需要在太空運作；另外一個是需要研製能夠接收這些射線的光學系統。

在美國太空總署（NASA）與美國國防高等研究計劃署（DARPA）的重金支撐下，美國幾個頂尖的研究機構，包括勞倫斯利弗莫爾國家實驗室、勞倫斯柏克萊國家實驗室、洛克希德 Palo Alto 實驗室，在攜手研製這些高能射線望遠鏡，並將其送入太空的同時，鑿開了軟 X 射線微影的前行之路。

軟 X 射線微影與軟 X 射線望遠鏡面臨到相同的問題，均為軟 X 射線的波長短，無法通過任何透鏡，必須使用全反射光學系統。依照菲涅耳的傳統理論，反射指當光線入射到折射率不同的兩個介質的分介處時，一部分光線被彈射的現象。但是當電磁波的波長小於 50nm 時，所有材料的折射率都接近於 1，使用傳統光學材料無法反射波長在 1～30nm 之間的軟 X 射線。

1972 年，勞倫斯利弗莫爾國家實驗室的客座研究員，即來自 IBM 的 Eberhard Spiller，發現多層膜結構可以獲得對軟 X 射線的高反射率，這一發現使得軟 X 射線望遠鏡得以問世[63]。1976 年，科學家製作出「近垂直入射」的多層膜反射鏡[64]。

製作這種反射鏡需要使用兩種不同的材料，交替生長組成多層膜結構。其中一種材料必須盡可能降低對軟 X 射線的吸收率，作為間隔層；另一種材料則需要盡可能提升與間隔層之間交接面的反射率。此外還需要盡可能擴大這兩種材料的折射率之差。這種反射鏡的運作原理基於布拉格公式，也被稱為布拉格反射鏡，如圖 5-30 所示。

5.7 群戀之巔

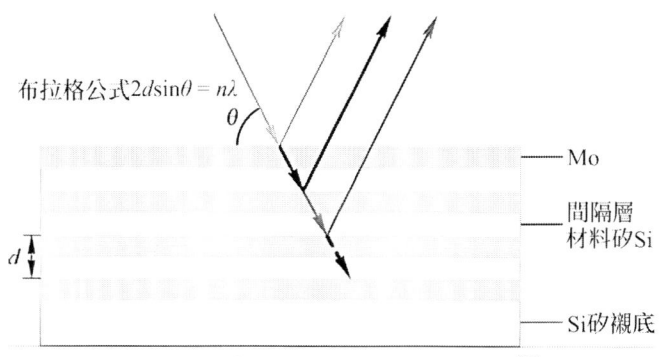

圖 5-30　多層膜反射鏡的運作原理[65]

布拉格反射鏡中，入射光能夠被反射的必要條件為 2dsinθ=nλ，這部分理論曾在本書第 1.6 節做過簡要介紹，多層膜反射鏡基於這一原理實現。

雖然組成多層膜反射鏡的兩個材料相對於軟 X 射線，折射率較低，但是依然存在折射率差異，光線入射時有一定的機率會在每個交接面發生反射。當特定波長的光線入射時，如果材料間的折射率之差與厚度滿足一定條件，交接面的所有反射光將產生相消干涉，從而獲得更強的反射。

多層膜反射鏡的出現極大鼓舞了軟 X 射線微影研究人員的士氣，這種反射鏡不僅可以製作軟 X 射線微影的照明與光學系統，而且可以製作基於反射原理構成的光罩。在光學系統與光罩取得突破後，軟 X 射線微影的前景似乎一片光明。

1980 年代，除了 Kinoshita，貝爾實驗室的 William Silfvast 與 Obert Wood，利弗莫爾國家實驗室的 Andy Hawryluk 與 Net Ceglio 等人，也開始著手研究軟 X 射線微影。

1988 年，利弗莫爾國家實驗室的 Hawryluk 對多層膜反射鏡的製作方法進行了成功改良，並使用雷射引發電漿（Laser Produced Plasma，LPP）

第 5 章　隨光而生

方法產生大功率軟 X 射線。第二年，Kinoshita 採用相同方法，也製作出多層膜反射鏡。同年，貝爾實驗室的 Jewell 與 Wood 還設計出用於產生軟 X 射線的大功率雷射器，並在兩年後製作出原型。

1993 年，研發人員取得階段性突破，發現以矽為襯底，交錯成長鉬（Mo）與矽（Si）兩種材料製作的多層膜反射鏡，對於波長為 13.4nm 的軟 X 射線，具有 66% 的反射率[66]。

也是在這一年，軟 X 射線領域出現來自技術之外的重大變革。DARPA 要求其贊助的科學研究機構統一將 EUV 波段更改為今天的 10～124nm，將軟 X 射線波長調整為 1～10nm，顯然在這些官員的心目中，EUV 的這個「Extreme」比軟 X 射線的「Soft」威風得多。此時許多研究人員甚至都不清楚這種新定義的「EUV」的波長範圍是多少。

不久之後，產業界經過大量的實驗發現，以矽為襯底，由 Mo/Si 組成的多層膜反射鏡，對波長在 13.4nm 範圍內 EUV 反射率可提升至 67.5%；由 Mo/Be 組成的多層膜反射鏡，對波長在 11.3nm 範圍內 EUV 的反射率為 70.2%[67]。

隨手拿出一面鍍銀玻璃鏡，對可見光的反射率也在 85% 以上，遠遠高於這種反射鏡之於 EUV 的反射率。這一反射效率雖然並不理想，但幾乎是多層膜反射鏡處理 EUV 所能夠獲得的最佳結果。此時，產業界也逐步具備基於這種多層膜反射鏡，建構全反射光學系統與製作光罩的能力。

光學系統與光罩齊備後，產業界開始尋找波長最為合適的 EUV 光源。因為 $E=h\nu=1242/\lambda$，波長在 10～20nm 之間的 EUV 光，對應光子的能量在 124.2～62.1eV 之間。而半導體與絕緣體的外層電子能階躍遷，最多只能產生 10eV 左右能量的光子。

生成能量如此之大的光子並不容易，研發人員發現使用放電電漿（Discharged Produced Plasma，DPP）、雷射引發電漿 LPP 與雷射輔助放電電漿（Laser-assisted Discharge Plasma，LDP）等方法，可以使錫和氙進入電漿態，之後進行能階躍遷後，可以分別在 13.5nm 和 11.2nm 處出現輻射峰值[68]。

錫靶材的能量轉換效率約為 2%，高於氙靶材的 0.5%，收集角度與收集效率等指標也優於氙，且錫光譜不像氙光譜般雜亂。更為重要的是，與氙靶材配合的 Mo/Be 多層膜反射鏡中，Be（鈹）元素及其化合物具有劇毒。因此，雖然錫是固體，進入電漿態前需要進行汽化，但最終仍成為微影領域 EUV 光源的首選靶材[69]。

此時，EUV 曝光機最基本的組成模組，光源系統、照明與投影光學系統幾乎準備就緒，而控制光罩與晶圓執行軌跡的光罩臺與工件臺，可以直接延用 DUV 曝光機已有的成果，建造出如圖 5-31 所示的 EUV 曝光機，似乎只有時間問題。

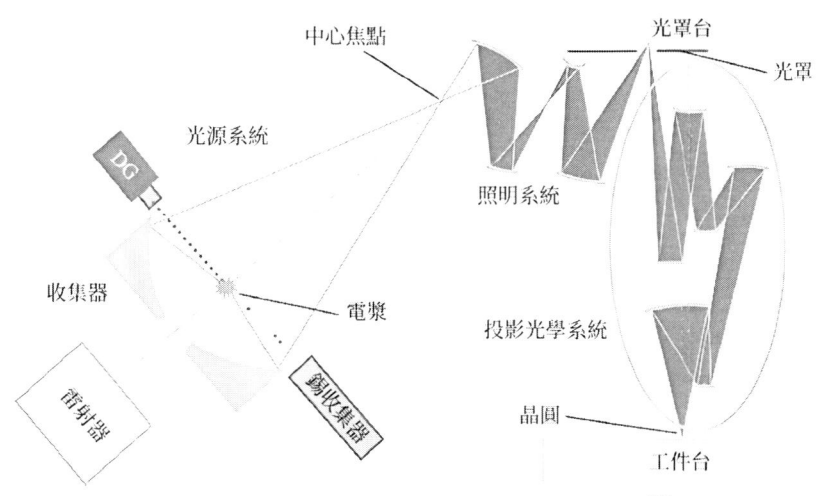

圖 5-31　基於反射的 EUV 照明與光學系統[70]

第 5 章 隨光而生

至 21 世紀初，基於 13.5nm EUV 的曝光機原型呼之欲出，半導體產業界對此寄予厚望，但是這種曝光機從原型走向實用，依然歷經千磨百折。

EUV 從光源出發，經收集後通過中心焦點抵達照明系統。照明系統會進行 EUV 光譜的濾波與純化，僅保留 13.5nm 附近的偏振光，之後通過同樣基於多層膜的反射鏡陣列射向光罩，隨後攜帶光罩圖案訊號，穿越投影光學系統，抵達晶圓。

EUV 最終抵達晶圓共需 11 次反射，在反射率很難超過 70% 的前提下，不到 $0.7^{11} ≈ 2\%$ 左右的光子可以抵達晶圓。這使得能夠滿足微影臨界需求的 EUV 光源，其發射功率的最小值為 250W[71]，相比之下採用折反射光學系統的 ArF 雷射裝置的發射功率僅需 45W。使用大功率 EUV 雷射裝置斷然不可取，EUV 波長接近 X 射線區域，製作雷射的難度極大。

1980 年代，勞倫斯利弗莫爾國家實驗室曾用核分裂的方式製成軟 X 射線雷射器[72]。2009 年，史丹佛直線加速器中心使用 3km 長的粒子加速器也製成 X 射線雷射器[73]。半導體產業顯然不能使用這兩種 EUV 雷射裝置作為光源，而只能依賴電漿能階躍遷產生的普通 EUV 光源。

產業界低估了製作 250W EUV 光源的難度，認為成功製作出這種大功率光源只差一步之遙，而在 2003 年之後的每一年，EUV 曝光機產業鏈總是重複著相同的答案：距離 EUV 技術完全成熟尚需兩年。從 2006 年起，EUV 光源功率將在年底達到可用程度並大規模量產積體電路的消息，又繼續傳了 10 多年，不光是工程師、大公司的 CEO，連在這個產業非常有地位的大師級人物也這樣說。每一年結束之後，EUV 光源都會迎來新一輪的失望與希望。

半導體製程從 65nm 開始，歷經了 45nm、32nm、22nm、14nm 與 10nm 製程節點，人們始終等待著 EUV 橫空出世，並足足等待了 15 年。

在這段漫長的等待中，積體電路的製作依然使用 193nm 光源與浸潤式微影這對組合，藉助各種提升解析度的方法，從 65nm 向 10nm 製程節點緩慢推進。當 10nm 製程節點如期而至，並進行大規模生產時，EUV 微影依然遲遲未見。

對 EUV 微影寄予厚望的 SPIE 和 IEEE 的雙院士 Chris A. Mark，最終幾乎絕望。恨鐵不成鋼的他，以他的蓮花跑車做賭注，預言 EUV 這項技術在近期根本無法實現，他還列舉出 EUV 光源在歷史上出現的所有荒誕預言[74]。

2012 年，ASML 因為 EUV 光源問題遲遲無法解決，準備親自上陣。這間公司在 2011 年僅有 14.5 億歐元左右的利潤，不夠把 EUV 曝光機「砸」出來。但是 ASML 還有別的辦法，這間公司所做的第一件事是把半導體製作領域的三大廠，Intel、台積電與三星全部「拖下水」，準備將 25% 的股份私募給這三家公司。

ASML 為此次私募丟出兩個專案，一個是為 18in 矽片準備微影設備，另一個是 EUV 微影。當時，連 ASML 自己都覺得在短期內實現 EUV 微影技術的可能性不高，勸 Intel 將私募部分的 10% 用於 18in 曝光機，僅將 5% 留給 EUV 微影。同時不斷地遊說台積電與三星早日加入私募。

2012 年的 7 月 9 日，ASML 打著延續摩爾定律的口號，攤派給 Intel 15% 的任務；8 月 5 日讓台積電認購了 5%；9 月 7 日，三星前思後想也買了 3%。透過這次私募，ASML 成功募集 38.5 億歐元[75-78]。這次私募的任務最後只完成了一半，ASML 為 18in 矽片準備微影設備至今也沒有

第 5 章　隨光而生

成為現實。

2012 年 10 月 17 日，ASML 收購製作 EUV 光源的美國公司 Cymer[75-78]，隨後的一年收購日本 Ushio 的德國子公司 Xtreme Technologies。這兩家公司是當時全世界為數不多有機會量產 EUV 光源的公司。

儘管如此，半導體三大廠也都不認為 ASML 將會在 EUV 微影領域有所作為。台積電撤退得最快，鎖定期一到就將 ASML 股票全部售出。Intel 在 2016 年後，也逐步將 ASML 股票清倉。反倒是當時猶豫不決的三星，出售 ASML 股票的速度最慢。

EUV 曝光機從原型誕生之日起，始終在刀鋒之上行走，任何一個小失誤都足以讓 EUV 技術繼續延遲。一項技術從出現到成熟，一種半導體製程從試產到大規模量產，考驗的不只是決心與耐心，還有被大多數人所忽略的寂寞。

而在一個領域裡，只要還有一個不放棄的人，這個領域就還沒有失敗。EUV 光源在經歷漫長的等待，當所有希望消失之後，絕處逢生。2017 年，Cymer 終於將 EUV 光源功率提升到 250W[79]，這是 EUV 微影的重大里程碑。

在這一年，採用這一功率光源製作的 EUV 曝光機，每小時能夠加工的晶圓不到 130 片，與 DUV 微影每小時 275 片的處理量相比有很大差距；Intel 堅持認為在 3nm 製程節點時，EUV 光源功率需要達到 500W。雖然當時與 EUV 微影搭配使用的光阻劑和光罩依然有問題需要解決，但是 EUV 微影距離大規模量產也已經只是時間問題。

2017 年，ASML 推出第一個可大規模量產的曝光機 NXE:3400B；2019 年，ASML 推出 NXE:3400C，這臺曝光機每小時可以加工 170 片矽晶圓，遠遠超過 NXE:3400B 的 125 片。這兩種 EUV 曝光機，是近 30 年

以來半導體製作設備最大的革新。

ASML 製作的這種 EUV 曝光機重量約為 180t，內部包含幾萬個元件，需要 40 多個標準貨櫃才能運輸。這臺曝光機抵達目的地後，安裝偵錯時間長達一年之久。

在 EUV 曝光機中，Cymer 採用 LPP 方式製作的大功率 EUV 光源一直是最大瓶頸，也最引人注目。LPP 方法使用高能脈衝雷射照射高密度錫靶材，以產生高溫稠密的電漿，並對外輻射 EUV。與其他方法相比，這種方法的發光區域小，利於收集，所產生的靶材碎屑也小於其他方法，更加適用於大規模量產。

Cymer 選擇錫為靶材，採用兩階段雷射接力的方式，在德國 Trumpf 公司大功率雷射器的幫助下，最後組合出用於 EUV 微影的光源，產生原理如圖 5-32 所示。

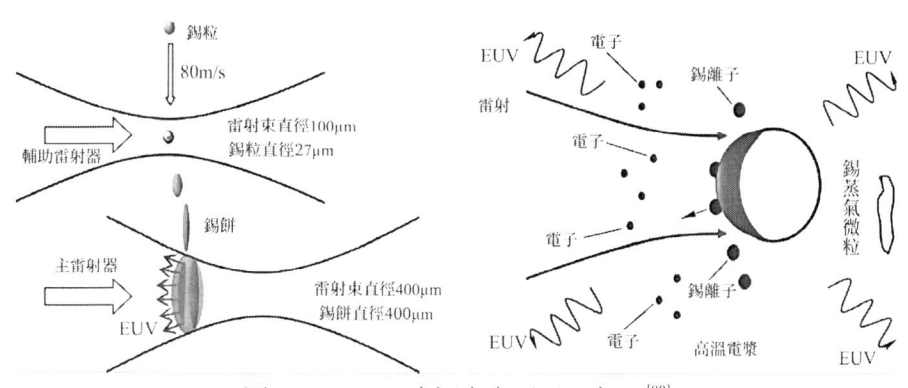

圖 5-32　EUV 光源產生原理示意圖[80]

這種方法使用輔助雷射器，將以 80m/s 速度下落的錫粒擊成餅狀，以匹配主雷射器的切面，之後使用主雷射器照射錫餅，將其電離後持續加熱，對外輻射 EUV 光，並經由照明系統、光罩臺、投影光學系統，最終抵達工件臺。其中光罩臺與工件臺共同組成工件光罩系統。

第 5 章　隨光而生

　　在 EUV 曝光機的研製過程中，光源系統搶走了大部分風頭，工件光罩系統沒有成為瓶頸，受到的關注較少。但在曝光機中，最難以實現的部分依然是工件光罩系統。在曝光機的幾大組成部分中，光源系統、光學相關系統的複雜之處在於將單一技術演繹到極限，工件光罩系統的製作則需要將多門學科融合在一起。

　　工件光罩系統具有兩個運動臺，分別控制光罩與晶圓執行軌跡，由一系列直線電機，高精準度光柵尺位移感測器，一維、二維與三維轉檯，還有與磁浮相關的各類旋轉與運動子臺共同組成。兩個運動臺的構成原理似乎並不複雜，所完成的任務也並不複雜，借用 EUV 光源與光學系統，將光罩臺中的光罩圖案，成像至工件臺晶圓的光阻劑紙上。

　　這一貌似簡單的任務，在半導體製作進入到先進製程，實現難度日趨增強，幾乎達到人類科技的極限。在工件光罩系統的運動臺中，為了控制精準度，不能採用齒條與皮帶等接觸式傳動方式的旋轉電力機械，而必須使用線性電力機械，其運動方式與磁浮列車有幾分相似。

　　運動臺沒有磁浮列車這麼廣闊的馳騁空間，這兩個運動臺只能活動於尺寸見方之中；光罩臺與工件臺間的相對速度沒有列車那樣的高速，只有 10m/s，卻要在加速度為 5m/s2 的情況下，將兩者運動速度精準控制在 4：1，誤差控制在 5nm 之內。

　　在曝光機的幾大組成部分中，光源、照明與光學系統的研發挑戰是將單一技術推向極致，而工件光罩系統的設計與製作需要將多個學科交織在一起，是物理、材料與精密製造的極限，是古典物理、電磁學、熱力學與統計、量子力學的頂尖之作。

　　如果說 EUV 曝光機是至今為止，人類所創造的商業設備中，最接近完美的，那麼這個子系統就是其中的群巒之巔。EUV 曝光機取得的成

就，建立在一些核心技術突破的基礎上，包括雷射、電漿，以及至關重要的多層膜反射鏡。ASML 將這些技術整合，最終取得商業上的成功。

這個成功源於國與國之間不計成本的競爭所碰撞而出的創新，更有賴於一群為了理想而奮不顧身的人。我們所居住的星球足夠幸運，處於不同的時代，和平或者戰爭，處於不同的環境，貧窮或者富裕，總有些人做某些事時，所考慮的不是投資報酬比與商業利益最大化。

微斯人，吾誰與歸？

5.8　中美爭鋒

「我每看運動會時，常常這樣想，優勝者固然可敬，但那雖然落後而仍非跑至終點不止的競技者和見了這樣競技者而肅然不笑的看客，乃正是中國將來的脊梁」。

—— 魯迅

1920 年，應梁啟超等人的邀請，伯特蘭・羅素（Bertrand Russell）開始了長達一年的中國之行。羅素是一位聲譽卓著的哲學家，被稱為「20 世紀的智者」，一生涉獵哲學、數學、科學等多個領域，並於 1950 年獲得諾貝爾文學獎。

兩年後，羅素出版《中國的問題》（The Problem of China），並在書中預言：「假若中國人有穩定的政府和充裕的資金，在未來 30 年內會在科學上創造出引人注目的成就……。」[80]

羅素做出這個預言時，中國正處於軍閥割據，戰火紛飛，民不聊生，距離「科學上的成就」遙不可及。

第 5 章　隨光而生

人們清楚意識到科學技術在建設事業中的重要作用，積極爭取留居國外的學者和留學生回國，至 1952 年底，已有至少 2,000 多名回國留學生和專家學者[81]。在這些留學生中，有一位名為黃昆的年輕人。

1941 年，黃昆先生畢業於燕京大學，後來在西南聯合大學攻讀碩士學位，導師是中國物理學之父吳大猷。1945 年 8 月，二戰硝煙逐步散盡。黃昆來到英國師從莫特（Nevill Mott），是莫特在二戰結束後招收的第一個博士生。莫特因為在非晶半導體電子結構上的貢獻，於 1977 年獲得諾貝爾物理學獎[82]。

在英國時，黃昆發現晶體因為點缺陷引起的 X 射線漫散射，這個現象後來被稱為「黃昆散射」。因為這個成果，黃昆獲得了玻恩的賞識。玻恩就是對薛丁格方程式進行機率解釋，在 1954 年獲得諾貝爾物理學獎的那位科學家。玻恩邀請黃昆一起合著《晶格動力學》（*Dynamical Theory of Crystal Lattices*），這本專著是凝態物理學的權威著作。

在創作期間，黃昆與艾夫‧里斯（Avril Rhys）小姐提出了一個用於表示電子與聲子耦合強度的因子，被稱為黃－里斯因子[83]。

1951 年，處於科學研究事業成長期的黃昆選擇回到一貧如洗的中國。第二年，里斯小姐遠渡重洋來到中國，取了個中文名字 ── 李愛扶。不久之後黃昆與李愛扶結為夫妻，圖 5-33 為黃昆和李愛扶夫婦及其愛子在長城的合影。

黃昆回中國之後，在北大先後開設了「普通物理」、「固體物理」與「半導體物理」等課程，為培養出許多研究人員。回國之後的絕大多數時間，他都在教書。也許他的一生，最大的成就正是「教書」[82]。

圖 5-33　1959 年黃昆和李愛扶夫婦遊覽北京長城

黃昆始終認為「教書育人」是他一生中最值得驕傲的成就。他很早便體會到知識傳承的重要性。1947 年，年輕的黃昆在寫給楊振寧的信中提及，「成功組織一個真正獨立的物理中心的重要性，要比得一個諾貝爾獎還重要」。回家後的黃昆，用畢生的精力，實現了年輕時的理想[82]。

黃昆全心全意教著書，桃李下自成蹊。今日中國的半導體人不是他的徒子徒孫，就是讀他的書長大的，他與謝希德合著的《半導體物理學》是半導體人的經典。

站在今天回望歷史，也許有人會不禁感慨，黃昆如果留在當時科學研究條件更好的英國，以他的驚世才華，或許能夠獲得更重大的科技成就。黃昆在英國曾跟隨過兩位諾貝爾獎得主，那時的他在凝態物理方面的研究已處於世界頂尖水準。他在英國的一些同事，後來也陸續獲得了諾貝爾獎。

但黃昆義無反顧回到中國的經歷，是那一代留學生的集體縮影。至今這些人大多已經離去，其中最年輕的也已經超過 90 歲。他們在選擇回中國時，不會也不應該不清楚他們在未來所要面對的一切。這些歸國留學生中的多數，因為各種原因沒有以個人身分對全世界產生影響，卻奠定了科技的基礎。

第 5 章　隨光而生

重溫往事，心若萬馬奔騰。

當時，百廢待舉，一系列工廠逐步建立，尚處萌芽期的中國半導體產業突飛猛進。1960 年代是世界半導體製造從實驗室走向工業化的十年。1959 年，林蘭英拉出中國第一個單晶矽，比美國落後一年。1964 年和 1965 年，中國先後研發出矽平面電晶體和矽積體電路，氣勢不亞於同處於半導體發展初期的美國。

1972 年，尼克森（Richard Nixon）訪華，中美關係迅速回暖。不久之後，一大批科學研究機構與數十個電子廠陸續成立。但當時，中國處於特殊的時期，而國際半導體發展日新月異，中國半導體距離世界先進水準已經產生一段不小的差距。

當時全中國共有 600 多家半導體生產工廠，一年生產的積體電路總量，等於日本一家大型工廠月產量的十分之一。半導體產業的落後，也僅是那個時代整體落後的縮影。

中國半導體產業復興始於 1978 年。此後，每一代半導體人都做到了「雖然落後而仍非跑至終點不止」。

1986 年，在積體電路技術方面推廣和完善 5 微米技術，盡力開發 3 微米技術，並及時組織 1 微米技術的團隊[84]。1995 年，啟動旨在推進半導體產業升級的工程。工程主要內容是：「建設一條 8 英寸 0.5 微米生產線，月投片能力為 2 萬片；同時建設 3～4 個具有世界水準的積體電路產品設計開發中心，使 8 英寸生產線有足夠的種類投入生產，保證生產線滿載執行；為滿足 8 英寸生產線的需求，還要建設一條 8 英寸單晶矽生產線。」[84]

從歷史的視角來看，該工程整體是成功的，為 21 世紀中國半導體產業的發展奠定了基石。半導體企業陸續註冊成立，運用更加靈活的運作

機制，吸引更多海外人才，建立起一支完整的半導體產業隊伍。

千禧之後，經濟進入快車道，幾代人的努力取得回報。20世紀末開始，消費類電子產品製造業紛紛向中國轉移。一勤天下無難事。過去的30年，中國電子類企業從「埋頭趕路，莫問前程」的低階代工業起步，逐步延伸至中高階領域。

羅素預言的第二個條件「充裕的資金」，在1978年後經幾代人的努力終成現實。

2014年9月，千億規模的積體電路產業投資基金成立，為半導體產業投入重本。2016年，在這個基金的推動之下，其半導體產業率先進入積體電路產值最大、品類單一的記憶體領域。

此時，摩爾定律不再成立，積體電路製造業放緩了持續升級的腳步，後繼者不會陷入一步慢步步慢，「越追越遠」的困境。在中國，矽材料的純化技術已被掌握，積體電路製作工藝亦有沉澱。

電子產品的持續創新，為積體電路設計業提供豐富的應用場景。半導體產業原本可以此為根基，逐階向上，直到技術含量最高的上游行業，貫通完整產業鏈。而正在此時，這條既定之路被一場突如其來的貿易爭端所干擾。

2017年8月14日，美國對所謂「中國不公平貿易行為」發起調查，揭開本次貿易爭端的帷幕。這次貿易爭端從關稅開始，迅速蔓延至以半導體產業為代表的高科技領域，將半導體史冊，乃至科技史冊引入不可知的命運之中。貿易爭端起始時，中國國國內大致上有三種論調，「速敗」、「速勝」與「相持」。

至今距離這場貿易爭端已過了幾年，中國半導體產業仍在緩步向前，速敗論自然消散。

第 5 章　隨光而生

「速勝」也絕無可能。中國半導體產業自 1978 年以來取得一些成績，但上游領域仍很薄弱，根本上要歸因於科技底蘊的不足。半導體上游設備與材料依託於物理、數學與化學等基礎學科，在過去 70 餘年的時間裡，由西方世界集全球力量共同建構，至今渾然一體，重構上游產業非朝夕之功。

六十、七十年代，在艱難的情況下，中國曾經向半導體設備與材料領域投入了不少的資源，但因為基礎底蘊薄弱而收效甚微[85]。在此期間，美國為首的多個國家集中致力於此，至 21 世紀初，上游產業格局由歐美日三分天下，並維持至今。美國之所以敢以半導體產業作為本次貿易爭端的主戰場，正是憑藉其在上游領域的強勢地位。

在半導體產業上游處於弱勢地位，導致所剩的選擇唯有「相持」。在「相持」階段中，半導體產業面臨的機遇與挑戰並存。

量子力學理論確立之後，在長達一個世紀的時間裡，半導體材料領域沒有出現革命性的科學突破。在過去幾年的時間裡，西方世界將半導體科技推展至階段性巔峰後放慢了腳步。這給予中國半導體產業發展的緩衝期。

此時，中國半導體產業或許可以採用跟隨策略，完全複製西方世界已經走通之路。但從略微長遠的角度來看，若僅局限於跟隨複製西方科技，終究無法行穩致遠。這種做法注定無法贏得真正的尊重。

文藝復興之後，工業文明在歐洲崛起。此後數百年間，西方湧現出一大批科學家與企業，將一部近現代科技史冊演繹得蕩氣迴腸。

牛頓的一系列成就，奠定了近代科技的基礎；法拉第提出的場理論與馬克士威在電磁學中的發現，幫助通訊產業逐步建立；愛因斯坦的多面向貢獻將現代科技引入熱潮；量子力學的逐步成形，奠定了半導體產

業脫穎而出的基礎。

自 1930 年代，美國逐步接過歐洲文明的接力棒，以強大的國力為基礎，大力實施人才招攬計畫，聚集大批天才科學家，為電晶體與積體電路誕生於美國，打下雄厚的科技基底。隨後，NASA 主導的阿波羅登月計畫，向電晶體與積體電路產業一擲千金，使其從軍用逐步走向民用。

與此同時，貝爾實驗室、德州儀器、IBM 與 Intel 等大企業憑藉深厚的基礎科技底蘊，集全世界的智慧於一身，先後接力，將半導體產業推向前所未有的高度。

中國半導體產業發展至今，取得了一定的突破，也在完整產業鏈廣泛布局，但目前任何一個子領域都還不具備舉足輕重的能力。

中美貿易爭端之後，「門檻最低」、「產值最大」的積體電路設計業受到眾人擁戴。至今，此類公司已逼近 3,000 家。這類公司最終能夠勝出所需跨過的「門檻」並不算低。

積體電路設計業，較量的不僅是設計能力，更為重要的是以晶片為核心所建立的應用生態，俯視半導體整體，就會察覺除了周邊生態之外，制約設計業的是在其之上的半導體製造業，再強的設計能力，也需要能夠製造出來，才有用武之地。

半導體製造業是一個重資產密集的「銷金」行業。但對於中國而言，發展這個行業，資金並不萬能，最尖端的設備與材料不是用金錢能夠換來的。因為各種限制，中國半導體製造業的生產工藝與發展規模始終受上游制約。

在半導體全產業鏈中，技術難度最高，也是最有價值的非上游設備與材料莫屬。得上游者，進可攻退可守，乃兵家必爭之地。中國半導體產業界發展至今已避無可避，需要在上游產業有所作為，以確保其下半

第 5 章　隨光而生

導體產業的正向發展。

　　但人類文明的演進並非此消彼長的零和遊戲，一方崛起並非必然導致另一方沉淪。在西方哲學觀將半導體科技推至今日巔峰後趨於平緩的今天，東方智慧有機會與西方哲學相融互補，刺激這個原本漸趨平淡的世界產生嶄新活力，為這個璀璨的星球譜寫一段新傳奇，將東西方連繫在一起，延續人類的文明。

參考文獻

[1] MOHAMMAD D, EL-GOMATI M, ZUBAIRY M S. Optics in our time[J]. Optics in Our Time, 2016.

[2] WHEATON B R. Philipp lenard and the photoelectric effect[J]. Historical Studies in the Physical Sciences Baltimor, 1978: 1889-1911.

[3] FRAUNHOFER J. Bestimmung des brechungs-und des farbenzerstreungs-vermögens verschiedenerglasarten, in bezug auf die vervollkommnung achromatischerfernröhre[J]. Annalen der Physik, 1817.

[4] MARSHALL J L, MARSHALL V R. Rediscovery of the elements: mineral waters and spectroscopy[J]. Hexagon, 2008, 99(3): 42-46.

[5] THOMAS N C. The early history of spectroscopy[J]. Journal of Chemical Education, 1991, 68(8): 631-634.

[6] RAMAN C V. A new radiation[J]. Indian Journal of physics, 1953, 37(3): 333-341.

[7] PLANCK M, BRAUN C. The theory of heat radiation[J]. Applied

Optics, 1914.

[8] EINSTEIN A. On a heuristic point of view concerning the production and transformation of light [J]. Annalen Der Physik, 1905.

[9] MILLIKAN R A. A direct photoelectric determination of planck's "h" [J]. Physical Review, 1916, 7(3): 355-388.

[10] COMPTON A H. A quantum theory of the scattering of x-rays by light elements[J]. Physical Review, 1923, 21(5): 0483-0502.

[11] GOETZBERGER A, HEBLING C. Photovoltaic materials, past, present, future [J]. Solar Energy Materials & Solar Cells, 2000, 62(1): 1-19.

[12] ADAMSWG. On the action of light on tellurium and selenium[J]. Proceedings of the Royal Society of London, 1875, 24(164-170): 163-164.

[13] CHAPIN D M, FULLER C S, PEARSON G L. Solar energy converting apparatus: US Patent US2,780,765A [P]. 1957.

[14] SHOCKLEY W, QUEISSER H J. Detailed balance limit of efficiency of p‐n junction solar cells[J]. Journal of Applied Physics, 1961, 32(3): 510-519.

[15] POLMAN A, KNIGHT M, GARNETT E C, et al. Photovoltaic materials: present efficiencies and future challenges[J]. Science, 2016, 352(6283): aad4424-aad4424.

[16] The history of Sunpower [EB/OL]. https://us.sunpower.com/company/history.

[17] Cypress Announces Investment in Designer and Manufacturer of Ultra-High-Efficiency Silicon Solar Cells [EB/OL]. https://investors.sunpower.

com/news-releases/news-release-details/cypress-announces-investment-designer-and-manufacturer-ultra/.

[18] Act on granting priority to renewable energy sources (Renewable energy sources Act, Germany, 2000) [J]. Solar Energy, 2001, 70(6): 489-504.

[19] EINSTEIN A. On the quantum theory of radiation[J]. Concepts of Quantum Optics, 1983, 59(2): 93-104.

[20] ROUND H J. A note on carborundum[J]. Electrical World, 1907.

[21] LOSSEV O V. Luminous carborundum detector and detection effect and oscillations with crystals[J]. Philosophical Magazine, 1928,5 (39): 1024–1044.

[22] DESTRIAU G. Recherches sur les scintillations des sulfures de zinc aux rayons α[J]. Journal De Chimie Physique, 1936, 33: 587-625.

[23] HOLONYAK N, BEVACQUA S F. Coherent (Visible) Light Emission from Ga (As1 − x Px) Junctions[J]. Applied Physics Letters,1962,1(4): 82-83.

[24] KALLMANN H, POPE M. Bulk conductivity in organic crystals[J]. Nature,1960,186(2): 31-33.

[25] TANG C W, VANSLYKE S A. Organic electroluminescent diodes[J]. Applied Physics Letters, 1987, 51(12): 913-915.

[26] YABLONOVITCH E. Inhibited spontaneous emission in solid-state physics and electronics[J]. Physical Review Letters, 1987, 58(20): 2059.

[27] 赤崎勇。藍光之魅 [M]。上海：學林出版社，2016。

[28] 中村修二。我生命裡的光 [M]。安素，譯。成都：四川文藝出版社，2016。

[29] NAKAMURA S. Nobel Lecture: Background story of the invention of efficient blue InGaN light emitting diodes[J]. Review of Modern Physics, 2015, 87(4): 1139-1151.

[30] WONG S. Computational and experimental study of GaN chemical vapor deposition reactor[D]. Rutgers,The State University of New Jersey - New Brunswick, 2017.

[31] NAKAMURA S. The roles of structural imperfections in InGaN-based bluelight-emitting diodes and laser diodes [J]. Science, 1998, 281(5379): 956-961.

[32] 許良英，李寶恆，趙中立等。愛因斯坦文集 [M]。2 版。北京：商務印書館，2009。

[33] TOLMAN R C. Duration of molecules in upper quantum states[J]. Proceedings of the National Academy of Sciences, 1924, 10(3): 85-87.

[34] LUKISHOVA S G,VALENTIN A. Fabrikant: negative absorption, his 1951 patent application for amplification of electromagnetic radiation (ultraviolet, visible, infrared and radio spectral regions) and his experiments[J]. Journal of the European Optical Society Rapid Publications, 2010(10): 10045-1 - 10045-10.

[35] JR W E L, RETHERFORD R C. Fine structure of the hydrogen atom by a microwave method [J]. Concepts of Quantum Optics, 1983, 123(3194): 114-117.

[36] GORDON J P, ZEIGER H J, TOWNES C H. The maser —— new type of microwave amplifier, frequency standard, and spectrometer[J]. Physical Review, 1955, 99(4): 1264-1274.

[37] SCHAWLOW A L, TOWNES C H. Infrared and optical masers[J]. Physical Reviem, 1958, 112(6): 1940-1949.

[38] ABBE E. Beitrgezur theorie des mikroskops und der mikroskopischen wahrnehmung[J]. Archiv für Mikroskopische Anatomie, 1873, 9(1): 413-418.

[39] STOERKLE J. Dynamic simulation and control of optical systems (dissertation)[M]. 2018.

[40] HERSCHEL J F W. Treatises on physical astronomy, light and sound contributed to the Encyclopedia Metropolitan[J].

[41] AIRY G B. On the diffraction of an object glass with circular aperture[J]. Transactions Of The Cambridge Philosophical Society, 1835.

[42] DUFFIEUX P M. L'intégrale de Fourier et ses applications a l'optique. Imprimeries-Oberthur[J]. 1946.

[43] 梁銓廷。物理光學 [M]. 5 版。北京：電子工業出版社，2018。

[44] [EB/OL]. https://www.asml.com/en/products/euv-lithography-systems/twinscan-nxe3400c.

[45] MACK C A. Field Guide to Optical Lithography[M]. 2006.

[46] MACK C A. The new, new limits of optical lithography[J]. Proceedings of SPIE-The International Society for Optical Engineering, 2004, 5374.

[47] ITO T, OKAZAKI S. Pushing the limits of lithography[J]. Nature,

2000, 406(6799): 1027-1031.

[48] LEVENSON M D, VISWANATHAN N S, SIMPSON R A. Improving resolution in photolithography with a phase-shifting mask [J]. IEEE Transactions on Electron Devices, 2005, 29(12): 1828-1836.

[49] LIEBMANN L W. Layout impact of resolution enhancement techniques: impediment or opportunity?[C]// Proc. IEEE/ACM ISPD. 2003.

[50] SHEPPARD C J R, CAMPOS J, ESCALERA J C, et al. Two-zone pupil filters [J]. Optics Communications, 2008, 281(5): 913-922.

[51] HSU T J. Optical proximity correction (OPC) method for improving lithography process window: US, US6194104 B1[P]. 2001.

[52] KIDWELL P A. The near impossibility of making a microchip [Reviews][J]. IEEE Annals of the History of Computing, 2000, 22(2): 80.

[53] ROSTALSKI H J, ULRICH W. Refractive projection objective for immersion lithography: US, US6891596 B2[P]. 2005.

[54] MACK C A. Milestones in optical lithography tool suppliers [EB/OL].http://lithoguru.com/scientist/litho_history/milestones_tools.pdf.

[55] BUCKLEY J D, KARATZAS C. Step and scan: a systems overview of a new lithography tool[J]. Proceedings of SPIE - The International Society for Optical Engineering, 1989, 1088.

[56] ASML introduces dual wafer stage technology on TWINSCAN 300 mm lithography platform [EB/OL]. https://www.asml.com/en/news/press-releases/2000/asml-introduces-dual-wafer-stage-technology-on-its-twinscantm-300mm-lithography-platform.

[57] SLUIJK B G. Performance results of a new generation of 300-mm lithography systems[J]. Proceedings of SPIE - The International Society for Optical Engineering, 2001.

[58] ASML introduces industry's first immersion lithography tool [EB/OL]. https://www.asml.com/en/news/press-releases/2003/asml-introduces-industry-first-immersion-lithography-tool.

[59] LIN B J. The future of subhalf-micrometer optical lithography[J]. Microelectronic Engineering, 1987, 6(1-4): 31-51.

[60] ROTHSCHILD M. Projection optical lithography[J]. Materials Today, 2005, 8(2): 18-24.

[61] LAPEDUS M. Intel drops 157-nm tools from lithography roadmap [EB/OL]. https://www.eetimes.com/document.asp?doc_id=1175202.

[62] PANNING E M, GOLDBERG K A, YEN A. EUV Lithography: from the very beginning to the eve of manufacturing[C]// Society of Photo-Optical Instrumentation Engineers (SPIE) Conference Series, 2016.

[63] SPILLER E A. Low-loss reflection coatings using absorbing materials: US Patent US3887261A [P]. 1975.

[64] HAELBICH R P, KUNZ C. Multilayer interference mirrors for the XUV range around 100 eV photon energy[J]. Optics Communications, 1976, 17(3): 287-292.

[65] LEVINSON, HARRY J. Principles of lithography[M]. Wiley & sons, 2010.

[66] STEARNS D G, ROSEN R S, VERNON S P. Multilayer mirror

technology for soft-x-ray projection lithography [J]. Applied Optics, 1993, 32(34): 6952-60.

[67] MONTCALM C, BAJT S, MIRKARIMI P B, et al. Multilayer reflective coatings for extreme-ultraviolet lithography [J]. Proceedings of SPIE - The International Society for Optical Engineering, 1998, 3331: 42-51.

[68] BRAUN S, MAI H, MOSS M, et al. Mo/Si Multilayers with different barrier layers for applications as extreme ultraviolet mirrors [C]// International Microprocesses& Nanotechnology Conference. IEEE, 2001.

[69] LOUIS E, YAKSHIN A E, GOERTS P C, et al. Reflectivity of Mo/Si multilayer systems for EUVL [C]// Emerging Lithographic Technologies III. International Society for Optics and Photonics, 1999: 844-845.

[70] FOMENKOV I. EUV source for lithography in HVM: performance and prospects [EB/OL]. https://www.euvlitho.com/2019/S1.pdf

[71] MIZOGUCHI H, NAKARAI H, ABE T, et al. High power LPP-EUV source with long collector mirror lifetime for high volume semiconductor manufacturing[C]// 2018 China Semiconductor Technology International Conference (CSTIC). 2018.

[72] KEANE C J, CEGLIO N M, MACGOWAN B J, et al. Soft X-ray laser source development and applications experiments at Lawrence Livermore National Laboratory[J]. Journal of Physics B Atomic Molecular & Optical Physics, 1999, 22(21): 3343-3362.

[73] GLOWNIA J M, CRYAN J, ANDREASSON J, et al. Time-resolved pump-probe experiments at the LCLS[J]. Optics Express, 2010, 18(17): 17620-17630.

第 5 章　隨光而生

[74] MACK C A. 100W by the end of year, a brief history of broken promises (or at least bad predictions) for EUV source power [EB/OL]. http://www.lithoguru.com/scientist/essays/100WbytheEndoftheYear.ppsx.

[75] ASML announces Customer Co-Investment Program aimed at accelerating innovation[EB/OL]. https://www.asml.com/en/news/press-releases/2012/asml-announces-customer-co-investment-program-aimed-at-accelerating-innovation.

[76] TSMC joins ASML's Customer Co-Investment Program for Innovation[EB/OL].https://www. asml.com/en/news/press-releases/2012/tsmc-joins-asmls-customer-co-investment-program-for-innovation.

[77] Samsung joins ASML's Customer Co-Investment Program for Innovation, completing the program[EB/OL]. https://www.asml.com/en/news/press-releases/2012/samsung-joins-asmls-customer-co-investment-program-for-innovation-completing-the-program.

[78] ASML to acquire Cymer to accelerate development of EUV technology[EB/OL]. https://www.asml.com/en/news/press-releases/2012/asml-to-acquire-cymer-to-accelerate-development-of-euv-technology.

[79] MCGRATH D. ASML claims major EUV milestone [EB/OL]. https://www.eetimes.com/document.asp?doc_id=1332012.

[80] RUSSELL B, LINSKY B. The problem of China[M]. London: Routledge, 2020.

[81] 中共中央黨史研究室。中國共產黨歷史，第二卷 [M]。中共黨史出版社，2011。

[82] 姚蜀平。黃昆夫婦印象記院史札記之二 [J]。科學文化評論，2017，14(3): 95-114。

[83] HUANG K, RHYS A. Theory of light absorption and nonradiative transitions in F-Centres[J]. Royal society of London proceedings, 1950, 204(1078): 406-423

[84] 俞忠鈺。親歷中國半導體產業的發展 [M]。北京：電子工業出版社，2013。

[85] 陳寶欽。中國製版微影與微／奈米加工技術的發展歷程回顧與現狀 [J]。微細加工技術，2006 (1): 1-2。

半導體簡史：
超石器時代，從石斧到矽晶片的進化之路

作　　　者：	王齊	
發　行　人：	黃振庭	
出　版　者：	機曜文化事業有限公司	
發　行　者：	機曜文化事業有限公司	
E - m a i l：	sonbookservice@gmail.com	
粉　絲　頁：	https://www.facebook.com/sonbookss	
網　　　址：	https://sonbook.net/	
地　　　址：	台北市中正區重慶南路一段61號8樓	

8F., No.61, Sec. 1, Chongqing S. Rd., Zhongzheng Dist., Taipei City 100, Taiwan

電　　　話：	(02)2370-3310
傳　　　真：	(02)2388-1990
印　　　刷：	京峯數位服務有限公司
律師顧問：	廣華律師事務所 張珮琦律師

-版 權 聲 明-

本書版權為機械工業出版社有限公司所有授權機曜文化事業有限公司獨家發行繁體字版電子書及紙本書。若有其他相關權利及授權需求請與本公司聯繫。

未經書面許可，不可複製、發行。

定　　　價：680元
發行日期：2025年08月第一版
◎本書以POD印製

國家圖書館出版品預行編目資料

半導體簡史：超石器時代，從石斧到矽晶片的進化之路 / 王齊 著 . -- 第一版 . -- 臺北市：機曜文化事業有限公司 , 2025.08
面；　公分
POD 版
ISBN 978-626-99909-3-1(平裝)
1.CST: 半導體工業 2.CST: 技術發展 3.CST: 產業發展
484.51　　　　　114010264

電子書購買

爽讀APP　　　臉書